动物疾病诊治彩色图谱经典系列

猪病
诊治彩色图谱 （第四版）

潘耀谦　刘兴友　王选年　刘思当◎主编

U0212857

中国农业出版社
农村读物出版社
北　京

第四版前言
FOREWORD

　　《猪病诊治彩色图谱》第三版自2016年再版以来，又经过了7个年头。在这短短的几年时间里，我国的养猪业经历了一场非常严峻的考验。2018年8月我国辽宁省首次暴发非洲猪瘟，在不到半年的时间里，全国先后有24个省份发生过家猪和野猪的非洲猪瘟疫情，累计先后扑杀生猪91.6万头，给我国的养猪业造成巨大的打击，严重影响了人民群众对猪肉消费的需求。我国不仅是猪肉生产大国，也是消费大国。有数据显示，目前我国的猪肉消费量占全球消费总量的50%以上；而且在肉类消费中猪肉占比为66%，人均消费量大约为40千克。因此，养猪业受到干扰，势必影响人民的生活质量。发展养猪业有两个重要基础：一是环保养殖，循环利用，可持续性发展；二是科学防疫，防治结合，保障猪体健康。有鉴于此，为了给养猪业保驾护航，作者将近年来参加猪病防治所拍摄的视频和图片资料、结合自身防疫治病的亲身体会，以及教学和科研工作中对国内外有关文献的掌握情况加以整理，对《猪病诊断彩色图谱》第三版进行了修订。

　　本版修订的最大亮点是首次在书中增加了视频资料。作者将十多年拍摄和收集的44个猪病的51个视频，分别附在相应的疾病内容中，供读者在诊断猪病时参考。但由于这些视频资料都是随机拍摄，没有专业的设备，质量欠佳，敬请谅解。其次是对图片进行替换和增补。本版对原书中质量欠佳，或症状和病变不典型的48幅图片进行更换，又新增了143幅质量好、症状或病变特点突出的图片，特别是有关非洲猪瘟的珍贵图片，使全书的图片数量达到1139幅。再者，对文字进行了较大的删减。第四版仍然保持原书的基本框架，强调理论与实践相结合。但为了突出图谱指导识病的特点，尽量减少文字赘述，所以对文字内容进行了删减，如对疾病介绍时的扩展、病原和发病机理延伸、鉴别诊断的详细分述和对发病原因的过多阐述等，使本书既能与其他相关书籍有机对接，又保证重点突出及内在体系完整。另外，本版删除了第三版中的五个附录，这样可以减少文字，降低成本，减轻读者购书的负担。

本书的修订得到新乡学院的校领导、生命科学和基础医学学院张艳芳院长及新闻学院于丽丽主任等领导的关怀和支持；在出版过程中又得到中国农业出版社的具体指导和帮助，作者在此表示衷心的感谢。虽然作者倾注了全部心血对本书进行认真的修订，但由于水平有限，书中的疏漏之处在所难免，诚恳欢迎广大读者批评指正，促使本书日臻完善。

编　者

2023年1月

目　录
CONTENTS

带★的疾病，正文中附有视频资源。——编者注

Chapter **2**

第二章
猪的细菌病

Chapter **3**

第三章
猪的寄生虫病

Chapter 4
第四章
猪的螺旋体病　　　　　　　　　　　259

Chapter 5
第五章
猪的真菌病　　　　　　　　　　　　273

Chapter 6
第六章
猪的支原体病　　　　　　　　　　　281

Chapter 7
第七章
猪的中毒病　　　　　　　　　　　　297

Chapter **8**
第八章
猪的普通病

Chapter 1 第一章
猪的病毒病

一、猪 瘟

　　猪瘟（Classical swine fever）又称猪霍乱（Hog cholera, HC）和古典猪瘟（Classical swine fever, CSF），是一种急性、热性和高度接触传染的病毒性疾病。临床特征为发病急，持续高热，精神高度沉郁，粪便干燥，伴发化脓性结膜炎，全身皮肤有许多小出血点，发病率和病死率极高。病理变化特点为：急性型（单纯型）呈败血症经过，全身小血管壁变性受损，引起全身各组织和器官出血、梗死及发炎等病变；慢性型（继发型）因继发多杀性巴氏杆菌而呈现纤维素性肺炎，或继发猪霍乱沙门氏菌而发生纤维素性坏死性肠炎等病变。

　　【病原特性】本病的主要病原体是黄病毒科瘟病毒属的猪瘟病毒（Classical swine fever virus, CSFV），若病程较长，在病的后期常有猪霍乱沙门氏菌或猪巴氏杆菌等继发感染，使病症和病理变化复杂化。CSFV为单股RNA病毒，病毒粒子多为圆形，直径40～50nm，内有二十面体对称的核衣壳，外有脂蛋白囊膜包裹，囊膜表面有6～8nm的囊膜糖蛋白纤突（图1-1-1）。

　　CSFV对外界环境的抵抗力随其所处的环境不同而有较大的差异。在普通冰箱放10个月仍有毒力；在冻肉中可生存几个月，甚至数年，并能抵抗盐渍和烟熏；在猪肉和猪肉制品中生存几个月后仍然有传染性；在粪便中于20℃可存活6周左右，4℃可存活6周以上。CSFV对干燥、脂溶剂和常用的防腐消毒药的抵抗力不强，在乙醚、氯仿和去氧胆酸盐等脂溶剂，2%氢氧化钠及3%来苏儿等消毒溶液中迅速灭活。

　　【流行特点】猪是本病唯一的自然宿主，不同年龄和品种的猪（包括野猪）均可感染发病，而其他动物则有较强的抵抗力。病猪、带毒种猪或后备猪，先天性感染的带毒仔猪和无临床症状的持续性感染猪为本病最主要的传染源。本病虽可通过口腔、鼻腔、眼结膜、生殖道黏膜和皮肤损伤等多途径水平传播，但易感猪与病猪的直接接触是病毒传播的主要方式。病毒可存在于病猪的各组织器官。感染猪在出现症状前，可从唾液、鼻液、泪液、尿和粪中排毒，并延续整个病程。

　　本病的发生无明显的季节性，但以春秋季较为严重，并有高度的传染性，而猪群中引进外表健康的感染猪是本病暴发的最常见原因。

　　【临床症状】本病的潜伏期5～7d，短的2d，长的可达21d。根据病程长短，临床症状和特征的不同，常将本病分为最急性、急性、亚急性和慢性型等四型，但现在又有温和型及迟发型CSF的报道。

1.最急性型 多见于本病的流行初期或首次发生的猪场，潜伏期很短，一般为2～3d。猪群突然发病，病猪高热稽留，体温升高2℃以上，全身肌肉痉挛，四肢抽搐，其末梢及耳尖和黏膜发绀，全身严重淤血，多处有出血点或出血斑（图1-1-2）。有的病猪可因皮肤大面积出血、血管痉挛或弥散性血管内凝血，导致表皮营养不良、坏死和大面积脱落（图1-1-3）。病情严重时，病猪很快发生败血症，全身皮肤弥漫性出血，呈紫红色，肌肉抽搐或麻痹，躺卧在地，不能起立，很快死亡（图1-1-4）。在发生最急性型猪瘟的猪群中，可见病猪全身出血，呈紫红色，有的病猪腹泻，有的肌肉抽搐，有的后躯麻痹不能运动，有的则突然倒地死亡（图1-1-5）。本型病猪多经1～5d死亡，死亡率为90%～100%。

2.急性型 此型最为常见，潜伏期一般为3～5d，病程为9～19d。病猪体温突然地持续升高至41℃左右。减食或停食，精神高度沉郁，常挤卧在一起，或钻入草堆，恶寒怕冷。行动缓慢无力，背腰拱起，摇摆不稳或发抖。眼结膜潮红，眼角有多量黏性或脓性分泌物，清晨可见两眼睑粘连，不能张开。耳、四肢、腹下、会阴等处的皮肤有许多出血斑点，甚至弥漫性出血，形成大面积皮肤出血（图1-1-6）。公猪包皮内积有尿液，用手挤压时，流出混浊、恶臭的白色液体（图1-1-7）。病猪常于体温升高时发生便秘，粪便干硬，呈小球状，带有灰白色黏液或因带血而呈深褐色；后期则腹泻，排出灰黑色、灰白色或黄绿色带有恶臭的稀便（图1-1-8）。仔猪和断乳后的育肥猪，可出现磨牙、运动障碍、痉挛和后躯麻痹等神经症状。本型后期常并发肺炎或坏死性肠炎。本型的死亡率多在50%～60%之间。

3.亚急性型 本型多见于猪瘟的常发地区和猪场，或流行的中后期，病程一般为3～4周，症状与急性型的相似，但较缓和。病猪的主要表现为：体温先高后低，以后又升高，反复发生，直至死亡。口腔黏膜发炎，扁桃体肿胀常伴发溃疡，后者也见于舌、唇和齿龈，除耳部、四肢、腹下、会阴等处有出血点外，有些病例的皮肤上还常出现坏死和痘样疹。病猪往往先便秘，后因继发猪霍乱沙门氏菌引起纤维素性肠火，导致剧烈腹泻，逐渐消瘦衰弱。当继发多杀性巴氏杆菌时，病猪发生纤维素性肺炎，呼吸困难，出现爬卧姿势或犬坐姿势呼吸，全身淤血，消瘦（图1-1-9）。本型的死亡率一般为30%～40%，未死者多转为慢性型。

4.慢性型 本型多见于常年有猪瘟流行的猪场，或卫生防疫条件差的猪场，病程常为1个月以上。病猪的主要表现为消瘦，贫血，全身衰弱，喜卧地，行走缓慢无力，轻度发热，便秘和腹泻交替出现。部分病猪在耳尖、尾尖、臀部皮肤和四肢末梢有紫斑或坏死痂（图1-1-10）。急性期的弥漫性皮肤出血，转为慢性时常可形成全身性黑色结痂和脱皮（图1-1-11）。耐过本病的猪，生长发育明显减缓，一般变成僵猪（图1-1-12）。本型的死亡率较低，一般为10%～30%。

5.温和型 又称非典型猪瘟，系由低毒力毒株所引起。本型的特点是：症状较轻，病情缓和，病理变化不典型，体温一般为40～41℃。皮肤很少有出血点，但有的病猪耳、尾、四肢末端的皮肤有坏死（图1-1-13）。病猪后期步态不稳，后肢瘫痪，部分关节肿大。本病的发病率和病死率均较低，对幼猪可致死，大猪一般可以耐过。

6.迟发型 亦可称为持续感染型，也有人将之称为"繁殖障碍型"，多见于有猪瘟流行病史且未净化过的猪场，是当前引起猪瘟流行的最危险的传染源。一般认为，本型是先天性CSFV感染的结果。当母猪在妊娠期感染中毒株或弱毒株CSFV时，多能引起垂直传播，既可导致流产、早产，产出木乃胎、畸形胎、死胎、弱仔和颤抖的仔猪；又可产出外表貌似正常而有高水平病毒血症的仔猪。所有这些胎儿和仔猪都带毒，成为新的传染源。存活的仔猪虽然在出生后表现正常，但随后则相继发病，有的1周内发病，也有的则于20日龄后发病。病猪的主要表现与急性型或慢性型的相似，常见食欲不振、精神沉郁、结膜炎、皮炎、腹泻和运动障碍等。病猪的体温正常或稍高，大多数能存活6个月以上，死亡率为50%左右。未死的仔猪则终生带毒，不定期排毒，并能使同居的易感猪感染。

此外，临床实践表明，我国目前猪瘟发病的特点是由单一的CSFV引起的猪瘟明显减少，而与猪繁殖与呼吸综合征、猪伪狂犬病和猪细小病毒病等多种疾病混合的猪瘟感染型或继发猪瘟感染型明显增多，成为临床诊疗的主型，有人将之称为复杂感染型。其主要临床表现是既有猪瘟的症状，又有其他疾病的症状，各种症状均不典型，但多数病猪的颈部、四肢、腹下、耳尖、臀部及外阴等部位皮肤均有出血点或出血斑，有的则形成局灶性坏死或结痂。

【病理特征】猪瘟的病理变化特点是最急性型和急性型多呈败血症变化；而亚急性型和慢性型则引起纤维素性肺炎和纤维素性肠炎。病理剖检时，一般根据病变特点的不同而将之分为败血型、胸型、肠型和混合型猪瘟四种。对猪瘟具有诊断意义的病变特征是全身性出血（图1-1-14）、纤维素性肺炎和纤维素性坏死性肠炎。

CSFV主要损伤小血管内皮细胞，故引起各组织器官的出血。剖检时在皮肤、浆膜、黏膜、淋巴结、肾、脾脏、膀胱和胆囊等处常见不同程度的出血变化。出血一般呈斑点状，有的点少而散在，有的则弥漫性发生，其中以皮肤、肾脏、淋巴结和脾脏的出血最为常见且具有诊断意义。

皮肤的出血多见于颈部、腹部、腹股沟部和四肢的内侧。出血最初是以局部充血和多量鲜红色点状出血开始（图1-1-15）；继之，该区域的红色加深，出血点相互融合形成斑状或片状出血（图1-1-16）。若病程经过较长，则出血点可互相融合成暗紫红色出血斑或出血片。切开皮肤发现出血斑片部位呈现红色胶样浸润（图1-1-17）。有时在出血的基础上继发坏死，形成黑褐色干涸的结痂。

全身性出血性淋巴结炎的变化表现得非常突出，尤以颌下、腮、咽后、支气管、纵隔、胃门、肾门和肠系膜淋巴结（图1-1-18）的病变出现得较早而且明显。眼观，淋巴结肿大，呈暗红色，切面湿润多汁，隆突，边缘的髓质呈鲜红色或暗红色，围绕淋巴结中央的皮质并向皮质内伸展，以致出血的髓质与未出血的皮质镶嵌，形成大理石样花纹（图1-1-19）。严重的出血，整个淋巴结犹如血肿，切面可见淋巴组织几乎全被血液取代（图1-1-20）。此种变化对猪瘟的诊断具有一定的意义。镜检，主要病变是淋巴窦出血，淋巴小结萎缩及有不同程度的坏死（图1-1-21）。

肾脏稍肿大，色泽变淡，表面散布数量不等的点状出血，少者仅有2～3个，多则密布肾表面，形似麻雀蛋外观（图1-1-22），故有"雀蛋肾"之称。切面不论皮质或髓质都可以见到针尖大至粟粒大的出血点。肾锥体和肾盂黏膜也常散布多量出血点（图1-1-23）。镜检，主要病变是肾小管上皮变性、坏死，小管间有大量红细胞，呈局灶性出血性变化（图1-1-24）；肾小球毛细血管的通透性增大，大量浆液和纤维蛋白及少量红细胞外渗充满肾小囊，引起渗出性急性肾小球肾炎变化（图1-1-25）；或肾小球的毛细血管极度淤血、肿大，充满肾小囊，大量红细胞和纤维蛋白渗入肾小囊，形成急性出血性肾小体肾炎（免疫复合物沉积在毛细血管基膜而引起）（图1-1-26）。

脾脏通常不肿大或轻度肿胀，有35%～40%的病例在脾脏的边缘见有数量不等、粟粒大至黄豆或蚕豆大暗红色的出血性梗死灶（图1-1-27），这是猪瘟的特征性病变。镜检，梗死灶的发生是由于脾小动脉变性、坏死，使管腔内形成血栓而导致闭锁所致。梗死的脾组织坏死，固有结构破坏，渗出的纤维蛋白、红细胞与坏死的组织混杂在一起，形成梗死灶（图1-1-28）。

此外，各黏膜、浆膜和器官的出血也很明显，包括消化道、呼吸道及泌尿生殖系统的黏膜和心包膜、胸膜和腹膜等。尤其是膀胱（图1-1-29）、输尿管及肾盂等处黏膜和喉头部（图1-1-30）的出血性病变非常严重。这在其他传染性疾病所致的败血症过程中是比较少见的。消化道除常见的点状或弥漫性出血外，还常见局灶性溃疡、坏死或卡他性炎症等病变。肝脏淤血、出血和变性，胆囊膨大，充满大量黄红色的胆汁，黏膜肿胀，大量上皮细胞坏死，大片脱落而形成溃疡（图1-1-31）。肌肉出血，尤其是四肢肌肉的出血最为常见（图1-1-32）。中枢神经系统也有出血变化，主要在软脑膜下，有时也见于脑实质。在多数情况下，大脑的眼观变化虽然不太明显，但是镜检时竟有75%～84%的病例呈现出弥漫性非化脓性脑炎变化（图1-1-33）。

纤维素性肺炎是胸型猪瘟的病变特点，多半是由败血症发展而来，是机体抵抗力减弱，导致呼吸道内的多杀性巴氏杆菌大量繁殖所致。因此，本型猪瘟除具有败血型的病变特点之外，还有典型的出血性纤维素性胸膜肺炎（图1-1-34）及纤维素性心包炎等巴氏杆菌病病变。

纤维素性坏死性肠炎是肠型猪瘟的病变特点，多见于慢性猪瘟，是继发猪霍乱沙门氏菌感染的结果。其病变特点是在回肠末端及盲肠，特别是回盲口可见到数量不等的轮层状病灶（图1-1-35），俗称"扣状肿"。病变的大小不等，自黄豆大到鸽卵大或更大，呈褐色或污绿色，一般为圆形或椭圆形。坏死脱落后可形成溃疡（图1-1-36）。病情好转时溃疡可被机化而变为瘢痕组织；反之，当病情恶化时，炎性坏死不仅向周围迅速扩散形成弥漫性纤维素性坏死性肠炎的变化，而且还向深部发展，累及肌层直达浆膜下层，引起局部性腹膜炎。

【诊断要点】对典型的急性、亚急性和慢性猪瘟，根据临床症状、病理变化和流行情况即可以确诊。但是，对温和型和迟发型猪瘟，因其临床症状温和，呈间歇性，或感染数月而不被发现，故做出临床诊断实际上是不可能的，常需进行实验室检查。另外，目前临床上发生的猪瘟，常与猪繁殖与呼吸综合征、猪伪狂犬病、猪细小病毒病、猪弓形虫病、猪圆环病毒病、猪流行性乙型脑炎、猪传染性胸膜肺炎等多种疾病混合感染，因此，实验室检测确认猪瘟是必不可少的。活体采取扁桃体，再用荧光抗体技术检查病原是临床上常用的一种诊断方法。此时，可在扁桃体的上皮细胞和腺管上皮中发现大量阳性反应物（图1-1-37）。对临床症状不典型的病例，剖检时可采取淋巴结、脾脏和肾脏等组织，采用荧光抗体技术等进行检测（图1-1-38），如果为阳性结果，一般即可确诊。

【类症鉴别】在临床上，急性猪瘟与急性猪丹毒、最急性猪肺疫、急性副伤寒、弓形虫病有许多类似之处，应注意鉴别。

【治疗方法】目前尚无有效的治疗药物，对一些经济价值较高的种猪，可用高免血清治疗，如抗猪瘟高免血清，每千克体重1mL，或苗源抗猪瘟血清，每千克体重2～3mL，肌注或静注，有很好的治疗效果。但因高免血清价格高，很不经济，因此不能在临床上全面使用。目前，临床上多采用对症治疗和控制继发性感染，抗生素、磺胺类药和解热药联合使用，如青霉素80万IU，复方氨基比林10mL，肌内注射，每日2次，连用3d；或用磺胺嘧啶钠10mL，肌内注射，每日2次，连用3d。

用中西药结合的方法或用中成药加减的方法，治疗不同时期、不同病症的病猪，可取

得较好的疗效，现介绍以下几种。

(1) 中西药综合疗法。牛黄解毒丸5粒，盐酸吗啉胍10片，土霉素4片，人工盐40g，甘草流浸膏40mL，一次灌服，每日早、晚各一次，连用2～3d，有良效。

(2) 大承气汤加味疗法。主要用于恶寒发热、大便干燥、粪便秘结的病猪。处方：大黄15g、厚朴20g、枳实15g、芒硝25g、玄参10g、麦冬15g、金银花15g、连翘20g、石膏50g，水煎去渣，早、晚各灌服一剂。此药量为10kg重的猪所用药量，大小不同的猪可酌情增减。

(3) 加减黄连解毒汤疗法。多用于粪便稀软或出现明显腹泻症状的病猪。处方：黄连5g、黄柏10g、黄芩15g、金银花15g、连翘15g、白扁豆15g、木香10g，水煎去渣，早、晚各灌服一剂。以上药量为10kg重的猪所用药量，大小不同的猪可酌情增减。

【预防措施】目前主要采取以预防接种为主的综合性防疫措施来控制猪瘟。

1.常规预防　平时的预防措施必须从传染源、传播媒介、易感动物和养殖环境等多环节入手，着重于提高猪群的免疫水平。把好引种关，防止引入病猪或隐性感染猪；建立健康不带毒的繁育种猪群，切断传播途径；制定科学和确实有效的免疫接种计划，提高猪群的抵抗力；实行科学的饲养管理（如实行自繁自养制和全进全出制等），建立良好的养殖环境，从而控制和消灭猪瘟。

疫苗接种：实践证明，仔猪出生后20日龄和60日龄各接种一次疫苗，种猪在每次配种前免疫一次，具有良好的免疫效果。另据报道，超前免疫法可使仔猪获得很高的保护率。其方法是：初生仔猪在哺乳之前（哺乳后则免疫无效），按常规猪瘟弱毒疫苗剂量（1～2头份），颈部肌内注射。2h后再让仔猪自由哺乳，免疫期可达6个月以上。另外，超前免疫法还可应用于生后20～25日龄的仔猪，注射猪瘟疫苗1次（2～3头份），60日龄再注射3～4头份。实践证明，此法可有效地提高仔猪体内的抗体水平，可控制仔猪猪瘟的发生。注意：采用超前免疫方法时，个别仔猪会有过敏反应（全身青紫、呼吸急促、呕吐、站立不稳，甚至倒地昏迷），此时，可耳后注射地塞米松（0.5mg/头）或肾上腺素、苯海拉明进行抢救。

2.紧急预防　这是突发性猪瘟流行时的防控措施，实施步骤如下：

(1) 封锁疫点。在封锁地点内停止生猪和猪产品的买卖和外运，猪群不准放牧。最后1头病猪死亡后或处理后3周，经彻底消毒，可以解除封锁。

(2) 处理病猪。对所有猪进行测温和临床检查，病猪以急宰为宜，急宰病猪的血液、内脏和污物等应就地深埋，肉经煮熟后可以食用。污染的场地、用具和工作人员都应严格消毒，防止病毒扩散。可疑病猪予以隔离。

(3) 紧急接种。对疫区内的假定健康猪和受威胁区的猪，立即注射猪瘟兔化弱毒疫苗，剂量可加大1～3倍，但注射针头应一猪一消毒，以防人为传播。

(4) 彻底消毒。对病猪圈、垫草、粪水、吃剩的饲料和用具均应彻底消毒，最好将病猪圈的表面土铲出，换上一层新土。在猪瘟流行期间，对饲养用具应每隔2～3d消毒1次，碱性消毒药均有良好的消毒效果。

急性猪　　　　胸型猪　　　　肠型猪　　　　急性猪瘟
瘟症状　　　　瘟症状　　　　瘟症状　　　　剖检变化

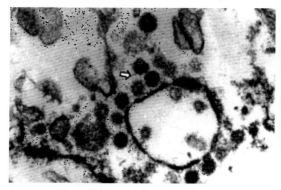

图 1-1-1　猪瘟病毒

猪瘟病毒多呈圆形，有囊膜和囊膜糖蛋白纤突（箭头）。

图 1-1-2　最急性型猪瘟

病猪高热、精神极度沉郁，全身皮肤严重淤血和弥漫性出血。

图 1-1-3　出血脱皮

病猪全身有大面积出血，胸、腹部和耳部表皮坏死脱落。

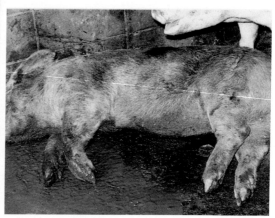

图 1-1-4　败血型猪瘟

病猪全身淤血、出血，皮肤呈紫红色，肌肉痉挛，四肢抽搐。

图 1-1-5　败血型猪瘟

病猪全身出血，腹泻，运动困难，后躯麻痹，突然倒地死亡。

图 1-1-6　皮肤出血

全身弥漫性出血，形成大面积皮肤出血。

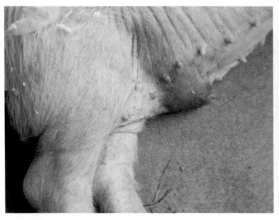

图1-1-7 阴鞘积尿

病猪阴鞘红肿，蓄积多量污秽不洁的尿液，有恶臭的气味。

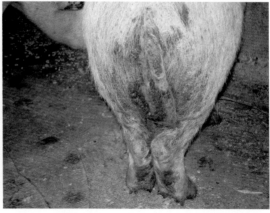

图1-1-8 腹泻

臀部及会阴部皮肤出血，排出的黄绿色稀便污染会阴、尾巴及后肢。

图1-1-9 呼吸困难

病猪呼吸困难，呈犬坐姿势呼吸，全身淤血，消瘦。

图1-1-10 形成坏死痂

病猪的四肢及耳部出血的皮肤坏死，并形成结痂。

图1-1-11 慢性猪瘟

急性期为弥漫性出血的病猪，转为慢性时形成全身性黑色结痂。

图1-1-12 僵猪

耐过病猪发育缓慢，伴发皮炎而变为僵猪。

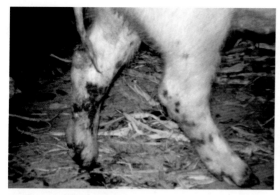

图 1-1-13　温和型猪瘟

　　全身皮肤的出血较轻，四肢和尾部多见出血斑块及结痂。

图 1-1-14　全身性出血

　　死于急性败血型猪瘟，全身多发弥漫性出血，呈紫红色。

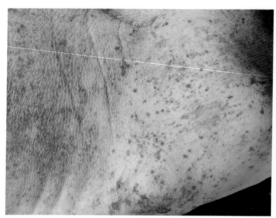

图 1-1-15　点状出血

　　病猪前肢内侧的皮肤呈现弥漫性点状出血。

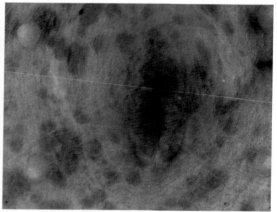

图 1-1-16　斑点状出血

　　腹部皮肤可见到由点状出血融合而形成的鲜红色出血斑。

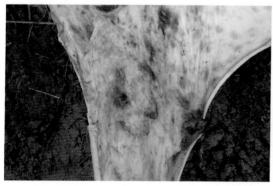

图 1-1-17　出血性胶样浸润

　　皮肤上所见的出血斑片，皮下为出血性胶样浸润。

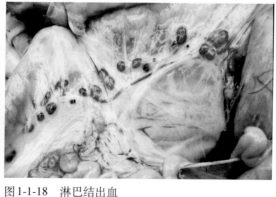

图 1-1-18　淋巴结出血

　　肠系膜淋巴结出血、肿大，呈鲜红色，串珠样排列。

图1-1-19　大理石样花纹

　　淋巴结髓质明显出血，与黄白色皮质相嵌呈大理石样外观。

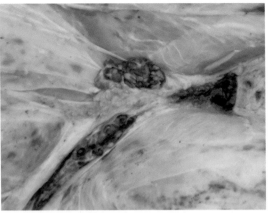

图1-1-20　血肿样淋巴结

　　股骨沟淋巴结出血肿大，淋巴组织全被血液取代，形如血肿。

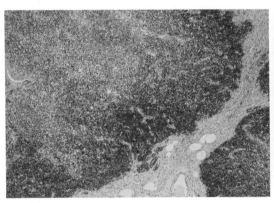

图1-1-21　出血性淋巴结炎

　　淋巴结的边缘淋巴窦及附近区域明显出血，淋巴组织萎缩。（HE，×100）

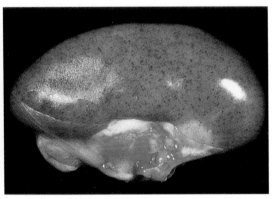

图1-1-22　雀蛋肾

　　肾表面布满大小不等的出血点，形成"雀蛋肾"。

图1-1-23　肾出血

　　肾皮质部出血变性呈红黄色，髓质部及肾盂黏膜也有弥漫性出血。

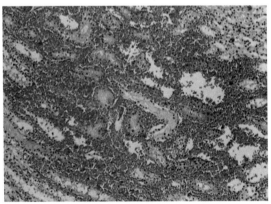

图1-1-24　出血性肾炎

　　肾小管上皮变性坏死，小管间弥散大量红细胞。（HE，×100）

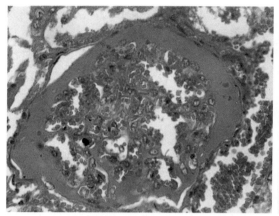

图1-1-25　渗出性肾小体肾炎

肾小球的通透性增大，肾小囊内充满含纤维蛋白的浆液。（HE，×400）

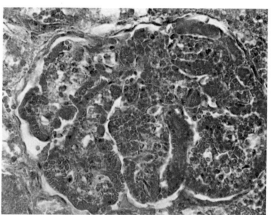

图1-1-26　出血性肾小体肾炎

肾小球毛细血管出血，肾小囊内有大量红细胞和纤维蛋白。（HE，×400）

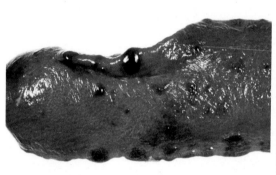

图1-1-27　脾出血性梗死

脾被膜下有大小不一、呈黑红色的出血性梗死结节。

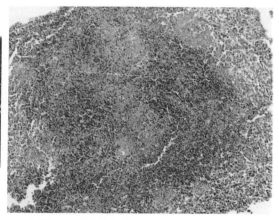

图1-1-28　梗死的脾组织

脾组织坏死，与渗出的纤维蛋白和红细胞一起形成梗死灶。（HE，×60）

图1-1-29　肌肉出血

病猪两后肢皮下和肌肉明显出血。

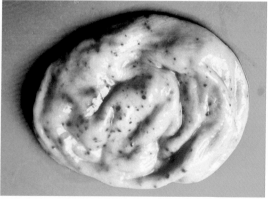

图1-1-30　膀胱出血

膀胱黏膜有新鲜的弥漫性点状出血，呈鲜红色。

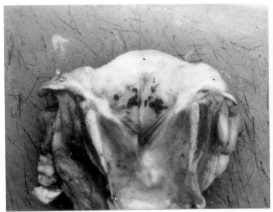

图 1-1-31　喉头出血

急性猪瘟病猪喉部黏膜肿胀，黏膜面上常有新鲜的出血斑点。

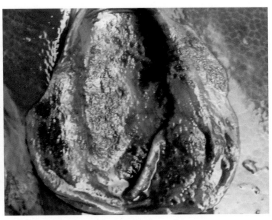

图 1-1-32　胆囊黏膜坏死

肝脏淤血，胆囊黏膜肿胀、坏死和脱落，形成大片溃疡。

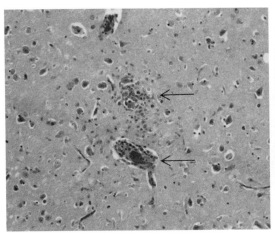

图 1-1-33　非化脓性脑炎

非化脓性脑炎的特征性病变：血管套和胶质结节（箭头）。(HE，×100)

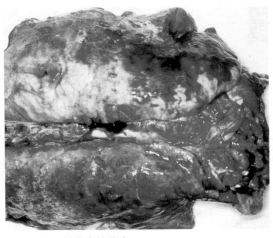

图 1-1-34　纤维素性肺炎

肺淤血、出血、水肿和纤维蛋白渗出，外观呈大理石样花纹。

图 1-1-35　扣状肿

大肠黏膜上布满近似圆形的轮层状溃疡，俗称"扣状肿"。

图 1-1-36　溃疡形成

大肠黏膜的扣状肿和融合性扣状肿，其黏膜坏死脱落，形成溃疡。

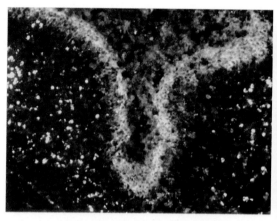

图1-1-37　扁桃体荧光抗体技术检测呈阳性

扁桃体隐窝上皮细胞荧光抗体技术检测呈强阳性反应。（×400）

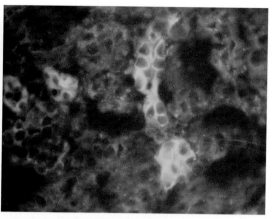

图1-1-38　肾脏荧光抗体技术检测呈阳性

肾近曲小管上皮呈荧光抗体技术检测呈阳性反应。（×400）

二、非洲猪瘟

　　非洲猪瘟（African swine fever，ASF）又称东非猪瘟或疣猪病，是由非洲猪瘟病毒引起的一种急性、热性、高度接触性传染病。本病的临床症状和病理变化与猪瘟很相似，主要表现为发热、皮肤发绀和淋巴结、肾脏、胃肠道黏膜出血等。死亡率很高，在流行期间可高达100%，被称为生猪养殖产业"头号杀手"。ASF自2018年8月传入我国，很快传至全国31个省份，给养猪业造成巨大的经济损失和社会影响。

　　【病原特性】非洲猪瘟病毒（African swine fever virus, ASFV）是虹彩病毒科非洲猪瘟病毒属的一种二十面体对称的双股DNA病毒。病毒粒子直径172～220nm，似六角形，成熟的颗粒具有两层衣壳和在发芽装配时通过细胞膜所获得的外层囊膜（图1-2-1）。

　　ASFV对外界环境的适应力很强，对腐败、热力、干燥和常用消毒剂具有较强抵抗力，从在室温中保存了18个月的血液或血清中仍能分离出病毒；在用病猪肉制作的火腿中病毒仍能存活5～6个月；室温干燥或冰冻数年不死；常用消毒剂的通用浓度很难将其杀死。但许多脂溶剂却能将之杀灭；0.25%甲醛溶液经48h、2%苛性钠溶液经24h可使之灭活。

　　【流行特点】猪是本病唯一自然感染的家畜。在非洲，本病往往是由隐性感染的野猪传染给家猪而引起暴发性流行。本病主要经消化道感染，即猪因采食了污染的饲料和饮水或接触到被污染的用具等感染；另外，呼吸道也有可能成为本病感染的另一条途径。在实验室中通过皮下、肌肉、腹腔、静脉和鼻内接种含毒病料，均可使猪发病。据称，本病一旦在家猪中建立感染，感染猪就是病毒进一步传播的最主要来源；而且大多数康复的猪都是带毒者。

　　一般认为，本病在国与国之间的传播，主要与来自国际机场和港口的未经煮熟的感染猪肉制品有关；在无病地区的暴发与病猪及其制品传入或野猪的侵入有关。

　　【临床症状】本病的潜伏期差异很大，短者仅4～6d发病，长者可达15～19d。其临床表现与猪瘟很相似，有急性、亚急性和慢性之分，其中以急性型对养猪业的危害最大。急性病例主要发生于感染的初期或新发本病的地区，即新疫区，以高热达40～41℃，呈稽

留热型，精神高度沉郁，食欲废绝（图1-2-2），心跳加速，呼吸急促，白细胞减少，皮肤出血，伴有神经症状和死亡率极高（图1-2-3）为特点，其中出血性变化最明显。病猪全身皮肤出血，以头部、颈背部（图1-2-4）、臀部及腹下部（图1-2-5）最为明显，多呈弥漫性出血，从点状、斑状到片状。不少病猪的呼吸器官出血，血液从鼻孔流出（图1-2-6），或胃肠道出血，排出大量黏稠红褐色血便（图1-2-7）。病猪不愿运动，喜欢爬卧或侧卧，运动时由于后躯麻痹（图1-2-8）而很难起立，行走时四肢不协调，步态不稳，站立时后肢无力，姿势异常（图1-2-9）。妊娠母猪感染发病后，常常发生流产（图1-2-10）。

亚急性和慢性病例多见于流行地区的猪，多呈散发性。病猪有呼吸困难、流鼻液、咳嗽等呼吸道症状；皮肤淤血，有陈旧性的出血及结痂；部分病猪喜卧地，后肢无力，运动困难，并排出混有血液的稀便（图1-2-11）。慢性病例的皮肤除上述变化外还常见有风疹样结节（图1-2-12），但死亡率较低。

【病理特征】剖检时，急性病例的特征性病理变化是全身各脏器有严重的出血，特别是淋巴结出血最为明显。超急性病死猪，全身高度淤血，呈暗紫红色（图1-2-13），出血变化较轻。而急性病死猪，多呈全身性出血，以头部、胸腹部、臀部和四肢尤为明显（图1-2-14），且多呈对称性。出血从点状、斑块到片状；色泽从鲜红、暗红到紫红色。切开皮肤，常从血管的断端流出凝固不全的血液（图1-2-15）。全身淋巴结几乎全都呈血肿样，尤以颌下、颈部、腹股沟和内脏的淋巴结更为明显（图1-2-16）。镜检，见淋巴窦中充满红细胞，淋巴小结受压萎缩，数量明显减少或消失，残存的淋巴小结中有大量坏死的淋巴细胞（图1-2-17）。

打开胸腔，胸腔积液和心包液明显增多，呈葡萄酒色（图1-2-18）。心外膜严重出血，多呈斑片状，几乎覆盖全心（图1-2-19）；心内膜的乳头肌和瓣膜下有斑块状出血（图1-2-20）。镜检，见心肌纤维发生颗粒变性和脂肪变性，肌间有大量红细胞聚积（图1-2-21）。肺脏淤血，呈暗红色，表面有大量斑片状出血，肺小叶间质明显增宽，呈水肿状。肺门和纵隔淋巴结出血，呈紫红色（图1-2-22）。切面见气管和支气管断端湿润，有大量浆液-黏液性渗出物，支气管淋巴结出血（图1-2-23）。镜检，见肺泡隔充血和出血，肺泡腔中有大量浆液性渗出物（图1-2-24）。

打开腹腔，腹水增多，呈淡红色。肝脏淤血、变性、肿大，质地脆弱，呈橘红色。胆囊膨满，表面有出血性斑块（图1-2-25）。切开胆囊，胆汁黏稠，胆囊壁水肿，明显增厚，黏膜面有出血斑块及溃疡灶（图1-2-26）。镜检，见肝小叶的结构破坏，大量肝细胞坏死，其部位被红细胞取代；出血严重时，肝小叶的中心全部由红细胞占据（图1-2-27）。脾脏淤血、出血，明显肿大，呈黑红色，质地柔软（图1-2-28）；切面见脾脏的固有结构消失，脾髓软化，有脾粥样的液体流出（图1-2-29）。镜检，见脾窦极度扩张，充满大量红细胞和单核细胞，大量脾小体萎缩和消失，残存的脾小体中有大量坏死的脾细胞，核浓缩、破碎或溶解（图1-2-30）。肾脏表面有大量出血斑点，形成"雀蛋肾"（图1-2-31）。切面见肾皮质淤血、出血和变性而增宽，皮髓交界与肾乳头部有斑块状出血（图1-2-32）。镜检，见肾小管间弥散大量红细胞，肾小管萎缩消失，周边的肾小管上皮细胞变性（图1-2-33）。膀胱黏膜有大量斑点状出血，病情严重时则呈斑片状出血，黏膜面呈红褐色（图1-2-34）。胃出血主要发生在有腺部，多为弥漫性出血，呈红褐色（图1-2-35）。肠出血可发生于整个肠管，但以小为重，肠管呈暗红色，肠黏膜面附有大量出血性黏液，肠内容物红染（图1-2-36），严重时可见到血肠子样变化。大肠的出血变化较轻，但肠内容物多呈黑红色，直肠多见弥漫性出血点，肠壁常附有出血性粪便（图1-2-37）。

打开颅腔可见大脑淤血、水肿，脑回处有出血条纹（图1-2-38），脑底硬膜淤血明显，并见斑点状出血（图1-2-39）。镜检，见非化脓性脑炎变化，脑神经细胞变性、坏死，有特异性卫星现象和嗜神经现象（图1-2-40），并有血管套形成。

慢性病例极度消瘦，较明显的病变是浆液性纤维素性心外膜炎。心包膜增厚，与心外膜及邻近肺脏粘连。心包腔内积有污灰色液体，其中混有纤维素团块。胸腔有大量黄褐色液体。肺脏一般为支气管肺炎，病灶常限于尖叶及心叶（图1-2-41）。

【诊断要点】由于本病的临床症状和病理变化与猪瘟有诸多相似之处，故对其诊断主要依靠实验室。目前最常用、最方便和最可靠的诊断方法是：直接荧光抗体技术、血细胞吸附试验和猪接种试验。其中，直接荧光抗体技术对急性病例具有快速、准确和经济的特点而被经常采用（图1-2-42）。

【类症鉴别】由于本病的症状及眼观病变颇似猪瘟，故病理组织学检查对本病的确诊具有重要的意义，如发现淋巴组织坏死、淋巴细胞性脑膜脑炎、局灶性肝坏死和间质性淋巴细胞-嗜酸性粒细胞性肝炎以及全身小血管壁玻璃样变或纤维素样坏死并伴有血栓形成，则可确诊为非洲猪瘟。目前本病与猪瘟唯一有效的鉴别方法，是用可疑病料对经过猪瘟高度免疫的家猪进行接种试验，如仍然出现与猪瘟相似的症状，则为非洲猪瘟。

【治疗方法】本病目前尚无有效的治疗药物，故对本病只能采取对症治疗。

【预防措施】本病还无有效的疫苗，故预防本病的主要措施是防止病原的传播。对进口的生猪、猪肉及其产品必须严格进行检疫和检验，严防可疑病猪和带毒食品的混入；不得从有本病发生的国家和地区引进种猪；事先建立诊断本病的方法，并在临床实践中注意本病的新动向，以便及时发现。

急性非洲
猪瘟症状

当猪群中发现可疑病猪时，应及时报告、立即封锁、迅速确诊，并严格按照《中华人民共和国动物防疫法》的有关规定，对疫区的猪全部扑杀，进行无害化处理；对猪舍、运动场所等环境，饲养用具及相关运输车辆等彻底消毒；对与养猪相关人员及其用品也应严格消毒；彻底消灭病原体，防止疾病的蔓延。

急性非洲猪
瘟剖检变化

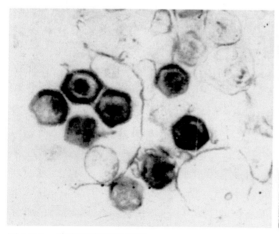

图1-2-1　非洲猪瘟病毒粒子

病毒为二十面体DNA病毒，似六角形，外有囊膜。

图1-2-2　高热稽留

病猪精神沉郁，恶寒怕冷，聚在一起。

图1-2-3 大批死猪

急性感染本病的猪突然大批死亡。

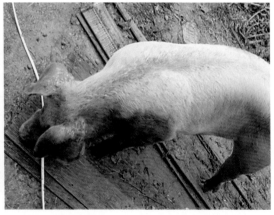

图1-2-4 全身出血

病猪全身皮肤出血,头部、颈背部更明显。

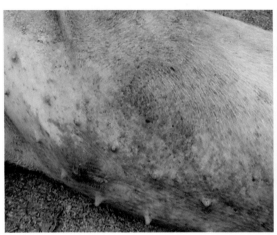

图1-2-5 腹下出血

腹下部的弥漫性斑点状至片状出血。

图1-2-6 鼻孔流血

病猪的鼻孔中有血液流出,并见血痂形成。

图1-2-7 大量血便

急性感染的病猪排出大量酱红色的血便。

图1-2-8 后肢麻痹

病猪后肢麻痹,后肢肌肉的张力减退。

图1-2-9　站姿异常

病猪因后肢肌肉麻痹而站立不稳。

图1-2-10　孕猪流产

妊娠母猪感染本病后很快发生流产。

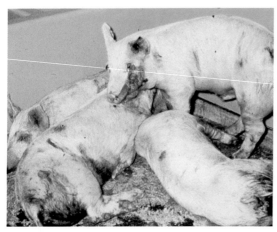

图1-2-11　出血性腹泻

病猪发生出血性腹泻，体表多处被血便污染。

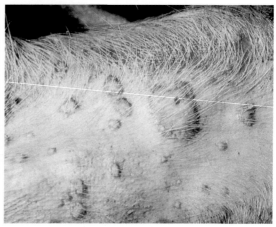

图1-2-12　风疹样结节

慢性病例的皮肤上常出现大小不一的风疹样结节。

图1-2-13　超急性病例

全身高度淤血，呈暗紫红色，病猪猝死。

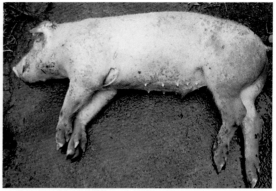

图1-2-14　急性病例

病猪全身弥漫性出血，多呈对称性。

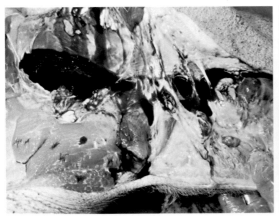

图1-2-15　血凝不良

从血管断端流出的暗红色血液，不易凝固。

图1-2-16　淋巴结出血

颌下和颈部淋巴结出血，呈血肿样，色泽紫红。

图1-2-17　淋巴组织出血

淋巴窦中有大量红细胞，淋巴小结几乎消失。
（HE，×40）

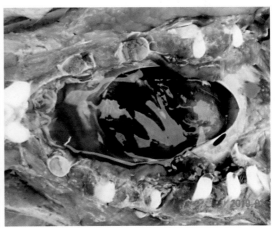

图1-2-18　胸腔积液增多

胸胸腔积液和心包液明显增多，呈橘红色。

图1-2-19　心脏出血

心脏表面有大量斑片状暗红色出血。

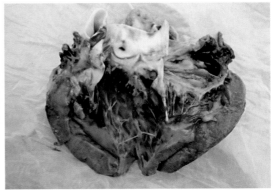

图1-2-20　心内膜出血

心瓣膜下和乳头肌见有斑块状出血，肌纤维变性。

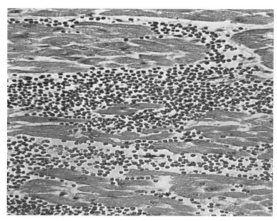

图1-2-21　心肌出血

心肌纤维间有大量红细胞，心肌纤维变性。（HE，×400）

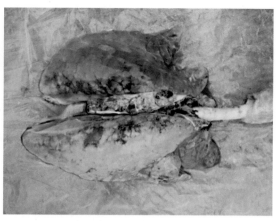

图1-2-22　肺脏出血

肺脏有大量斑片状出血，纵隔和肺门淋巴结呈黑红色。

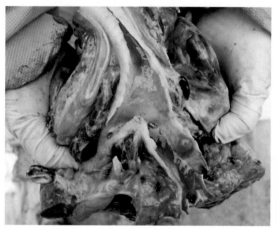

图1-2-23　肺切面

气管和支气管腔内有浆液-黏液性渗出物，肺门淋巴结出血。

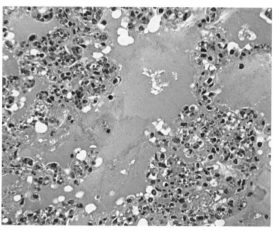

图1-2-24　肺水肿

肺泡腔有大量粉红色浆液和少量脱落的上皮细胞。（HE，×400）

图1-2-25　肝脏脂变

肝脏淤血和脂肪变性，胆囊膨满，有出血斑。

图1-2-26　胆囊出血

胆囊壁明显增厚，黏膜有出血斑和溃疡灶。

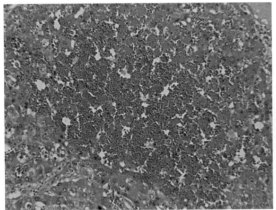

图1-2-27 肝脏出血

　　肝小叶中心区的肝细胞坏死，其部位被红细胞取代。(HE，×200)

图1-2-28 脾脏出血

　　脾脏淤血、出血，急性肿大，质地柔软，呈黑褐色。

图1-2-29 脾髓软化

　　脾脏固有结构被破坏，脾髓软化，有脾粥样液体流出。

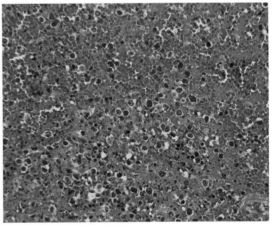

图1-2-30 脾出血、坏死

　　脾窦扩张充满红细胞，脾小体坏死，细胞核碎裂。(HE，×400)

图1-2-31 雀蛋肾

　　肾脏表面有大量出血斑点，呈麻雀蛋样外观。

图1-2-32 肾切面出血

　　肾皮质因出血变性而增宽，髓质部有出血斑块。

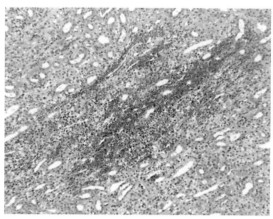

图 1-2-33　肾组织出血

肾小管间有大量红细胞，肾小管受挤压萎缩或上皮变性。（HE，×200）

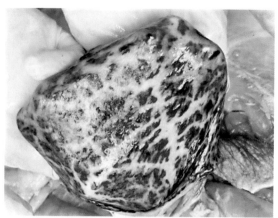

图 1-2-34　膀胱出血

膀胱黏膜有弥漫性斑片状出血，呈现大理石样外观。

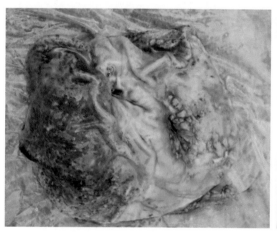

图 1-2-35　胃出血

胃的有腺部明显淤血和出血，呈红褐色。

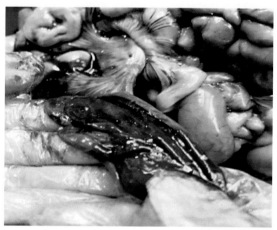

图 1-2-36　小肠出血

小肠黏膜出血，肠内容物稀薄，呈红色水样。

图 1-2-37　直肠出血

直肠黏膜有弥漫性斑点状出血，附有黑褐色出血性粪便。

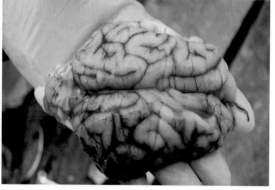

图 1-2-38　脑膜淤血

脑软膜淤血、出血，脑组织水肿，脑回扁平。

图1-2-39　颅底出血

硬膜下淤血呈暗红色，颅底见斑点状出血。

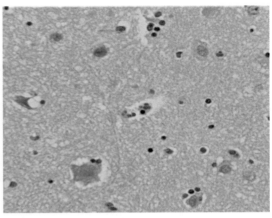

图1-2-40　非化脓性脑炎

神经细胞变性、坏死，出现卫星现象和噬神经现象。（HE，×400）

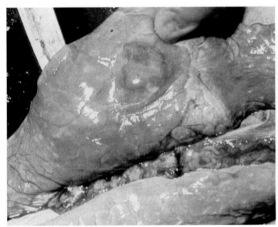

图1-2-41　支气管肺炎

肺间质增宽，见支气管肺炎病灶和结节形成。

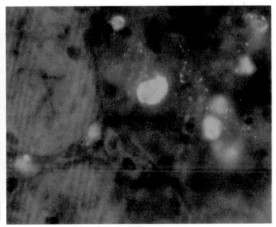

图1-2-42　肾脏荧光抗体技术检测呈阳性反应

肾脏用抗非洲猪瘟荧光抗体检测出现阳性反应。（×400）

三、口蹄疫

口蹄疫（Food-and-mouth disease, FMD）是猪、牛、羊等偶蹄动物的一种急性、热性和接触传染性疾病，人也可感染，所以又是一种人畜共患病。临床上以口腔黏膜、蹄部及乳房皮肤发生水疱和烂斑为特征。本病有强烈的传染性，一旦发生，其传播的速度很快，常常形成大流行，不易控制和消灭，能造成巨大的经济损失。

【病原特性】口蹄疫的病原是小核糖核酸病毒科的口蹄疫病毒（Food-and-mouth disease virus, FMDV）。该病毒的粒子呈圆形或六角形，由60个结构单位构成二十面体，直径为23～25nm，病毒由中央的RNA核芯和周围的蛋白壳体所组成，无囊膜（图1-3-1）。

口蹄疫病毒对外界环境的抵抗力很强，不怕干燥。在自然条件下，含病毒的组织与污染的饲料、饲草、皮毛及土壤等均可保持传染性达数周至数月之久。粪便中的病毒，在温暖的季节可存活29～33d，在冻结条件下可以越冬，但高温和阳光直射对病毒有杀灭作用。病毒对酸碱十分敏感，易被酸性和碱性消毒药杀死。因此，2%～4%氢氧化钠、3%～5%甲醛、0.2%～0.5%过氧乙酸、5%次氯酸钠和5%氨水等均为良好的消毒剂。

【流行特点】口蹄疫病毒可侵害多种动物，但主要是偶蹄兽。家畜中以牛最易感，其次是猪和羊。各种年龄的猪均有易感性，但对仔猪的危害最大，常常引起死亡。病畜是最危险的传染源。由于本病对牛的敏感性最高，可在绵羊群中长期存在，而猪的排毒量远远大于牛和绵羊，故有牛是本病的"指示器"，绵羊为"贮存器"，猪为"放大器"之说。病猪在发热期，其粪尿、奶、眼泪、唾液和呼出气体均含病毒，以后病毒主要存在于水疱皮和水疱液中，通过直接接触和间接接触，病毒进入易感猪的呼吸道、消化道和损伤的皮肤黏膜，均可感染发病。最危险的传播媒介是病猪肉及其制品，还有泔水，其次是被病毒污染的饲养管理用具和运输工具。实验证明，空气也是口蹄疫的重要的传播媒介。病毒能随风传播到10～60km以外的地方，可发生远距离气源性传播。

猪不能长期带毒，隐性带毒者主要为牛、羊及野生动物。因此，口蹄疫往往牛先发病，而后才有羊和猪感染发病。

本病的发生虽无严格的季节性，但其流行却有明显的季节规律。调查研究证明，本病的流行与暴发具有周期性，一般每隔3～5年发生一次。

【临床症状】本病的潜伏期为1～2d或3～5d。病猪以蹄部水疱为主要特征者，称为良性口蹄疫，主要发生于成年猪。病初，体温升高至40～41℃，精神不振，食欲减退或废绝，蹄冠（图1-3-2）、趾间、蹄踵发红、微热、对外界刺激敏感，不久蹄冠部出现小水疱、出血和龟裂（图1-3-3），或形成黄豆大、蚕豆大的水疱（图1-3-4），水疱破裂后形成出血性糜烂和溃疡（图1-3-5）。有的病猪不仅蹄部有水疱，而且掌部或跖部也可见到相同的水疱、溃疡和烂斑（图1-3-6）。蹄部发生水疱时，病猪常因疼痛而运动困难或卧地不起，强迫运动时出现明显的跛行（图1-3-7），甚至跪行或爬行，站立时背腰拱起，病肢屈曲以减轻负重（图1-3-8）。病情严重时，病猪不仅蹄部有水疱，疼痛不能站立，卧地不起，而且口腔黏膜也有水疱，常见病猪的舌头外伸，口流白色泡沫样唾液（图1-3-9）。如果没有继发感染，良性病例一般经十余天即可痊愈；若有细菌感染，则局部化脓坏死，蹄壳破坏，蹄部组织裸露（图1-3-10）。病情严重时，可引起蹄壳脱落（图1-3-11），患肢不能着地，病猪常卧地不起。部分病猪包括舌、唇、齿龈、咽、腭在内的口腔黏膜（图1-3-12）和鼻盘也常见到水疱和烂斑。鼻盘部的水疱，初期一般为浆液性水疱（图1-3-13），浆液性水疱破溃后常形成浅表性溃疡。继发化脓菌后则形成化脓性水疱（图1-3-14）。此种水疱呈乳白色或污秽色，内含大量脓液，破溃后常形成化脓性结痂。哺乳母猪发病后，其乳房和乳头上常见多量大小不一的水疱，严重时乳头的表皮可皲裂（图1-3-15），当乳猪吮吸时，常将乳头部的表皮破坏，露出鲜红的真皮（图1-3-16）。此时，母猪多疼痛难忍而拒绝乳猪吃奶。病程长时，病猪蹄冠的病变可逐渐恢复，该部多缺少被毛和色素（图1-3-17）。

病猪的口蹄部水疱不明显而以心肌炎突然死亡者，称为恶性口蹄疫，常见于乳猪或体弱的仔猪。如乳猪患口蹄疫时，一般很少见到水疱和烂斑，通常由急性胃肠炎和心肌炎而导致突然死亡，病死率可高达60%～80%。病程较长者，亦可在口腔及鼻盘上见到小水疱和糜烂。

【病理特征】猪的口蹄疫根据病变特点不同而有良性与恶性之分。

1.良性口蹄疫 本型的特点是病猪的死亡率低，在皮肤型黏膜和皮肤上发生水疱、烂斑等病变，败血症变化不明显。猪的水疱多发生于蹄部，如蹄冠、蹄踵和蹄叉等处；其次是口鼻端，如唇内面、齿龈、颊部、舌面（图1-3-18）、硬腭（图1-3-19）、鼻腔外口和鼻盘等部位。无毛皮肤病变以乳腺部多见。

猪的水疱通常较小，一般为米粒大到蚕豆大。水疱内的液体开始时呈淡黄色透明；如混有红细胞则呈红色；若水疱液内含有白细胞则变为浑浊而呈灰白色。水疱破裂后，通常形成鲜红色或暗红色的烂斑；有的烂斑被覆一层淡黄色渗出物，渗出物干燥后形成黄褐色痂皮；当水疱破溃后如果继发细菌感染，则病变向深层组织发展，便形成溃疡；特别是蹄部发生细菌感染后，可使邻近组织发生化脓性炎或腐败性炎，严重者导致蹄壳脱落和变形（图1-3-20）。

2.恶性口蹄疫 本型主要发生于哺乳仔猪。在败血症的基础上，心肌呈现中毒性营养不良和坏死。剖检，见心包内含有较多透明或稍浑浊的心包液。心脏外形正常，但质地柔软，色彩变淡，心内、外膜上有出血点。心肌纤维在病毒的作用下发生局灶性脂肪变性、蜡样坏死和间质的炎性反应，所以在心室中隔及心壁上散在有灰白色（图1-3-21）和灰黄色（图1-3-22）的斑点或条纹病灶，因其色彩似虎皮样斑纹，故有"虎斑心"之称。纵切心脏，常在心室壁中发现呈灰白色或黄白色心肌组织坏死性病灶（图1-3-23）。病程较长的病例，心肌变硬，表面有凹陷斑块或条纹。这是由于上述变性和坏死的肌纤维被增生的结缔组织取代而形成硬结之故。镜检，病初见心肌纤维变性、坏死，其间有成纤维细胞增生和大量淋巴细胞、单核细胞浸润（图1-3-24）；后期则是大量结缔组织弥漫性增生，压迫心肌纤维，使之发生萎缩，从而导致心肌硬变。

【诊断要点】本病有较为特征的临床症状，结合病情的急性经过，呈流行性或跳跃式传播，主要侵害偶蹄动物和一般为良好性转归等特点，通常可以明确诊断。但口蹄疫病毒具有多型性，而其流行特点和临床症状相同，其病毒属于哪一型，需经实验室检查才能确定。

【类症鉴别】猪口蹄疫主要应与猪传染性水疱性口炎、猪传染性水疱病等水疱性疾病相互区别。

1.传染性水疱性口炎 其特点流行范围小，发病率低，死亡则更少见，且马、骡、驴等单蹄动物也能感染。必要时可依赖动物接种试验来进一步确诊。

2.猪传染性水疱病 又称猪水疱病，本病仅感染猪，牛、羊等动物则不感染。剖检时，猪水疱病无"虎斑心"的心肌炎病变，而口蹄疫特别是仔猪发病时大多具有这种典型的心脏病变。

【治疗方法】轻症病猪，经过10d左右多能自愈。重症病猪，为了缩短病期，特别是预防继发性感染的发生与死亡，应在严格隔离的条件下，及时对其进行治疗。可先用食醋、0.2%高锰酸钾或2%明矾洗净局部，再涂布龙胆紫溶液、碘甘油（5%碘酒和甘油等量混合制成）或消炎软膏等；也可局部撒布冰硼散（冰片15g，硼砂150g，元明粉18g，共研细末），经过数日治疗，绝大多数病猪均可被治愈。对患恶性口蹄疫的病猪，除局部治疗外，常需辅以强心剂和营养补剂，如安钠咖、葡萄糖盐水等全身性疗法进行治疗。用结晶樟脑口服，每天2次，每次5～8g，可收到良效。此外，对发病初期的仔猪，也可用发病4～5周后康复的猪血清进行治疗，每千克体重0.5～2mL，一次肌内注射，效果良好。

中药对本病也有独到的疗效，现简介如下几种：

处方一：硼砂25g、冰片15g、枯矾15g、雄黄10g、青黛5g，共研细末，用管装药，吹入病猪口内，每日2～3次。

处方二：金银花、连翘、大黄、生地、甘草各20g，花粉、山豆根、牛蒡子各15g，蝉蜕10g，黄连25g，水煎二次，分2～3次内服。此药量为100头猪的用量，用时可根据猪的头数，适量增减。

处方三：煅石膏和百草霜各一半，研末，加少量食盐，涂布于病猪的蹄部烂斑或溃疡面上，能促进病损的痊愈，明显缩短病程。

【预防措施】采取综合性防控措施是有效控制本病的手段，包括加强检疫、禁止从疫源地引进种猪或育肥猪，扑杀病猪、尸体及污染物的正确处理，病猪用圈舍、场地和用具彻底消毒和及时的免疫接种等。

1.常规预防 目前多采用以检疫诊断为中心的综合防控措施。

（1）加强检疫和普查。将经常检疫和定期普查相结合，每年冬季应进行一次重点普查，以便了解和发现疫情，及时采取相应措施。

（2）及时接种疫苗。给猪接种强毒灭活疫苗或猪用弱毒疫苗，用量和用法参考使用说明书。

（3）加强防疫措施。严禁从疫区（场）买猪及其肉制品，不得用未经煮开的洗肉水、泔水喂猪。

2.紧急预防 当检出口蹄疫后，应立即报告疫情，并迅速划定疫点、疫区，按照"早、快、严、小"的原则，及时严格地封锁和紧急预防。具体操作如下：

（1）急宰。对病猪及同群饲养的猪，应隔离急宰，内脏及污染物（指不易消毒的物品）深埋或者烧掉，肉煮熟后就地销售食用，不得运输到外地销售。

（2）消毒。对病猪舍及污染的场所和用具等用2%氢氧化钠、10%石灰乳、0.2%～0.5%过氧乙酸等进行彻底消毒。在口蹄疫流行期间，每隔2～3d消毒1次。此外，病猪的粪便应堆积发酵处理或用5%的氨水消毒；毛、皮可用环氧乙烷或甲醛气体熏蒸消毒。

（3）接种。对疫点周围及疫点内尚未感染的猪立即进行紧急预防接种。接种的一般原则是：先疫区外围的猪，后疫区内的猪。应选用与当地流行病毒型、亚型相同的弱毒疫苗或灭活疫苗进行免疫接种。

良性口蹄疫症状

恶性口蹄疫剖检变化

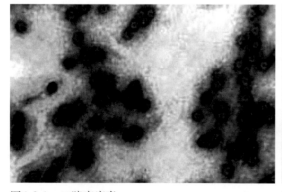

图1-3-1　口蹄疫病毒

口蹄疫病毒多呈圆形，无囊膜。（磷钨酸负染，×10万）

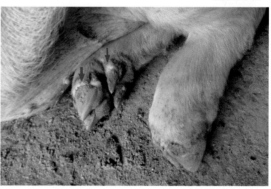

图1-3-2　蹄冠部水肿

病初，蹄冠部皮肤充血、水肿，与皮肤交界处泛白色。

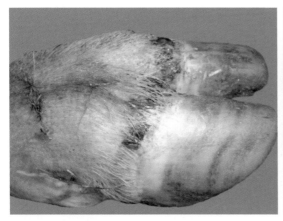

图1-3-3　龟裂和出血

　　随着疾病的发展，蹄冠部常出现明显的龟裂和出血。

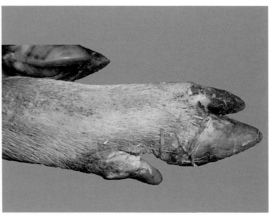

图1-3-4　蹄部水疱

　　蹄部先形成浆液性水疱，水疱破裂后液体流出。

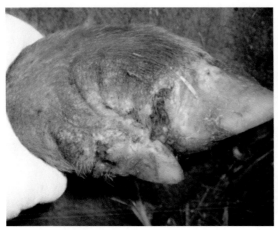

图1-3-5　溃疡形成

　　蹄部水疱破裂，表皮脱落，形成溃疡。

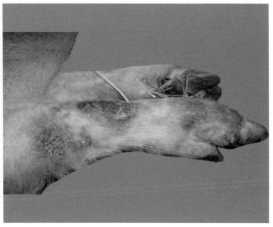

图1-3-6　跖部溃疡

　　病猪跖部的水疱破裂后，形成大面积溃疡和烂斑。

图1-3-7　运动困难

　　病猪四肢有水疱和溃疡，运动困难，出现跛行。

图1-3- 8　减负体重

　　病猪腰背拱起，两后肢屈曲，减负体重。

图 1-3-9　卧地不起

病猪舌头外伸，口吐白沫，蹄部疼痛而卧地不起。

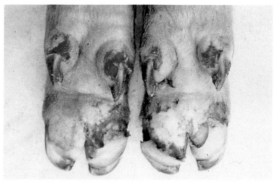

图 1-3-10　蹄匣破坏

蹄底、副趾的水疱破裂，形成大面积溃烂，部分蹄匣坏死脱落。

图 1-3-11　蹄壳脱落

从病猪蹄部脱落的蹄壳，内有出血。

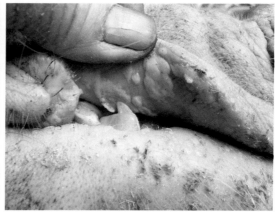

图 1-3-12　口唇水疱

口唇部可见有数个大小不一的灰白色水疱。

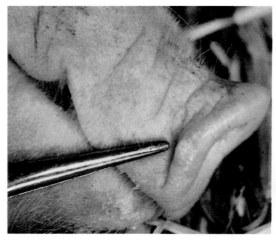

图 1-3-13　浆液性水疱

病猪的鼻缘部有一灰白色浆液体水疱。

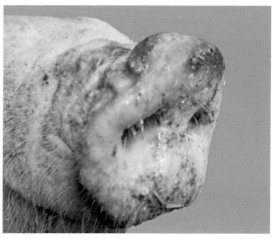

图 1-3-14　化脓性水疱

鼻盘上的水疱感染化脓菌后，形成化脓性水疱。

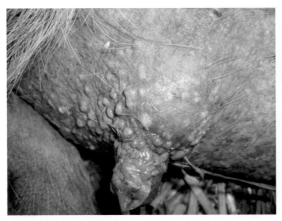

图1-3-15 乳房水疱

病猪的乳房部及乳头上有许多小水疱，乳头皮肤破溃。

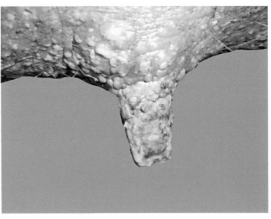

图1-3-16 水疱皮脱落

乳头部发生水疱后，乳猪吮乳时将表皮破坏。

图1-3-17 痊愈后的蹄部

蹄冠部病变逐渐恢复，痊愈后的皮肤缺少被毛和色素。

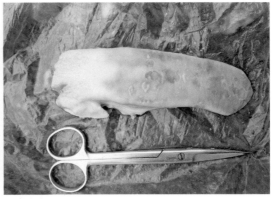

图1-3-18 舌面的溃疡

病猪的舌面有大量大小不一的水疱和溃疡，表面还有假膜。

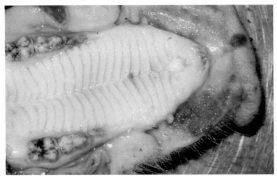

图1-3-19 口腔的水疱

病猪的硬腭、上唇和颊部均见有水疱与溃疡。

图1-3-20 蹄壳坏死脱落

严重的蹄部病变并继发感染，致蹄壳坏死脱落，蹄部变形。

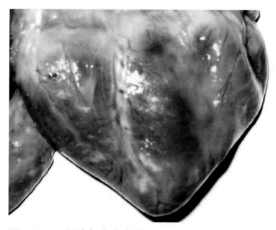

图1-3-21　心脏灰白色病灶

心肌充血，心室壁上有较多灰白色病灶，形成虎斑样花纹。

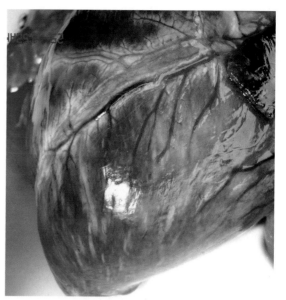

图1-3-22　心脏黄白色条纹

在充血的心室壁上有多量黄白色条纹，形成"虎斑心"。

图1-3-23　心肌纤维变性坏死

纵切心脏，心室壁有数条黄白色心肌变性坏死的条纹（箭头）。

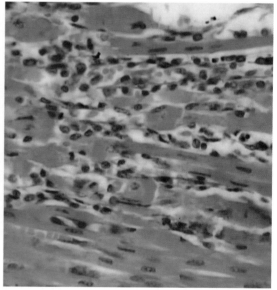

图1-3-24　实质性心肌炎

心肌纤维变性、坏死，间质有淋巴细胞和单核细胞浸润。（HE，×400）

四、水疱性口炎

水疱性口炎（Vesicular stomatitis）是由水疱性口炎病毒所引起的一种人畜共患的急性、热性传染病。其临床特征是在猪等家畜和某些野生动物的口腔黏膜（舌、齿龈、唇），间或在蹄冠和趾间皮肤上发生水疱，口腔流泡沫样口涎。人偶有感染，且有短期的发热症状。

【病原特性】本病的病原为弹状病毒科、水疱性口炎病毒属的水疱性口炎病毒（Vesicular stomatitis virus，VSV）。病毒粒子呈子弹或圆柱状，有囊膜，是一种RNA病毒（图1-4-1）。表面囊膜有均匀密布的短突起，其中含有病毒型的特异性抗原成分。细胞培养时，病毒在细胞质中生长良好，在超薄切片中常见大量呈弹头状或短柱状病毒，当病毒被横切时，则呈现圆形（图1-4-2）。

本病毒对脂溶剂敏感，对外界环境的抵抗力不强，在日光下迅速死亡；2%氢氧化钠或1%福尔马林能迅速杀死病毒。

【流行特点】各种年龄的猪对本病均可感染，但幼猪比成年猪易感，随年龄增长，其易感性逐渐降低。除猪外，马、牛和人均易感。病畜及患病的野生动物是本病的传染源。病毒从病畜的水疱液和唾液排出，在水疱形成前96h就可以从唾液排出病毒，散播传染。病毒主要通过损伤的皮肤和黏膜而感染，也可通过污染的饲料和饮水经消化道感染，还可以双翅目的昆虫为媒介由叮咬而感染。有人认为白蛉、蚊等昆虫的叮咬是传播的主要途径。

本病多呈散发，在一些疫区内可连年发生，但传染力不强。本病有明显的季节性，多发于夏季和初秋，秋末趋于平息。

【临床症状】本病的潜伏期一般为3～5d，病猪体温升高，经1～2d后，口腔和蹄部出现水疱，但在临床上最常见的水疱主要发生于舌（图1-4-3）、鼻盘（图1-4-4）和蹄冠。水疱破裂后形成痂皮。病猪口流清涎，食欲较好，但采食困难。蹄部病变严重时，蹄冠部常见大面积溃疡，严重时蹄壳脱落，露出鲜红色出血面（图1-4-5）。有的病例，病变还可累及四肢部的皮肤，在皮肤上形成水疱和溃疡（图1-4-6）。本病的病程约为2周，体表的病灶康复后多不遗留疤痕，转归良好。

【病变特征】本病的水疱常见于口腔黏膜、舌、颊、硬腭、唇、鼻，也见于皮肤、乳头和蹄部。病变开始时为小红斑点或呈扁平的苍白色丘疹，后迅速变成粉红色的丘疹，经1～2d形成直径2～3cm的水疱，水疱内充满清亮或微黄色的浆液。相邻水疱相互融合；或者在原水疱周围形成新水疱，再相互融合则变成大区域感染。水疱在短时间内破裂，变成糜烂，其周边残留的黏膜坏死，呈不规则的黄白色（图1-4-7）。上皮组织很快再生，小溃疡灶和糜烂性缺损经1～2周可痊愈；如果继发细菌感染，水疱可变成脓疱，进而形成化脓性炎症；当较大的溃疡愈合时，其周边的结缔组织增生，使溃疡面逐渐缩小（图1-4-8），最后形成疤痕。

【诊断要点】根据发病的季节性、发病率和病死率均很低，以及典型的水疱病变，可以做出初步诊断。但应与猪口蹄疫、猪水疱疹及猪水疱病鉴别。必要时可进行人工接种试验、病毒分离和血清学试验。

【治疗方法】本病目前尚无特异性治疗方法。由于本病损害轻，多取良性经过，如注意护理，可自行康复。但为了促使本病早日痊愈，缩短病程，特别是为了防止继发感染，应在严格隔离的条件下对局部病变进行对症治疗。口腔黏膜有糜烂或溃疡时，可用清水、食醋或0.1%高锰酸钾进行清洗，糜烂面上撒布冰硼酸、冰硼散，或涂擦碘甘油、1%～2%明矾；蹄部可用3%来苏儿清洗，然后涂布松馏油或鱼石脂软膏；蹄部水疱破裂后，应立即用碘酊或龙胆紫消毒，防止继发感染而导致蹄壳脱落；乳房可用2%～3%硼酸清洗，然后涂布青霉素软膏或其他抗菌软膏。

【预防措施】本病发生后，应封锁疫点，隔离病畜，对污染用具和场所进行严格消毒，以防扩大疫情。对猪舍、场地和用具等可用2%～4%氢氧化钠、10%石灰乳、0.2%～0.5%过氧乙酸或1%强力消毒灵喷洒消毒；粪便应堆积发酵，或用5%氨水消毒。人与病畜接触时应注意个人保护。

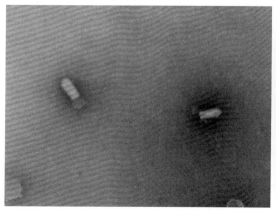

图1-4-1　水疱性口炎病毒

病毒呈子弹状或圆柱状。（电镜负染色）

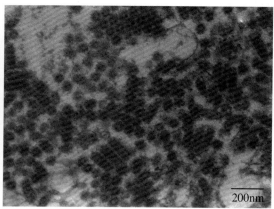

图1-4-2　增殖型病毒

细胞培养中增殖的水疱性口炎病毒（圆形为横切面）。（电镜正染色）

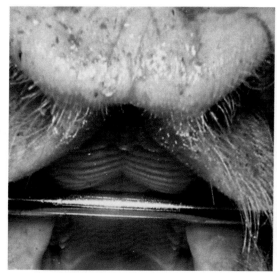

图1-4-3　舌面溃疡

病猪的舌面有新破裂的水疱，形成鲜红色的溃疡。

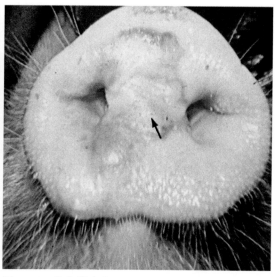

图1-4-4　鼻盘部水疱

鼻盘部有由几个小水疱融合而成的大水疱（箭头）。

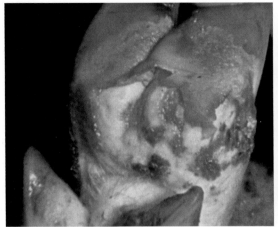

图1-4-5　蹄部水疱

蹄部的水疱破裂后，形成大面积的溃疡，部分蹄壳脱落。

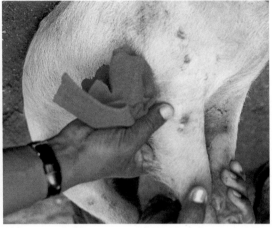

图1-4-6　皮肤溃疡

病猪右前肢的皮肤上有几个鲜红色的溃疡灶。

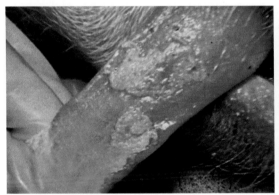

图1-4-7　舌黏膜坏死

舌面上的水疱破裂形成糜烂，残留的舌黏膜坏死呈黄白色。

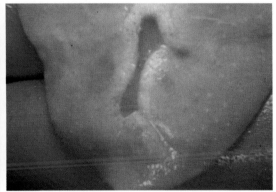

图1-4-8　溃疡愈合

溃疡周边的上皮细胞与结缔组织增生，溃疡逐渐痊愈。

五、猪水疱病

　　猪水疱病（Swine vesicular disease, SVD）是由一种肠道病毒所致的急性传染病。其流行快，发病率高，临床上以蹄部、口部、鼻端和腹部、乳头周围皮肤和黏膜发生水疱为特征。本病传播迅速，流行广泛，曾给养猪业带来严重损失。

　　【病原特性】　本病的病原是小核糖核酸病毒科、肠道病毒属的猪水疱病病毒（Swine vesicular disease virus, SVDV）。本病毒与人的肠道病毒柯萨奇 B_5 有抗原关系。成熟的病毒粒子呈球形，大小相当，在超薄切片上的直径为22～23nm；而用磷钨酸负染时其直径较大，为28～30nm（图1-5-1）。病毒由裸露的二十面体对称的衣壳和含有单股RNA的核心组成。未成熟的病毒粒子在细胞质内装配，常呈晶格状排列（图1-5-2），而在发生病变的细胞质中则呈环形或串珠状排列。

该病毒对环境和消毒药有较强的抵抗力。病毒在粪便和污染的猪舍内可存活8周以上；将病猪的肉、皮肤和肾脏等组织保存于 − 20℃条件下，过11个月后病毒的滴度仍未见显著下降；将病猪的肉腌制3个月后仍能检出病毒。用3% NaOH溶液在33℃经24h才能杀死病毒；1%过氧乙酸60min方可杀死病毒。据报道，5%氨水和3%福尔马林对本病毒具有较好的杀灭效果。

【流行特点】　在自然环境下，本病只发生于猪，不同品种、年龄的猪均可感染发病，而其他动物不感染。病猪、潜伏期的猪和病愈后的带毒猪是本病的主要传染来源。病猪的粪尿、鼻液、口腔分泌物、水疱皮、水疱液中含均有大量病毒，通过病猪与易感猪接触，病毒即可经损伤的皮肤、消化道等传入体内。另外，饲喂未经煮沸消毒的泔水和屠宰下脚料也是传播本病的重要方式；污染的车船、运动场、垫草、用具和饲养人员等也常常能传播本病。

该病一年四季均可发生，但多见于春、冬两季。在猪群高度集中、调运频繁的单位如猪收购场和猪集散地的棚圈和猪场，传播较快，发病率很高，可达70%～80%（首次发生本病时，发病率多达100%），而病死率很低。在分散调养的情况下，很少引起流行。

【临床症状】　本病的潜伏期为2～4d，最长可达28d。病初体温升高至40～42℃，病猪精神沉郁，食欲减退或停食，肥育猪显著掉膘。本病的特征性临床症状是：病初，病猪的蹄冠部皮肤淤血、水肿、增厚，呈暗红色（图1-5-3）；继之，趾间、蹄踵、蹄冠部皮肤粗糙、龟裂，出现1个或几个黄豆至蚕豆大的水疱（图1-5-4）；继而水疱融合扩大，1～2d后水疱破裂形成溃疡，露出鲜红的溃疡面，常围绕蹄冠皮肤和蹄壳之间裂开（图1-5-5）。病猪常因剧烈疼痛而出现明显的跛行，常拱背行走，多数病猪卧地不起或呈现犬坐姿势（图1-5-6）。严重病例，由于继发细菌感染，局部化脓或发生坏疽，造成蹄壳破坏（图1-5-7）或脱落，导致病猪卧地不起，失去运动能力。在蹄部发生水疱的同时，有的病猪在鼻盘、口腔黏膜（图1-5-8）和哺乳母猪的乳头周围也出现水疱。多数病仔猪在鼻盘部出现水疱、溃疡和结痂（图1-5-9）。

病猪在出现水疱后，精神沉郁，食欲大减或废绝，迅速消瘦，但一般情况下，如无并发其他疾病，通常不引起死亡。另外，有的病猪偶尔出现中枢神经紊乱症状（约占2%），其表现为无目的地向前冲撞，转圈运动，用鼻摩擦，咬食猪舍用具，眼球转动，有时还出现强直和痉挛。

【病理特征】　本病的特征性病变主要在蹄部，有时也在鼻端、口唇（图1-5-10）、舌面（图1-5-11）和乳头部出现水疱和溃疡，个别严重病猪的淋巴结出血或心内膜有条纹状出血带，其他器官无明显变化。组织学检查，蹄部皮肤的表皮鳞状上皮发生空泡变性、坏死和形成小水疱（图1-5-12）；真皮的乳头层小血管扩张、充血、出血和水肿，血管周围有炎性细胞浸润。除皮肤病变外，病毒也可侵害肾盂、膀胱黏膜和胆囊黏膜等组织，使其上皮变性坏死，组织发生炎性反应。另外，弥漫性非化脓性脑膜脑炎和脊髓炎的发生是本病的又一特征。脑的病变以间脑、中脑、延脑和小脑的检出率最高且最严重。

【诊断要点】　依据临床症状和流行特点，可做出初步诊断。但临床症状无助于区别猪水疱病、口蹄疫、猪水疱疹和猪水疱性口炎，因此必须依靠实验室诊断来加以区别。

【类症鉴别】　本病的临床症状与口蹄疫、水疱性口炎很相似，应予以鉴别。

【治疗方法】　本病无特效的治疗药物，按口蹄疫治疗方法处置，可促进恢复，缩短病程。另外，用猪水疱病高免血清和康复猪的血清进行被动免疫具有良好的效果。因此，在商品猪

中大量应用被动免疫，对于控制疫病扩散，减少发病率，提高治愈率，具有良好的作用。

【预防措施】

1.防止本病传入　不从疫区购买或调入猪只和猪肉制品，屠宰下脚料和泔水要经过煮沸方可喂猪。

2.定期预防接种　对疫区和受威胁区要定期预防接种。通常应用乳鼠化弱毒苗和细胞培养弱毒苗，接种后4～8d即可产生免疫力，保护率可达80%，免疫期6个月以上。

3.加强检疫　收购和调运生猪时应逐头检疫，做到两看（看食欲和跛行）、三查（查蹄、口、体温），发现病猪，就地处理，不准调出。

4.严格消毒　在本病流行的地区，要定期对猪舍、用具、运动场所和运输工具等进行消毒。对猪水疱病比较可靠的消毒药品有5%氨水、10%漂白粉、3%福尔马林等。其中氨水具有良好的消毒作用，同时不损害器具和车船油漆，是常用的器具消毒液。国外应用0.1%高锰酸钾与0.05%硫酸合剂消毒，认为可收到满意的效果。

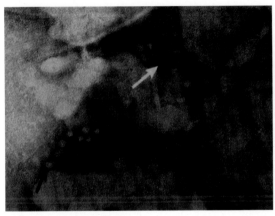

图1-5-1　成熟的病毒粒子

　成熟的病毒粒子近球形（箭头），无囊膜。（电镜正染色）

图1-5-2　装配中的病毒

　未成熟正在装配的病毒在细胞质中呈晶格样排列。（电镜负染色）

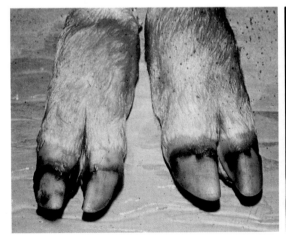

图1-5-3　蹄冠淤血、水肿

　病猪的蹄冠部淤血、水肿，蹄壳交界处呈暗褐色。

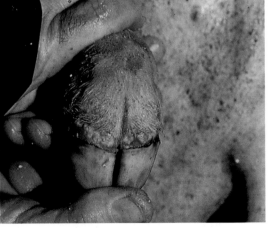

图1-5-4　浅表性溃疡

　蹄冠部皮肤粗糙，出现小水疱和浅表性溃疡。

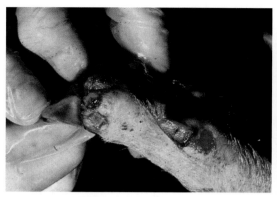

图 1-5-5　皮肤烂斑

趾间、蹄冠和副趾处的皮肤皲裂，出现水疱和烂斑。

图 1-5-6　各种病姿

病猪因蹄部有水疱疼痛而不能站立，运动困难。

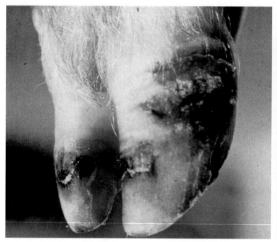

图 1-5-7　蹄壳皲裂

继发感染后蹄壳皲裂破坏，呈黑褐色。

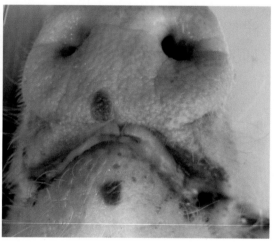

图 1-5-8　口唇部水疱

病猪的口唇周围、唇和齿龈黏膜有大量新形成的小水疱。

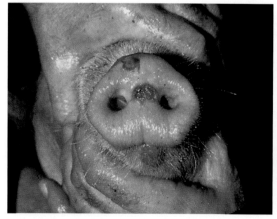

图 1-5-9　溃疡和结痂

仔猪的鼻盘部及唇部有水疱、溃疡和结痂。

图 1-5-10　鼻唇部的水疱

病猪的鼻唇部有大小不一的淡红黄色的水疱和溃疡。

图1-5-11　舌面的溃疡

　　病猪舌面上有较多水疱，破裂后形成大小不一的溃疡。

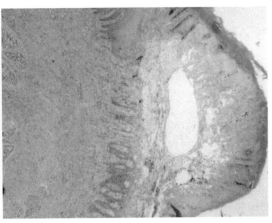

图1-5-12　水疱形成

　　组织学检查，鼻盘部皮肤的棘细胞层中有大小不等的水疱形成。（HE，×40）

六、猪流行性腹泻

　　猪流行性腹泻（Porcine epidemic diarrhea，PED）又称流行性病毒性腹泻（EVD），俗称冬季拉稀病，是由病毒引起的一种胃肠道传染病。临床上以水样腹泻、呕吐和脱水为特征。本病主要发生于冬季，各种年龄的猪均能感染，仔猪的死亡率可达50%。

　　【病原特性】本病的病原是冠状病毒科、冠状病毒属的猪流行性腹泻病毒（Porcine epidemic diarrhea virus，PEDV），主要存在于小肠上皮细胞及粪便中。粪便中的病毒粒子是多形的，但趋于圆形，外有囊膜，囊膜表面有放射性棒状突起（图1-6-1），长18～23nm。

　　本病毒的抵抗力不强，对乙醚、氯仿敏感，一般碱性消毒药可以将其杀灭。

　　【流行特点】不同年龄、品种和性别的猪都能感染发病，哺乳猪、断乳仔猪和育肥猪的发病率通常为100%，母猪为15%～19%。病猪和病愈猪是主要的传染来源，其粪便中含有大量病毒，通过污染饲料、饮水和用具等，主要经消化道传播。据报道，本病还可经呼吸道传播，并可经呼吸道分泌排出病毒。从粪便中排出病毒的时间可持续54～74d，但有不确定的间歇期。

　　本病一年四季均可发生，但多发生于冬季，特别是12月和2月的寒冷季节最多发生。本病的传播较迅速，数日之内可波及全群。一般流行过程延续4～5周，有一定的自限性，约经一个月左右可自然平息。

　　【临床症状】经口人工感染的潜伏期，新生乳猪为15～30h，育肥猪约2d；自然感染的潜伏期可能要稍长些。病初，病猪的体温稍升高或正常，精神沉郁，食欲减退；继而排稀便或水样便，呈灰黄色或灰色（图1-6-2），吃食或吮乳后部分仔猪发生呕吐。日龄越小，症状越重，1周龄以内的仔猪常于腹泻后2～4d，因脱水和酸中毒而死亡（图1-6-3），病死率约为50%；若猪生后很快感染本病时，则病死率更高，有时可高达90%。日龄较大的仔猪约1周后可康复，而部分康复猪会出现发育受阻而变成僵猪。断乳仔猪、育肥猪及母猪持续腹泻4～7d，常可发生呕吐（图1-6-4）或出现呕吐样表现，排出糨糊样或污秽不洁的粥样粪便（图1-6-5），严重腹泻时，病猪呈喷射状排出水样稀便（图1-6-6）。此后逐渐恢复正常，育肥猪的死亡率仅为1%～3%。

【病理特征】乳猪极度消瘦，肛周及四肢均被稀便污染而呈不洁的淡黄色（图1-6-7）。胃内积有黄白色凝乳块，小肠扩张，肠内充满黄色液体、肠壁菲薄呈透明状（图1-6-8）。有的小肠极度扩张，充满气体而不见食糜（图1-6-9）。胃壁暗红色，附有较多的凝乳块（图1-6-10）。肠壁淤血呈暗红色，肠系膜淋巴结肿胀，呈浆液性淋巴结炎变化。

【诊断要点】依据流行特点和临床症状可以做出初步诊断，但要将本病与猪传染性胃肠炎做出区别时，需进一步做实验室检查。可制作石蜡或冷冻切片，用免疫酶（图1-6-11）或荧光抗体技术，当在小肠上皮中检出大量阳性细胞时即可确诊。

【类症鉴别】本病极易与猪传染性胃肠炎相混淆，在确诊时需注意鉴别。一般而言，本病的死亡率比猪传染性胃肠炎稍低，传播速度稍慢，不同年龄的猪均有易感性。除了猪传染性胃肠炎外，本病还应与猪轮状病毒病、仔猪白痢、仔猪黄痢、仔猪红痢、猪痢疾等疾病相区别。

【治疗方法】目前尚无特效治疗药物和有效的治疗方法，唯一的防治方法就是对症治疗，防止并发感染，促进猪只康复。由于病猪腹泻明显，为了防止其脱水和电解质平衡被破坏，每日需给予足量的含电解质和某些营养成分的清洁饮水（常用处方为：氯化钠3.5g，氯化钾1.5g，碳酸氢钠2.5g，葡萄糖20.0g，自来水1 000mL）。由于乳猪发病后机体的抵抗力明显降低，病猪恶寒怕冷，所以应保持猪舍温暖（25～30℃）和干燥。为了防止细菌感染可注射抗生素，对有食欲的仔猪可拌在饲料中喂服。

有人在临床实践中发现用喹乙醇治疗本病有较高的疗效。治疗方法为：将100g喹乙醇混入50kg饲料中，拌匀，每日喂3次，连续用药7d；同时每天给病猪饮用0.5%盐水2次，连用3～5d，病猪的腹泻即可停止。用药时须注意，一定要将药物与饲料混合均匀。

【预防措施】我国已研制出有效的灭活疫苗，对本病预防具有重要的作用，但只有采取综合性预防措施，才能更好地控制本病。

1.常规预防 平时要加强防疫工作，加强饲养管理，搞好环境卫生。在本病多发的寒冷季节中，要做好防寒保温工作，提高仔猪的抵抗力。不从疫区购买种猪，防止本病的传入。对运输饲料的车辆、从疫区归来的人员等，应及时消毒，防止带入本病。

免疫接种既可用于妊娠母猪，借以被动地保护仔猪，也可用于不同年龄的仔猪，引发主动免疫的保护作用。常用的免疫方法为：猪流行性腹泻氢氧化铝灭活苗，被动免疫可于妊娠母猪产前20～30d注射3mL；主动免疫，仔猪0.5mL，10～25kg猪1mL，25～50kg猪2mL，50kg以上猪3mL。用猪传染性胃肠炎与流行性腹泻二联灭活苗被动免疫，可于妊娠母猪产前20～30d注射4mL；主动免疫，25kg以下仔猪1mL，25～50kg猪2mL，50kg以上肥育猪4mL。

2.紧急预防 一旦发生本病，应立即封锁猪场，防止猪群之间的相互接触；严格对猪舍、周围环境、用具和车辆等进行彻底消毒；将未感染的预产期20d以内的妊娠母猪和哺乳母猪连同乳猪隔离到安全地区饲养。

猪流行性
腹泻症状

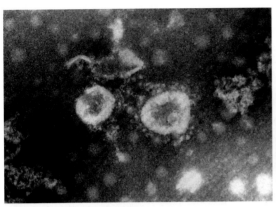

图1-6-1　流行性腹泻病毒

病毒粒子有囊膜，周围有放射性棒状突起。

图1-6-2　病猪腹泻

病猪排出淡黄色稀便，尾巴、肛门周围和后肢常被严重污染。

图1-6-3　病猪极度脱水

剧烈腹泻导致病猪极度脱水和酸中毒而死亡。

图1-6-4　呕吐物

病猪呕吐出黄白色黏稠的胃内容物。

图1-6-5　持续腹泻

断乳后仔猪持续腹泻，稀便污秽不洁。

图1-6-6　喷射状排便

病猪站立，喷射状排出水样稀便。

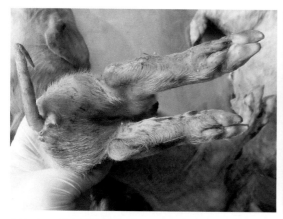

图1-6-7　肛周及后肢污染

　　病猪的肛周及后肢黏附淡黄色稀便，皮肤充血发红。

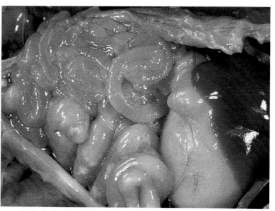

图1-6-8　卡他性肠炎

　　小肠壁菲薄，内含大量淡黄色浆液和凝乳块。

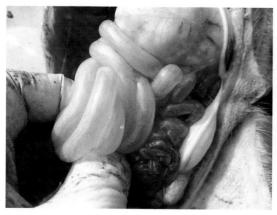

图1-6-9　肠管积气

　　肠管膨胀，内含大量气体，肠壁菲薄。

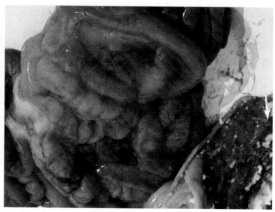

图1-6-10　卡他性胃肠炎

　　胃黏膜（白箭头）淤血，胃内有白色凝乳块；小肠内充满淡黄色稀薄的内容物。

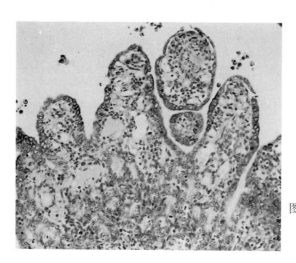

图1-6-11　免疫酶技术检测阳性

　　在肠黏膜上皮细胞中检出大量含有病毒的阳性细胞。（×400）

七、猪传染性胃肠炎

猪传染性胃肠炎（Transmissible gastroenteritis, TGE）是猪的一种急性高度接触性肠道传染病。其临床特征为腹泻、呕吐和脱水。本病可发生于各种年龄的猪，10日龄以内的仔猪病死率很高，可高达100%；5周龄以上的猪病死率很低，较大的或成年猪几乎没有死亡，但病猪掉膘明显，饲料报酬降低。

【病原特性】　本病的病原为冠状病毒科、冠状病毒属的猪传染性胃肠炎病毒（Transmissible gastroenteritis virus, TGEV）。该病毒的粒子呈球形、椭圆形或多边形，直径为80～120nm，核芯含单股RNA，有囊膜，表面有一层长12～28nm的棒状纤突。扫描电镜观察时，可在病毒粒子的周围见有花冠样突起；透射电镜观察时，病毒多呈圆形而位于内质网腔内（图1-7-1）。

TGEV对日光和热敏感，在阳光下暴晒6h可以灭活；加热至56℃经45min或65℃经10min即全部被杀死。TGEV对低温有较强的抵抗力，在内脏和肠内于－20℃条件下可存活8个月之久。本病毒对化学药品的抵抗力较弱，常用消毒药容易将其杀死。

【流行特点】　本病只能感染猪，而其他动物均无易感性。各种年龄的猪均有易感性，10日龄以内的乳猪，其发病率和病死率均很高，断乳仔猪、育肥猪和成年猪的症状较轻，大多数能自然恢复。病猪和带毒猪是主要传染源。病毒从粪便、乳汁、鼻液中排出，污染饲料、饮水、空气及用具等，由消化道和呼吸道侵害易感猪。病毒也可通过乳汁传染给仔猪。另外，密闭式的猪舍，湿度大、饲养密度大、数量多时也易发生本病。

本病的流行有明显的季节性，多发生于冬季；产仔旺季的发生率高，我国以每年的12月至次年的4月为高发期。在新疫区呈流行性发生，传播迅速，在1周内可散播到各年龄组的猪群。

【临床症状】　本病的潜伏期随感染猪的年龄而有差别，仔猪一般为12～24h，大猪2～4d。本病传播迅速，数日内可蔓延到整个猪群。其主要症状因感染猪的年龄不同而有较大的差异。

1.乳猪　首先突然发生呕吐，接着发生剧烈水样腹泻，通常呕吐多发生于吃乳之后。由于呕吐和腹泻，病猪多精神沉郁，消瘦，被毛粗乱无光泽（图1-7-2）。粪便为乳白色或黄绿色，带有小块未消化的凝固乳块，有恶臭；由于病猪多发生呕吐，故在粪便中常见混有乳白色的胃内容物（图1-7-3）。在发病末期，由于严重脱水和营养缺乏，病猪极度消瘦和贫血，体重迅速减轻，体温下降，恶寒怕冷，常聚集在一起相互挤压而保温（图1-7-4）。病猪常于发病后2～7d死亡。乳猪发病的特点是：日龄越小，病程越短，死亡率越高。通常出生后5d以内仔猪的死亡率常为100%（图1-7-5），而日龄较长耐过的小猪则生长发育受阻，增重缓慢，甚至成为僵猪。

2.育肥猪　发病率接近100%。断乳不久的仔猪发病后腹泻，恶寒怕冷，拥挤在一起，而病情较重的猪则离群散在（图1-7-6），有的病猪腹部疼痛，常爬卧在地，或低头弓背缓解腹痛（图1-7-7）。腹泻明显，粪便呈粥样或水样，颜色多为淡黄绿色、灰绿色或茶褐色，内含少量未消化的固体物（图1-7-8）。与哺乳仔猪相比，育肥猪很少发生呕吐，但饮欲增强，多找水喝，甚至饮用污水（图1-7-9）。病程约1周，腹泻停止而康复，很少死亡。在发病期间，增重明显减缓。

3.成年猪 感染后常不发病。部分猪表现轻度水样腹泻，或一时性的软便，对体重无明显影响。

4.母猪 妊娠母猪的症状往往不明显，或仅有轻微的症状（图1-7-10）。哺乳中的母猪发病后，多表现高度衰弱，体温升高，泌乳停止，呕吐，食欲不振，严重腹泻（图1-7-11）。此时，母猪常与仔猪一起发病。

【病理特征】本病的特征性病变是轻重不一的卡他性胃肠炎（图1-7-12）。剖检见病猪严重脱水，明显消瘦，可视黏膜苍白或发绀。胃膨满，胃壁菲薄，血管扩张充血，胃内滞留有未消化的凝固乳块和气体（图1-7-13）。在3日龄乳猪中，约50%在胃横膈面的憩室部黏膜下有出血斑。小肠扩张，肠腔内有大量泡沫状液体和未消化的淡黄色凝固乳块，肠壁变得菲薄，呈半透明状，血管呈树枝状充血（图1-7-14）。肠系膜淋巴管内见不到乳白色乳糜，表明脂肪的消化吸收或转运发生障碍。肠系膜淋巴结肿胀，肠壁淋巴小结亦肿胀。

特征性组织学病变是：小肠黏膜的绒毛明显短缩，上皮细胞变为扁平状或立方形，发生空泡变性，并伴发坏死、脱落（图1-7-15），黏膜充血、水肿、白细胞浸润等。扫描电镜观察，肠黏膜的绒毛明显短缩，呈扁平状（图1-7-16）。

【诊断要点】依据流行特点、临床症状和病理变化的特点，可做出初步诊断。若要进一步确诊则需分离病毒和做新生仔猪感染试验，测定急性期和恢复期血清的中和抗体效价。病理检查时，通常采取病猪的小肠，制作冰冻或石蜡切片，用荧光抗体技术进行检查（图1-7-17）。

【类症鉴别】诊断本病时，应注意与猪流行性腹泻、猪轮状病毒病、仔猪白痢、仔猪黄痢、仔猪红痢、猪副伤寒、猪痢疾等疾病进行鉴别。

【治疗方法】本病无特异性药物用于治疗，但采取对症治疗，可以减轻脱水、电解质平衡紊乱和酸中毒；同时加强饲养管理，保持仔猪圈舍的温度（最好25℃左右）和干燥，则可减少死亡，促进早日恢复。为此，让仔猪自由饮服电解质调节溶液（氯化钠3.6g，氯化钾1.5g，碳酸氢钠2.5g，葡萄糖20g，常水1 000mL），具有较好的防治效果。

为防止继发感染，对仔猪，尤其是2周龄以下的乳猪，可适当应用抗生素及其他抗菌药物进行治疗。如应用链霉素加米壳治疗，其疗效极为显著。用法是：链霉素200万IU，米壳25g，白糖50g。先将米壳放入250mL水中煎煮取汁125mL，用纱布过滤去渣，加入链霉素和白糖。大猪一次内服，小猪减半，一般2次可愈。还可内服、肌内或静脉注射庆大霉素（8万～12万IU，5%葡萄糖氯化钠注射液50～100mL）或恩诺沙星、环丙沙星；痢菌净，每千克体重10～30mg，一次肌内注射，每日2次，内服药量加倍；黄连素1.2～1.5g，一次内服，每日2～3次，连服2～4d；磺胺脒0.5～4g，次硝酸钠1～5g，小苏打1～4g，混合内服；0.1%高锰酸钾，按每千克体重4～5mL，内服，每天1次，连服2d。

【预防措施】预防本病，首先要注意加强饲养管理。猪舍要经常消毒，保持舍内清洁卫生，在寒冷的季节应加强防寒保暖。注意不从疫区或病猪场引进猪只，不准无关人员进入猪舍，以免传入本病。若要引进猪只时，要注意检疫、隔离和观察，防止引起隐性感染猪。防止犬、猫等动物进入猪舍而带入本病。

　　本病是典型的局部感染，可引起良好的局部免疫（黏膜免疫），乳猪从含有中和抗体的初乳和常乳中可获得抗体，从而达到良好的免疫效果，此即为乳源免疫。因此，对妊娠母猪于产前45d及15d左右，以猪传染性胃肠炎弱毒疫苗经肌肉及鼻内各接种1mL，使其产生足够的免疫力，让哺乳仔猪通过吃母乳而获得抗体，产生被动免疫，能有效地预防本病。

　　初生仔猪后海穴注射0.5mL，10～50kg的猪后海穴注射1mL，50kg以上的猪后海穴注射2mL猪传染性胃肠炎弱毒疫苗或猪传染性胃肠炎与猪流行性腹泻二联灭活苗，可产生良好的主动免疫。

猪传染性胃
肠炎症状

　　当猪群发生本病时，应立即隔离病猪，并用消毒液对猪舍、环境、用具、运输工具等进行彻底消毒。尚未发病的猪应隔离在安全的地方饲养，并紧急注射灭活苗或弱毒苗。

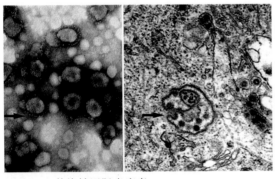

图1-7-1　传染性胃肠炎病毒

病毒粒子外周有花冠样突起（左图箭头），位于粗面内质网中（箭头）。

图1-7-2　病猪消瘦

3日龄患病乳猪（左）与正常乳猪相比（右），消瘦，皮毛粗乱无光泽。

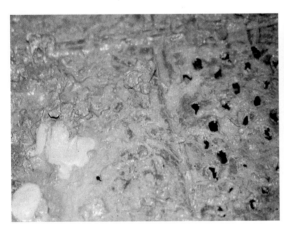

图1-7-3　呕吐物与稀便

病猪排出的灰绿色水样稀便中常混有呕吐的灰白色胃内容物。

图1-7-4　病猪群

患病乳猪精神极度沉郁，聚集在一起取暖保温。

图1-7-5　大量死猪

　　因患本病而大批死亡的1周龄内乳猪。

图1-7-6　恶寒怕冷

　　病猪恶寒怕冷，拥挤在一起，而病重者则散在。

图1-7-7　腹部疼痛

　　病猪爬卧在地，或低头拱背缓解腹痛。

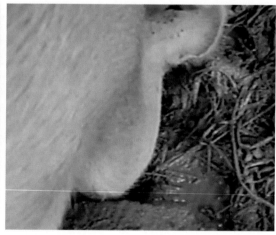

图1-7-8　饮用污水

　　病猪饮欲增强，饮用圈内的污水。

图1-7-9　粥样稀便

　　育肥猪腹泻时多排出淡黄绿色或灰绿色粥样稀便。

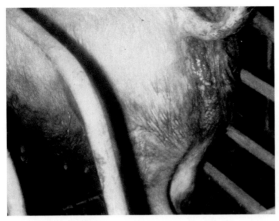

图 1-7-10　母猪腹泻

妊娠母猪多排出水样稀便，会阴部常被稀便污染。

图 1-7-11　母子发病

患病母猪剧烈腹泻，后躯全被粪便污染，同窝仔猪也被感染。

图 1-7-12　卡他性肠炎

病猪小肠壁充血、菲薄，内有少量淡黄色的内容物和大量气体。

图 1-7-13　胃肠积气

病猪的胃膨满，胃壁和小肠壁菲薄，含大量气体和凝乳块。

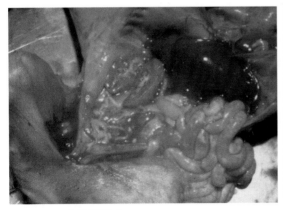

图 1-7-14　卡他性肠炎

病猪小肠壁充血、菲薄，内有较多淡黄色内容物。

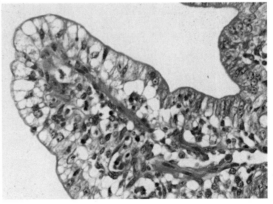

图 1-7-15　肠上皮坏死

病猪小肠上皮细胞空泡化，细胞核浓缩，呈现坏死状。(HE，×400)

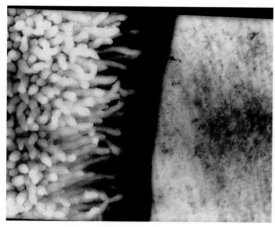

图1-7-16 肠绒毛萎缩

感染猪肠黏膜上皮细胞的绒毛明显萎缩，左为正常对照。

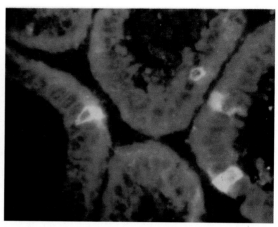

图1-7-17 荧光抗体技术检测呈阳性

用抗TGE荧光抗体检测，小肠黏膜上皮含有病毒（黄色）。（×400）

八、轮状病毒感染

轮状病毒感染（Rotavirus infection）是由轮状病毒引起的一种急性肠道传染病。主要发生于仔猪，临床上以厌食、呕吐、腹泻、脱水为主要症状，而育肥猪和成年猪以隐性感染为特点。病理学上以急性卡他性小肠炎为特征。

【病原特性】本病的病原为呼肠孤病毒科、轮状病毒属（Rotavirus）的病毒。本属病毒略呈圆形，有双层衣壳，直径65～75nm。其中央为核酸构成的核芯，内衣壳由32个呈放射状排列的圆柱形壳粒组成，外衣壳为连接于壳粒末端的光滑薄膜状结构，使该病毒形成车轮状外观（图1-8-1），故命名为轮状病毒。

轮状病毒对外界环境和理化因素的抵抗力较强。在18～20℃的粪便和乳汁中，能存活7～9个月；在室温中能保存7个月；加热60℃时，需30min才能被灭活；在pH为3～9的环境下较稳定；但0.01%碘、1%次氯酸钠和70%酒精则可使之丧失感染力。

【流行特点】本病可感染各种年龄的猪，感染率最高可达90%～100%，但在流行地区由于大多数成年猪都已感染而获得免疫，因此发病猪多是2～8周龄的仔猪。病的严重程度、死亡率与猪的发病年龄有关，日龄越小的仔猪，发病率越高，一般为50%～80%，病死率一般为1%～10%。病猪、隐性感染猪和带菌猪是本病的主要传染来源（但人和其他动物也可散播本病）。由于后两者不易被发现，因而在本病的发生过程中起着重要的传播作用。轮状病毒主要存在于病猪及带毒猪的消化道，随粪便排到外界环境后，污染饲料、饮水、垫草及土壤等，经消化道途径使敏感猪被感染。因此，粪-口途径是本病的主要传播途径，目前也证明呼吸道和垂直传播是存在的。排毒时间可持续多天，可严重污染环境，加之病毒对外界环境有顽强的抵抗力，使轮状病毒在成年猪、育肥猪、仔猪之间反复循环感染，长期扎根猪场。

本病多发生于晚秋、冬季和早春，呈地方性流行。据报道，轮状病毒感染是断乳前后仔猪腹泻的重要原因。如与其他病原如致病性大肠杆菌及冠状病毒混合感染时，病的严重性明显增加。

【临床症状】本病的潜伏期一般为12～24h，新生猪暴发性病例多发生在2～6周龄，以10～35日龄这一阶段发病数量最多。病初，病猪的精神沉郁，食欲不振，不愿走动，有些乳猪吃奶后发生呕吐，继而腹泻，粪便呈水样、半固体状、糊状或乳清样，并含不同程度的絮状物，后变为黄色（图1-8-2）、黄绿色、灰白色或黑色。病情较严重时，稀便中常混有大量凝乳块和肠绒毛断裂脱落的碎屑（图1-8-3），并有腥臭气味。腹泻可持续4～8d，少数可达10d以上。腹泻期间，病猪发生脱水，2～5d后可能会出现死亡。症状的轻重决定于发病猪的日龄、免疫状态和环境条件，环境温度下降或继发大肠杆菌病时，常使症状严重，病死率增高。一般常规饲养的乳猪出生头几天，由于缺乏母源抗体的保护，感染发病后死亡率可高达100%；如果有母源性抗体保护，则1周龄内的乳猪一般不易感染发病；10～21日龄乳猪感染后的症状较轻，腹泻数日即可康复，病死率很低；3～8周龄或断乳2d的仔猪，病死率一般为10%～20%，严重时可达50%。

【病理特征】本病的特征性病变主要位于胃肠道，其中以小肠的变化最明显，而胃的变化多是由小肠病变所累。眼观，胃壁弛缓、扩张、膨大，胃内充满凝乳块和乳汁。这是胃内容物后送障碍所引起的。肠道胀气，肠管内蓄积多量气体，使肠壁变得菲薄，呈半透明状（图1-8-4）。病初，肠黏膜充血、肿胀，呈淡红色，被覆大量灰白色黏液，多与肠内容物相混合而呈灰绿色（图1-8-5）或污秽色；中后期，黏液中的水分被吸收而减少，黏液、肠内容物常与胆汁混合，形成黄色、棕黄色或污黄色黏稠的浆糊状物，被覆于肠黏膜（图1-8-6）。有时见小肠发生弥漫性出血，肠内容物呈淡红色或灰黑色。肠系膜淋巴结充血、肿大，多呈浆液性淋巴结炎的变化。其他器官常发生不同程度的变性变化。

镜检，以空肠及回肠的病变最为明显。其特征为绒毛萎缩而隐窝伸长。健康乳猪的肠绒毛细长，游离端钝圆，上皮细胞完整呈柱状（图1-8-7）。而病猪感染后24～27h，绒毛明显缩短、变钝，常有融合，黏膜皱襞顶端绒毛萎缩更为严重，上皮细胞由柱状变为立方形或扁平状，胞质中出现小空泡，发生变性变化（图1-8-8）。随着病情的发展，上皮细胞变性、坏死，被覆在肠黏膜上成为黏液成分（图1-8-9）；部分脱落的上皮细胞被增殖的立方上皮细胞取代，黏膜固有层中淋巴细胞及网状细胞增多；48h后见隐窝增生而肥厚、伸长；感染96h后，小肠绒毛又开始增生、伸长，168h后基本恢复正常。

【诊断要点】依据流行特点、临床症状和病理特征，即可做出初步诊断。但是引起腹泻的原因很多，在自然病例中，既有轮状病毒、冠状病毒等病毒的感染，又有大肠杆菌、沙门氏菌等细菌感染，从而使诊断工作复杂化。因此，必须通过实验室检查才能确诊。另外，也可采取小肠前、中、后各一段，冷冻，用免疫荧光（图1-8-10）或免疫酶（图1-8-11）技术检测。

【类症鉴别】诊断本病时应与猪传染性胃肠炎、猪流行性腹泻和大肠杆菌病等进行鉴别。

【治疗方法】目前无特效的治疗药物，只能辅以对症治疗。通常的方法是：发现病猪后立即停止喂乳，配制葡萄糖甘氨酸溶液（葡萄糖43.2g，氯化钠9.2g，甘氨酸6.6g，柠檬酸0.52g，枸橼酸钾0.13g，无水磷酸钾4.35g，溶于2L水中即成），让病猪自由饮用，借以补充电解质，维持体内的酸碱平衡；也可口服葡萄糖盐水（氯化钠3.5g、碳酸氢钠2.5g、氯化钾1.5g、葡萄糖20g、常水1 000mL），每千克体重30～40mL，每日两次。同时，服用收敛止泻剂，防止过度的腹泻引起脱水；使用抗菌药物以防止继发细菌性感染。尽早、尽快使用以上方法，一般都可获得良好效果。

【预防措施】预防本病目前尚无有效的疫苗，主要依靠加强饲养管理，提高母猪和乳猪的抵抗力。在本病流行的地区，母猪大多感染过而获得了一定的免疫力，因此要尽快让新生仔猪早吃初乳，接受母源抗体的保护，以减少发病和减轻症状。一定量的母源抗体只能防止乳猪腹泻的发生，但不能消除感染及其以后的排毒。因此，保持环境清洁，定期消毒，通风保暖是预防本病的重要措施。

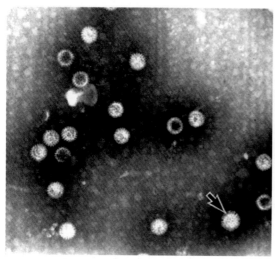

图1-8-1 轮状病毒

轮状病毒粒子有双层衣壳，呈车轮状外观，箭头所示为成熟的病毒粒子。

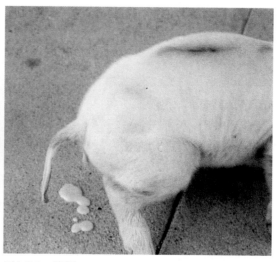

图1-8-2 腹泻

病猪腹泻，排出黄色稀便，尾巴和后肢常被污染。

图1-8-3 含碎屑的稀便

病猪排出的稀便中含有大量凝乳块、破坏脱落的肠绒毛等。

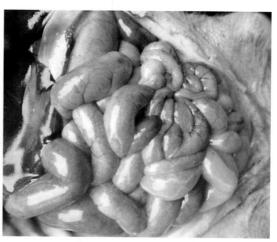

图1-8-4 肠管积气

肠管积气膨胀，肠壁菲薄透明，肠内含有少量内容物。

图1-8-5 卡他性肠炎

肠黏膜面上覆有大量灰白色的黏液和灰绿色的肠内容物。

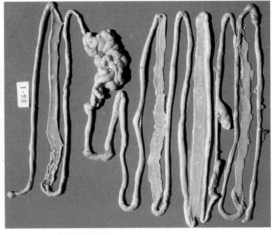

图1-8-6 卡他性肠炎

小肠壁变薄,黏膜面上覆有多量淡黄色黏液。

图1-8-7 正常小肠绒毛

健康乳猪(2周龄)的小肠黏膜,肠绒毛细长,上皮细胞呈柱状。(HE,×100)

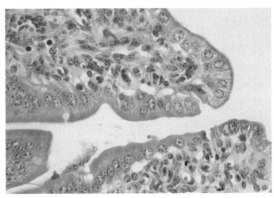

图1-8-8 小肠绒毛短缩

小肠绒毛短缩,上皮细胞变成矮柱状或立方形,细胞内有小空泡。(HE,×400)

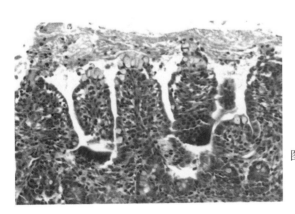

图1-8-9 卡他性肠炎

病猪的小肠绒毛萎缩,顶部被覆大量黏液及坏死脱落的细胞。(HE,×100)

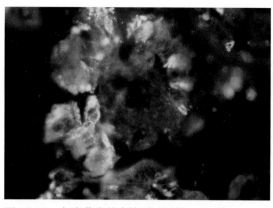

图1-8-10 免疫荧光技术检测呈阳性

小肠黏膜上皮免疫荧光技术检测呈强阳性。
（×100）

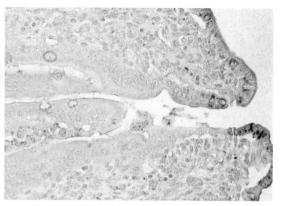

图1-8-11 免疫酶技术检测呈阳性

小肠黏膜上皮细胞免疫酶技术检测呈强阳性。
（×100）

九、流行性乙型脑炎

流行性乙型脑炎（Epidemic encephalitis B）又称日本乙型脑炎，是一种人畜共患的病毒性传染病，马、牛、羊、猪、禽类及人等均能感染。猪被感染后，大多数的临床症状不明显，以妊娠母猪流产、产死胎、公猪睾丸肿大为特点，只有少数病猪出现神经症状。

【病原特性】本病的病原是黄病毒科、黄病毒属的流行性乙型脑炎病毒（Epidemic encephalitis B virus）。本病毒的粒子呈圆形，含单股DNA，大小为30～40nm，系二十面体立体对称。核心为RNA包以脂蛋白膜，外层为含糖蛋白的纤突（图1-9-1）。病毒在感染猪的血液中存留时间很短，主要存在于中枢神经系统、脑脊液和肿胀的睾丸内。

本病毒对外界环境的抵抗力并不强，常用的消毒药均具有良好的灭活作用，如2%氢氧化钠和3%来苏儿等均可将其杀死。

【流行特点】本病以蚊虫为媒介而传播，病毒能在蚊体内繁殖，也可经蚊卵传递。另外，病毒能在蚊体内越冬，带毒越冬的蚊虫是次年感染猪和其他动物的重要的传染源。

猪的感染非常普遍，隐性感染者甚多，是病毒的主要增殖宿主和传染源。因此，本病在猪群中的流行特征是感染率高，发病率低，不同品种和性别的猪均易感染，发病年龄多与性成熟期相互吻合，多在生后6个月左右。

本病的发生有严格的季节性，每年天气炎热的7—9月发生最多，随着天气转凉，蚊虫减少，发病也减少。

【临床症状】人工感染的潜伏期为3～4d。病猪体温升高，可达40～41℃，精神沉郁，喜卧地，食欲减退，口渴，结膜潮红，粪便干燥呈球状，表面常附有灰白色黏液，尿呈深黄色，少部分猪后肢轻度麻痹，步态不稳，有的后肢关节肿胀疼痛而呈现跛行。有的病猪视力障碍，摆头，乱冲乱撞；有的发生转圈运动，在圈内或运动场上无目的不停地转圈（图1-9-2）；有的后肢麻痹，软弱无力，四肢不协调，运动严重障碍（图1-9-3），站立时常出现四肢僵硬，头颈伸直，目光呆滞等无意识的强迫姿势（图1-9-4）。最后倒地不起而死亡。

妊娠母猪多发生流产、早产或延时分娩。母猪妊娠不久感染本病后，常易发生流产，

排出尚未完全成型的胎猪（图1-9-5）。此时，常因胎猪很小和流产物少，或流产物被母猪吃掉，故不易被人发现。妊娠后期流产的胎儿，有的是死胎，全身水肿，或为木乃伊胎（图1-9-6）。仔猪生后有的于几天内发生痉挛而死亡；而有的仔猪却生长发育良好，同一胎仔猪的大小和病变有显著差别，并常混合存在（图1-9-7）。母猪流产后，不影响下一次配种。

公猪除上述一般症状外，常发生睾丸肿胀，多呈一侧性（图1-9-8），也有发生两侧性的（图1-9-9），肿胀程度不一，局部发热，有疼痛感。当发炎的阴囊内有大量渗出液时，阴囊常松弛下垂，触摸时有波动感（图1-9-10）。当急性期过后，炎症开始消退，多数病猪的睾丸逐渐萎缩、变硬，丧失配种能力（图1-9-11）。

【病理特征】本病最有特征性的病理变化主要发生在生殖器官。

流产后的子宫其内膜显著充血、水肿，黏膜上附有黏稠的分泌物。拭去黏液见黏膜面散布有小出血点，黏膜肌层水肿。

流产的胎儿有死胎、木乃伊胎。死胎大小不一，小的有拇指指头大，呈黑褐色，干瘪而硬固；中等大的一般完全干化，呈茶褐色（图1-9-12），皮下有胶样浸润；发育到正常大小的死胎，常由于脑水肿而头部肿大，体躯后部皮下有弥漫性水肿，浆膜腔积液。胸腔和腹腔积液，淋巴结充血，肝脏和脾脏有坏死灶，部分胎儿可见到大脑或小脑发育不全的变化。

具有神经症状的病猪，剖检常见脑水肿，表现颅腔和脑室内蓄积多量澄清的脑脊液，大脑皮层因脑室积水的压迫而变成含有皱襞的薄膜。中枢神经系统的其他部位也发育不全（图1-9-13）。组织学检查可见到典型的非化脓性脑炎的变化，即神经细胞变性坏死，数个星状胶质细胞和小胶质细胞将之包围而形成卫星现象（图1-9-14）；或被小胶质细胞吞噬而形成噬神经现象（图1-9-15）；血管周围有大量淋巴细胞浸润而构成血管套（图1-9-16）；大量星状胶质细胞增生而形成结节（图1-9-17）等。

公猪主要表现为一侧或两侧睾丸肿胀，大小可比正常的增大一倍以上，阴囊的皱襞消失而发亮。鞘膜与白膜间蓄有积液，睾丸实质充血、肿大，表面扩张的血管呈细网状（图1-9-18）。横断睾丸，切面充血、淤血和水肿，有大小不等的黄色坏死灶，后者周边出血（图1-9-19）。慢性病例见睾丸萎缩、硬化，睾丸与阴囊粘连，睾丸实质结缔组织化。镜检，睾丸实质的主要病变是曲精小管的变性和坏死。病初，见有少量的曲精小管的上皮变性坏死或溶解，间质充血、水肿和炎性细胞浸润；继之，变性和坏死加重，曲精小管管腔中充满细胞碎屑，大部分曲精小管坏死（图1-9-20）。

【诊断要点】本病的流行特点和临床症状只有参考价值，需经实验室检查才能确诊。临床病理检查时，常采取病猪的睾丸组织用荧光抗体技术检测，当曲精小管的上皮或脱入管腔的细胞中出现大量阳性反应（图1-9-21）时，即可确诊。

【类症鉴别】妊娠母猪发生流产、死产、木乃伊胎时，应与布氏杆菌病、伪狂犬病、猪细小病毒病相区别。

【治疗方法】目前未发现有效的治疗药物。为了防止继发感染，可应用抗生素（青霉素、氨苄西林等）或磺胺类药物，如20%磺胺嘧啶钠5～10mL，静脉注射。体温升高的，用安乃近或复方氨基比林；脱水症状明显的，可口服补液盐或静脉补液。据报道，用康复猪的血清20～40mL，一次肌内注射，也有较好的治疗效果。

在临床实践中，使用下列处方收到较好的治疗作用，现简介如下：

处方一：生石膏、板蓝根各120g，大青叶60g，生地、连翘、紫草各30g，黄芩18g，水煎后一次灌服，小猪分两次灌服。

处方二：安溴注射液10～20mL，静脉注射，或巴比妥0.1～0.5g内服，或10%水合氯醛5～10mL，静脉注射。

处方三：5%葡萄糖溶液200～500mL，维生素C 5mL，静脉注射。

此外，还可采用针灸治疗，主穴为天门、脑俞、血印、大椎、太阳；配穴为鼻梁、山根、涌泉、滴水。

【预防措施】主要从猪群免疫接种、消灭传播媒介等方面入手。

1.免疫接种　预防接种应在蚊虫出现前一个月内完成。现在常用的疫苗为乙型脑炎弱毒疫苗；免疫的主要猪只为4月龄以上的后备公、母猪（育肥猪也可免疫），肌内注射疫苗1mL，接种后1个月，产生坚强的免疫力。免疫的程序为：第一年以两周的间隔注射两次，以后每年注射1次，即有效防止妊娠母猪的流产和公猪睾丸炎引起的生精障碍。

2.消灭蚊虫　这是预防和控制本病流行的根本措施。据研究，三带喙库蚊的成虫能够越冬，而越冬后其活动时间较其他蚊类晚，主要产卵和滋生地是水田或浅水积聚的地方。此时蚊虫的数量少，滋生范围小，较易控制和消灭。因此，要注意消灭蚊幼虫滋生地，疏通沟渠，填平洼地，排除积水。选用有效的杀虫剂，如马拉硫磷、双硫磷等，定期或黄昏时在猪圈内喷洒。

流行性乙型
脑炎症状

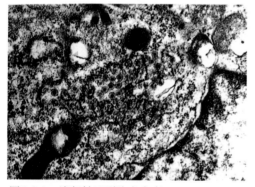

图1-9-1　流行性乙型脑炎病毒

超薄切片中的病毒粒子，主要位于粗面内质网中。

图1-9-2　转圈运动

病猪出现明显的神经症状，无目的不断地进行转圈运动。

图1-9-3　后肢麻痹

病猪后肢麻痹无力，四肢不协调，有严重运动障碍。

图1-9-4　强迫姿势

病猪目光呆滞，呈现无意识的强迫姿势。

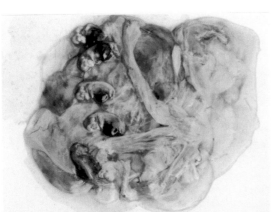

图1-9-5　早期流产

病猪早期流产，排出还未完全成型的胎猪。

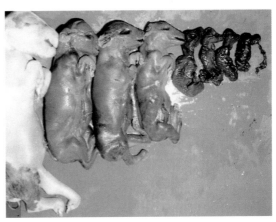

图1-9-6　死胎和木乃伊胎

病猪所产的木乃伊胎及不同发育阶段的死胎。

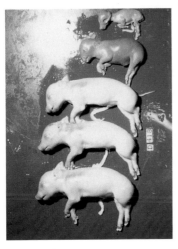

图1-9-7　死胎

病猪流产排出不同发育阶段的死胎。

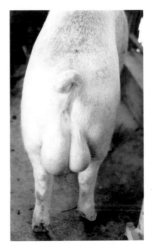

图1-9-8　一侧睾丸肿大

病猪的一侧睾丸肿大，触摸时有温热感。

图1-9-9　两侧睾丸肿大

病猪的两侧睾丸发炎、水肿，阴囊皱襞消失，紧贴于睾丸。

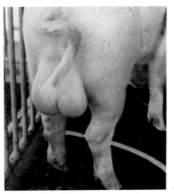

图1-9-10　睾丸炎

两侧睾丸肿大，阴囊松弛，触摸阴囊腔内有波动感。

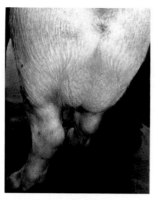

图1-9-11　睾丸萎缩

病猪的两侧睾丸均萎缩、质地变硬，尤以左侧明显。

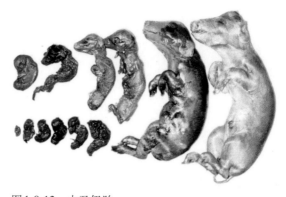

图1-9-12　木乃伊胎

病猪排出大小不一、呈茶褐色的木乃伊胎及死胎。

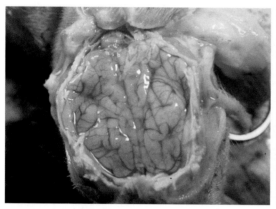

图1-9-13　脑发育不全

病猪的脑膜充血，脑脊液增多，脑内水肿和发育不全。

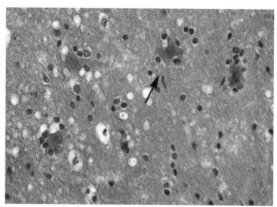

图1-9-14　卫星现象

胶质细胞围绕变性坏死的神经细胞，形成卫星现象（箭头）。（HE，×132）

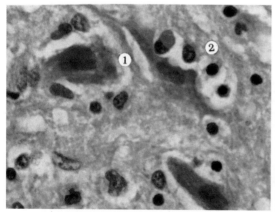

图1-9-15　非化脓性脑炎

非化脓性脑炎的特征性病变：卫星现象（1）和噬神经现象（2）。（HE，×400）

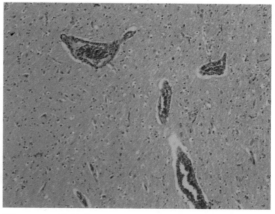

图1-9-16　血管套

死亡乳猪脑组织内以淋巴细胞为主的血管套。（HE，×60）

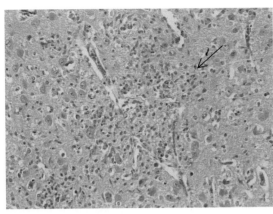

图1-9-17 胶质细胞结节

死亡乳猪脑组织内形成神经胶质细胞结节（箭头）。(HE，×100)

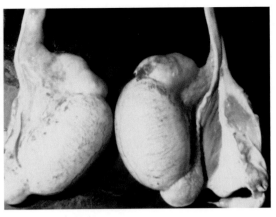

图1-9-18 睾丸炎

睾丸肿大，表面血管充血呈细网状。

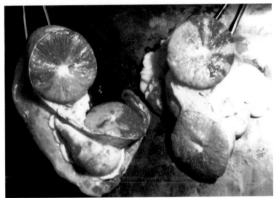

图1-9-19 睾丸坏死

睾丸切面有淤血、出血和黄白色的坏死灶。

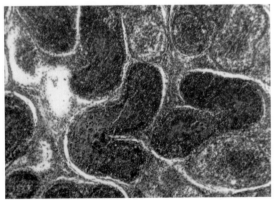

图1-9-20 坏死性睾丸炎

曲精小管管腔中充满细胞碎屑，处于坏死状态。(HE，×60)

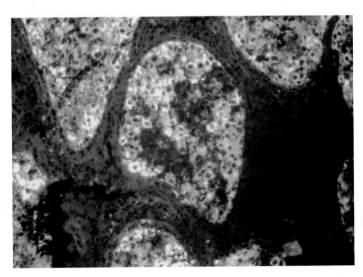

图1-9-21 荧光抗体技术检测阳性

荧光抗体技术检测，曲精小管上皮呈现阳性反应。(×400)

十、猪伪狂犬病

伪狂犬病（Porcine pseudorabies）又称阿氏病（Aujeszky's disease），是由病毒引起的家畜和野生动物的一种急性传染病。其在临床上以中枢神经系统障碍为主征，常于局部皮肤呈现持续性的剧烈瘙痒，但猪感染本病却无明显的皮肤瘙痒现象。猪是本病的自然宿主和贮存者。感染本病的猪，其临床症状与年龄有关。哺乳仔猪出现发热、神经症状，病死率甚高，常可高达100%；成年猪呈隐性感染；妊娠母猪发生流产。

【病原特性】本病的病原是疱疹病毒科、疱疹病毒亚科的伪狂犬病病毒（Pseudorabies virus, PRV），常存在于脑脊髓组织中。该病毒粒子呈圆形，含双股DNA，直径为100～150nm，具有脂蛋白囊膜与纤突（图1-10-1）。

PRV对外界环境的抵抗力很强，在污染的猪圈或干草上能存活一个多月；在肉中能存活5周以上；25℃时在干草、树枝、食物上可存活10～30d；腐败11d、腌渍20d才能将之杀死。PRV对化学药品的抵抗力较小，一般的消毒药均有效，如2%氢氧化钠和3%来苏儿均能很快将其杀灭。

【流行特点】对PRV有易感性的动物很多，包括家畜、家禽和野生动物等，其中以哺乳仔猪最易感，且死亡率极高，成年猪多呈隐性感染。据研究，病猪和隐性感染猪可较长期地保毒排毒，是本病的主要传染源，其他动物感染本病也与接触猪或鼠有关。因此，猪与鼠也是本病毒的主要储存宿主。本病的传播途径较多，经消化道、呼吸道、损伤的皮肤以及生殖道均可感染。仔猪常因吃了感染母猪的奶而发病。妊娠母猪感染本病后，病毒可经胎盘而使胎儿感染，以致引起流产和死产。

本病一般呈地方流行性，具有一定的季节性，多发生于冬、春两季，但其他季节也有散发。

【临床症状】本病的潜伏期一般为3～6d，短者36h，长者可达10d。感染猪的临床症状随着年龄不同有很大的差异，但大多无明显的局部瘙痒现象。一般而言，2周龄以内的哺乳仔猪的病情最重，症状最明显，多以中枢体神经系统发生障碍为主。病猪的主要表现为体温升高，可达41℃以上，精神沉郁，呼吸困难，流涎，食欲不振，呕吐，腹泻，肌肉震颤，步态不稳，四肢运动不协调，或后肢麻痹，只能爬行（图1-10-2）。眼球震颤，间歇性痉挛，后躯麻痹，卧地不起（图1-10-3）。有时病猪爬行做转圈运动，倒地后不时地做强烈的游泳样动作（图1-10-4）。有的病猪肌肉痉挛，伴有癫痫样发作，发出怪声倒地（图1-10-5），继之昏睡。还有少数体弱消瘦的哺乳仔猪，皮肤感觉异常，出现明显的瘙痒症状（图1-10-6）。神经症状出现后1～2d内死亡，病死率可达100%（图1-10-7）。

3～4周龄的猪被感染后，其病程略长，神经症状均较轻，少数病猪四肢肌肉痉挛，站立不稳或呈强直性站立（图1-10-8），运动时步态不稳，四肢不协调，偶见转圈运动（图1-10-9）。死亡率可达40%～60%。病猪除一般的临床症状外，还常见眼结膜潮红，角膜混浊，眼睑水肿，甚至两眼呈闭合状（图1-10-10）；鼻端、口腔和腭部常见大小不一的水疱、溃疡和结痂（图1-10-11）；有的仔猪虽然可以康复，但可能有永久性后遗症，如失明和发育障碍等。

2月龄以上的猪多呈隐性感染，较常见的症状为微热，倦怠，精神沉郁，便秘，食欲不振，数日即恢复正常，甚少见到神经症状。

妊娠母猪（无论是头胎母猪还是经产母猪）于受胎后60d以上感染时，除有咳嗽、发热和精神不振等一般症状外，常出现流产，产出死胎和木乃伊胎等（图1-10-12），其中以产死胎为主。流产、死产的胎儿大小相差不显著，无畸形胎，死产胎儿有不同程度的软化现象，甚至娩出的胎儿全部木乃伊化（图1-10-13）。母猪于妊娠的末期感染时，可产出弱仔，但往往因其活力差，于产后不久即出现典型的神经症状（图1-10-14），最终导致死亡。

此外，曾在病猪场发现，偷吃了病尸的犬出现口吐白沫、眼睛红肿和全身瘙痒等典型的伪狂犬病症状（图1-10-15）；与病猪同场饲养的犊牛，其皮肤红肿，剧烈瘙痒（图1-10-16）。

公猪感染PRV后，睾丸肿胀或萎缩，丧失种用能力。

【病理特征】临床上呈现严重神经症状的病猪，死后常见明显的脑膜充血及脑脊液增加（图1-10-17），脑灰质及白质有小点状出血。鼻腔黏膜有卡他性或化脓性、出血性炎症，上呼吸道内含有大量泡沫样水肿液。如病程稍长，可见咽和喉头水肿，在后鼻孔和咽喉黏膜面有纤维素样渗出物。鼻咽部充血，扁桃体、咽喉部淋巴结有坏死灶（图1-10-18）；肝、脾、和肺中可能有直径1～2mm渐进性灰白色小病灶（图1-10-19）；胃肠多淤血，呈暗红色，浆膜面可见大量出血点和灰白色的小病灶（图1-10-20）；肾脏肿大，表面常见大量点状出血和灰白色的坏死灶（图1-10-21）。流产胎儿大多新鲜，脑及臀部皮肤有出血点，胸腔、腹腔及心包腔有多量棕褐色潴留液，肾及心肌出血，肝、脾有灰白色坏死点。

镜检，脑组织有非化脓性脑炎变化，在一些神经细胞、胶质细胞、鼻咽黏膜的上皮细胞、脾及淋巴结的网状细胞内可检出嗜酸性核内包涵体（图1-10-22）。另外，在有坏死灶的扁桃体中，于其隐窝上皮细胞核内也常可检出大量嗜酸性核内包涵体（图1-10-23）。应该强调指出：伪狂犬病的包涵体一般为无定形、均质的凝块，不规则而轻度嗜酸性。因此，需仔细观察予以鉴别。

【诊断要点】本病一般可根据病猪的流行特点、临床症状、病理变化，特别是广泛性非化脓性脑炎及嗜酸性包涵体的检出而做出初步诊断，必要时进行实验室检查给以确诊。

实验室检查中简单易行又可靠的方法是动物接种试验。此外，还可应用血清中和试验、酶联免疫吸附试验、琼脂扩散试验、荧光抗体技术（图1-10-24）和免疫组化sABC染色（图1-10-25）等进行检查。

【类症鉴别】本病的临床症状与链球菌性脑膜炎、猪水肿病、食盐中毒和流行性感冒等有相似之处，临床诊断时需注意区别。

【治疗方法】本病目前尚无有效的治疗药物，紧急情况下，在病猪出现神经症状之前，注射高免血清或病愈猪血液，有一定疗效，可降低死亡率，但是耐过本病的猪，则长期携带病毒，应注意隔离饲养。

【预防措施】猪被公认为是伪狂犬病病毒的重要贮存宿主之一，因此，经常性防范本病是非常必要的。此外，猪场要加强灭鼠工作，因为鼠也是本病毒的重要宿主。

对发生本病的猪场，应做净化猪群、扑杀病猪和预防接种等工作。

（1）净化猪群。根据种猪场的条件可分别采取三种净化措施：第一，整群淘汰有病猪群。第二，只淘汰阳性反应猪。第三，隔离饲养阳性反应母猪所生的仔猪。

（2）扑杀病猪和预防接种。为了减少经济损失，除发病仔猪予以扑杀外，其余仔猪和母猪一律进行伪狂犬病弱毒疫苗（K61弱毒株）紧急预防接种。

猪伪狂犬
病症状

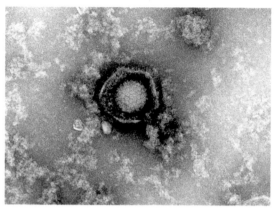

图 1-10-1　伪狂犬病病毒

病毒粒子有囊膜和纤突，呈圆形，含双股DNA。

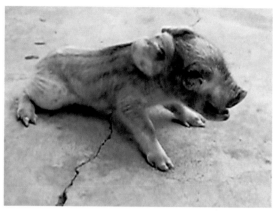

图 1-10-2　运动障碍

病猪后肢完全麻痹，只能爬行。

图 1-10-3　后躯麻痹

病猪有间歇性肌肉痉挛，后躯麻痹，卧地不起。

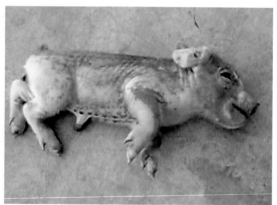

图 1-10-4　游泳状姿势

病猪在运动过程中经常倒地并呈游泳状姿势。

图 1-10-5　癫痫样发作

病猪肌肉痉挛，癫痫样发作，常常倒地。

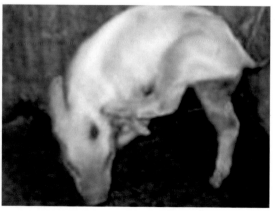

图 1-10-6　病猪瘙痒

病猪皮肤感觉异常、瘙痒，用后蹄蹬搔发痒的部位。

图1-10-7　死亡的乳猪

　　某大型养猪场发生本病后，大批乳猪相继死亡。

图1-10-8　四肢强直

　　站立时，病猪四肢肌肉痉挛，呈强直样站立。

图1-10-9　四肢不协调

　　病猪运动时四肢发抖，运动不协调。

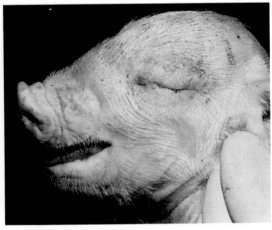

图1-10-10　眼部水肿

　　病猪眼部明显水肿，头部皮肤常有斑疹和结痂。

图1-10-11　口鼻溃疡

　　病猪的鼻端及硬腭可见大小不一的水疱、结痂和溃疡。

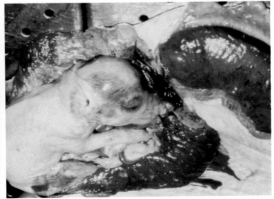

图1-10-12　死胎和木乃伊胎

　　在分娩预定期前产出的死胎（左）和木乃伊胎（右）。

图1-10-13　木乃伊胎

母猪超过分娩期后产出胎儿全部为黑褐色的木乃伊胎。

图1-10-14　肌肉痉挛

垂直感染的新生乳猪全身震颤，肌肉痉挛，运动障碍。

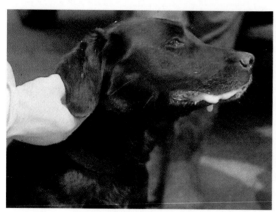

图1-10-15　犬伪狂犬病

偷食病尸的犬，出现口吐白沫、眼睛红肿等典型的伪狂犬病症状。

图1-10-16　牛伪狂犬病

与病猪同场饲养的犊牛，皮肤红肿（箭头），剧烈瘙痒。

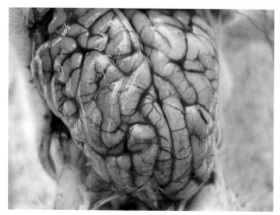

图1-10-17　脑膜水肿

病猪的大脑脑膜血管扩张、充血、淤血和水肿，脑脊液增多。

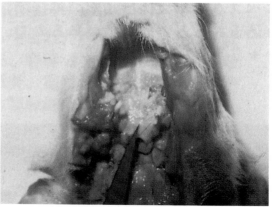

图1-10-18　扁桃体坏死

扁桃体内有坏死灶，舌根及咽喉黏膜被覆厚的黄白色假膜（箭头）。

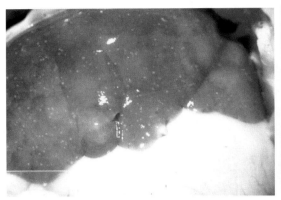

图1-10-19 肝坏死

肝脏淤血、肿大，肝被膜下有大量针尖大灰白色坏死灶。

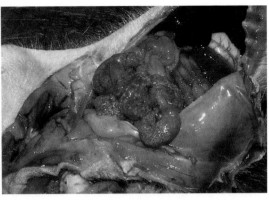

图1-10-20 小肠出血

小肠淤血、出血，呈红褐色，表面散发灰白色的坏死灶。

图1-10-21 肾出血和坏死

肾淤血、肿胀，被膜下有大量点状出血和灰白色坏死灶。

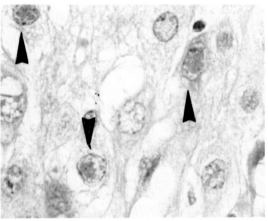

图1-10-22 神经细胞的核内包涵体

大脑的神经细胞中有不规则的嗜酸性核内包涵体。（HE，×400）

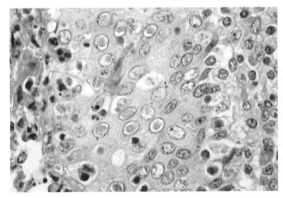

图1-10-23 扁桃体的核内包涵体

扁桃体隐窝上皮细胞核内有明显的淡红色包涵体。（HE，×400）

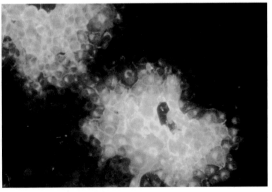

图1-10-24 荧光抗体技术检测阳性

扁桃体隐窝上皮细胞荧光抗体技术检测呈强阳性反应。（×100）

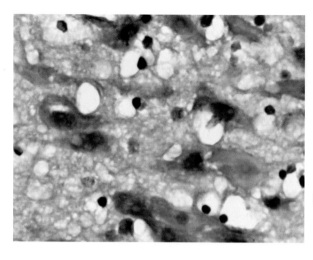

图1-10-25　免疫组化sABC染色阳性

病毒抗原位于神经细胞，呈棕黄色强阳性
反应。（免疫组化sABC染色，×400）

十一、猪病毒性脑心肌炎

猪病毒性脑心肌炎（Porcine viral encephalomyocarditis）是由病毒引起猪、某些啮齿类动物和灵长类动物的一种急性传染病，临床上以感染仔猪出现脑炎和急性心脏病为特征，死亡率很高，妊娠母猪感染后发生繁殖障碍。

【病原特性】本病的病原为小核糖核酸病毒科、猪肠道病毒属的脑心肌炎病毒（Encephalomyocarditis virus，EMCV）。病毒的粒子呈球形，直径为25～31nm，无囊膜，基因组为单股RNA。

EMCV有很强的抵抗力，对脂溶剂和热的抵抗力相当高；在pH2～9的条件下相对稳定；对很多消毒液的抵抗力也较强；能在粪便中长时间存活。有报道称可用含碘或汞的消毒剂来杀灭环境中的EMCV。

【流行特点】EMCV能使人和多种动物感染，其中啮齿类被认为是本病的储存宿主。各年龄段和各品种猪对本病均有易感性，其中以仔猪的易感性较高，发病率为2%～50%。5～20周龄的仔猪感染后，病死率可高达100%，而成年猪多为隐性感染。据研究，病毒存在于病猪的心肌、脾脏、脑及血液中，并可随粪尿排毒而传播本病。消化道是本病重要的传播途径。

【临床症状】人工感染的潜伏期为2～4d。病猪出现短暂的发热（24h之内），体温可高达41～42℃，并出现急性心脏病的特征。大部分病猪在死前没有明显的症状，有时可见病猪有短暂的精神沉郁、不食、震颤、步态蹒跚、麻痹、呕吐、呼吸困难等症状，并于发生角弓反张后很快死亡（图1-11-1）。

繁殖母猪多为亚临床感染，有时表现为发热、食欲下降，随后出现繁殖障碍，如流产、木乃伊胎、死胎或产出弱仔猪等，从而导致哺乳仔猪的淘汰率剧增。

【病理特征】病猪全身淤血，呈暗红色或红褐色（图1-11-2），腹下部、四肢和股部内侧皮肤常见瘀斑而呈蓝紫色（图1-11-3）。胸腔、腹腔及心包腔积水，含少量纤维素。肺脏体积膨大，淤血、水肿，间质增宽。心肌柔软，右心扩张，心室心肌特别是右心室心肌，可见很多直径2～15mm的白色病灶散布，有的呈条纹状，或者为更大的界线不清楚的灰黄色区域，偶尔在局部病灶上可见一个白垩样中心（图1-11-4），或在弥漫性病灶上见白色斑块。部分病猪的肠系膜水肿非常明显。在临床上有神经症状的病猪，常出现明显的非化脓性脑炎变化，镜检见小脑浦肯野细胞层的神经细胞变性、坏死，有大量淋巴细胞和小胶质细胞浸润；在白质的血管周围有大量淋巴细胞浸润形成血管套，大量胶质细胞增生形成结节（图1-11-5）。

【诊断要点】根据临床症状和病理变化，结合流行情况，可以做出初步诊断。新发生本病的地区应进行实验室检查。

【类症鉴别】本病的眼观病变与维生素E和硒缺乏所引起的白肌病，败血症性栓塞引发的心脏梗死，以及猪水肿病时的肠系膜水肿有一些相似，应注意区别。

【治疗方法】目前尚无有效疗法，也无可供使用的疫苗，对症治疗、控制继发病、避免应激或抑制兴奋性可降低病猪的死亡率。

【预防措施】主要的防控措施是尽量清除猪场内可能带毒的鼠类，以减少带毒者直接感染猪只，或间接污染饲料及饮水。污染的猪场应使用漂白粉进行彻底消毒。对耐过猪应尽量避免过度骚扰，以防因心脏病后遗症招致突然死亡。

猪群发现可疑病猪时，应立即隔离消毒，进行诊断，把病因搞清楚。对病死的猪应进行无害化处理，以防人感染本病。

图1-11-1　角弓反张

　病猪死前呈现角弓反张，前肢强直。

图1-11-2　全身性淤血

　病死猪全身性淤血，体表呈红褐色，四肢及胸腹下有出血斑。

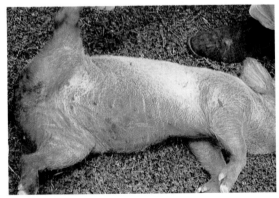

图1-11-3　皮肤出血

　病死猪全身淤血，腹部、四肢及股内侧部有紫色的瘀斑。

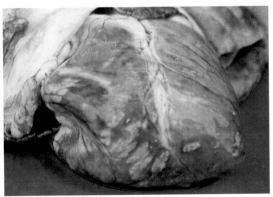

图1-11-4　心肌坏死

　心肌见不同程度、形状不一的黄白色坏死灶。

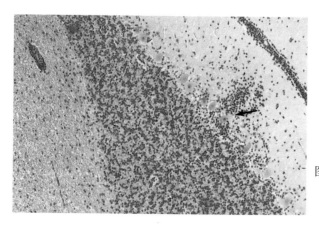

图1-11-5　非化脓性脑炎

小脑浦肯野细胞变性坏死，淋巴细胞浸润，
形成胶质细胞结节（箭头）。(HE，×100)

十二、猪　痘

　　猪痘（Swine pox；Variola suilla）是一种急性、热性、接触性、病毒性传染病，其临床特征是在皮肤和黏膜上形成痘疹，并在病变皮肤的上皮细胞内形成包涵体。

　　【病原特性】猪痘可由两种形态极为相似的病毒引起，一种是具有高度宿主特异性的猪痘病毒（Swine pox virus），属于痘病毒科、猪痘病毒属的病毒，仅能使猪发病，只能在猪源组织细胞内增殖，并在细胞核内形成空泡和包涵体；另一种是痘苗病毒（Vaccinia virus），属于痘病毒科、正痘病毒属的病毒，能使牛、猪等多种动物感染，并在被感染细胞的胞质中形成包涵体。两种病毒无交叉免疫性，仅有少量共同沉淀抗原。痘病毒是形态较大、结构较复杂的DNA病毒，多为砖形或卵圆形，有数层外膜，是大型病毒组中直径最大的病毒（图1-12-1），可在普通光学显微镜下检出。

　　痘病毒对温度和干燥具有较强的抵抗力，在干燥的痂皮中能存活6～8周，甚至几年。但很容易被氯化剂或对巯基有作用的物质所破坏。常用消毒药，如0.5%福尔马林等易使其灭活，1%氢氧化钾10min内可使之灭活。

　　【流行特点】病猪和康复猪是本病的主要传染源。本病可通过病猪的唾液、眼分泌物、皮肤黏膜的痘疹和痂皮直接或间接接触传播。猪痘病毒极少发生接触感染，主要由猪血虱传播，其他昆虫如蚊、蝇等也有传播作用。一般情况下，痘病毒主要通过损伤的皮肤传染，在猪虱和其他吸血昆虫甚多、卫生状况不良的猪场和猪舍，最易发生猪痘。本病多发生于4～6周龄仔猪及断乳仔猪，成年猪通常具有抵抗力。

　　由痘苗病毒引起的猪痘，各种年龄的猪都感染发病，常呈地方性流行。

　　【临床症状】猪痘病毒感染的潜伏期通常为3～6d，最长为3周；而痘苗病毒感染的潜伏期仅为2～3d。病猪体温升高，精神不振，食欲减退；鼻、眼有分泌物。痘疹主要发生于头颈部（图1-12-2）、腰背部、胸腹部（图1-12-3）、臀后部和四肢内侧等处，严重时遍及全身（图1-12-4）。痘疹最初为深红色的硬结节，体积较小，呈丘疹状（图1-12-5）；继之，体积变大，突出于皮肤表面，略呈半球状或结节状（图1-12-6）；病情严重时，结节内的渗出液增多，或结节相互融合而形成表面平整、体积较大的荨麻疹样斑块（图1-12-7）；病变发展较快时，通常可见到部分痘疹的渗出液中有血液，形成出血性痘疹（图1-12-8）；痘

疹通常见不到明显的水疱期，即可因为感染而转为脓疱，并很快形成棕黄色脓性痂块（图1-12-9）。耐过急性期后，如果病猪的抵抗力强，而且痘疹未被继发感染，则痘疹的渗出液被吸收，痘疹平整呈红褐色，逐渐痊愈（图1-12-10）。如果发生感染，则痘疹破溃，排出脓汁，结痂，经组织修复后结痂脱落，遗留白色斑块或浅表性疤痕（图1-12-11）而痊愈。本病的病程一般为10～15d。

本病多为良性经过，死亡率不高，如饲养管理不当或防治措施不力，常可引起继发感染，而使死亡率增高。

【病理特征】猪痘的眼观病变与临床所见基本相同，但死于痘疹的病猪，往往病情很严重并常伴发感染，全身布满痘疹（图1-12-12）或形成毛囊炎样疖疹和痈肿（图1-12-13）。镜检，在变性、坏死的基底细胞和棘细胞的胞质内（偶在核内）可见到大小不等的嗜酸性包涵体（图1-12-14）。此外，在病猪的口腔、咽、气管及胃黏膜均可发生痘疹，并常伴发胃肠炎、肺炎，往往因败血症而死亡。

【诊断要点】依据临床症状和流行情况，一般可以确诊。进一步的确诊时可用痘疹制作涂片，经HE染色后在镜下于变性坏死的上皮细胞或巨噬细胞的胞质中检出嗜酸性包涵体即可确诊。

【类症鉴别】猪痘易与口蹄疫、猪水疱病、猪瘟及猪副伤寒相混淆。猪痘不发生于四肢下部，很少见于唇部和口黏膜，而主要发生于腹下部、腿内侧等部的皮肤；病毒在细胞的胞质中可形成嗜酸性包涵体。这些特点使之易与口蹄疫和猪水疱病等相互区别。而猪瘟、猪副伤寒或其他原因引起的皮疹，只有个别或很少数的猪发生，皮疹本身没有传染现象。

【治疗方法】本病尚无特效药物，对发病的猪通常采取对症治疗等综合性措施。痘疹发病部位可用0.1%高锰酸钾溶液洗涤，擦干后涂抹龙胆紫或碘甘油等。康复猪的血清有一定的防治作用，预防量成年猪每头5～10mL，仔猪2.5～5mL，治疗量加倍，皮下注射。如能用高免血清，则可获得更好的效果。抗生素虽然对痘病毒无效，但可防止继发感染，因此应根据实际情况选用。青霉素40万～80万IU，链霉素50万～100万IU，生理盐水4～6mL，一次肌内注射，以防继发感染。

据报道，中草药对本病有独到疗效，兹介绍几例处方：

处方一：千里光、野菊花、一点红、金银花藤各适量，用水煎后洗涤患部，每天早、晚各一次，连用1～2d。

处方二：生石膏粉末加冷水调成糊状，外敷患处；另用金银花藤250g水煎后拌料内服。每天一次，连用3d。

处方三：黄连5g、金银花25g、甘草25g，一起碾成细末，分两次内服。

【预防措施】对猪群加强饲养管理，搞好环境卫生，消灭猪虱、蚊蝇等是预防本病的重要措施。新购入的生猪要隔离观察1～2周，防止带入传染源。发现病猪要及时隔离治疗。对病猪污染的环境及用具要彻底消毒，垫草焚烧，消灭散播于环境中的病毒。

猪痘症状

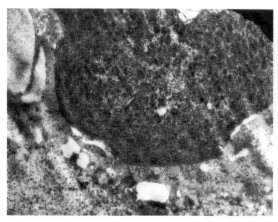

图 1-12-1　猪痘病毒

超薄切片上的病毒粒子呈椭圆形，个体较大，有外膜。

图 1-12-2　头颈部痘疹

病猪的前躯有较多的痘疹，其中以头颈部的发病最重。

图 1-12-3　腰背部痘疹

病猪的腰背部及胸腹部有呈结节状红色痘疹。

图 1-12-4　全身性痘疹

育肥猪发病后，全身皮肤出现大量红褐色痘疹。

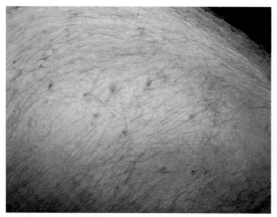

图 1-12-5　丘疹样痘疹

病猪皮肤上出现红褐色半隆突的丘疹样病变。

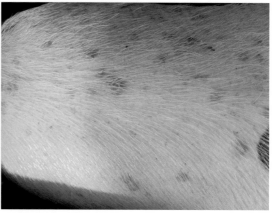

图 1-12-6　结节状痘疹

病猪皮肤上出现大量红褐色结节状痘疹。

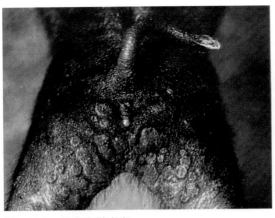

图1-12-7 荨麻疹样痘疹

病猪的后肢皮肤上有大量隆突于体表而顶部扁平的荨麻疹样痘疹。

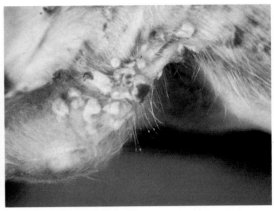

图1-12-8 出血性痘疹

病猪股部内侧大量痘疹，其中有较多的痘疹出血，呈鲜红色。

图1-12-9 化脓性结痂

病猪的全身均出现痘疹，特别是耳朵有脓性结痂形成。

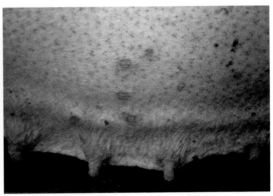

图1-12-10 痘疹修复

痘疹内的渗出物吸收，呈扁平状红褐色干痂。

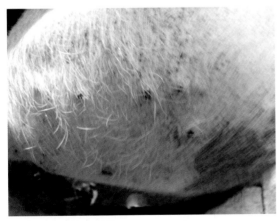

图1-12-11 结痂脱落

痘疹的脓疱破裂形成结痂，结痂脱落后形成轻微的疤痕。

图1-12-12 全身性痘疹

患本病而死的6周龄仔猪，全身有大量典型的痘疹。

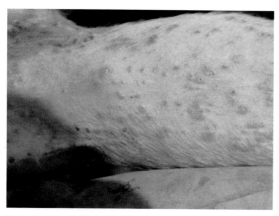

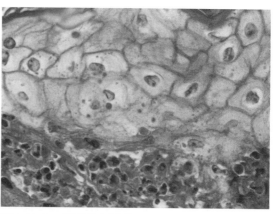

图 1-12-13　疖样和痈样痘疹

病猪全身有各个发展阶段的痘疹，并形成疖样或痈样痘疹。

图 1-12-14　嗜酸性包涵体

皮肤的棘细胞胞质中有大量嗜酸性包涵体。（HE，×400）

十三、猪细小病毒病

　　猪细小病毒病（Porcine parvovirus disease）是由病毒导致母猪发生的一种繁殖障碍性传染病，其特征为受感染的母猪，特别是初产母猪产出死胎、畸形胎和木乃伊胎，而母猪本身无明显症状。有时也导致母猪不育，所以本病又有猪繁殖障碍病（Reproduction failure disease of swine）之称。

　　【病原特性】本病的病原为细小病毒科的猪细小病毒（Porcine parvovirus，PPV）。该病毒的粒子呈圆形或六角形，为二十面对称体，无囊膜，直径为 18～24nm，基因为单股 DNA（图 1-13-1）。

　　本病毒对热、消毒药和酸碱的抵抗力均很强，对外界环境的抵抗力也很强，能在被污染的猪舍内生存数月之久，容易造成长期连续传播。当被污染的圈舍按常规消毒方法处理后，再放入易感猪时，仍有被病毒感染的可能。本病毒在 0.5% 漂白粉或 0.5% 氢氧化钠溶液中 5min 可被杀灭。

　　【流行特点】猪是唯一已知的易感动物，不同年龄、性别的家猪和野猪均可感染，感染后终生带毒。据报道，在一些家畜和实验动物（例如牛、绵羊、猫、豚鼠、小鼠和大鼠等）血清中也存在抗本病毒的特异性抗体；来自病猪场的鼠类，其抗体阳性率也比阴性猪场的鼠类高。

　　本病的传染源是病猪和带毒猪。主要传播途径是消化道、交配、人工授精和出生前经胎盘感染，呼吸道也可传播。一般呈地方流行性或散发性。另外，本病毒还与新出现的仔猪多系统综合征有关，常与圆环病毒发生混合感染。

　　【临床症状】性成熟的母猪或不同妊娠期的母猪被感染时，主要临床表现为母源性繁殖障碍，如多次发情而不能受孕，或产出死胎、木乃伊胎，或只产出少数带毒且发育不良的仔猪。母猪在妊娠 7～15d 感染时，则胚胎死亡而被吸收，使母猪不孕和不规则地反复发情。有时刚妊娠不久的母猪就发生流产，胚胎死亡而被排出，由于其体积很小而不被发现（图 1-13-2）。妊娠 30～50d 感染时，最初可产出已初具形状的胎猪（图 1-13-3），后期主要产木乃伊胎（图1-13-4）。妊娠60 d左右感染时多产出死胎（图1-13-5），有的死胎有明显的全身性血液循环障碍，并有明显的局部性炎性反应。妊娠70 d左右感染时，则常出现流产症状，产出少数发育不良的死胎（图1-13-6）。在妊娠中、后期感染时，也可发生轻度的胎盘感染，但此时胎儿常能在子宫内存活，产出木乃伊化程度不同的胎儿和虚弱的活胎儿（图1-13-7）。妊娠70d后感染时，则大多数胎儿能存活下来，并且外观正常；但可长期带毒排毒，若将这些猪作为繁殖用种猪，则可使本病在猪群中长期扎根，难以清除。

【病理特征】妊娠母猪感染后未见病变或仅见轻度的子宫内膜炎，有的胎盘有部分钙化。胚胎的病变是死后液化、组织软化而被吸收（图1-13-8）；有时早期死亡的胚胎并不排出，而是存在于子宫内，随着水分的吸收而变成黑褐色木乃伊胎。剖检可见，子宫体积稍大，内含许多黑褐色块状物（图1-13-9）；切开子宫，见黑褐色的块状物实为木乃伊化的死胎（图1-13-10）。含有木乃伊胎的子宫黏膜常轻度充血，并发生卡他性炎症变化（图1-13-11）。受感染而死亡的胎儿可见充血、水肿、出血（图1-13-12）、体腔积液、脱水（木乃伊化）等病变。

具有特征性的病理组织学变化是病猪和死胎的多种组织和器官的广泛性细胞坏死、炎性细胞浸润和核内包涵体的形成（图1-13-13）。大脑的灰质、白质和软脑膜有以增生的血管外膜细胞、组织细胞和少数浆细胞形成的管套为特征的脑膜炎（图1-13-14），但胶质细胞的增生和神经细胞的变性变化则较轻。

【诊断要点】根据病猪的临床症状，结合流行情况和病理剖检变化，即可做出初步诊断。但若要确诊则需进一步做实验室检查。

【类症鉴别】本病应注意与猪伪狂犬病、猪流行性乙型脑炎和猪布鲁氏菌病等相区别。

【预防措施】控制本病的基本措施有以下三种：

（1）防止带毒母猪进入猪场。引进种猪时应自无病的猪场购入，或应隔离14d，进行两次血凝抑制试验，均为阴性时才能合群。

（2）待初产母猪获得自动免疫后再配种。即初产母猪在其配种前可通过自然感染或人工免疫接种使之获得主动免疫力。

（3）清除病猪，净化猪群。猪场一旦发生本病，应立即将发病的母猪或仔猪隔离或彻底淘汰；所有与病猪接触的环境、用具应用0.5%漂白粉或0.5%氢氧化钠严格消毒；使用血清学方法对全群猪进行检查，检出的阳性猪要坚决淘汰，并对猪群进行紧急免疫接种。

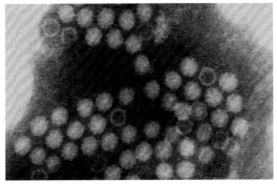

图1-13-1　猪细小病毒

　病毒粒子呈圆形或六角形，无囊膜，为二十面对称体。

图1-13-2　流产的胚胎

　病猪妊娠10d左右发生流产，排出的死胎体积很小，不易被发现。

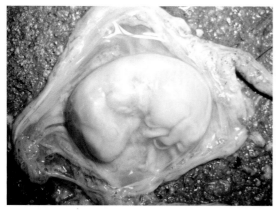

图1-13-3　流产的胎猪

　　病猪妊娠35d左右发生流产，排出已初具形状的胎猪。

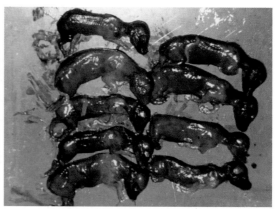

图1-13-4　木乃伊胎

　　妊娠50d左右所产的木乃伊胎，干燥，全身呈黑褐色。

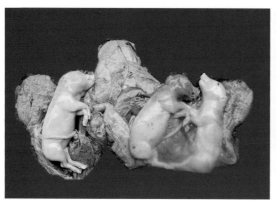

图1-13-5　流产的死胎

　　妊娠60d左右流产的死胎。

图1-13-6　胎猪发育不良

　　母猪流产产出少数发育不良的胎猪。

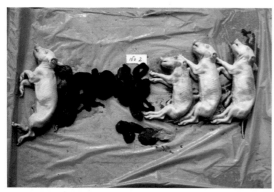

图1-13-7　死胎与木乃伊胎

　　病猪流产，排出不同发育阶段的死胎及木乃伊胎。

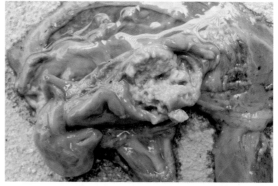

图1-13-8　胚胎软化

　　在母体内死亡的胚胎开始软化和液化。

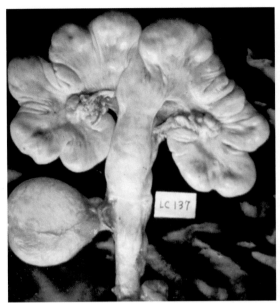

图 1-13-9　含死胎的子宫

子宫体积膨大，内有大小不一的黑褐色死胎。

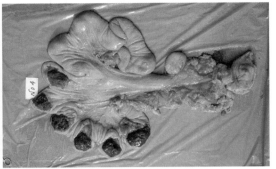

图 1-13-10　木乃伊胎

切开子宫，其内有数个黑褐色干燥的木乃伊化的死胎。

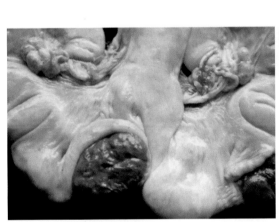

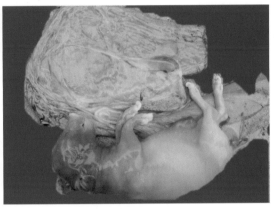

图 1-13-12　受感染死胎

受病毒直接感染的胎猪，头部组织发炎，呈红褐色。

图 1-13-11　子宫内膜炎

含木乃伊胎的子宫黏膜轻度充血和发生卡他性子宫内膜炎。

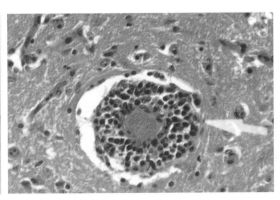

图 1-13-13　核内包涵体

在感染猪肾脏涂片上检出嗜酸性核内包涵体。（HE，×400）

图 1-13-14　血管套

病猪脑组织发生非化脓性脑炎，特征性病变是血管套。（HE，×100）

十四、猪繁殖与呼吸综合征

猪繁殖与呼吸综合征（Porcine reproductive and respiratory syndrome, PRRS）又称猪蓝耳病、神秘猪病和母猪后期流产等，是由病毒引起的一种繁殖障碍和呼吸道发炎的传染病；在临床上以妊娠母猪流产，产出死胎、弱胎、木乃伊胎，以及仔猪的呼吸困难和死亡率较高为特征；病理学上以局灶性间质性肺炎为特点。

【病原特性】 本病的病原为动脉炎病毒科、动脉炎病毒属的猪繁殖与呼吸综合征病毒（Porcine reproductive and respiratory syndrome virus, PRRSV）。病毒粒子呈卵圆形，直径为50～65nm，有囊膜，二十面体对称，为单股RNA病毒（图1-14-1）。

本病毒对寒冷具有较强的抵抗力，但对高温和化学药品的抵抗力较弱，常用的消毒药可将之杀灭。

【流行特点】 本病只能感染猪，不同年龄、品种和性别的猪均有易感性，但母猪和仔猪最易感，仔猪的死亡率可高达80%～100%，育肥猪则发病温和。病猪和带毒猪是本病的主要传染源。感染母猪能大量排毒，如鼻分泌物、粪便、尿液中均含有病毒；耐过猪也可长期带毒而不断向体外排毒。本病多经接触传播，呼吸道是其感染的主要途径。另外，本病也可通过垂直传播或交配感染。

【临床症状】 本病自然感染的潜伏期一般平均为14d。感染仔猪以2～18日龄的症状明显，死亡率常达80%。临床表现不尽相同，主要表现为妊娠母猪繁殖障碍，仔猪断乳前死亡率增高和育肥猪的呼吸道症状。

1.仔猪 病仔猪呼吸困难，打喷嚏，肌肉震颤，后肢麻痹，嗜睡，眼皮肿胀，两眼无神（图1-14-2）。耳朵发绀是本病重要的特征性症状，仔猪表现的尤为明显。病初可见仔猪的耳尖淤血、发绀，呈紫红色（图1-14-3）；继之，两耳全部充血、淤血，同时口鼻端和四肢末端也发绀（图1-14-4）；病情严重时或是由高致病性病毒引起者，则病猪的双耳及口鼻端在淤血的基础上发生出血，呈黑紫色，同时全身的皮肤也有不同程度的淤血和出血（图1-14-5）。除上述主要表现外，哺乳仔猪吮乳困难，断乳前死亡率增加，存活下来的仔猪体质衰弱，腹泻，呆滞，继发感染概率增大。

2.母猪 经产或初产母猪发病时精神不振，食欲锐减或不食，发热（40～41℃），冷漠，少数母猪的耳朵、乳头、外阴、腹部、尾部和腿部发绀，甚至全身性淤血（图1-14-6），尤以耳尖最为常见；少数母猪出现肢体麻痹性神经症状（图1-14-7）。出现这些症状后最突出的变化是大量妊娠母猪，特别是妊娠中、后期的母猪发生流产（图1-14-8）、早产，有的流产胎儿已变软分解，或产出死胎（图1-14-9）、弱胎或木乃伊胎。

3.种公猪 发病后主要出现咳嗽、打喷嚏、呼吸困难、精神不振、食欲减损、不愿运动、性欲减弱等症状。交配时，其精液质量下降，射精减少，配种的成功率明显降低。

4.育肥猪 体温升高，有时可达41℃，食欲明显下降或废绝，多数病猪的全身皮肤发红，呼吸困难，咳嗽（图1-14-10）；少数病猪流出少量黏稠的鼻液，两耳发蓝或发紫（图1-14-11）；有时出现结膜炎，眼结膜水肿、潮红，畏光；还有的病猪呼吸高度困难，呼气时在髂腹部出现喘沟（图1-14-12），或发生腹泻等症状。无并发症者很少死亡，约1周左右即可康复。

【病理特征】死于本病的仔猪，病初可见其耳尖、四肢末端、尾巴、乳头和阴户等部位的皮肤呈蓝紫色；病程稍长者，可见整个耳朵、颌下、四肢及胸腹下均呈现紫色（图1-14-13），耳壳等部位的表皮有水疱、破溃或结痂，头部水肿，胸腔和腹腔有积水。

本病的特征性病变发生于肺脏，主要以间质性肺炎为特点。眼观，病初见肺脏膨满、充血、淤血，呈暗红色，肺间质增宽，呈水肿状（图1-14-14）；继之，肺表面有大小不等的点状出血，尖叶和心叶有灶状肺泡性肺气肿并见出血斑（图1-14-15）、肋膈面间质增宽、水肿，有红褐色出血斑和实变区（图1-14-16）。肺切面上见血管断端有凝固不全的血液，支气管断端有少量含泡沫的液体。镜检，肺组织以多中心性间质性肺炎为特点。病初炎灶中浸润多量巨噬细胞和小淋巴细胞，肺泡上皮和受累的支气管上皮脱落，肺泡隔的增生变化较轻，形成卡他性肺炎的变化（图1-14-17）；很快，肺泡隔中的结缔组织明显增生，淋巴细胞浸润，肺泡隔增厚，肺泡变小或消失，被增生的结缔组织所取代，形成典型的间质性肺炎变化（图1-14-18）。

【诊断要点】根据病猪典型的临床症状以及以间质性肺炎为主的病理特点，即可做出初步诊断，但确诊则有赖于实验室诊断。实验室诊断的常用方法除病毒的分离与鉴定外，还可用间接ELISA法、荧光抗体技术（图1-14-19）和RT-PCR法等。

【类症鉴别】本病的诊断，在临床上需与猪气喘病、猪伪狂犬病、猪流感、猪细胞小病毒病和猪传染性胸膜肺炎等具有呼吸障碍或引起流产的疾病相互区别。同时还要注意与在本病的流行期间继发感染的猪瘟、猪弓形虫病、猪圆环病毒病、副猪嗜血杆菌病等相鉴别。

【治疗方法】本病目前尚无特效药物进行治疗，主要采取综合性的对症治疗或预防。如母猪于分娩前20d可连续数天用水杨酸钠及水杨酸钠盐或阿司匹林等抗炎药物，以减少流产，但用药应在产前7d左右停止。用抗生素或抗病毒类的药物，以控制继发性感染，如在饲料中可加入0.01%泰妙菌素、0.03%金霉素和0.03%甲氧苄啶，连喂7～10d。严重病猪可肌内注射、氟苯尼考、长效土霉素、泰乐菌素和恩诺沙星等；治疗仔猪水、电解质失衡可在饮水中加入口服补液盐或电解多维，供仔猪自由饮用。为了提高仔猪的抵抗力，可增加饲料的营养成分，如加入0.2%～0.5%赖氨酸、3%～6%乳清粉、0.03%～0.05%多种维生素。给病猪饲喂湿拌料或粥料，可提高饲料的适口性，增加采食量，从而降低死亡率。

【预防措施】预防本病的主要措施是清除传染来源，切断传播途径，患病或带毒母猪应淘汰；对感染而康复的仔猪，应专圈饲养，育肥出栏后圈舍及用具彻底消毒，间隔1～2个月再使用；对已感染本病的种公猪应坚决淘汰。猪舍应通风良好，经常喷雾消毒，防止本病的空气传播。

接种疫苗是预防本病的有效方法，目前已有弱毒苗和灭活苗两种类型的疫苗。免疫的方法是：仔猪在母源抗体消失之前第一次免疫，母源抗体消失后进行第二次免疫；母猪应在配种前两个月进行第一次免疫，间隔一个月后进行第二次免疫。

猪繁殖与呼吸
综合征症状

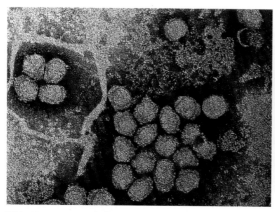

图1-14-1　PRRS病毒

病毒粒子多呈卵圆形，有明显的囊膜。

图1-14-2　眼皮肿胀

病猪耳朵蓝紫，眼皮水肿，眼半闭而嗜睡。

图1-14-3　耳尖发绀

仔猪的两耳尖发绀，呈蓝紫色，鼻端充血而发红。

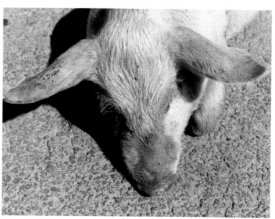

图1-14-4　双耳发绀

仔猪的两耳均淤血、发绀，鼻端及鼻梁部也充血、发红。

图1-14-5　皮肤出血

病猪的两耳及鼻端淤血、出血，呈紫红色，皮肤也有出血斑点。

图1-14-6　全身性淤血

病猪全身性淤血，从耳部、颈背部至全身均呈暗褐色。

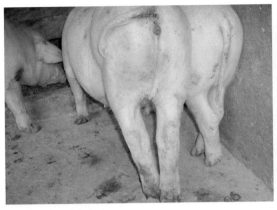

图1-14-7　后肢麻痹

病猪两后肢中度麻痹，站立不稳，姿势异常。

图1-14-8　无被毛流产胎儿

妊娠早期流产的胎儿，体表多光滑，缺少被毛。

图1-14-9　死产胎儿

妊娠后期感染所产的死胎，胎儿的发育基本完成。

图1-14-10　全身性淤血

病猪呼吸困难，两耳及口鼻端发绀，全身皮肤充血而呈暗红色。

图1-14-11　耳朵紫红

病猪两耳淤血、出血，呈紫红色，皮肤发红，后肢皮肤出血。

图1-14-12　呼吸性喘沟

病猪高度呼吸困难，呼气时在髂腹部出现明显的喘沟（箭头）。

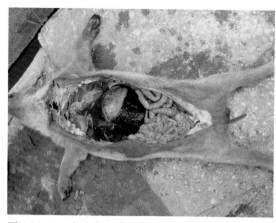

图1-14-13 皮肤和内脏淤血

病猪全身性淤血，皮肤及内脏器官均呈暗红色。

图1-14-14 肺脏淤血、水肿

肺脏膨大、淤血、水肿，肺间质增宽，呈暗红色。

图1-14-15 肺泡性肺气肿

肺尖叶和心叶的肺实质内有隆突于肺表面呈淡粉色的气肿灶。

图1-14-16 支气管肺炎

肺淤血、水肿，尖叶、心叶部有明显的肺炎病灶。

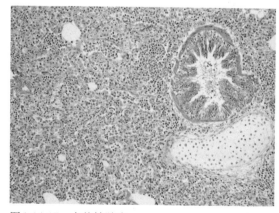

图1-14-17 卡他性肺炎

小支气管和肺泡内有大量脱落的上皮细胞和浸润的单核细胞。（HE，×100）

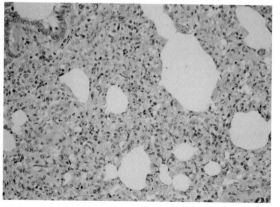

图1-14-18 间质性肺炎

肺间质增生，肺泡隔增厚，呈典型的间质性肺炎变化。（HE，×400）

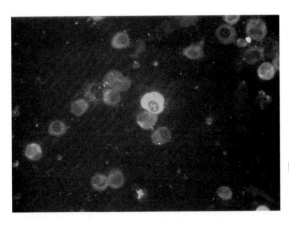

图1-14-19　荧光抗体技术检测阳性

肺组织的涂抹标本用荧光抗体技术检测呈阳性反应。（×400）

十五、猪流行性感冒

　　猪流行性感冒（简称猪流感）（Swine influenza，SI）是由病毒所引起的一种急性、高度接触性传染病。临床上以突然发病，迅速蔓延全群，表现为上呼吸道炎症为特点；剖检时以上呼吸道黏膜卡他性炎、支气管炎和支气管肺炎为特征。

　　【病原特性】本病的病原为正黏病毒科、A型流感病毒属的猪流行性感冒病毒（Swine influenza virus，SIV）。本病毒的粒子呈多形性，也有的呈丝状，直径20～120nm，含有单股RNA，核衣壳呈螺旋对称性，外有囊膜。囊膜上有呈辐射状密集排列的两种纤突（图1-15-1），即血凝素（HA）和神经氨酸酶（NA）。

　　本病毒对热和日光的抵抗力不强，但对干燥和冰冻有较强的抵抗力，一般消毒药对其有较强的杀灭作用。

　　【流行特点】不同年龄、性别和品种的猪对猪流感病毒均有易感性。病猪和带毒猪（病愈后可带毒6周至3个月）是本病的传染源。呼吸道感染是本病的主要传播途径。猪流感的流行有较明显的季节性，大多发生在天气骤变的晚秋和早春以及寒冷的冬季。当猪发生流感时，常有副猪嗜血杆菌继发感染，或有巴氏杆菌、肺炎链球菌等参与，使病情加重。

　　【临床症状】本病的潜伏期一般为2～7d，自然发病平均4d。病猪突然发热，体温一般为40.3～41.5℃，有时可高达42℃。此时见皮肤血管扩张充血，触之有温热感，随着病程的延长，可发展为淤血，皮肤的色泽加深而呈暗红色（图1-15-2）。病猪精神不振，食欲减退或不食，常拥挤在一起，不愿活动，恶寒怕冷（图1-15-3）；呼吸困难，吸气时鼻孔开张，不愿走动，多站立、低头呼吸（图1-15-4）；湿咳或痛咳，严重时卧地不起而连续咳喘（图1-15-5）；从眼、鼻流出黏液性分泌物，有时鼻分泌物中带有血液（图1-15-6）；有的病猪伴发肌肉和关节疼痛。本病的病程很短，如无并发症，多数病猪于4～7d可以完全恢复。发病率高（接近100%），死亡率低（常不到1%），如有继发感染，则可使病情加重。

　　【病理特征】病变主要见于呼吸器官。剖检多见，喉头黏膜充血，呈红色，从喉腔中流出大量白色泡沫样水肿液（图1-15-7）；气管黏膜肿胀、潮红，内含大量泡沫样渗出物（图

1-15-8）。肺部病变轻重不一，常于尖叶、心叶、膈叶的前下部，见有大小不一呈岛屿状分布的红褐色病灶（图1-15-9）。病情严重时，肺组织中常见大面积的出血斑块，病变部的肺组织呈紫红色（图1-15-10），坚实、萎陷，界限分明，其周围的肺组织发生代偿性肺气肿，呈苍白色。切开肺脏，肺门淋巴结多出血、肿大，切缘外翻，髓质部与皮质部均弥漫性出血，呈暗红色（图1-15-11）。肺间质增宽，水肿，切面疏松，小叶结构明显，切开时从肺组织中流出大量泡沫样液体（图1-15-12）。纵切支气管，见黏膜充血，管腔内有多量泡沫状黏液，有时混有血液而呈淡红色（图1-15-13）。小支气管和细支气管充满渗出物，胸腔蓄积多量混有纤维素的浆液，病势较重的病例在肺胸膜与肋胸膜亦见有纤维素被覆。组织学的病理变化主要是以支气管炎和局限性支气管肺炎为特点。疾病的初、中期，主要表现为支气管上皮脱落，支气管壁中有多量嗜中性粒细胞和中等量的淋巴细胞渗出。它们与分泌的黏液一起被覆在黏膜表面形成卡他性支气管炎变化（图1-15-14）；当炎症累及肺脏时，可见支气管周围的肺泡上皮脱落，肺泡腔中充满大量浆液和渗出的炎性细胞，肺间质水肿、增宽，形成炎性肺水肿（图1-15-15）。支气管的炎症导致其所属肺组织发炎，就形成了支气管肺炎（图1-15-16）。

【诊断要点】依据流行情况、临床症状和病理变化的特点，进行综合性全面分析，即可做出初步诊断，确诊应进行实验室诊断。病理学诊断，可采取病变的肺组织，制作冷冻切片，用荧光抗体技术检测（图1-15-17）。

【类症鉴别】本病应与急性猪肺疫和普通感冒等相区别。

【治疗方法】目前无特殊治疗药物。一般可用解热镇痛剂等对症治疗，以减轻临床症状；用抗生素或磺胺类药物，以控制继发感染。

临床实践证明，用下列中、西药进行治疗常可获得较好的疗效。

1.西药疗法　可试用复方吗啉胍片，小猪每次2mg，每日3次；金刚烷胺片，小猪每次100mg，每日2次。3～5d为一疗程，最多不超过10d，可取得良好效果。为了退热可肌内注射30%安乃近3～5mL，或复方奎宁5～10mL，或1%～2%氨基比林溶液5～10mL。为了增加病猪的抵抗力，可肌内注射百乃定2～4mL。为了防止或治疗继发性感染，可选用青霉素、麦迪霉素和磺胺类药物、卡那霉素（每千克体重10～20mg，每日2次），肌内注射或内服。

2.三花注射疗法　用野菊花、金银花和一枝花各500g（均为鲜草），加水1 500mL，蒸馏成1 300mL，分装消毒备用。每头大猪肌内注射10～20mL，可治流感、高热和肠炎等。

3.退热定注射液疗法　用野菊花、忍冬藤、淡竹叶各500g，白英、鸭跖草、一枝黄花各1 000g，加水7.5kg，浸泡24h后蒸馏成4 500mL，分装消毒备用。小猪肌内注射10～20mL；大猪肌内注射20～40mL，每日2～3次，连用3d，对流感有很好的疗效。

4.验方疗法　下列验方对猪流感也有较好的效果。

处方一：鲜大青叶150g、鲜柳叶白前100g、鲜葛根200g和马兰150g，水煎服。每天早、晚各1次，连用3d。

处方二：苏叶30g，荆芥30g，葛根10g，防风15g，陈皮15g，生姜、葱白为引，水煎服，每天一剂，连用5d。

处方三：大蒜50g、葱头50g，陈皮25g，水煎服，每天一剂，连用3d。

【预防措施】本病主要依靠综合预防措施来进行控制，同时还需注意严格的生物安全和合适的疫苗免疫。平时加强饲养管理，减少环境卫生、气候变化和运输等诱因影响。发生疫情后，应将病猪隔离，加强护理，给予抗生素和磺胺类药物，防止继发感染。有条件的可给易感的仔猪注射 H_1N_1 和 H_3N_2 亚型疫苗。在有母源抗体的情况下，应在10周龄后免疫，最好间隔3周再接种一次，免疫效果更确实。

另外，A型流感病毒可在种间传播，因此应防止猪与其他动物、特别是家禽的接触；如有饲养管理人员感染了流感病毒，也禁止与猪接触。

猪流感症状

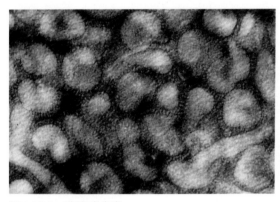

图 1-15-1　猪流感病毒

病毒粒子呈多形性，囊膜上有辐射状排列的纤突。

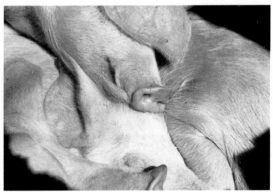

图 1-15-2　病猪发热

病猪体温升高，耳朵和鼻端充血、淤血而呈暗红色。

图 1-15-3　恶寒怕冷

病猪发热，恶寒怕冷，常聚集成堆，借以取暖。

图 1-15-4　呼吸困难

病猪呼吸困难，鼻孔开张喘息，或呈犬坐姿势缓解呼吸困难。

图 1-15-5　剧烈咳嗽

病猪呼吸困难，剧烈咳嗽，头颈伸直，低头喘息。

图 1-15-6　黏液性鼻液

病猪的鼻孔中有大量灰白色黏液性鼻液。

图 1-15-7　淋巴结出血

肺门淋巴结肿大，切缘外翻，弥漫性出血，呈暗红色。

图 1-15-8　喉腔内的水肿液

剖检时见喉头中有大量白色泡沫样的水肿液流出。

图 1-15-9　气管内的水肿液

肺水肿导致大量白色泡沫样液体从气管中流出。

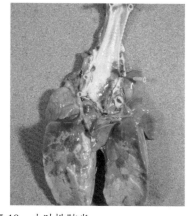

图 1-15-10　小叶性肺炎

肺脏的尖叶、心叶和膈叶前下部有红褐色岛屿状的炎性病灶。

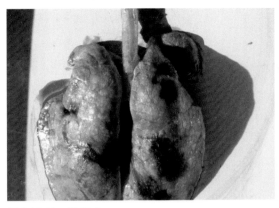

图 1-15-11　肺出血

　　肺充血、水肿，有面积较大的暗红色出血斑块。

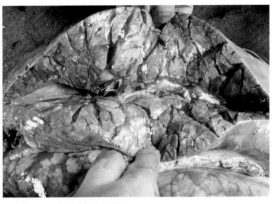

图 1-15-12　炎性肺水肿

　　肺间质增宽、水肿，小叶结构明显，切开时有大量水肿液流出。

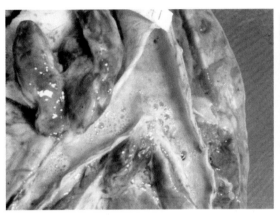

图 1-15-13　支气管肺炎

　　肺门淋巴结充血、肿大，支气管腔中充满泡沫样炎性水肿液。

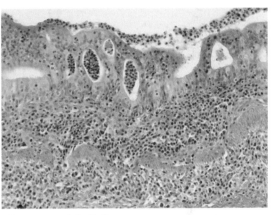

图 1-15-14　支气管炎

　　支气管上皮细胞变性、坏死，固有层和黏膜下层有多量炎性细胞浸润。（HE，×100）

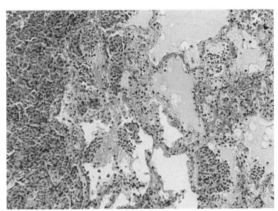

图 1-15-15　炎性肺水肿

　　肺泡中有大量的浆液、嗜中性粒细胞和脱落的肺泡上皮细胞。（HE，×100）

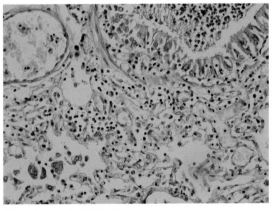

图 1-15-16　卡他性肺炎

　　支气管腔和肺泡腔中含有大量黏液、脱落的上皮细胞和炎性细胞。（HEA，×400）

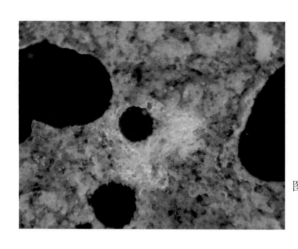

图1-15-17　荧光抗体技术检测阳性

细支气管上皮和肺泡上皮荧光抗体技术检测呈阳性反应。（×100）

十六、猪巨细胞病毒感染

　　猪巨细胞病毒感染（Porcine cytomegalovirus infection）又称猪包涵体鼻炎或猪巨细胞包涵体病，是猪的一种病毒性传染病。病毒主要侵害猪的鼻甲黏膜、黏液腺、泪腺、唾液腺及肾小管上皮，可引起仔猪的致死性全身性感染，而成年猪则多为隐性感染；临床上以胎猪和仔猪死亡、仔猪发育缓慢、发生鼻炎和肺炎、产生巨化细胞并有明显的核内包涵体为特征。

　　【病原特性】本病的病原为疱疹病毒科、巨细胞病毒属的猪巨细胞病毒（Porcine cytomegalo virus, PCMV），又称猪疱疹病毒Ⅱ型（Suis herpesvirus 2）。PCMV多呈卵圆形、长方形或哑铃形，直径为120～150nm，有囊膜，基因组为双链DNA，呈二十面体对称。病毒主要存在于细胞核及细胞质的空泡内（图1-16-1）。

　　PCMV对氯仿和乙醚敏感；对寒冷及温热具有较强的忍耐力，但常规消毒液在适宜的浓度下可将其杀灭。

　　【流行特点】本病只发生于猪，而不发生于其他动物。在不同品种和年龄的猪中，最易感染的是两周龄的乳猪。病毒主要存在于病猪的鼻眼分泌物、尿液、子宫颈液以及睾丸和附睾中；多通过呼吸道传播，乳猪可从母猪的飞沫受到感染，病毒通常先吸附于鼻黏膜而增殖。另外，病毒还能通过胎盘使胎儿感染，也可通过交配传播。

　　本病无明显的季节性，但在冬夏两季多发。

　　【临床症状】本病的潜伏期一般为7～10d。病猪的主要临床表现为食欲减退，精神沉郁，不断地打喷嚏，咳嗽，鼻分泌物增多，流泪，甚至形成泪斑（图1-16-2）。继之因鼻腔堵塞而吮乳困难，体重很快减轻。一窝仔猪中发病率可达25%，死亡率一般不超过20%，未发病仔猪的生长发育发生障碍，大多数病猪在3～4周内可恢复正常。

　　【病理特征】胎儿和新生仔猪的病变为鼻黏膜淤血、水肿，呈暗红色，并有广泛的点状出血和大量小灶状坏死（图1-16-3）。病情严重时，鼻黏膜发生弥漫性出血，整个鼻腔黏膜呈黑红色（图1-16-4）。腮淋巴结和下颌淋巴结肿大，切面湿润多汁，并伴发点状出血。肺间质水肿，尖叶和心叶部有炎性病灶。此外，在胸腔、喉头和跗关节等处常可见到明显的水肿。

　　组织学病变的特点是：鼻甲骨轻度萎缩，大量结缔组织增生，其中有多量炎性细胞浸润（图1-16-5）。鼻黏膜上皮细胞的纤毛变性、脱落，细胞呈扁平状，部分细胞坏死、脱落，固有层中有大量以淋巴细胞为主的炎性细胞浸润（图1-16-6）。病初或病变较轻时，在鼻黏膜腺、泪腺、变性的上皮细胞和肾小管上皮内可检出核内包涵体（图1-16-7）；随着病程的进展或病情严重时，可见大量黏膜上皮或腺上皮相互融合，形成巨化细胞，其胞核内有大而明显的核内包涵体（图1-16-8）。另外，在其他组织的血管内皮细胞和静脉窦细胞内也可发现核内包涵体。

【诊断要点】根据临床症状、流行病学特点和病理剖检的主要特征，便可做出初步诊断或确诊。

【类症鉴别】猪萎缩性鼻炎的临床症状与本病有些相似，但猪萎缩性鼻炎主要侵害鼻甲骨组织，后期表现明显的鼻甲骨萎缩，鼻和面部变形，全身症状轻微，很少有致死者。而猪巨细胞病毒感染主要侵害上皮组织，一般无鼻甲骨萎缩现象，对新生不久的仔猪可引起死亡。

【治疗方法】目前对本病还无特效疗法。在疾病暴发时，可用抗菌药物防治继发感染。

【预防措施】本病的流行通常有一定的局限性，当饲养管理条件良好时，一般不会对猪群构成大的威胁和造成大的经济损失。但引入新的种猪时，应注意检疫，防止带进新的传染源。在本病流行的地区，应定期对仔猪进行抗体监测，建立阴性猪群，逐渐净化猪场。

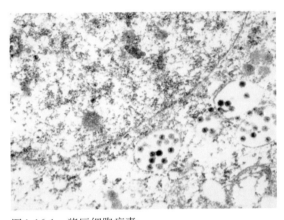

图1-16-1　猪巨细胞病毒

在细胞核内和细胞质的内质网中见有圆形病毒粒子。

图1-16-2　形成泪斑

病猪头部水肿，鼻孔有分泌物，眼角有泪斑。

图1-16-3　鼻黏膜坏死

鼻甲骨黏膜肿胀、淤血，呈暗红色，并见黄白色的局灶性坏死。

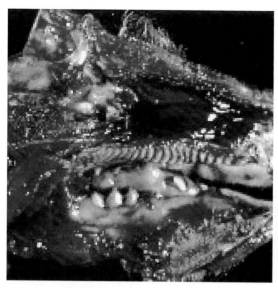

图 1-16-4　鼻黏膜出血

　　鼻黏膜弥漫性出血，整个鼻甲骨黏膜呈黑红色。

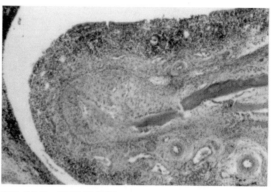

图 1-16-5　鼻甲骨萎缩

　　鼻甲骨轻度萎缩，结缔组织增生，大量的炎性细胞浸润。（HE，×40）

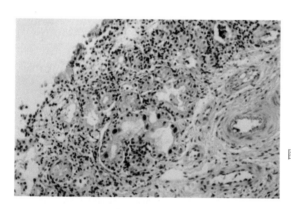

图 1-16-6　上皮变性坏死

　　黏膜上皮变性、坏死脱落，固有层中有大量的炎性细胞浸润。（HE，×100）

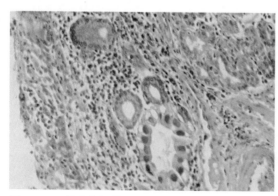

图 1-16-7　核内包涵体

　　鼻黏膜腺上皮排列整齐，部分上皮内有核内包涵体。（HE，×100）

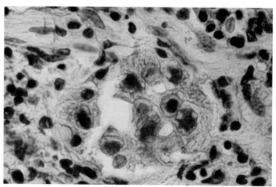

图 1-16-8　巨化细胞形成

　　腺上皮融合成巨化细胞，细胞核内有明显的包涵体。（HE，×400）

十七、仔猪先天性震颤

仔猪先天性震颤（Congenital tremors of piglet）又叫传染性先天性震颤，俗称"仔猪跳跳病"或"仔猪抖抖病"，是仔猪刚出生不久，便出现全身或局部肌肉阵发性挛缩的一种疾病。

【病原特性】本病的病原为先天性震颤病毒，但病毒的分类地位尚未确定。从患病仔猪的肾脏和其他器官的细胞培养物中分离到的先天性震颤病毒，给妊娠母猪接种，病毒可垂直传染给胎猪，使之发病。由此证明本病是由病毒所致。

【流行特点】本病仅发生于新生仔猪，受感染母猪妊娠期间不表现任何临床症状。成年猪多为隐性感染。本病主要由感染母猪经胎盘传播给仔猪，而未发现仔猪间相互传播的现象。隐性感染的公猪可能通过交配将病毒传染给母猪。另外，本病的发生也与母猪妊娠期营养不良有关，如维生素和无机盐缺乏、磷、钙比例失调等，均可促进本病的发生。

【临床症状】感染母猪在产出发病仔猪的前后无明显的临床症状。发病仔猪的症状轻重不等，若全窝仔猪发病，则症状往往严重（图1-17-1）；若一窝中只有部分仔猪发病，则症状较轻。震颤多呈两侧性，主要侵犯骨骼肌，后肢常难以支撑体重，病猪只能倒退着走（图1-17-2）。震颤以头部、四肢和尾部表现得最为明显（图1-17-3）。症状轻者，病猪虽然可以行走，但四肢的肌肉明显不停地抽搐，步态不稳，行走姿势怪异（图1-17-4）；病情重者，则见病猪运动障碍，全身抖动（图1-17-5），或表现剧烈的有节奏的阵发性痉挛（图1-17-6），有的病猪只能三蹄着地，两后蹄不时轮换悬起（图1-17-7）。由于震颤严重，使仔猪行动困难，无法吮乳（图1-17-8），常因饥饿而死（图1-17-9）；若仔猪能存活1周，则可免于一死，通常于3周内震颤逐渐减轻以至消失（图1-17-10）。缓解期或睡眠时震颤减轻或消失，但噪声、寒冷等外界刺激，可引发或加重症状。

【病理特征】病猪无肉眼可见的明显病变。中枢神经的组织学检查可见明显的髓鞘形成不全和髓鞘脱失（图1-17-11），尤其是脊髓，在所有水平面上的横切面都显示出白质与灰质的减少。脑的病变以小脑和脑干白质最为明显，主要表现为神经组织中有髓神经纤维的发育不全和髓鞘脱失，在脑组织中形成大小不一的空泡（图1-17-12）；脑组织水肿，血管周隙明显增大，其内有大量水肿液，用阿氏法（图1-17-13）和镀银法（图1-17-14）等特殊染色法染色，血管壁未见有明显的病理性损伤。

【诊断要点】根据症状和病史可以做出初步诊断。在病理学检查过程中，若发现中枢神经组织发生髓鞘形成不全等病变，即可以确诊。

【治疗方法】本病试用过许多种药物疗法，均不能改变病程，因此无特效的治疗药物，但及时的对症治疗可减少死亡并促进病猪早日康复。

【预防措施】对发病仔猪应加强照管，猪舍要保持温暖、干燥、清洁，使仔猪靠近母猪以便能吃到乳，或对病猪进行人工哺乳，以便增强病猪的体质和抗病能力。为避免由公猪通过配种将本病传给母猪，应注意查清公猪的来历并做好检疫。不从有先天性震颤病的猪场引进种猪。

仔猪先天性
震颤症状

图1-17-1　整窝发病

　　全窝仔猪均出现运动障碍症状，而且病情较重。

图1-17-2　四肢痉挛

　　生后1周的乳猪，四肢肌肉痉挛，不能站立。

图1-17-3　全身肌肉痉挛

　　4日龄病猪全身肌肉痉挛、颤抖，站立和运动困难。

图1-17-4　四肢抽搐

　　病猪四肢抽搐，走路不稳，姿势怪异。

图1-17-5　姿势异常

　　病猪全身肌肉痉挛，站立困难，姿势异常，运动障碍。

图1-17-6　运动障碍

　　病猪全身肌肉有节奏的颤抖，运动困难。

图1-17-7　三肢着地

左后肢悬垂，不时与右后肢交换，呈三肢着地状态。

图1-17-8　吮乳困难

病猪吃乳时，由于运动障碍，往往难以获取乳头。

图1-17-9　脱水消瘦

病猪因不能吃到母乳而饿死，全身脱水消瘦，尾巴发生干性坏死呈黑褐色。

图1-17-10　病情缓解

出生后3周龄的病猪，虽有异常姿态，但病情减轻。

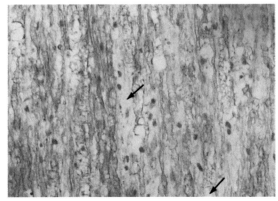

图1-17-11　神经发育不全

有髓神经纤维的髓鞘脱失和神经发育不全（箭头）。（髓鞘染色，×100）

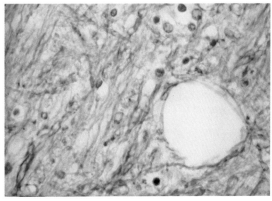

图1-17-12　髓鞘脱失

脑白质脱髓鞘，形成大小不一的空泡，神经组织发育不全。（阿氏染色，×400）

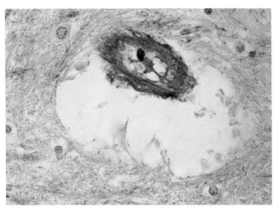

图 1-17-13　脑水肿

大脑、小脑和脑干的组织水肿，小血管间隙扩大。（阿氏染色，×400）

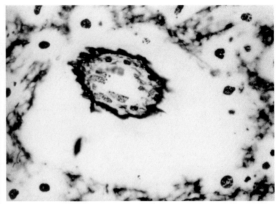

图 1-17-14　血管壁完整

脑组织严重水肿，小血管间隙明显扩大，管壁无明显缺损。（镀银染色，×400）

十八、猪圆环病毒感染

猪圆环病毒感染（Porcine circovirus infection）又称断乳仔猪多系统衰竭综合征（Postweaning multisystemic wasting syndrome，PMWS），是由病毒引起的一种传染病。本病主要感染6～12周龄仔猪，临床上以仔猪体质下降、消瘦、贫血、黄疸、腹泻和呼吸困难为特点；病理学上以间质性肺炎、淋巴结病、间质性肝炎和肾炎为特征。此外，本病毒常参与引起育肥猪的皮炎和肾病综合征、呼吸道疾病综合征。

【病原特性】　本病的病原为DNA病毒科、圆环病毒属的猪圆环病毒2型（Porcine circovirus 2，PCV-2），为动物病毒中最小的一员。病毒粒子直径为14～25nm，二十面体对称，多呈圆形，大小相近，无囊膜（图1-18-1），基因组为单股DNA。

PCV-2对外界环境的抵抗力极强，可耐受pH为3的酸性环境，对一般的消毒药也有很强的耐受性。

【流行特点】　PCV-2主要感染猪，猪群中的血清阳性率可高达20%～80%。虽然各种年龄段的猪均可感染，但以断乳后2～5周龄的仔猪最易感，且出现典型的临床症状。本病的主要传染源是病猪和带毒的母猪及育肥猪；传播的主要途径是消化道和呼吸道，病毒随鼻液、粪便和尿液等排泄物排出后污染饲料和饮水而传播。另外，少数妊娠母猪感染PCV后，可经胎盘垂直感染给仔猪。

【临床症状】　典型的临床症状出现于发病的断乳仔猪。病猪精神不振，食欲不佳，被毛粗乱，生长发育不良，呈现渐进性消瘦，体重明显减轻；贫血，皮肤上常见圆形或不规则形的红色到紫色的出血斑点，尤以耳廓和躯干最为明显（图1-18-2）。病情严重时，病猪全身均可见出血斑点、表皮坏死和结痂（图1-18-3）。眼皮轻度水肿，眼结膜由最初的充血潮红（图1-18-4），可发展到贫血苍白或黄染。肌肉萎缩、软弱无力，不愿运动，常常呆立一隅（图1-18-5）。病情严重时，还可出现后躯麻痹、运动障碍等症状（图1-18-6）。病猪呼吸困难、节律过快，时常打喷嚏或咳嗽（图1-18-7）。体表淋巴结，特别是腹股沟淋巴结肿

大。有的病猪出现腹痛、腹泻等消化系统疾病症状。

皮炎和肾病综合征：是由 PCV-2 和 PRRSV、多杀性巴氏杆菌及支原体等引起，临床上以皮肤出现红紫色隆起于体表的出血坏死性疹块为特点。这种出血性疹块通常从后肢、会阴部、臀部（图 1-18-8）、腹侧延伸到头部（图 1-18-9），病重时遍及全身。另见病猪体温升高，食欲丧失，呼吸困难（图 1-18-10），有时伴皮肤水肿。

呼吸道疾病综合征：可由 PCV-2 和 PRRSV、支原体、放线杆菌等引起，临床上以发热、咳嗽、呼吸困难为特征，易与猪流感相混淆。

【病理特征】 尸体严重营养不良，明显消瘦，贫血，全身皮肤苍白或黄染，常散在较多的出血斑点（图 1-18-11）。可视黏膜贫血苍白或黄染。切开皮肤见皮下较干燥，从血管断端流出少量稀薄且凝固不全的血液。

全身淋巴结的变化最显著，特别是腹股沟浅淋巴结（图 1-18-12）、肠系膜淋巴结（图 1-18-13）、肺门淋巴结及下颌淋巴结多肿大 2 ~ 5 倍，甚者可达 10 倍。淋巴结的质地坚实，呈灰白色，切面较干燥、平滑，有少量淋巴液。

肺脏多膨胀不全，质地变实，表面常见因组织增生而形成的灰白色斑块，或因局部代偿性充血而形成的淡红色区域，或因局部出血和炎性反应而形成暗红色斑点。肺间质常因增生和水肿而增宽。因此，肺脏的外观多呈大理石样（图 1-18-14）。

肾脏肿大，色泽变淡或苍白，表面多散在灰白色大小不一的病灶（图 1-18-15）。切开肾脏，被膜常有不同程度的粘连，肾皮质变薄，髓质增宽，肾盂周围组织水肿（图 1-18-16）。镜检，肾小管上皮多发生严重的颗粒变性，肾间质中有大量结缔组织增生，伴有大量单核细胞和淋巴细胞浸润。

肝脏淤血、肿大，呈暗红色，胆汁淤滞，胆囊膨满，半数病例的肝脏常因发生实质变性和淤血而出现不同程度的槟榔样花纹。

心脏暗红，外膜血管呈树枝状充血，心室扩张，尤以右心室明显，心尖变钝，质地较软（图 1-18-17）。镜检，心肌纤维变性，有局灶性坏死，心间质增生，其中有较多的淋巴细胞浸润。

胃内容物少，并多因胃出血和胆汁逆流而呈淡红黄色或黄色。黏膜肿胀，有点状出血，黏膜面上覆有较多的黏液，呈卡他性出血性炎症变化（图 1-18-18）。在胃的无腺部与有腺部的交界处可见有小溃疡。病情严重时，胃底部常有弥漫性出血，黏膜呈鲜红色或暗红色（图 1-18-19）。小肠壁呈树枝状充血，肠管膨胀，内含稀薄的内容物和气体，肠壁淋巴小结肿大。

皮炎和肾病综合征的主要剖检病变是肾脏苍白、肿大，表面有散在的出血点。组织学病理变化为出血性坏死性皮炎、动脉炎及渗出性肾小体肾炎和间质性肾炎。

呼吸道疾病综合征剖检时见肺脏暗红，间质增宽，肺小叶明显。组织病理学检查见肺泡隔及肺间质增生，并有淋巴细胞浸润。

【诊断要点】 一般根据断乳后仔猪发病，具有贫血、黄疸和生长发育障碍等临床症状，淋巴组织、肺、肝、肾的特征性病变，即可做出初诊。

【治疗方法】 除高免血清外，目前尚无有效的治疗药物，只能对症治疗，综合防治。

1.特异性血清治疗 肌内注射或腹腔注射高免血清，每千克体重 0.2 ~ 0.5 mL，次日重复一次，具有较好的疗效。也可肌内注射自家母猪血清 5mL，每日 1 次，连用 3d；同时结合肌内注射丁胺卡那霉素，每 25kg 体重 2mL，每日 2 次，连用 3d 为 1 疗程。治疗两个疗程后，治愈率可达70%左右。

2.生物制剂治疗　用干扰素（3万单位）1瓶加黄芪多糖注射液10mL混合，哺乳仔猪每头肌内注射3mL，断乳仔猪每头肌内注射6mL，育肥猪每头肌内注射10mL，每天1次，连用3d。也可试用转移因子、白细胞介素-2等生物制剂治疗。

3.控制继发感染　可用阿莫西林每千克体重25mg、氨基比林每千克体重2mg、维生素B_{12}每千克体重1.25mg，混合溶液肌内注射，每天1次，连用5d。也可在饲料中加入0.6%防蓝灵，或0.15%泰妙菌素、0.04%金霉素、0.03%甲氧苄啶和1%普壮素，连喂7d，也有良好的效果。

4.提高猪体抗病力　在饲料中添加黄芪多糖粉（100 g/t），同时在饮水中添加多维葡萄糖粉（500g/50kg），连用7d。提高饲料营养水平，如在饲料中加入0.2%～0.5%赖氨酸、3%～6%乳清粉、0.03%～0.05%多维素，或2%～5%全脂奶粉。可湿拌料或粥料饲喂，可以增加病猪的采食量，增强机体的抵抗力。

猪圆环病毒
感染症状

【预防措施】　加强饲养管理和卫生防疫措施。一旦发现可疑病猪及时隔离，并加强消毒，切断传播途径，阻止疫情扩散。

1.加强饲养管理　除了猪舍要清洁卫生，保温、通风良，饲养密度要适中，及时清理粪污，粪便要发酵处理等一般管理外，更重要的是断乳后的仔猪应分群饲养，严禁与早已断乳的育肥猪混群饲养，因为这会大大增加发病的风险。

2.定期严格消毒　定期使用有效的消毒剂进行消毒，一般用3%氢氧化钠溶液、0.3%过氧乙酸溶液、0.5%强力消毒灵消毒效果良好。

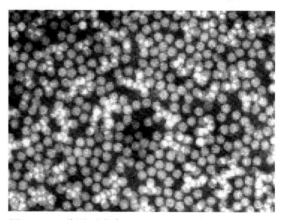

图1-18-1　猪圆环病毒

病毒多呈圆形，大小相近，无囊膜。

图1-18-2　皮肤出血

病猪全身皮肤上有斑点状出血，尤以两耳和躯干最为严重。

图1-18-3　全身皮肤出血

病猪全身性皮肤出血，并形成黑褐色的结痂。

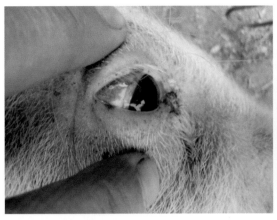

图1-18-4 眼结膜潮红

病猪的眼睑轻度水肿，眼结膜充血潮红，眼角有分泌物。

图1-18-5 不愿运动

病猪精神不振，不愿运动，皮肤上有出血斑点。

图1-18-6 后肢麻痹

病猪后肢麻痹，站立姿势异常。

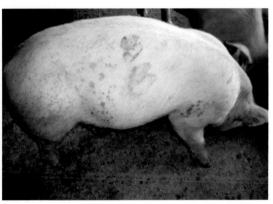

图1-18-7 呼吸困难

病猪呼吸困难，低头喘息，时常打喷嚏或咳嗽。

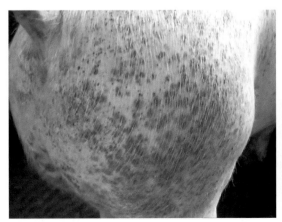

图1-18-8 臀部疹块

病猪的臀部及会阴部有大量疹块，有的发生融合。

图1-18-9 耳朵疹块

病猪耳朵背面有大量大小不一的紫红色疹块。

图 1-18-10　呼吸困难

病猪有全身性疹块，呼吸困难，张口喘息。

图 1-18-11　全身性出血斑

病猪消瘦，贫血，皮肤上有大量出血斑点，轻度黄染。

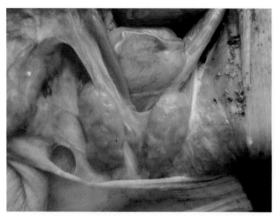

图 1-18-12　卡他性淋巴结炎

腹股沟淋巴结明显肿大，色泽灰白，质地较软，切面湿润。

图 1-18-13　浆液性淋巴结炎

肠系膜淋巴结肿大，呈淡红色，质地柔软，切面湿润多汁。

图 1-18-14　肺脏大理石样变

肺脏膨胀不全，有的局灶性萎陷和红褐色的炎性病灶。

图 1-18-15　间质性肾炎

肾脏表面有大小不一的灰白色结节或斑块。

图1-18-16　间质性肾炎（切面）

肾皮质变薄，散在灰白色条纹或病灶，肾盂扩张、水肿。

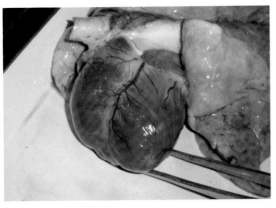

图1-18-17　心脏扩张

心脏充血，色泽红褐，右心室明显扩张，心尖变钝。

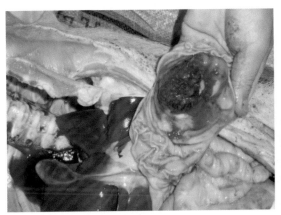

图1-18-18　卡他性出血性胃炎

胃黏膜肿胀、出血，覆有较多红褐色黏液。

图1-18-19　出血性胃炎

胃底部弥漫性出血，黏膜面呈鲜红色。

猪的细菌病

一、猪 丹 毒

猪丹毒（Swine erysipelas）是由猪丹毒杆菌引起的一种急性、热性人畜共患传染病。其临床症状及病理变化特征是：急性型呈败血症变化；亚急性型在皮肤上出现紫红色疹块；慢性型表现非化脓性关节炎、皮肤坏死和疣性心内膜炎。

【病原特性】本病的病原为丹毒杆菌属的红斑丹毒丝菌（*Erysipelothrix rhusiopathiae*），俗称猪丹毒杆菌。本菌为革兰氏染色阳性的细长小杆菌，不形成芽孢和荚膜，不能运动。在病料内的细菌常单在、成对或成丛状排列（图2-1-1）；在慢性病猪的心内膜疣状物上，多呈长丝状（图2-1-2）。

猪丹毒杆菌对外界环境的抵抗力很强，但对消毒药的抵抗力较低，2%福尔马林、3%来苏儿、1%氢氧化钠、1%漂白粉、5%生石灰水等都能很快将其杀死。

【流行特点】不同年龄猪均有易感性，但以3月龄以上的猪发病率最高，3月龄以下的猪很少发病。人类可因创伤感染发病，称之为类丹毒。本病的主要传染源是病猪，其次是临床康复猪及健康带菌猪。病原体随粪、尿、唾液和鼻液等排出体外，污染土壤、饲料、饮水等，经消化道和损伤的皮肤而感染（这是人感染本病的主要途径）。

猪丹毒的流行有明显季节性，夏季发生较多，5—8月是流行的高峰期，特别是在气候闷热、暴雨之后易流行；冬、春季只有散发。猪丹毒有一定的地区性，经常在特定的地方发生，呈地方性流行或散发。

【临床症状】人工感染的潜伏期为3～5d，短的1d，长的可达7d。根据病程和临床症状不同，一般将本病分为以下三型。

1.急性败血型　较多见，常发生于流行初期。病猪的体温突然升至42℃以上，寒战，减食，或有呕吐，常躺卧地上，不愿走动，行走时步态僵硬或跛行，似有疼痛。站立时背腰拱起，结膜充血，呈暗红色，眼角很少有分泌物。粪便干硬，覆有黏液，有的后期发生腹泻。发病1～2d后，体表局部皮肤（以耳、颈、背和腿外侧较多见）因充血、淤血而呈暗红色，出现大小和形状不一、指压褪色的红斑，病情严重时，红斑常相互融合成片状（图2-1-3）。病程2～4d，病死率80%～90%。耐过急性期的病猪，红斑部的皮肤开始形成结痂并脱落（图2-1-4），疾病逐渐痊愈，或转为亚急性疹块型。

2.亚急性疹块型 病情较轻,通常取良性经过,其特征是在皮肤上出现疹块。病初食欲减退,精神不振,不愿走动,体温升高至41℃以上;1～2d后,在胸、腹、背、肩及四肢外侧出现大小不等的疹块(图2-1-5),俗称"打火印";色泽随发病的不同时期而有变化,先呈淡红,后变为紫红,以至黑紫色;形状为方形、菱形或圆形,坚实,稍凸于皮肤表面(图2-1-6);数量多少不定,少则几个,多则数十个,以后中央坏死,形成结痂(图2-1-7)。疹块发生后,病猪的体温开始下降,病势减轻,经1～2周后,部分病猪即可康复。若病情较重,长期不愈,则有部分或大部分皮肤坏死,久者则变成皮革样痂皮。当病情恶化时,也可发展为败血症而死亡。

3.慢性型 常见浆液性纤维素性关节炎、疣性心内膜炎和皮肤坏死3种主要病变。皮肤病变一般单独发生,而浆液性纤维素性关节炎和疣性心内膜炎往往在一头病猪身上同时存在。

(1)皮肤坏死。其特征是背部、肩部、耳朵、蹄部和尾部形成局灶性坏死性病变。主要表现为局部皮肤肿胀、隆起、坏死、结痂,或形成黑色干硬的皮革样病灶,坏死的疹块脱落后在皮肤形成缺乏色素的淡色斑块(图2-1-8)。融合性的疹块随着病情的发展,逐渐与皮下的新生组织分离,犹如披在体表的一层甲壳(图2-1-9)。经2～3个月,坏死的皮肤脱落,遗留一片淡色无毛的疤痕(图2-1-10)。有的病猪的耳壳、尾尖和蹄匣发生坏死后常脱落。当坏死累及深层时常可继发感染,进而发生败血症使病猪死亡。

(2)关节炎。多以浆液性纤维素性关节炎为特点,可发生于四肢关节,多见于腕关节和跗关节,且呈多发性(图2-1-11)。有时可见到先天性感染的病猪,其四肢关节肿大,疼痛明显,站立困难,不能行走(图2-1-12)。急性期,受害关节肿胀、疼痛、僵硬,步态强拘,并发生跛行(图2-1-13);当病猪两后肢关节发炎时,常呈犬坐姿势(图2-1-14)。急性期过后,则以关节的变形为主,病猪卧地不起,运动困难。

(3)疣性心内膜炎。主要表现为心跳增快,呼吸困难,可视黏膜发绀;不愿走动,强迫运动时则行动吃力、缓慢,偶见突然倒地死亡;听诊时有心内杂音和心律不齐等变化。后期病猪常因心脏停搏而突然倒地死亡。

【病理特征】依临床症状不同而出现不同的病理变化。

1.急性败血型 其特征性的病变是除具有一般败血症的病理变化外,在皮肤上还出现丹毒性红斑。皮肤的病变多位于耳根、颈部、背部、胸前、腹壁和四肢内侧等处,由于毛细血管充血而出现不规则的鲜红色充血区,即所谓丹毒性红斑(图2-1-15);病程稍长者,则在红斑上出现浆液性水疱,水疱破裂干涸后,形成黑褐色痂皮。镜检,真皮乳头层的毛细血管充血,有浆液性渗出物浸润,严重者可见渗出性出血,以至发展为弥散性血管内凝血,并由于血液淤滞可出现坏死灶。

全身淋巴结肿大,呈紫红色;切面隆突,湿润多汁,常伴发斑点状出血(图2-1-16)。脾脏淤血而显著肿大,呈樱桃红色,被膜紧张,边缘钝圆,质地柔软,切面隆突,呈鲜红色;脾白髓和小梁结构模糊,用刀背轻刮有多量血粥样物。在脾切面特别是在脾头部和脾尾部的切面上,可出现白髓周围红晕病变,该特征性病变可作为急性猪丹毒病理剖检诊断的依据之一。胃、肠普遍呈急性卡他性或出血性炎症,尤以胃和十二指肠比较明显。这也是本病经常出现的重要病变之一,在鉴别诊断时具有参考意义。心、肝、肾等实质器官多半发生变性变化。肺脏淤血、水肿,伴发点状出血。镜检,淋巴组织内的血管高度充血、出血,淋巴窦扩张,其中充满浆液、白细胞和红细胞,呈急性浆液性淋巴结炎或出血性淋巴结炎。淋巴组织与网状组织有不同程度的坏死。脾脏主要变化为白髓周围红晕的本质是脾窦淤血、出血，极度扩张，内含大量红细胞，而白髓则萎缩，被数层红细胞紧紧包裹（图2-1-17）。肾脏常见透明血栓和出血性肾小球肾炎变化（图2-1-18）。

2.亚急性疹块型 该型的病变特点是在皮肤上出现特征性疹块。疹块通常多见于颈部、背部，其他如头、耳、腹部及四肢亦可出现，但较为少见。疹块的皮肤略隆起，大小不等，多呈方形、棱形或不规则形（图2-1-19）。疹块的色泽最初呈苍白色，以后转变为鲜红色或紫红色，或边缘红色而中心苍白。触摸时比正常的皮肤硬。若病势较重或长期不愈，则将发生干性坏疽，并腐离脱落，遗留的凹陷底部为新生肉芽组织。此外，有时疹块还可以互相融合成片（图2-1-20），导致大块皮肤坏死。镜检，疹块的发生是由于该处的小动脉受病原菌侵害导致局部微循环障碍的结果。病变部皮下小动脉发生动脉炎，管壁呈不同程度的变性和炎性细胞浸润，且往往继发血栓形成；皮下组织发生炎性水肿，胶原纤维肿胀或崩解；表皮细胞因缺血的程度不同而出现不同程度的坏死变化。

3.慢性型 主要由急性或亚急性病例转移而来，主要呈现疣性心内膜炎、关节炎和皮肤坏死等病变。

（1）疣性心内膜炎。主要发生于二尖瓣，其次是主动脉瓣、三尖瓣和肺动脉瓣。眼观，在心瓣膜见有大量灰白色的血栓性增生物，表面高低不平，外观似花椰菜样（图2-1-21），基底部因有肉芽组织增生，使之牢固地附着于瓣膜上而不易脱落。瓣膜上的血栓性增生物常可引起瓣膜孔狭窄或闭锁不全，继而导致心肌肥大和心腔扩张等代偿性变化（图2-1-22）。镜检，心瓣膜肥厚，大量结缔组织增生，对血栓进行机化（图2-1-23）。在陈旧的血栓中常见大量细胞成分与纤维蛋白融合，形成均质无构造、淡红色的坏死物，其中有大量蓝色细菌团块和层层包绕的结缔组织。若血栓一旦软化脱落，则往往使心肌、脾脏（图2-1-24）、肾脏（图2-1-25）的小动脉发生阻塞而形成梗死。

（2）关节炎。经常与心内膜炎同时出现，主要侵害四肢关节。患病关节肿胀，关节囊内蓄有多量浆液性纤维素性渗出物，滑膜充血、水肿，关节软骨面有小糜烂。病程较久的病例，因肉芽组织增生，在滑膜上则见灰红色绒毛样物（图2-1-26）；再久，关节囊发生纤维性增厚，甚至使关节完全固定、变形。

（3）皮肤坏死。慢性猪丹毒病猪因动脉炎和血栓形成，使躯体背部或四肢中的某一末梢部分皮肤发生干性坏疽而全部脱落。此外，有时也见整个耳壳或尾部脱落。

【诊断要点】根据临床症状、流行情况和病理变化，结合疗效，一般可以确诊。但在流行初期，往往呈急性经过，无特征性症状，需做实验室检查才能诊断。

【类症鉴别】本病在做出诊断时应与猪瘟、猪链球菌病、最急性猪肺疫、急性猪副伤寒等相鉴别。

【治疗方法】一些抗生素、中成药对本病均有很好的疗效。

1.青霉素疗法 猪丹毒杆菌对青霉素高度敏感，若在发病后24～36h内治疗，有显著疗效。因此，治疗猪丹毒时首选药物为青霉素，对急性型最好首先按每千克体重1万IU静脉注射，同时肌内注射常规剂量的青霉素，即20kg以下的猪用20万～40万IU，20～50kg的猪用40万～100万IU，50kg以上的酌情增加，每天肌内注射两次，直至体温和食欲恢复正常后2d，不宜停药过早，以防复发或转为慢性。也可用普鲁卡因青霉素G和苄星青霉素G，各按每千克体重15万IU进行治疗，借以长时间维持疗效。另外，当青霉素疗效不佳时，

也可选用四环素或土霉素，剂量为每日每千克体重 7 ～ 15mg，肌内注射。使用任何药物均要保证剂量、疗程，停药不能过早。

2.白虎连翘解毒汤疗法 处方：石膏30g、知母15g、甘草15g、金银花25g、连翘15g、葛根15g、柴胡10g，水煎后去渣，分早、晚两次内服，连用3d。本方的药量为10kg体重病猪的，用药时可根据病猪的大小不同而酌情增减。

3.葛根解毒散疗法 处方：葛根10g、蝉蜕10g、炒牛蒡子10g、石膏15g、丹皮10g、连翘10g、赤芍5g、金银花15g、僵蚕15g，共研为细末，拌在饲料中一次性喂服，两天一剂，连用3剂。加减：病猪咳嗽重者加杏仁15g和知母5g；喘甚者加苏子（炒）10g；少食者加厚朴30g；大便干燥者加大黄7.5g；皮内腐坏者加生黄芪25g。

【预防措施】

1.常规预防 平时要加强饲养管理，猪舍用具保持清洁，定期用消毒药消毒。每年按计划进行预防接种，是防控本病的好办法。我国目前用于防控本病的疫苗主要有弱毒苗（如GC42弱毒株、G4T10弱毒株、猪丹毒、猪瘟和猪肺疫弱毒三联冻干苗）和灭活苗（如氢氧化铝甲醛灭活疫苗），可按各疫苗的说明书提供的程序及剂量进行免疫接种。

2.紧急预防 发生猪丹毒后，应立即对全群猪测温，病猪隔离治疗，死猪深埋或烧毁。与病猪同群的未发病猪，用青霉素进行药物预防，待疫情扑灭和停药后，进行一次大消毒，并接种疫苗，巩固防疫效果。对慢性病猪及早淘汰，以减少经济损失，防止带菌传播。

猪丹毒症状

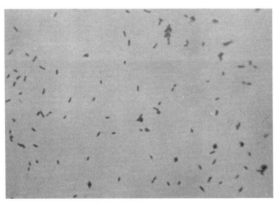

图2-1-1 急性病例的病原

从急性病例体内分离的猪丹毒杆菌。（革兰氏染色，×1000）

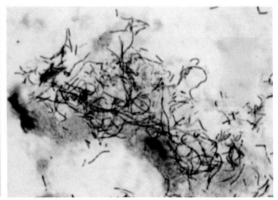

图2-1-2 慢性病例的病原

用疣性心内膜炎的病料涂片所获得的猪丹毒杆菌。（吉-瑞氏染色，×1000）

图2-1-3 败血型猪丹毒

病猪颈、背部的皮肤弥漫性充血和淤血，呈暗红色，指压褪色。

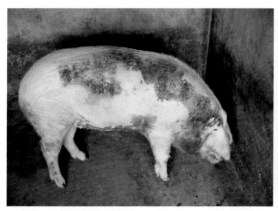

图2-1-4　败血型猪丹毒（后期）

病猪红斑部的皮肤开始结痂和脱落，皮肤淤血减退。

图2-1-5　疹块型猪丹毒（前期）

病猪的全身皮肤呈淡红色，散布大量形态不整、指压褪色的红斑。

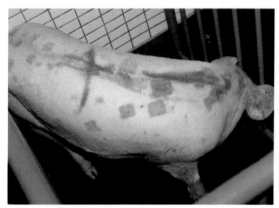

图2-1-6　疹块型猪丹毒（中期）

病猪的背部有界限分明的、呈菱形隆突于皮肤表面的红斑。

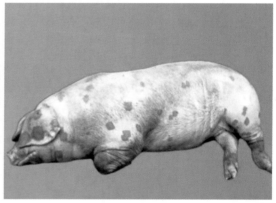

图2-1-7　疹块型猪丹毒（后期）

病猪身上布满陈旧的暗褐色斑疹，并形成结痂。

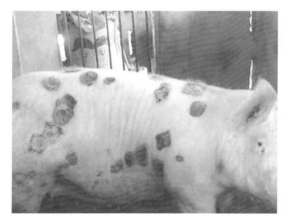

图2-1-8　皮肤坏死

病猪红斑部的皮肤坏死，形成黑色干硬结痂，脱落后形成淡色斑块。

图2-1-9　皮肤坏死

病猪颈背坏死的皮肤与新生组织分离，形成甲壳样构造。

图 2-1-10　坏死皮肤脱落

大片坏死的皮肤脱落，形成大片色淡、毛少或无毛的疤痕。

图 2-1-11　多发性关节炎

病仔猪四肢关节肿大、疼痛，站立时腰背拱起，四肢收于腹下。

图 2-1-12　先天性猪丹毒

病仔猪出生后就患病，四肢关节肿大，运动困难。

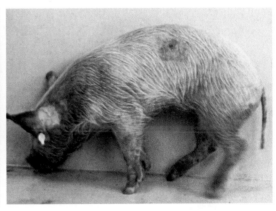

图 2-1-13　单侧性跗关节炎

病猪右后肢跗关节发炎、肿大，运动时减负体重，出现跛行。

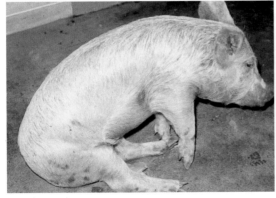

图 2-1-14　双侧性跗关节炎

病猪两后肢关节发炎、肿大、疼痛，呈犬坐姿势。

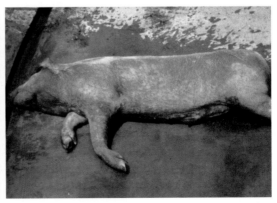

图 2-1-15　败血型猪丹毒

死于丹毒性败血症的猪，全身淤血并见明显的丹毒性红斑。

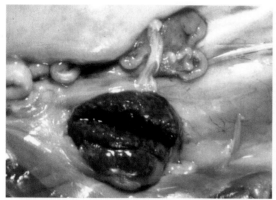

图 2-1-16　出血性淋巴结炎

淋巴结淤血、出血、肿大，呈暗红色，切缘外翻。

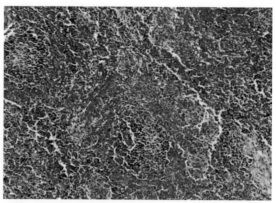

图 2-1-17　出血性脾炎

脾小体萎缩，被大量红细胞包绕，形成眼观所见白髓周围红晕。（HE，×100）

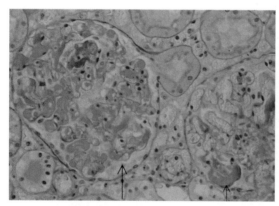

图 2-1-18　透明血栓

肾小球内有红色的透明血栓形成（箭头），肾小管上皮坏死。（HE，×400）

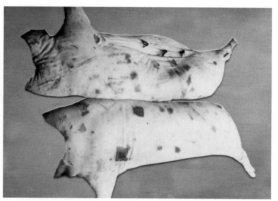

图 2-1-19　疹块型猪丹毒

脱毛后见病猪皮肤上有多量大小不一的红褐色疹块。

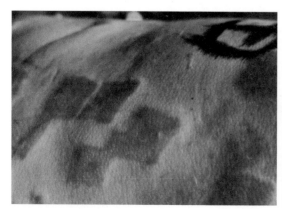

图 2-1-20　融合性疹块

病猪体表的红褐色菱形斑块或不规则疹块相互融合。

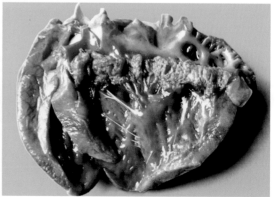

图 2-1-21　疣性心内膜炎

心瓣膜上有大量大小不等的疣状物，形成花椰菜样外观。

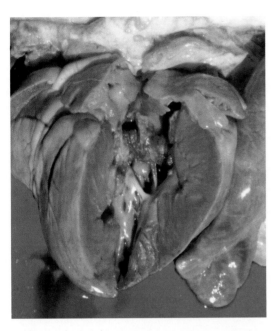

图 2-1-22　心肌肥大

　　二尖瓣上有肿瘤状疣状物，导致心肌肥大。

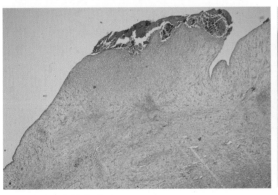

图 2-1-23　血栓机化

　　心瓣膜结缔组织增生，对其表面的血栓进行机化。（HE，×40）

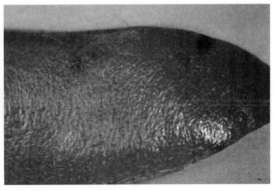

图 2-1-24　脾出血性梗死

　　死于疣性心内膜炎的病猪，脾缘常见红褐色隆突于表面的出血性梗死灶。

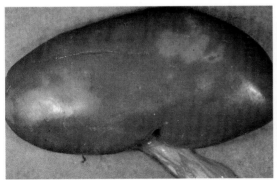

图 2-1-25　肾贫血性梗死

　　患疣性心内膜炎的病猪，肾皮质常发生不同程度灰白色贫血性梗死。

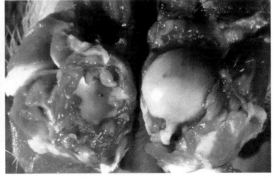

图 2-1-26　增生性关节炎

　　髋关节窝内的滑膜大量增生，使关节窝变形。

二、猪巴氏杆菌病

猪巴氏杆菌病（Swine pasteurellosis）又称猪肺疫、猪出血性败血症，俗称"锁喉风"，是猪的一种急性细菌性传染病，主要特征为：最急性型呈败血症，咽喉及其周围组织急性炎性肿胀，高度呼吸困难；急性型呈现纤维素性肺炎变化，表现为肺、胸膜的纤维蛋白渗出和粘连；慢性型症状不明显，逐渐消瘦，有时伴发关节炎。

【病原特性】本病的病原是巴氏杆菌属的多杀性巴氏杆菌（*Pasteurella multocida*）。本菌为两端钝圆、中央微凸的短杆菌，单个散在，无鞭毛、无芽孢、不能运动，产毒株则有明显的荚膜，革兰氏阴性（图2-2-1），用碱性美蓝或瑞氏染色，在血涂片或脏器涂片上的病菌具有明显的两极浓染的特性。

多杀性巴氏杆菌的抵抗力不强，在自然界中存活的时间不长，干燥后2～3d内死亡，在血液及粪便中能生存10d，在腐败的尸体中能生存1～3个月，在日光和高温下立即死亡，1%氢氧化钠及2%来苏儿等能迅速将其杀死。

【流行特点】不同品种及年龄的猪对猪肺疫均有易感性，其中以仔猪的感染和发病率较高。病猪和隐性感染猪是本病的主要传染源。病原体主要存在于病猪的呼吸道、肺脏病灶、肠道及各器官，随分泌物及排泄物排出体外，污染饲料、饮水、用具及外界环境等，由消化道及损伤的皮肤而传染仔猪；或由咳嗽、喷嚏排出的病原，通过飞沫经呼吸道传染健康猪。

本病常为散发，一年四季均可发生，但以冷热交替、气候剧变、闷热、潮湿、多雨的季节较多发。在自然灾害等条件下，本病有时也可呈地方流行性。

【临床症状】本病的潜伏期为1～3d，有时可达5～12d。根据其病程的不同在临床上可将之分为最急性、急性和慢性三型。

1.最急性型 常由B型菌株引起，多见于新疫区，以发生败血症为特点；病程1～2d。仔猪常突然发病，并迅速死亡。通常前一天晚上食欲还正常，但第二天早上却死在圈内，呈败血症症状。病程稍长者，体温升高到41℃以上，食欲废绝，呼吸高度困难，烦躁不安，可视黏膜呈蓝紫色，咽喉部肿胀（图2-2-2），俗称"锁喉风"，重者肿胀可延至耳根及颈部，有热痛。口鼻流出泡沫，呈犬坐姿势，伸颈呼吸，发出痛苦的喘鸣声。后期耳根、颈部及下腹部等处皮肤变成蓝紫色，有时见出血斑点，最后窒息死亡，死亡率高达100%。

2.急性型 是主要和常见的病型，以纤维素性胸膜肺炎为主症，败血症症状较轻；病程较缓和，为4～6d。病初体温升高，一般在40～41℃之间，发生干咳，呼吸困难，有鼻液和脓性眼分泌物。继之，转变为湿咳，触诊胸部有明显的疼痛反应，听诊有啰音和摩擦音。先便秘后腹泻。随着病情的发展，病猪呼吸极度困难，可呈犬坐姿势，可视黏膜发绀，皮肤有紫斑或小出血点，但颈部的红肿通常表现得不甚明显。耐过的病猪可转为慢性。

3.慢性型 多见于流行后期，以慢性肺炎或慢性胃肠炎为主症；病程较长，一般为2周以上。病猪持续性的咳嗽，呼吸困难，体温时高时低，精神不振，食欲减退，逐渐消瘦，有时关节肿胀，皮肤发生湿疹。最后发生腹泻，病猪常因脱水、酸中毒和电解质紊乱而死亡。死亡率一般为60%～70%。

【病理特征】本病的主要病变位于呼吸道，特别是肺脏具有证病意义的病变。

1.最急性型 以败血症病变为主。剖检见皮肤、皮下组织、各浆膜和黏膜有大量出血点。最突出的特点是：全身皮肤常因心脏衰竭引起的淤血而发绀，并有少量出血点。咽喉部及周围组织呈出血性浆液性炎症，明显肿胀（图2-2-3）。切开颈部皮肤，在皮下组织中可见大量淡红黄色渗出液，组织肿胀，呈现胶样浸润（图2-2-4），有时水肿可蔓延至前肢。全身淋巴结肿大、出血，切面呈现一致的红色，此种变化以咽喉淋巴结最为明显（图2-2-5）。

肺脏以充血、淤血和水肿变化为主。切开气管，常从断端流出大量淡红色水肿液，其中混杂许多小泡沫（图2-2-6）。肺脏充血和淤血，切开肺门部的大支气管，从中流出大量淡粉红色泡沫样液体（图2-2-7）。这是存在于支气管内的水肿液受呼吸气流的冲击所形成的。病情严重时，肺表面有大量出血斑点，肺切面湿润，间质增宽，从支气管断端流出较多的泡沫样液体（图2-2-8）。其他各实质器官多呈变性变化。

2.急性型 以纤维素性肺炎病变为特点，而败血症变化较轻。本型除全身黏膜、浆膜、实质器官和淋巴结有出血性病变外，最引人注意的病变是典型的纤维素性肺炎。最初，病变主要位于肺脏的尖叶、心叶和膈叶的前缘；继之，波及整个肺脏（图2-2-9）。根据病程的长短不同，肺脏在充血、水肿的基础上，发生出血，大量大小不一的出血灶与红色肝变期的变化相互混杂，使肺表面有大量红褐色斑块（图2-2-10）。一般而言，出血灶常隆突于肺表面，而红色肝变区则较平坦，实地较坚实（图2-2-11）。切开红色肝变区，有的呈暗红色，有的呈灰红色，有的呈灰白色，肝变区中央常有干酪样坏死灶；再加之肺小叶间质增宽，充满胶冻样液体，使得肺脏呈现大理石样花纹（图2-2-12）。与此同时，胸膜腔也常出现浆液纤维素性炎症，在胸腔内积有含纤维蛋白凝块的混浊液体。在胸膜上，特别是肺炎区的胸膜上附有黄白色纤维素薄膜，通常因结缔组织增厚，而使两层胸膜发生粘连。镜检，根据病变的特点不同而分为三期：充血水肿期，可见肺泡隔中毛细血管扩张、充血，肺间质增宽，肺泡和间质中有大量淡红色的浆液和浸润的炎性细胞（图2-2-13）；红色肝变期，肺泡内有大量渗出的纤维蛋白和红细胞，肺间质水肿、增宽，其内的淋巴管扩张，常可见淋巴栓形成（图2-2-14）；灰白色肝变期，肺泡中有大量纤维蛋白与嗜中性粒细胞，肺泡隔的充血减弱（图2-2-15）或处于贫血状态。另外，还常见细支气管黏膜上皮变性脱落，与渗出的炎性细胞和纤维蛋白等混杂在一起，形成黏膜块而堵塞管腔（图2-2-16）。

3.慢性型 以增生性炎症为特点，形成肺胸膜粘连和坏死物的包裹。剖检可见，病猪高度消瘦，黏膜苍白；肺组织大部分发生肝变，并有大块坏死灶或化脓灶（图2-2-17），有的在坏死灶的周围有结缔组织包裹。肺胸膜出血、坏死，并常因结缔组织增生而与发炎的肺组织发生粘连（图2-2-18）。心包膜常受累而发生纤维素性心包炎，心包内蓄积多量混浊的淡红黄色、内含大量纤维蛋白絮状物的心包液，心外膜常因覆有大量纤维蛋白和机化的结缔组织而呈绒毛状，俗称"绒毛心"（图2-2-19）。镜检，小支气管腔和肺泡腔中充满大量嗜中性粒细胞，部分肺组织的结构被破坏，嗜中性粒细胞坏死，形成化脓灶（图2-2-20）；有的部位有大量结缔组织增生，发生肺肉变。肺胸膜上渗出的纤维蛋白被大量增生的结缔组织取代，形成厚层机化物（图2-2-21）。

【诊断要点】一般根据病理特征，结合临床症状和流行情况即可确诊。必要时可进行实验室检查，其方法是：采取病变部的肺、肝、脾及胸腔液，制成涂片，用碱性美蓝染色后镜检，如从各种病料的涂片中，均见有两端浓染的长椭圆形小杆菌；或用革兰氏染色检出阴性球杆菌（图2-2-22）时，即可确诊。如果只在肺脏内见有极少数的巴氏杆菌，而其他脏器没有见到，并且肺脏又无明显病变时，可能是带菌猪，而不能诊断为猪肺疫。有条件时可做细菌分离培养，进行微生物学检查。

【类症鉴别】本病应与急性咽喉型炭疽、猪接触传染性胸膜肺炎和气喘病等相鉴别。

【治疗方法】发现病猪及可疑病猪立即隔离治疗，早期治疗有一定疗效。

效果最好的抗生素是庆大霉素，其次是四环素、氨苄西林、青霉素等，但巴氏杆菌可以产生耐药性，如果应用某种抗生素后无明显疗效，应立即改换。用法用量：庆大霉素每千克体重1～2mg；氨苄西林每千克体重4～11mg；四环素每千克体重7～15mg，均为每日两次肌内注射，直到体温下降，食欲恢复为止。

常用的磺胺类药物是磺胺嘧啶，10%磺胺嘧啶钠溶液，小猪20mL，大猪40mL，每日肌内注射1次，或按每千克体重0.07g，每日肌内注射两次。10%磺胺二甲嘧啶钠注射液每每千克体重0.07g，每日肌内注射两次。

另外，磺胺嘧啶1g，麻黄素碱0.4g，复方甘草合剂0.6g，大黄末2g，调匀为一包，10～25kg的猪口服1～2包，25～50kg的口服2～4包，50kg以上的口服4～6包，每4～6h服1次，也有较好的效果。

在使用抗生素和磺胺类药物的同时，肌内注射抗猪肺疫血清，效果更佳。抗猪巴氏杆菌免疫血清有单价或多价两类，一般使用剂量为每千克体重0.4mL，皮下（或肌内）和静脉各注射一半；24h后再注射一次效果更好。对于病情严重的病例，也可增加用量，即每千克体重0.6mL。

【预防措施】预防本病的根本办法是改善饲养管理和生活条件，以消除减弱猪抵抗力的一切外界因素。猪群应按免疫程序注射疫苗，一般每年春、秋各注射一次。猪肺疫氢氧化铝疫苗，断乳后的大小猪一律皮下注射5mL，免疫期9个月；口服猪肺疫冻干弱毒苗按瓶签规定使用，绝不可用于注射，免疫期为10个月。

发生本病时，应将病猪及可疑病猪隔离治疗；对假定健康猪进行紧急预防接种或药物预防；死猪要深埋或烧毁。慢性病例难以治愈的育肥猪，应急宰加工，肉煮熟后食用，内脏及血水应深埋。猪舍及环境要进行严格消毒。

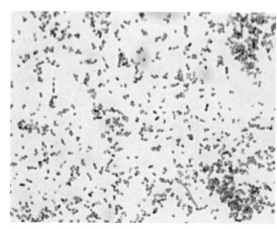

图2-2-1 多杀性巴氏杆菌

革兰氏染色呈阴性的多杀性巴氏杆菌。（革兰氏染色，×1000）

图2-2-2 锁喉风

病猪咽喉部明显肿胀，呼吸困难，俗称"锁喉风"。

图 2-2-3　咽喉部急性肿胀

　　病猪颌下到胸前部皮肤淤血红肿，颌下及咽喉部明显水肿。

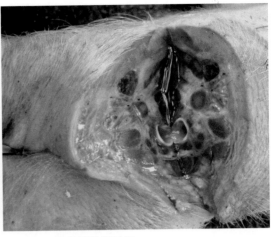

图 2-2-4　咽喉部胶样浸润

　　咽喉部皮肤各组织中含有多量淡红黄色水肿液，呈现胶样浸润。

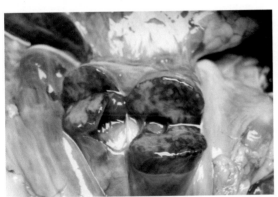

图 2-2-5　出血性淋巴结炎

　　肺门淋巴结淤血、出血，呈暗红色，切面有大理石花纹。

图 2-2-6　气管中的水肿液

　　肺脏充血、水肿，大量淡红色的水肿液从气管的断端流出。

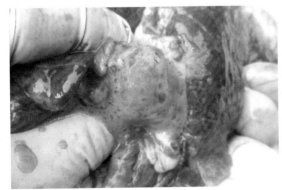

图 2-2-7　肺淤血水肿

　　肺淤血呈暗红色，从大支气管断端流出大量粉红色泡沫样液体。

图 2-2-8　肺出血水肿（切面）

　　切面湿润，有红褐色出血斑块，小支气管断端有泡沫样液体流出。

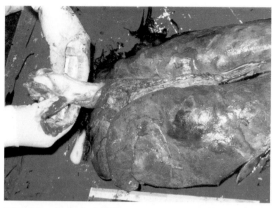

图2-2-9　肺充血水肿期

肺脏膨大，充血水肿，表面覆有纤维蛋白性渗出物。

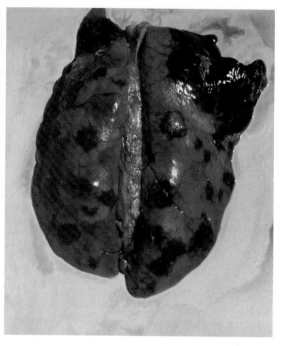

图2-2-10　肺红色肝变期（初期）

肺脏有大量暗红色出血及红色肝变期病灶。

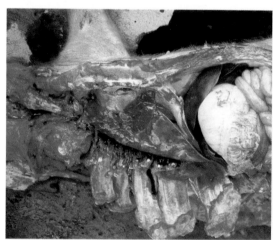

图2-2-11　肺红色肝变期（中后期）

肺脏有大量大小不一的红褐色的肝样变病灶。

图2-2-12　肺红色肝变期的切面

肺切面见充血水肿、红色和灰白色病灶，呈现大理石样花纹。

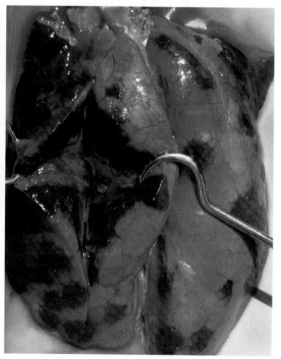

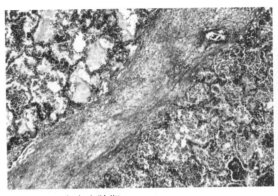

图2-2-13 充血水肿期

　　肺间质水肿，肺泡腔中有大量浆液、纤维蛋白和白细胞。（HE，×100）

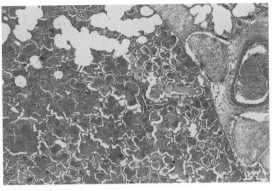

图2-2-14 红色肝变期

　　肺泡腔内充满大量红细胞，间质淋巴管内形成淋巴栓。（HE，×33）

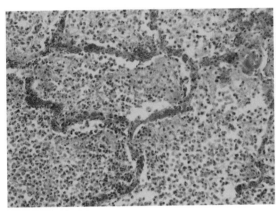

图2-2-15 灰白色肝变期

　　肺泡内充满纤维素和大量嗜中性粒细胞。（HE，×400）

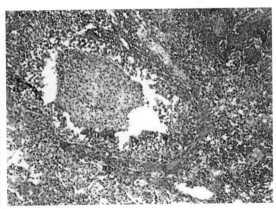

图2-2-16 支气管栓塞

　　细支气管被脱落的上皮及渗出物所形成的凝块堵塞。（HE，×100）

图2-2-17 灰白色肝变期（后期）

　　肺组织内有大面积黄白色肝变和化脓性病灶。

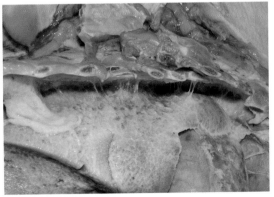

图2-2-18 纤维素性肺胸膜炎

　　胸腔中有大量纤维素性渗出物，使肺胸膜与肋胸膜粘连。

图2-2-19　绒毛心

　　心外膜上覆有大量纤维蛋白及其机化物，形成"绒毛心"。

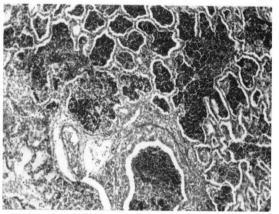

图2-2-20　肺内化脓灶

　　小支管和肺泡腔中充满嗜中性粒细胞，肺组织结构被破坏。（HE，×60）

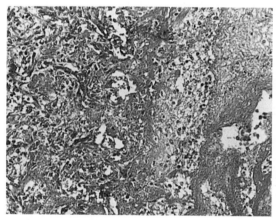

图2-2-21　肺胸膜炎

　　肺胸膜上渗出的纤维蛋白被大量结缔组织所机化。（HE，×100）

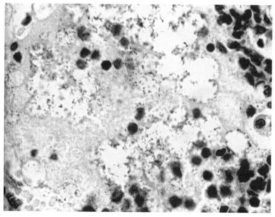

图2-2-22　病料中的巴氏杆菌

　　肺组织中有大量革兰氏阴性球杆状的巴氏杆菌。（革兰氏染色，×1000）

三、猪副伤寒

　　猪副伤寒（Swine paratyphoid）又称为猪沙门氏菌病（Swine salmonellosis），是由沙门氏菌引起仔猪的细菌性传染病，故又有仔猪副伤寒之称。本病在临床上有急性型和慢性型之分：急性型以败血症变化为特点，在肝脏可检出副伤寒结节；而慢性型则在大肠发生弥漫性纤维素性坏死性肠炎，表现顽固性腹泻。继发感染时，可发生卡他性或干酪性肺炎。

　　【病原特性】沙门氏菌为两端钝圆、中等大小的直杆菌，革兰氏染色阴性，无荚膜，不形成芽孢，有周身鞭毛，能运动。引起猪副伤寒的沙门氏菌的血清型较为复杂，猪霍乱沙门氏菌（Salmonella choleraesuis）及其孔道夫变种（S. typhimurium var. kunzendorf）是主要的病原体（图2-3-1），可引起败血症和肠炎；鼠伤寒沙门氏菌（S. typhimurium）和德尔俾沙

门氏菌（*S. derby*）能引起急性或慢性肠炎；都柏林沙门氏菌（*S. dublin*）可引起散发性败血症和脑膜炎；猪伤寒沙门氏菌（*S. typhisuis*）则以引起溃疡性小肠结肠炎以及坏死性扁桃体炎和淋巴结炎为特征。

沙门氏菌对外界环境的抵抗力较强，在粪中可存活1～2个月，在垫草上可存活8～20周，在冻土中可以过冬，在10%～19%食盐腌肉中能生存75d以上；但对消毒药的抵抗力不强， 3%来苏儿、3%福尔马林等常用消毒液均能将其杀死。

【流行特点】本病主要发生于密集饲养的断乳后的1～4月龄仔猪，而成年猪及哺乳仔猪很少发生。病猪和带菌猪是本病的主要传染来源；而消化道是最常见的传播途径。其传染的主要方式是由于病猪及带菌猪排出的病原体污染了饲料、饮水及土壤等，健康猪食入被污染的食物而感染发病。

本病多呈散发性，一年四季均可发生，但在多雨潮湿的季节较常发病。环境不洁、棚舍拥挤、饲料和饮水不良、疲劳和饥饿等，均可促进本病的发生。当有恶劣自然因素的严重影响，也可呈地方流行性。

【临床症状】本病的潜伏期多为3～30d。根据不同的临床表现，而有急性型和慢性型之分。

1.急性型（败血型） 多见于断乳后不久的仔猪。其特点是发病率低，但死亡率高。病猪体温升高（41～42℃），恶寒怕冷，常聚堆取暖（图2-3-2），食欲不振，精神沉郁，病初便秘，以后腹泻，粪便恶臭，有时带血，常有腹部疼痛症状，弓背尖叫。耳（图2-3-3）、腹部及四肢皮肤呈深红色，后期呈青紫色。最后病猪呼吸困难，体温下降，偶尔咳嗽，痉挛，一般经4～10d后死亡。尸体全身淤血，耳和四肢明显，呈紫红色，皮肤有瘀斑（图2-3-4）。

2.慢性型（结肠炎型） 此型最为常见，临床表现与肠型猪瘟相似。体温稍升高，精神不振，食欲减退，怕冷喜热，喜钻垫草，常拥挤而卧，堆叠在一起。眼角常有黏液性或脓性分泌物，少数发生角膜混浊，严重时可形成溃疡。便秘和腹泻反复交替发生，粪便呈灰白色、淡黄色或暗绿色，形同粥状（图2-3-5），有恶臭，有时带血和坏死组织碎片，以后逐渐脱水，极度消瘦（图2-3-6）。部分病猪在病的中后期皮肤上出现弥漫性湿疹，特别是在腹部皮肤，常见绿豆大、干涸的痂样湿疹；有些病猪发生咳嗽。病程2～3周或更长，最后衰竭死亡。本型的死亡率为25%～50%，恢复猪的生长发育不良。

另外，在一些猪群会发生所谓的潜伏性"副伤寒"。其主要表现为仔猪发育不良，被毛粗乱无光泽，虽然体温和食欲变化较小，但病猪体质较差，时有便秘或腹泻（图2-3-7）。一部分病猪在遇到应激性刺激或不良环境的影响时，病情突然加重而死亡。

【病理特征】本病的病理变化是做出诊断的重要依据。

1.急性型 主要是败血症变化。病猪的营养较好，无明显的消瘦变化，头部、耳朵及腹部等皮肤有紫斑（图2-3-8）。心脏、脾脏和肾脏等实质器官明显淤血，呈暗红褐色，表面常见点状出血（图2-3-9）。全身的浆膜及黏膜有不同程度的点状出血。胃黏膜常有斑点状或弥漫性出血，尤以胃底部明显（图2-3-10）。全身的淋巴结肿胀、充血或出血，尤以肠系膜淋巴结为甚（图2-3-11）。脾脏淤血、肿大，呈暗紫色，表面常见出血斑块（图2-3-12），切面见脾小体周围有红晕环绕。肾脏肿大，发生实质变性，被膜下常见较多的点状出血（图2-3-13）。右心室扩张，心内膜、心外膜不仅有出血点（图2-3-14），而且在心包中常见浆液性或纤维素性渗出物。肝肿大、淤血，并常见有点状出血，在被膜下有针尖大至粟粒大黄灰色或灰白色副伤寒结节（图2-3-15）。镜检，灰黄色结节为肝细胞变性、坏死所形成的坏死性结节（图2-3-16）；而灰白色结节则是在坏死性变化的基础上以网状细胞为主的增生和淋巴浸润所构成的增生性结节（图2-3-17）。另外，在肝细胞坏死的初期，还在肝小叶内见有出血、纤维素性渗出和炎性细胞一起形成的渗出性结节（图2-3-18）。肺脏多淤血、水肿，间质明显增宽，小叶结构清晰，表面有点状出血（图2-3-19）。小肠在病初变得菲薄，内含大量气体和淡黄色的内容物，肠壁有点状出血，肠系膜淋巴结肿大，并见点状出血（图2-3-20），病情严重时多发生出血性肠炎，整个小肠呈紫红色，腹水增多，呈淡红色（图2-3-21）；盲肠、结肠黏膜充血、肿胀，肠壁淋巴小结肿大，严重者可见淋巴小结处的黏膜上皮坏死脱落而形成小溃疡。

2.慢性型　主要病变在盲肠、大结肠、肝脏和淋巴结。肠壁淋巴小结先肿胀隆起，突出于肠浆膜（图2-3-22）和黏膜表面，以后其中心部发生坏死，逐渐向深部和周围扩散，并与渗出的纤维素性渗出物融合，形成一层灰黄色或淡绿色麸皮样假膜，被覆在肠黏膜表面（图2-3-23）。病情严重时坏死可向深层发展，波及肌层和浆膜，引起纤维素性腹膜炎。病程较长者，常见有局灶性坏死周围有分界性炎性反应或脓性溶解变化，使坏死组织脱落而形成溃疡（图2-3-24），或结缔组织增生而形成疤痕。镜检，肠黏膜固有层的淋巴小结坏死，固有结构被破坏，并与渗出的纤维蛋白及坏死的肠黏膜混杂在一起，脱入肠腔（图2-3-25）。肝脏淤血肿大，突出的病变是在表面或切面上均见有许多针尖大到粟粒大灰红色和灰白色的副伤寒结节。肠系膜淋巴结、咽后淋巴结和肝门淋巴结等明显肿大，切面呈灰白色脑髓样结构，并散布有灰黄色的小病灶，有时可形成大块状的干酪样坏死。肺的尖叶、心叶和膈叶的前下部常有卡他性肺炎病灶，若继发巴氏杆菌感染，则肺脏膨大、充血、水肿，有大面积肺炎病灶，甚至一个大肺叶均呈现出血性炎性变化（图2-3-26）；镜检，肺间质水肿，明显增宽，间质内淋巴管堵塞，肺泡腔中含有大量的炎性细胞、脱落的肺泡上皮、浆液和纤维蛋白（图2-3-27）等。如继发化脓性细菌，则可导致化脓性支气管肺炎的发生。

【诊断要点】　根据临床症状和流行情况，再结合病理变化即可做出初步诊断，进一步确诊可做实验室检查。

【类症鉴别】　本病应与猪瘟、猪痢疾和弯曲菌所引起的坏死性肠炎相区别。

【治疗方法】　要在改善饲养管理的基础上进行隔离治疗，才能收到较好疗效。同时用药剂量要足，维持时间宜长。

1.抗生素疗法　常用土霉素和新霉素。

（1）土霉素疗法。每日每千克体重50～100mg，分2～3次内服；或每千克体重40mg，一次肌内注射。

（2）新霉素疗法。每日每千克体重5～15mg，分2～3次内服。

2.磺胺类疗法　磺胺增效合剂疗效较好。磺胺甲基异噁唑（SMZ）或磺胺嘧啶（SD）每千克体重20～40mg，加甲氧苄氨嘧啶（TMP）每千克体重4～8mg，混合后分两次内服，连用1周；用复方新诺明（SMz-TMP），每千克体重70mg，首次加倍，每天内服两次，连用3～7d。

3.大蒜疗法　将大蒜5～25g捣成蒜泥，或制成大蒜酊内服，每日3次，连服3～4d，也能收到很好的疗效。

4.中药胃肠宁疗法　处方：大蒜25g、枫叶25g、精制樟脑5g，浸于100mL高粱酒中，

小猪内服5mL，大猪内服10mL。此方对小猪的副伤寒有较好的疗效。

【预防措施】加强饲养管理，消除发病诱因，是预防本病的重要环节。

1.常规预防 初生仔猪应争取早吃初乳。断乳分群时，不要突然改变环境，猪群尽量分小一些。在断乳前后（1个月以上），应给仔猪口服仔猪副伤寒弱毒冻干菌苗，或在本病流行地区，应定期给仔猪接种来预防本病的发生。

2.紧急预防 发生本病后，将病猪隔离治疗，被污染的猪舍应彻底消毒。耐过的猪多数带菌，应隔离育肥，予以淘汰。病死的猪不准食用，以防食物中毒。未发病的猪可用药物预防，在每吨饲料中加入金霉素100g，或磺胺二甲基嘧啶100g，既可起一定的预防作用，又可促进仔猪的生长。需要注意的是，用药物预防本病时，应防止耐药菌株的出现。为此，应选用几种药物，定期更换使用。

猪副伤寒症状

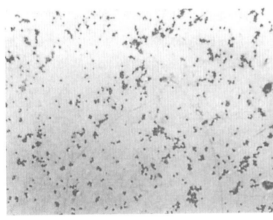

图2-3-1 猪霍乱沙门氏菌

本菌为两端钝圆、中等大小的直杆菌，革兰氏染色阴性。（革兰氏染色，×1000）

图2-3-2 病猪发热

病猪体温升高，恶寒怕冷，聚堆取暖。

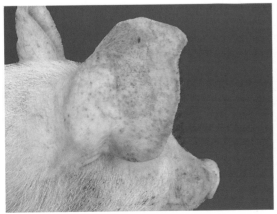

图2-3-3 耳朵充血

病猪双耳充血，呈淡红色，并见少量出血点。

图2-3-4 形成尸斑

病尸淤血，呈暗红色，肩部和臀部形成尸斑。

图 2-3-5　病猪腹泻

病猪腹泻，排出黄绿色粥样稀便。

图 2-3-6　脱水消瘦

病猪明显脱水、消瘦，全身的骨形标志明显。

图 2-3-7　群发性副伤寒

病猪被毛粗乱无光泽，便秘和腹泻交替，机体明显消瘦。

图 2-3-8　败血型病例

死于败血症的病猪，全身皮肤淤血并有紫斑。

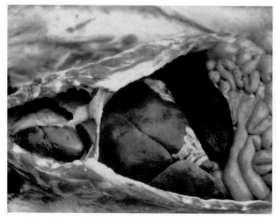

图 2-3-9　败血症性出血

实质器官淤血肿大，呈暗红色，表面散在点状出血。

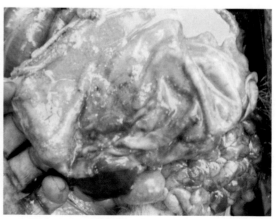

图 2-3-10　胃黏膜出血

胃黏膜充血、肿胀，胃底黏膜发生弥漫性出血。

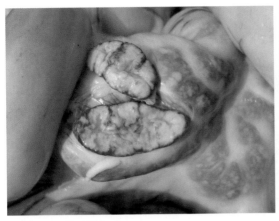

图 2-3-11 淋巴结出血

肠系膜淋巴结充血、肿大，表面有点状出血，切面有大理石样花纹。

图 2-3-12 脾淤血和出血

脾脏淤血、肿大，表面有点状出血，并见紫红色的出血斑。

图 2-3-13 肾出血

肾脏发生实质变性，被膜下有较多的点状出血。

图 2-3-14 心外膜出血

右心扩张，心外膜有多量出血斑点，或呈条纹状出血。

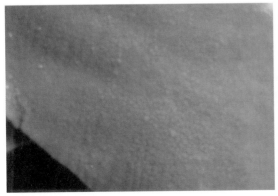

图 2-3-15 肝副伤寒结节

肝表面散在大小不一的灰黄色或乳白色副伤寒结节。

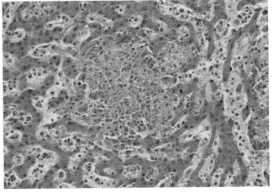

图 2-3-16 坏死性副伤寒结节

肝小叶内部分细胞坏死崩解，形成坏死性结节。（HE，×400）

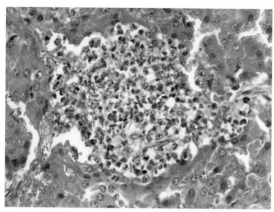

图2-3-17　增生性副伤寒结节

肝小叶内局部网状内皮细胞增生，形成增生性结节。（HE，×400）

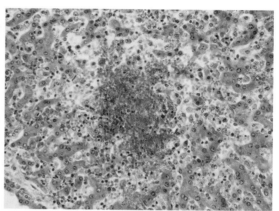

图2-3-18　渗出性副伤寒结节

肝小叶内局部红细胞集聚，其中杂有纤维素和嗜中性粒细胞。（HE，×100）

图2-3-19　肺淤血、水肿

肺脏淤血、水肿并伴发点状出血。

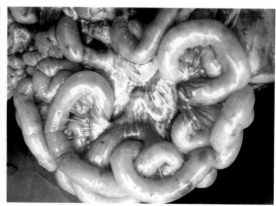

图2-3-20　小肠积气

小肠菲薄，内含大量气体和黄色内容物。

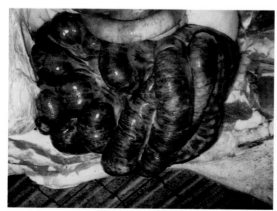

图2-3-21　出血性肠炎

小肠发生出血性肠炎，外观呈暗红褐色。

图2-3-22　肠壁淋巴小结肿胀

大肠壁的淋巴小结肿大，浆膜下可见米粒大灰白色颗粒。

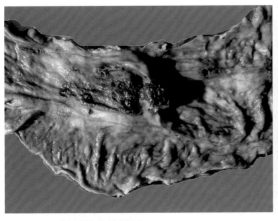

图2-3-23　肠纤维素性坏死

局部肠黏膜坏死，与渗出的纤维蛋白一起形成污秽淡绿色假膜。

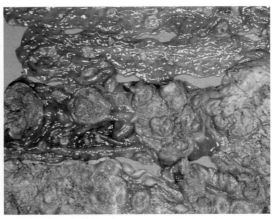

图2-3-24　肠黏膜坏死和溃疡

肠黏膜的坏死脱落和融合，形成溃疡和大面积的纤维素性坏死。

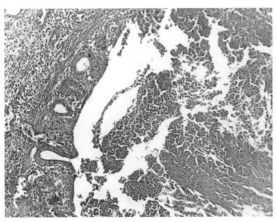

图2-3-25　肠黏膜脱落

肠壁的淋巴小结坏死，与坏死的肠黏膜一起脱入肠腔。（HE，×100）

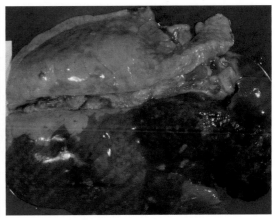

图2-3-26　大叶性肺炎

肺淤血、膨大，右肺出血，呈红褐色，发生红色肝变。

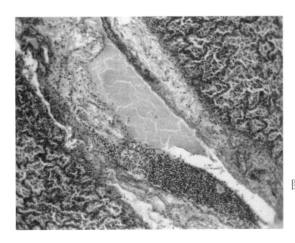

图2-3-27　纤维素性肺炎

肺间质水肿增宽，肺泡腔中有大量的炎性细胞和渗出物。（HE，×100）

四、仔猪黄痢

仔猪黄痢（Yellow scour of piglets）又称早发性大肠杆菌病，是出生后几小时到1周龄仔猪的一种急性、致死性肠道传染病，以排黄色稀粪为临床特征；发病率和病死率均很高，是养猪场常见的传染病，防治不及时可造成严重的经济损失。

【病原特性】本病的病原主要是产肠毒素性大肠杆菌（Enterotoxigenic *E. coli*，EPEC）。本菌为中等大小的杆菌，有鞭毛，无芽孢，革兰氏染色阴性（图2-4-1）。

大肠杆菌对外环境的抵抗力较弱，一般加热到60℃经15min即可将之杀灭；在干燥的环境下也容易死亡，但对低温有一定的耐受力。本菌对一般的化学消毒药品均较敏感，如5%～10%漂白粉、3%来苏儿和5%石炭酸等均可迅速将其杀死。

【流行特点】主要发生于3日龄左右的仔猪，7日龄以上的仔猪发病极少。目前认为，隐性感染的母猪是发生本病的重要来源，其次是发病的仔猪。病菌随母猪和患病仔猪的粪便排出，散布于周围环境中，污染母猪的乳头和皮肤，当仔猪在吮乳或舔母猪的皮肤时病菌随之进入肠道，导致发病。

本病一年四季都可发生，发病率可达90%以上，死亡率很高，有时高达100%。猪场内发生本病后，如不采取有效的防控措施，可经久不断地发生，造成严重的经济损失。

【临床症状】本病的潜伏期很短，生后12h以内即可发病，潜伏期长者也仅有1～3d。最急性发病者，通常看不到明显的临床症状，于出生后十个小时突然死亡。一般情况是一窝仔猪出生时体状正常，经一定时日，突然有1～2头仔猪表现全身衰弱，迅速死亡，以后其他仔猪相继发病。病猪精神不振，体温较高，常离群呆立，食量减少，腹泻较重，臀部、后肢、会阴部及尾根常被稀便污染（图2-4-2）。病猪排出的稀便呈黄色，糨糊状，内含大量未被消化的凝乳块（图2-4-3）。继之，病猪病情加重，精神明显沉郁，不吮乳，全身淤血呈紫红色，胃肠胀气，腹部膨大（图2-4-4），腹泻加重，肛门松弛，排便不受自主控制，甚至边吮乳边排出黄色稀便（图2-4-5）。严重腹泻时，由于体内大量水分随稀便流失，病猪很快脱水消瘦，被毛粗乱，眼球下陷（图2-4-6）。最后病猪衰竭，不能站立，昏迷，自主意识丧失，仍见少量黄色稀便从肛门流出（图2-4-7）。终因严重脱水、营养不良、自体中毒和心衰而死亡。

【病理特征】尸体呈严重的脱水状态，干而消瘦，体表常被黄色的稀便污染（图2-4-8）。死于急性败血症的病例，其胸前部皮肤常见淤血和点状出血变化（图2-4-9）。本病的主要病理变化为急性卡他性胃肠炎，少数为出血性胃肠炎。病变通常以十二指肠最为严重，空肠及回肠次之，结肠比较轻微。眼观，胃显著膨胀（图2-4-10），胃内充满多量带有酸臭味的白色、黄白色以至混有暗红色血液的凝乳块（图2-4-11），胃壁黏膜水肿，表面附有多量黏液，形成卡他性胃炎。胃底部黏膜呈红色或暗红色。小肠内充满黄色黏稠内容物与大量肠液及黏液混合，形成肠内积液，肠管明显扩张（图2-4-12）。当肠内容物发酵积气时，则肠内有大气泡形成，使肠壁变得菲薄，呈半透明状（图2-4-13）。剪开肠管，肠黏膜肿胀，湿润而富有光泽，常有多少不一的点状出血，黏膜面上覆有较多淡红黄色的黏液（图2-4-14）。病情严重或继发感染时，可见肠壁的出血明显，常常发生出血性肠炎病变。出血的肠管呈鲜红或暗红色，肠内常因发酵和消化不良积有大量气体（图2-4-15）。剪开

肠管，肠内容物呈红豆水样或红酱样，肠黏膜肿胀，黏膜面上覆有大量红色黏液（图2-4-16）。肠系膜淋巴结有弥漫性小点状出血。镜检，胃肠黏膜上皮完全破坏、脱落，肠绒毛裸露，固有层水肿，并有一些炎性细胞浸润。实质器官变性，在肝脏和肾脏常见有小的凝固性坏死灶。

【诊断要点】根据流行情况、特有的临床症状和病理变化，一般可做出诊断。

【类症鉴别】本病应与由病毒所引起的猪传染性胃肠炎和猪流行性腹泻等相鉴别。后两者都是传播迅速的急性胃肠道病，表现为剧烈腹泻，各种年龄的猪都可以发生，但以仔猪多发且病情严重。病猪呕吐，排出水样便，仅仔猪易死亡，而大猪常可康复。

【治疗方法】早期发现、及时治疗是治疗本病成败的关键。可使用经药敏试验确定对分离的大肠杆菌血清型有抑制作用的抗生素和磺胺类药物，如土霉素、磺胺甲基嘧啶、磺胺咪等，并辅以对症治疗。近年来，使用活菌制剂，如促菌生、乳康生和调痢生等，治疗仔猪黄痢也有良好的效果。

另外，将链霉素溶于水后，经口投入，每次5万~10万μg，每日两次，连续3d以上，可获得较好的疗效。

【预防措施】控制本病重在预防，特别是对妊娠母猪应加强产前产后的饲养和护理。注意饲料配合，改善环境卫生，保持产房温度。产房在临产前必须清扫、冲洗、消毒，垫干净垫草。母猪产仔后，把仔猪放在已消毒好的筐里，暂不接触母猪；再次打扫猪舍，用0.1%高锰酸钾把母猪乳头、乳房、胸部和腹部洗净消毒，挤掉头几滴乳，再固定乳头哺乳。

另外，还应加强被动免疫，给妊娠母猪在分娩前两个月，注射大肠杆菌K88ac-LTB双价基因工程苗，大肠杆菌K88、K99双价基因工程苗，或大肠杆菌K88、K99、987P三价灭活苗，以便使哺乳仔猪能从乳汁中获得保护性抗体。

应用动物微生态制剂也有预防本病的效果。如我国分离的非致病性大肠杆菌Ny-10菌株的肉汤培养物，给初生仔猪滴服0.5mL，然后让其哺乳，经一些猪场试用后，具有良好的预防作用；还有促菌生、乳康生、调痢生（8501）在哺乳前投服，均有较好的预防效果。

仔猪黄痢症状

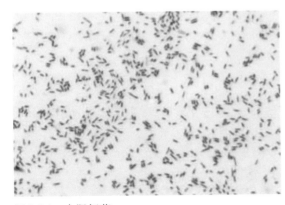

图2-4-1 大肠杆菌

大肠杆菌为中等大小的杆菌，革兰氏染色呈阴性。（革兰氏染色，×1000）

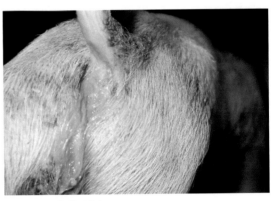

图2-4-2 病猪腹泻

病猪排出黄色稀便，臀部、会阴及尾根被稀便污染。

图2-4-3 黄色稀便

黄色呈糊糊状稀便，内含未消化的凝乳块。

图2-4-4 腹部膨大

病猪腹部膨大，全身淤血呈紫红色。

图2-4-5 排便失禁

病猪排便失禁，边吮乳边排出黄色稀便。

图2-4-6 病猪脱水

病猪明显脱水，眼眶下陷，皮肤干燥，被毛粗乱。

图2-4-7 濒死的病猪

病猪昏迷，意识丧失，肛门仍有黄色稀便流出或附着。

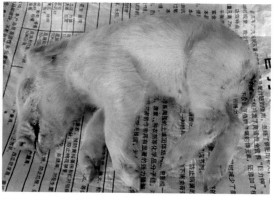

图2-4-8 死亡病例

病尸脱水消瘦，眼窝深陷，肛周和后肢被黄色稀便污染。

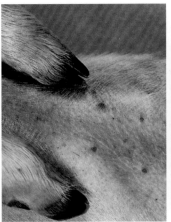

图2-4-9 败血型病例

死于败血症的病猪，前胸部常有明显的淤血和少量点状出血。

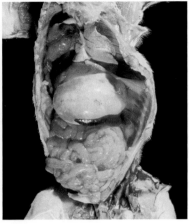

图2-4-10 胃扩张

2日龄病死仔猪，其胃膨大，充满大量凝乳块，小肠黄染。

图2-4-11 胃内容物

胃膨大，内含有大量未消化的黄白色凝乳块。

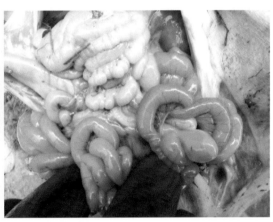

图2-4-12 小肠积液

小肠膨胀，内含大量食糜、消化液和黏液。

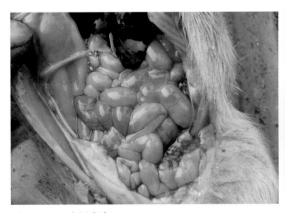

图2-4-13 小肠积气

小肠壁菲薄呈半透明状，内含大量气体。

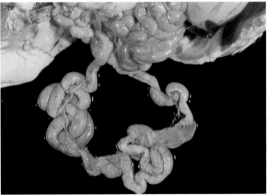

图2-4-14 卡他性肠炎

小肠黏膜肿胀，黏膜面上覆有较多黏液。

图2-4-15　肠出血

部分肠管淤血、出血，呈红色，肝淤血呈暗红色。

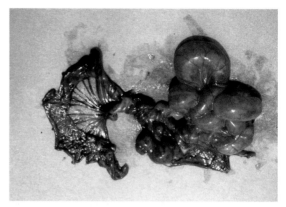

图2-4-16　出血性肠炎

小肠黏膜面上覆有红褐色黏液。

五、仔猪白痢

仔猪白痢（White scour of piglets）是10～30日龄仔猪的一种急性肠道性传染病。临床上以排乳白色或灰白色糨糊样稀粪，带有腥臭味为特征；发病率较高，而病死率较低。

【病原特性】本病的病原主要是致病性大肠杆菌。现已证明，从病猪分离的大肠杆菌许多菌株的血清型与引起仔猪黄痢和仔猪水肿的大肠杆菌的血清型基本一致，在不同菌株中较常见的是O_8、O_{78}、O_{101}和K_{88}血清型，有些地区K_{99}血清型也较多。

【流行特点】本病以10～20日龄的仔猪发病最多，1月龄以上的仔猪很少发病，一窝仔猪发病率常可达30%～80%。一般而言，病猪和带菌猪是本病的主要传染来源，而消化道则是本病的主要传播途径。从病猪体内排出来的大肠杆菌，其毒力增强，经常污染母猪的皮肤和乳房以及周围的环境，当健康仔猪舔食母猪皮肤或吮乳时，常能食入大量的致病性大肠杆菌，于是导致发病。因此，一窝仔猪中如有一头腹泻，若不及时采取措施，就会很快传播。

本病一年四季均可发生，多呈散发。

【临床症状】病猪的体温升高，精神不佳，食欲减退，日渐消瘦，被毛粗乱无光泽，拱背，发育迟缓；眼结膜苍白，怕冷，恶寒战栗，躺卧于垫草中，或聚堆、拥挤在一起取暖（图2-5-1）。病猪的主要症状为腹泻，粪便呈乳白色或灰白色，常呈糨糊状或混有黏液而呈稀糊状，其中含有气泡和未完全消化的凝乳块（图2-5-2），并散发出特殊的腥臭味。病猪的尾、肛门及其附近常沾有粪便，污秽不洁。受累的病猪营养欠佳，被毛显粗乱，发育不良，个体大小差别较明显（图2-5-3）。有的病猪并发肺炎，体温升高，呼吸困难，肺部听诊常有明显的啰音。

本病发生后，其病程一般为3～5d，长的可达1周以上，绝大部分病猪均可以康复。

【病理特征】本病以肠道的消化吸收障碍明显，而炎症性反应轻微为特点。眼观，病猪常因脱水而消瘦，肛门和尾部、股部常有灰白色稀粪污染。胃膨满，浆膜血管多淤血、怒张，呈树枝状（图2-5-4）；胃内有凝乳块，胃黏膜可因充血而潮红，或因淤血而呈暗红色

（图2-5-5）。小肠多因淤血而呈暗红色，肠壁变薄，含大量稀薄的内容物，肠系膜血管淤血而怒张（图2-5-6）。剪开小肠，常从中流出大量黄白色至灰白色黏性稀薄内容物，混有气泡，发出恶臭气味。小肠黏膜充血、肿胀，多伴发点状出血，黏膜面上被覆有较多的黏液，呈卡他性或出血性卡他性炎症变化（图2-5-7），肠壁淋巴小结稍肿大。镜检，小肠绒毛上皮细胞变性、坏死和脱落，固有层的血管扩张、充血、水肿，有较多的炎性细胞浸润（图2-5-8）。病情严重时，小肠的出血变化明显，肠内容物多呈红酱色，肠黏膜肿胀，其面上覆有多量红褐色黏液（图2-5-9）。肠系膜淋巴结常呈串珠状肿大，发生浆液性淋巴结炎或出血性浆液性淋巴结炎（图2-5-10）。实质器官多呈变性变化。

【诊断要点】根据临床特征性症状和剖检病变特点，即可做出诊断。

【类症鉴别】本病应与猪传染性胃肠炎、猪流行性腹泻、猪痢疾、仔猪红痢等疾病相鉴别。

【治疗方法】仔猪白痢的治疗方法很多，都有一定的治疗效果，可因时因地选用。

1.抗生素和磺胺类药物疗法 内服胨铋酶合剂（磺胺胨、碱式硝酸铋、含糖胃蛋白酶等量混合物），出生7d的仔猪每次0.3g；14d的每次0.5g；21d的每次0.7g；30d的每次1g。重病者1日3次，轻病1日2次。一般服药1～2d后即可收到明显的效果，甚至治愈。磺胺胨，每千克体重0.2g，内服，每天早晚各1次。土霉素2g加少许糖，溶于60mL水中，每头仔猪每次3mL，内服，1日2次，也有较好的疗效。

2.促菌生疗法 用于预防，仔猪吮乳前2～3h，投服3亿活菌，以后每天1次，连服3次。用于治疗，每日每千克体重投服3亿活菌，重症每千克体重可用5亿～10亿活菌，连用3～5d，效果颇佳。投喂的方法是将促菌生溶于水中灌服或拌入饲料里喂给。若与药用酵母同时喂服，可提高疗效。为了巩固疗效，最好在疾病的临床治愈后，继续服用1～2次。此外，也有报道认为用乳康生，其预防治疗效果比促菌生更理想。

3.中医疗法 有条件时可使用中药疗法，也可收到很好的效果。例如，内服白龙散，处方为：白头翁6g，龙胆草3g，黄连1g，共为细末，和米汤一起混匀灌服，每天一次，连服2～3d，可收到较好的疗效。大蒜疗法，大蒜600g，甘草120g，切碎后加入50度的白酒500mL，浸泡3d，混入适量的百草霜（锅底烟灰），和匀后分成40剂，每猪每天灌服1剂，连续2d即可收效。

此外，还有交巢穴的水针疗法、激光疗法等，可根据条件，酌情采用。

【预防措施】改善饲养管理，提高母猪健康水平。预防接种，应用K88ac-LTB双价基因工程菌苗，于妊娠母猪预产期前55～25d进行免疫接种；也可给母猪口服300亿活菌或注射50亿活菌，所产仔猪通过吮吸初乳可获得免疫力。也可于仔猪出生后立即内服乳康生或促菌生来预防本病。另外，母猪分娩前后，其产房应严格消毒，防止病菌污染；及时让初生乳猪吮吸初乳，可有效地预防本病的发生。

此外，还可采用给仔猪早开食的方法来预防本病，即在仔猪运动场内放置少许炒熟的谷粒，其中加入适量食盐，令仔猪自由采食，借以促进仔猪的消化机能发育；与此同时，在运动场的另一角，可放置深层黄土块，任仔猪啃嚼。也可给母猪加喂抗贫血药，如硫酸亚铁250mg、硫酸铜10mg、亚砷酸1mg，每天一次，由产前1个月开始，至产后1个月停止，以此来防止仔猪贫血，从而防止本病的发生。

仔猪白痢症状

图2-5-1　恶寒怕冷

病猪腹泻，恶寒怕冷，常拥挤在一起取暖。

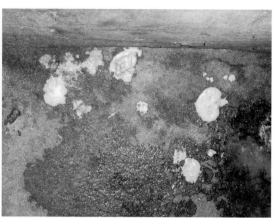

图2-5-2　灰白色稀便

灰白色或乳白色黏稠的稀便内有未消化的凝乳块。

图2-5-3　发育不良

病猪发育不良，被毛粗乱，个体有较大的差异。

图2-5-4　胃扩张

胃极度膨大，浆膜血管怒张，小肠淤血呈暗红色。

图2-5-5　胃内的凝乳块

胃内含有大量凝乳块，胃黏膜充血呈淡红色。

图2-5-6　小肠淤血

小肠淤血，肠壁呈暗红色，肠系膜血管怒张。

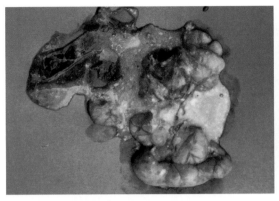

图2-5-7 卡他性肠炎

从小肠中流出大量黄白色或灰白色内容物。

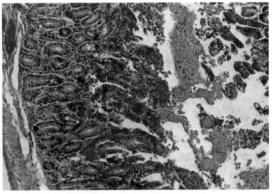

图2-5-8 卡他性肠炎

肠黏膜上皮变性、坏死和脱落，固有层血管扩
张充血。（HE，×100）

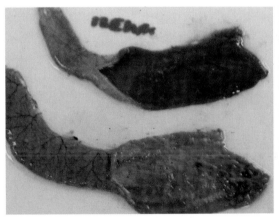

图2-5-9 出血性肠炎

小肠淤血和出血，黏膜面上被覆淡黄色或淡红
色的黏液。

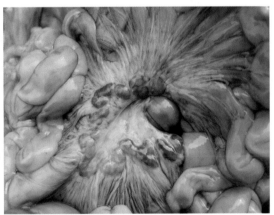

图2-5-10 淋巴结炎

肠系膜淋巴结呈串珠状肿大，发生浆液性或出
血性炎症病变。

六、猪水肿病

猪水肿病（Edema disease of swine）是断乳仔猪的一种过敏性疾病，由某些大肠杆菌产生的内毒素所引起。其临床特征是突然发病，头部水肿，运动失调、惊厥和麻痹，发病率低，死亡率高；剖检见病猪头部皮下水肿，胃壁和肠系膜显著水肿，

【病原特性】本病的病原主要为产志贺毒素大肠杆菌（Shiga toxin-producing E. coli，STEC），也称产志贺样毒素大肠杆菌（Shiga-like toxin-producing E. coli，SLTEC）或产vero毒素大肠杆菌（Verotoxin-producing E. coli，VTEC）。虽然各地分离到的血清型并不完全相同，但常见的有 O_2、O_8、O_{138}、O_{139} 和 O_{141} 等。

【流行特点】本病常见于刚断乳不久的生长快而健壮的仔猪，育肥猪或10日龄以下的仔猪很少发生。一般呈散发，有时呈地方流行性发生，发病率为10%～35%。一般认为，突

　　然断乳和饲喂大量精料，可使仔猪肠道内环境发生剧烈变化，引起菌群失调，于是一些致病性大肠杆菌趁机而入，大量增殖，产生毒素引发本病。此外，在气温骤变、饲料单一的情况下，也容易诱发本病。

　　本病的发病率一般不高，为10%～35%，而死亡率却很高，可高达90%以上。

　　【临床症状】仔猪突然发病，精神沉郁，食欲减退或口流白沫。初期，病猪常先便秘，继之有轻度腹泻，静卧一隅，肌肉震颤，不时抽搐，四肢有划水样动作，触之敏感，发出呻吟或作嘶哑的嚎叫。当病猪的前肢发生麻痹时，常站立不稳，或不能站立而爬卧在地（图2-6-1）；当后躯发生麻痹，病猪运动时后躯摇摆、晃动，甚至不能站立或呈犬坐姿势（图2-6-2）。有的病猪神经症状明显，主要表现兴奋、转圈、痉挛或运动失调等。

　　本病的特征性症状为水肿，主要表现为眼睑、结膜、眼周组织（图2-6-3）、头部、颈部，甚至前肢水肿（图2-6-4）。严重时水肿可累及全身，指压水肿部位有压痕。需要注意，有些病猪没有明显的水肿变化。

　　本病的病程不定，短者仅为数小时，一般为1～2d，也有的可长达7d以上。

　　【病理特征】本病的特征性病变为胃壁、小肠和结肠盘曲部的肠系膜、眼睑和面部以及颌下淋巴结的水肿。胃内常充盈食物，胃壁明显增厚，质地柔软，有胶冻样感，切开时有大量淡黄色的浆液流出（图2-6-5）。胃壁切面明显增厚，各层组织，尤其是黏膜下层中常蓄积大量淡黄色水肿液，使胃壁明显增厚，有时可厚达3cm，使胃壁呈胶冻样（图2-6-6）。胃黏膜潮红，有时出血。严重时水肿可波及贲门和幽门，使胃内容物的进出口水肿、狭窄（图2-6-7）。值得强调指出，轻度的局部性胃水肿，常需在多处切开胃壁才能发现。镜检，胃黏膜上皮变性、脱落，形成大量黏液被覆于黏膜表面，胃腺萎缩，黏膜变薄（图2-6-8）。固有层和黏膜下层中的血管扩张、充血和淤血，并伴有少量出血，大量浆液外渗，固有层明显增厚，呈细网状（图2-6-9）。小肠壁多淤血呈暗红色，肠系膜间有大量水肿液而使系膜呈灰白色胶冻样，肠系膜淋巴结充血肿大（图2-6-10）。病情严重时，小肠多出血，眼观肠管呈紫红色或红色，肠壁发硬，肠系膜淋巴结出血（图2-6-11）。大肠的水肿较小肠的轻，一般见肠壁增厚，肠盘曲部的系膜间有较多的水肿液，肠管的皱襞减少（图2-6-12）。病情严重时，结肠盘曲部的间隙明显增宽，肠系膜高度水肿，呈淡黄色透明胶冻样（图2-6-13），切开时可有大量液体流出。眼睑、颜面和头部水肿，切开见皮下及肌间常有大量透明或微带黄色液体流出（图2-6-14）。头部严重水肿时，皮肤明显增厚，弹性减退，指压留痕，切开有大量浆液流出，皮下各组织柔软（图2-6-15）。体表淋巴结和肠系膜淋巴结肿大，切面多汁，有时见出血变化。心脏冠状沟中的脂肪组织消失，发生胶样萎缩（图2-6-16）。心包腔、胸腔和腹腔见有多少不一的无色透明液体或呈淡黄色或稍带血的液体。这种渗出液若暴露于空气中，则凝固成胶冻样。

　　最引人注目的组织学病理变化是所谓的血管病（angiopathy）或全动脉炎（panarteritis）。病初表现为血管内皮肿胀、变性；继之中膜的平滑肌细胞和组织发生纤维素样坏死（图2-6-17），外膜水肿，伴有单核细胞、嗜酸性粒细胞浸润。伴有神经症状的病猪，多伴发化脓性脑膜炎的变化（图2-6-18），脑干常有水肿变化和局限性软化灶。

　　【诊断要点】根据临床的特殊症状，结合特征性的病理变化，即可做出诊断。

　　【类症鉴别】本病的诊断需与仔猪断乳后肠炎、桑葚心病、食盐中毒、沙门氏菌性脑膜炎和其他表现为神经症状的传染性脑炎相区别。这些疾病虽然具有一些神经症状，但都缺乏水肿病特有的眼睑、胃、结肠肠系膜的水肿和血管的特殊反应性病变。

【治疗方法】本病难以治愈，病猪一旦出现症状，常常以死亡而告终。因此当发现第一个病例后，应立即对同窝仔猪进行预防性治疗，方可收到较好的效果。发现有临床症状的病猪后，在饲料中加入盐类泻剂（硫酸钠、硫酸镁或人工盐等），以排出肠道内病菌及其产物。

临床实践证明，应用下方可收到较为满意的疗效：50%葡萄糖40～50mL、维生素C 1g、樟脑磺酸钠0.1～0.2g、20%磺胺嘧啶钠15～20mL，静脉注射。开始治疗时，每隔2～3h一次，连续应用3～4次，以后每8～12h一次。如此治疗，病猪一般经治疗两天后就能采食，此时可停治疗，令其逐渐恢复。注意，在治疗过程中，应限制恢复期的病猪饮水，更不能一次多量饮用冷水，否则会出现病情恶化。

此外，采用一些综合性疗法也可收到很好的效果。如用20%磺胺嘧啶钠5mL肌内注射，每日1次；维生素B$_1$ 3mL肌内注射，每日1次；卡那霉素（25万IU/mL）2mL、5%碳酸氢钠30mL、25%葡萄糖40mL混合后一次静脉注射，每日2次，同时肌内注射维生素C 2mL（0.1g），每日2次；也可用磺胺二甲嘧啶、链霉素和土霉素等进行治疗。对重症病例应配合应用葡萄糖、氯化钙、甘露醇等静脉注射，安钠咖肌内注射，以提高疗效。

【预防措施】本病应防重于治，特别应加强对仔猪断乳前后的饲养管理。断乳时要有一定的缓冲时间；提早给将断乳仔猪补充精料，防止饲料的单一化，注意补充富有无机盐和维生素的饲料。断乳后不要突然改变饲养条件，使断乳仔猪有一个平稳的过渡期。发现病猪的猪群应立即变换饲料，喂以麸皮粥，或喂给适量的盐类泻剂，如芒硝、硫酸镁等，帮助仔猪进行胃肠调理。

另外，在有病的猪群内，对断乳的仔猪，在饲料内添加适当的抗菌药物，如土霉素、新霉素，每千克体重5～20mg；也可用磺胺嘧啶、大蒜等药物。大蒜的用量，每天每头仔猪约10g左右即可。

猪水肿病症状

图2-6-1　前肢麻痹

病猪头部水肿，前肢麻痹而不能站立，趴在地上。

图2-6-2　后躯麻痹

病猪后躯运动不灵活，起立困难，或呈犬坐姿势。

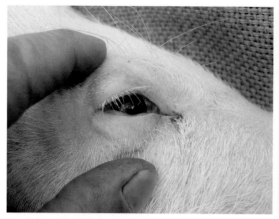

图2-6-3　眼结膜炎

病猪眼结膜充血、出血，眼睑及眼周水肿。

图2-6-4　眼部水肿

头颈水肿，皮肤肥厚，眼部水肿有光泽，睁眼困难。

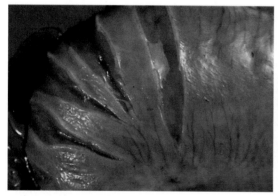

图2-6-5　胃壁水肿

胃壁明显增厚，质地柔软，切开胃壁，有多量浆液流出。

图2-6-6　胃壁胶样浸润

胃切面明显增厚，黏膜下层中有大量水肿液，呈黄色胶冻样。

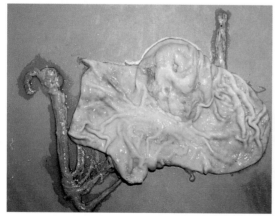

图2-6-7　胃贲门水肿

胃的贲门部水肿、增厚，贲门口肿胀、狭窄。

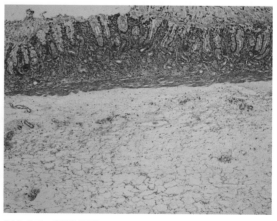

图2-6-8　胃腺萎缩

胃腺萎缩，黏膜细胞脱落，形成大量黏液。（HE，×20）

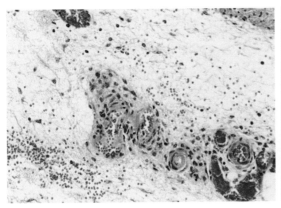

图2-6-9　黏膜下层水肿

黏膜下层血管扩张、淤血，轻度出血，明显水肿增厚。（HE，×100）

图2-6-10　肠系膜水肿

小肠系膜严重水肿呈胶冻样，肠系膜淋巴结呈串珠状肿大。

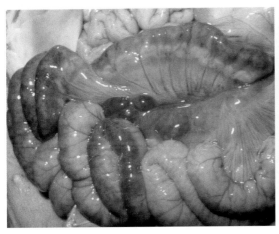

图2-6-11　小肠出血

小肠出血、水肿，肠壁呈暗红色，肠系膜淋巴结肿大、出血，呈红褐色。

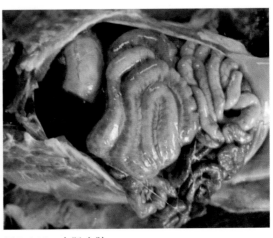

图2-6-12　大肠水肿

大肠部水肿，肠壁增厚，肠系膜内有较多的浆液，小肠出血呈暗红色。

图2-6-13　肠盘水肿

大肠明显淤血、水肿，肠系膜内有多量浆液呈胶冻样。

图2-6-14　头部水肿

病猪头部水肿，皮肤肥厚，皮下有大量淡黄色浆液。

图 2-6-15　头部皮下水肿

切开水肿的头部皮肤，皮下有大量淡黄色浆液流出。

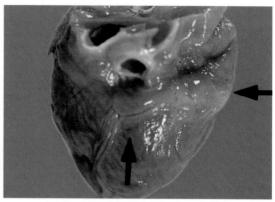

图 2-6-16　心脏脂肪萎缩

心脏冠状沟的脂肪组织萎缩，呈现胶样浸润（箭头）。

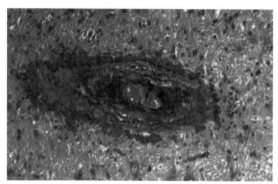

图 2-6-17　血管变性

动脉壁发生纤维素样坏死。（间苯二酚-复红染色，×100）

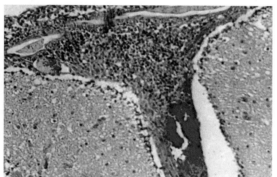

图 2-6-18　化脓性脑膜炎

小脑脑膜的血管扩张、充血，有大量嗜中性粒细胞等炎性细胞浸润。（HE，×100）

七、结 核 病

结核病（Tuberculosis）是由分枝杆菌引起人、畜和禽类共患的一种以慢性经过为主的传染病。在家畜中，以奶牛的感染率最高；猪也较易感。猪结核的病理特征是在某些器官形成结核结节，继而结节的中心发生干酪样坏死（如豆腐渣样）或钙化。

【病原特性】分枝杆菌是一种兼性细胞内寄生细菌。根据分枝杆菌的特性和对人及动物危害的程度不同，而将之分为结核分枝杆菌、牛分枝杆菌和禽分枝杆菌。虽然这三种菌对猪都有感染性，但以禽分枝杆菌的感染力最强。本菌的菌体细长，呈直的或微弯曲的杆状，两端钝圆，多为棒状，间有分枝状，多单个散在或成丛排列，革兰氏阳性，不产生芽孢和荚膜，也不能运动，但具有抗酸性染色特性，抗酸染色后呈红色（图 2-7-1）。

分枝杆菌对外界因素的抵抗力很强，在干燥和湿冷环境中也能生存，但对热的抵抗力较低，通常60℃经30min即可将之杀死，100℃立即死亡，在直射阳光下经数小时即死亡。

本菌对紫外线敏感，对消毒药的抵抗力较低，常用的消毒药4h可将其杀死。

【流行特点】结核病的易感动物很多，比较易感的是牛、猪、鸡和人。患病畜禽和人，特别是开放型患者是主要的传染来源，其痰液、粪尿、乳汁和生殖道分泌物中都可带菌，污染饲料、食物、饮水、空气和环境。猪患结核病的主要传播途径是消化道，其次是呼吸道。猪的结核病多是由于与结核病人、病牛和病鸡直接或间接触有关。

猪结核病一年四季均可发生，一般呈散发性，发病率和病死率均不高。

【临床症状】猪结核病常由消化道传染，其病灶大多数局限于咽部、颈部及肠系膜的淋巴结，很少出现症状，但当肠道有病变且严重时才会导致腹泻、消瘦。呼吸道感染严重时则表现出短咳、痛咳和呼吸困难等呼吸道症状。猪感染牛分枝杆菌时则呈进行性消瘦，严重时可引起死亡。

【病理特征】猪结核以局灶性病变较为常见，以侵害与消化系统相关的淋巴结为特点；病变常发的部位为咽淋巴结（图2-7-2）、下颌淋巴结（图2-7-3）和肠系膜淋巴结（图2-7-4）。局部淋巴结结核病变有结节性和弥漫性增生两种表现形式。前者表现为形成粟粒大至高粱米粒大，切面呈灰黄色干酪样坏死或钙化的病灶（图2-7-5）；后者见淋巴结呈急性肿胀而坚实，切面呈灰白色而无明显的干酪样坏死变化（图2-7-6）。一般来说，由禽分枝杆菌引起的病灶，主要以大量上皮样细胞和少量郎罕氏细胞增生为主，外周绕以薄层的结缔组织（图2-7-7），病灶中心干酪化和钙化均不明显，只有在陈旧病灶才见有轻度的干酪样坏死和钙化。而由牛分枝杆菌引起的淋巴结病变多半形成大小不等的结节，与周围组织界限清楚，结节中心干酪样坏死和钙化比较明显，并形成良好的包膜。

脾脏的主要病变为脾脏肿大，于脾表面或脾髓内形成大小不一的灰白色结节（图2-7-8）。结节多时，通常体积较小，反之则大。切开结节，见其中心部为灰白色干酪样坏死组织，外周是由结缔组织增生形成的包囊（图2-7-9）。镜检，坏死性结核结节有明显的三层结构，即中心部为坏死组织，中间部为特殊肉芽组织，外周为普通肉芽组织（图2-7-10）。其中，特殊肉芽组织是由上皮样细胞和本病的特征性细胞——郎罕氏细胞所组成（图2-7-11）。另外，在脾组织中也常能检出增生性结核结节，即脾组织中有大量网状细胞增生，包绕着染色较淡而体积较大的上皮样细胞和郎罕氏细胞形成的细胞团块（图2-7-12）。

肝脏的结核多呈弥漫性发生。肝脏的体积稍肿大，多充血、淤血而呈暗红色，表面和实质内弥散着多量大小不一的黄白色结节（图2-7-13），较大的结节常发生钙化，使肝脏的质地变硬。

肺脏的病变主要是于肺实质内散在或密集分布粟粒大、豌豆大至榛子大的结节，有时见许多结节隆突于肺胸膜表面而使胸膜粗糙、增厚或与肋胸膜粘连。新形成的结节周边有红晕；陈旧结节周围有厚层包膜，中心呈干酪样坏死或钙化（图2-7-14）。有的病例还形成小叶性干酪性肺炎病灶。肺脏的病变常累及肺门淋巴结，在淋巴组织内常可检出大小不一的结核结节（图2-7-15）。

【诊断要点】结核病猪生前无特异性症状难以诊断，必须依据死后剖检变化才能确诊。生前怀疑感染结核时，可做结核菌素试验，其方法是：用牛型结核菌素和禽型结核菌素各0.1mL分别同时注射于两侧耳根皮内，经48～72h观察注射部位的反应，任何一侧局部发红肿胀，皮肤明显增厚，均可判为阳性（图2-7-16）。

【类症鉴别】猪在宰后检验或剖检时，各器官、组织中的结核病变应注意与放线菌病、寄生虫结节和真菌性肉芽肿相区别。

【治疗方法】猪结核一般不予治疗，但对一些具有经济意义的种猪，可试用药物进行治疗。一般而言，分枝杆菌对链霉素、异烟肼、利福平、对氨基水杨酸和环丝氨酸等敏感。因此，在治疗猪结核时应结合具体情况，试选以上药物进行治疗。

【预防措施】预防猪结核一般采用综合性预防措施，加强检疫，隔离病猪，防止疾病传入，净化污染猪群和培养健康猪群等。屠宰时应注意检查咽部、颈部及肠系膜的淋巴结，发现结核病变，应将局部组织废弃深埋。牛、猪和鸡应分开饲养，不用未经处理的鸡粪喂猪。如果猪群内常发现结核病猪，应查明原因，采取相应措施。加强消毒工作，应定期进行预防性消毒，常用的消毒药为5%来苏儿或克辽林、10%漂白粉、3%福尔马林和3%氢氧化钠溶液。

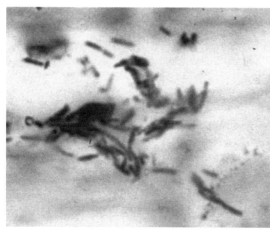

图2-7-1　分枝杆菌

　　肠系膜淋巴结涂片检出的抗酸性分枝杆菌。（抗酸染色，×1000）

图2-7-2　咽淋巴结结核

　　咽淋巴结肿大，切面有黄白色干酪样坏死结节（箭头）。

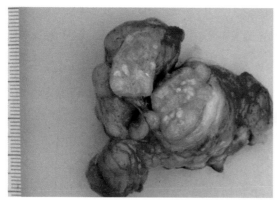

图2-7-3　下颌淋巴结结核

　　下颌淋巴结肿大，质地坚实，切面有黄白色坏死灶。

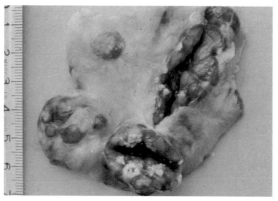

图2-7-4　肠系膜淋巴结结核

　　肠系膜淋巴结的表面和切面均见黄白色干酪样坏死。

图2-7-5　结节性结核

淋巴结肿大，切面见淡黄白色干酪样坏死结节和灰白色钙盐沉着（箭头）。

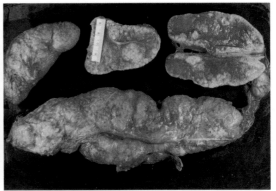

图2-7-6　弥漫增生性结核

纵隔淋巴结肿大，充血呈红褐色，切面见弥漫性增生的灰白色结核病变。

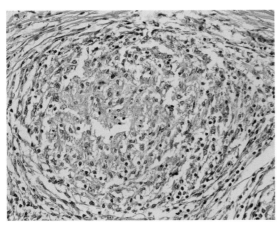

图2-7-7　增生性结核结节

结节中心胞体大、淡红染的为上皮样细胞，周围由结缔组织包裹。（HE，×400）

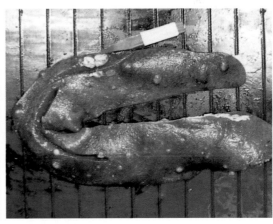

图2-7-8　脾结核

脾脏表面有较多的呈半球状隆突的黄白色结节，切开结节见干酪样坏死物。

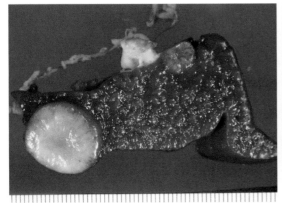

图2-7-9　干酪性结核结节

脾切面有一核桃大黄白色呈干酪样坏死的结核结节。

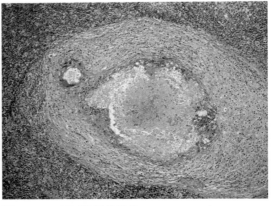

图2-7-10　坏死性结核结节

结节有三层结构，坏死均质红染，特殊肉芽组织淡染，普通肉芽组织深染。（HE，×40）

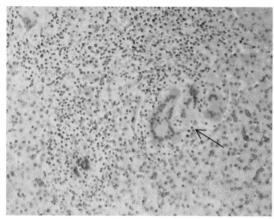

图 2-7-11 郎罕氏细胞

特殊肉芽组织中有几个多核巨细胞，即郎罕氏细胞（箭头）。（HE，×100）

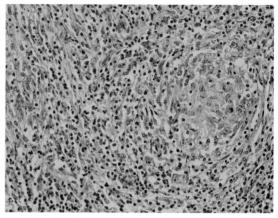

图 2-7-12 增生性结核结节

脾组织内网状细胞增生，有上皮样细胞和郎罕氏细胞结节形成。（HE，×400）

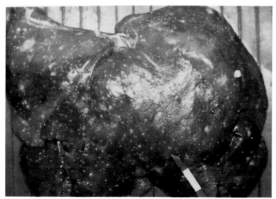

图 2-7-13 肝结核

肝脏表面密发大小不一的黄白色结核性结节。

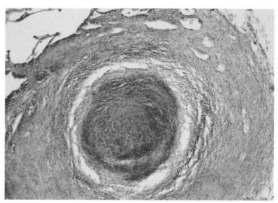

图 2-7-14 钙化的结核结节

结节中心有钙盐沉积而蓝染，周围有厚层结缔组织包裹。（HE，×100）

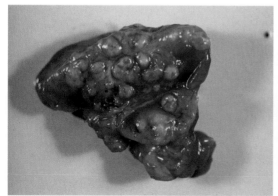

图 2-7-15 肺淋巴结结核

肺门淋巴结肿大，内有大小不一的黄白色结核结节。

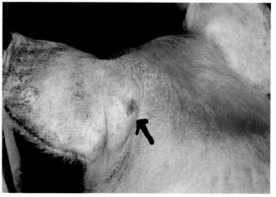

图 2-7-16 结核菌素试验

在猪耳根部做结核菌素试验，局部皮肤红肿、肥厚，为阳性反应。

八、猪传染性萎缩性鼻炎

猪传染性萎缩性鼻炎（Infectious atrophic rhinitis of swine，AR）是由细菌引起的一种慢性呼吸道传染病；以鼻甲骨（特别是下卷曲）萎缩，额面部变形，慢性鼻炎为特征。临床上病猪的主要表现为打喷嚏、鼻塞、颜面变形或歪斜。

【病原特性】本病的原发性病原主要是Ⅰ相支气管败血波氏杆菌。用本菌鼻内接种SPF新生仔猪，可引起鼻黏膜发生严重卡他，并导致鼻甲骨萎缩。现已证明，D型巴氏杆菌也是本病的病原，因为它能产生与波氏杆菌相似的不耐热的坏死毒素。

支气管败血波氏杆菌对外界环境的抵抗力不强，一般消毒药物均可将其杀死。

【流行特点】本病在猪群内传播比较缓慢，多为散发或地方流行性，不同年龄的猪都有易感性，但仔猪的易感性最大，只有生后几天至几周的仔猪感染后才能发生鼻甲骨萎缩。病猪和带菌猪是本病主要传染源。病原体多经鼻腔分泌物排出后，通过空气飞沫经呼吸道传染，特别是母猪有病时，最易将本病传染给仔猪，不同月龄的猪再通过水平传播扩大到全群。饲养管理不良，猪舍潮湿等不良条件，均可促进本病的发生。

研究表明，支气管败血波氏杆菌是猪呼吸道黏膜的常在菌，鼻腔感染几乎存在于整个猪群中。多杀性巴氏杆菌多定居在猪的扁桃体和鼻腔。一般情况下巴氏杆菌很难在健康猪的鼻黏膜上增殖，只有在以支气管败血波氏杆菌或其他因子的侵袭、鼻黏膜受到损害时才有可能造成在猪场的传播。

【临床症状】病猪的临床症状随感染日龄及发展阶段的不同而有较大的变化，病猪越小，症状越严重。患病仔猪首先出现的症状为喷嚏、咳嗽和鼾声，有浆液性或黏液性鼻液（图2-8-1），进而发展为鼻塞、呼吸困难，流出黏稠或脓性鼻液，随着病情逐渐加重，持续大约3周以后鼻甲骨开始发生萎缩。病猪打喷嚏之后，常从鼻孔流出少量浆液性或黏脓性分泌物，有时含有血丝；一些病变严重的病例，由于强力的喷嚏而损伤鼻黏膜的血管，导致轻重程度不同的鼻出血（图2-8-2）。由于鼻黏膜受到刺激，病猪常常兴奋不安，不时拱地，搔扒或摩擦鼻部（图2-8-3）；吸气时鼻孔开张，发出鼾声，严重时则张口呼吸。在发生鼻症状的同时，由于鼻泪管阻塞，眼分泌物从眼角流出，因此在病猪内眼角下的皮肤，常形成弯月形潮湿区，被尘土黏着后而形成灰色或黑色斑块，称为泪斑（图2-8-4）。

本病发生数周后，少数病猪可以自愈，但大多数猪有鼻甲骨萎缩变化，而且感染年龄越小，发生鼻甲骨萎缩的越多，病变也越严重。发病经过二、三个月后，由于构成鼻腔的骨骼生长缓慢，鼻甲骨发生萎缩，而被覆在其上的皮肤、皮下组织和健康骨骼仍按正常的速度发育，以致鼻和面部变形。若两侧鼻腔的病理损害大致相等，则鼻腔变得短小，鼻端向上翘起，鼻背部皮肤粗厚，有较深的皱褶，下颌伸长，上下门齿错开，不能正常咬合，俗称"短鼻子"（图2-8-5）；若一侧鼻腔病损严重时，则两侧鼻孔大小不一，鼻端歪向病损严重的一侧，故有"歪鼻子"（图2-8-6）之称；当额窦受害而不能以正常比例发育时，则两眼间的宽度变窄，使头形倾向于小猪的头形，称为"小头症"（图2-8-7）。

此外，病猪常伴发肺炎，其原因可能是由于鼻甲骨损坏，异物和继发性细菌侵入肺部造成，也可能是主要病原菌直接作用的结果。鼻甲骨的萎缩可促进肺炎的发生，而肺炎的发生又反过来加重了鼻甲骨的萎缩演变过程。若鼻炎损及筛板，细菌往往通过受损的筛板而扩展到脑，可诱发脑炎。

【病理特征】病变主要限于鼻腔和邻近组织，最有特征的变化是鼻腔的软骨和骨组织的软化和萎缩，尤以鼻甲骨萎缩，特别是鼻甲骨的下卷曲萎缩最为明显。鼻甲骨的萎缩，有的是两侧对称性萎缩，形成对称性病变（图2-8-8）；有的则为单侧非对称性萎缩，或一侧萎缩较重，另一侧萎缩较轻，此时鼻中隔则发生弯曲（图2-8-9），重病侧的鼻甲骨病变明显，形成临床上的歪鼻子症状。进行病理剖检时，为了检查鼻甲骨，可在鼻甲骨发育最丰满的部位锯开，以便充分暴露两侧鼻甲骨。其方法是沿两侧第一、二臼齿间的连线锯成横断面，然后观察鼻甲骨的形状和变化。在这个横断面上，正常的鼻甲骨分成上下两个卷曲。上卷曲呈现两个完全卷曲，而下卷曲的弯转则较少，只有 $1\frac{1}{4}$ 个弯转，颇似钝鱼钩。上下卷曲几乎占据整个鼻腔，上鼻道比下鼻道稍大，鼻中隔正直（图2-8-10）。

鼻部锯断后，首先应检查鼻腔黏膜的分泌物性状与数量，以及黏膜的变化（水肿、出血和糜烂等）。病变轻时，鼻黏膜仅有少量浆液性渗出物，继之有大量黏液脓性分泌物并混有大量脱落的黏膜上皮。窦黏膜常中度充血，有时窦内充满黏液性分泌物，当病变转移到筛骨时，可在筛窦内见有大量黏液或脓性渗出物。当鼻黏膜发生出血时，鼻腔内充满血液，鼻甲骨黏膜出血、溃烂和破坏（图2-8-11）。中等程度的病变，可见鼻甲骨萎缩，上下鼻甲骨的卷曲变小或消失，变钝直或呈钝钩状（图2-8-12）。病情严重时，出血的鼻腔干燥，血液干涸，鼻甲骨严重萎缩，呈红褐色（图2-8-13）。有的鼻甲骨完全萎缩消失，或只留下少量黏膜皱褶，使鼻腔变成一个鼻道，鼻中隔弯曲（图2-8-14）。

特征性的组织学病变是萎缩的骨组织中早期可见到较多的破骨细胞（图2-8-15），而在较陈旧的病灶中破骨细胞稀少或完全缺如。骨基质变性，骨质疏松，骨细胞变性、减少，骨陷窝扩大。与此同时还可见到一些不完全性骨生成变化，表现在骨膜内和骨小梁周边出现多量不成熟的成骨细胞，发展为类骨细胞，形成类骨组织（图2-8-16），从而使鼻骨变软。

另外，本病所继发的肺炎是导致仔猪死亡的重要原因。肺炎灶最先见于肺尖叶、心叶和膈叶前下部，成小叶性或融合性病变（图2-8-17）。切开肺脏，肺组织常因充血而呈鲜红色或淡红色，切面上散布有红褐色小叶性炎性病灶，从中常可分离出病原菌（图2-8-18）。病情严重时，病变常可累及整个肺叶，并出现代偿性肺气肿变化（图2-8-19）。

【诊断要点】根据本病特定的临床症状和病理变化一般均可做出正确诊断，但在疾病的早期，其症状和病变均不典型时，则需实验室检查才能确诊。实验室检查的方法是：先把受检猪保定好，将其鼻盘部洗净擦干，并用70%酒精棉消毒，然后用灭菌的棉棒探进鼻腔的1/2深处，轻轻转动数次（图2-8-20）；取出棉棒后立即放入盛有肉汤或生理盐水的试管内，尽快送实验室进行细菌分离培养，最后根据菌落形态、颜色、凝集反应与生化反应进行鉴定。

【类症鉴别】诊断本病时应注意与传染性坏死性鼻炎、骨软症、猪传染性鼻炎和猪巨细胞病毒感染症等疾病相鉴别。

【治疗方法】支气管败血波氏杆菌对抗生素和磺胺类药物敏感。具体使用方法如下：磺胺二甲嘧啶100～450g，加入1t饲料中拌匀，连喂4～5周；磺胺嘧啶钠按0.06～0.1g/L加入水中，溶解后供猪自由饮用，连用4～5周。为了防止产生耐药性，可用磺胺二甲嘧啶、金霉素各100g，青霉素50g，混入1t饲料中，连续饲喂3～4周。

在疫区为了减少本病的发生，可于仔猪出生后的第3、6、12d各注射四环素1次，或注射磺胺类制剂；鼻腔可用25%硫酸卡那霉素、0.1%高锰酸钾液喷雾预防或治疗。

也可用药物给乳猪进行鼻腔喷雾，以预防或治疗本病（图2-8-21）。

【预防措施】

1.常规预防　主要做好以下两点：一是加强饲养管理，制定严格的科学管理制度。二是积极预防接种，提高猪的抗疫能力。目前，预防猪传染性萎缩性鼻炎的疫苗有两种，即支气管败血波氏杆菌（Ⅰ相菌）灭活油剂苗和支气管败血波氏杆菌-多杀性巴氏杆菌灭活油剂二联苗。通常的使用方法是：为了保证妊娠母猪有较高的母源性抗体，可于母猪分娩前60d及30d，分别注射菌苗一次，以提高母源抗体滴度，保护生后几周内的仔猪不受感染。仔猪免疫时应根据具体的情况而定。对于有母源性抗体的仔猪，可在4周龄和8周龄各免疫一次；对无母源抗体的仔猪可在1周龄、4周龄和8周龄分别免疫一次。

2.紧急预防　一旦猪场发生本病，可根据本场的情况采取相应措施。若发病猪很少，可及时淘汰，根除传染源；若发病的猪只比较多，且已散播到全猪群，最好采取"全进全出"措施，将患病猪群的猪，全部育肥后屠宰，经彻底消毒后，重新引进种猪；如不能做到，只有对全群的猪进行药物治疗和预防，连续喂药5周以上，以促进康复。另外，通过药敏试验可选用土霉素、金霉素、卡那霉素、庆大霉素、环丙沙星、恩诺沙星和磺胺类药物进行注射或鼻腔内喷雾也可较好地控制本病。

猪传染性萎缩性鼻炎症状

图2-8-1　黏液性鼻液

病猪呼吸困难，从鼻孔流出大量黏液性鼻液。

图2-8-2　鼻出血

病猪鼻孔有血液流出，张口呼吸。

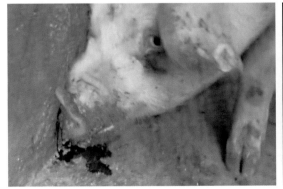

图2-8-3　鼻部蹭墙

病猪在圈墙磨蹭，借以缓解鼻部的瘙痒。

图2-8-4　形成泪斑

病猪的鼻泪管阻塞，两内眼角形成明显的泪斑。

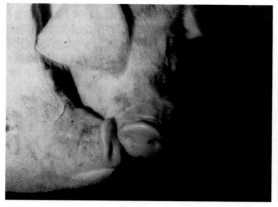

图2-8-5　短鼻子

病猪的鼻甲骨萎缩，导致鼻梁部塌陷（左），形成"短鼻子"。

图2-8-6　歪鼻子

病猪的鼻端向病侧歪斜，形成"歪鼻子"。

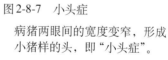

图2-8-8　对称性萎缩

鼻甲骨上、下卷曲对称性萎缩，鼻道增大，畸变。

图2-8-7　小头症

病猪两眼间的宽度变窄，形成小猪样的头，即"小头症"。

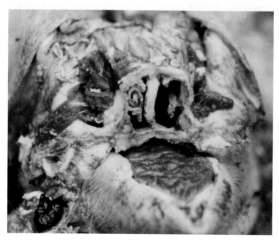

图2-8-9　非对称性萎缩

鼻甲骨非对称性萎缩，鼻中隔弯曲，重病侧鼻道增大。

图2-8-10 正常鼻甲骨

正常鼻甲骨左右对称，鼻中隔正直。

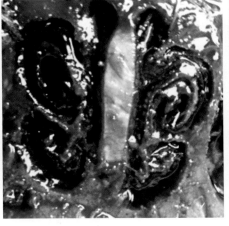

图2-8-11 鼻黏膜出血

鼻黏膜出血，鼻道内充满血液，鼻甲骨卷曲破坏和萎缩。

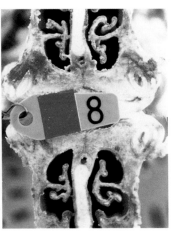

图2-8-12 中度病变

鼻甲骨的卷曲萎缩呈钝钩状，鼻中隔弯曲。

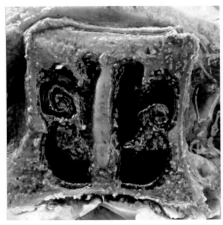

图2-8-13 鼻甲骨破坏

鼻腔出血，鼻甲骨卷曲破坏、萎缩和逐渐消失，鼻中隔变弯。

图2-8-14 重度病变

左侧鼻甲骨完全萎缩消失，鼻中隔畸变。

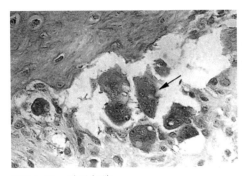

图2-8-15 破骨细胞

残存的变性的骨小梁正被大量破骨细胞吞噬和清除。（HE，×400）

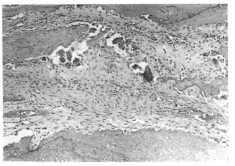

图2-8-16 形成类骨组织

大量不成熟的成骨细胞发展成类骨细胞，形成类骨组织。（HE，×100）

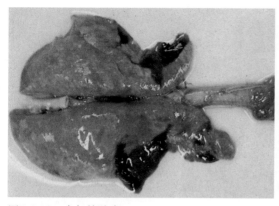

图2-8-17　支气管肺炎

肺炎病变见于尖叶、心叶和膈叶的前下部，从中分离出支气管败血波氏杆菌。

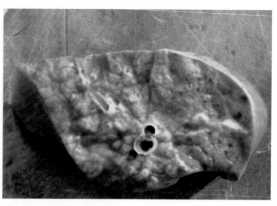

图2-8-18　肺切面病变

肺切面充血，散在有红褐色或灰白色病灶，从中分离出D型巴氏杆菌。

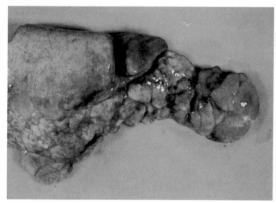

图2-8-19　大叶性肺炎

肺大叶受累及发生炎症，并出现明显的代偿性肺气肿病变。

图2-8-20　采取病料

用棉棒从病猪鼻腔中采取病料进行病原检查。

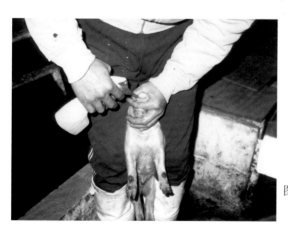

图2-8-21　药物喷雾

用喷雾法对仔猪进行预防或治疗。

九、猪 炭 疽

炭疽（Anthrax）虽然是牛、羊、马等动物和人共患的急性、热性、败血性传染病，但猪对其具有较强的抵抗力，即使感染本病，也多半为局灶性炎症，即以形成炭疽痈为特点；有时呈阴性感染，在临床上不显任何症状，只有在屠宰检验过程中才被发现。猪炭疽最常见的是咽喉炭疽；其次是肠炭疽和败血型炭疽。

【病原特性】本病的病原是炭疽芽孢杆菌（*Bacillus anthracis*）。该菌是一种游离端钝圆、呈竹节状、长而粗的需氧大杆菌，无鞭毛，不能运动，革兰氏染色阳性。病菌在病猪体内常呈单个散在或由2～3个菌体形成短链。在菌体的周围具有肥厚的黏液样荚膜（图2-9-1），后者对组织腐败具较大的抵抗力，故用已腐败的病料做涂片检查时，常常见到无菌体的荚膜阴影，称为"菌影"。用扫描电镜检查带有荚膜的菌体，可见其明显变粗（图2-9-2）。

炭疽杆菌对外界环境的抵抗力不强，在未解剖的尸体中，夏季1～4d即死亡。对热和一般的消毒药也很敏感，但其芽孢具有很强的抵抗力。消毒药物中碘溶液、过氧乙酸、高锰酸钾及漂白粉对芽孢的杀伤力较强，所以临床上常用20％漂白粉、0.1％碘溶液、0.5％过氧乙酸作为消毒剂；而来苏儿、石炭酸和酒精的杀灭作用较差，在临床上不宜使用。

【流行特点】各种家畜及人对炭疽均有不同程度的易感性，但猪的易感性较低。病畜是本病的主要传染来源。当病畜处于菌血症时，常可通过其粪、尿、唾液等方式排菌；如果排泄物或尸体处理不当而污染土壤后，炭疽芽孢可长期存在，成为最危险的传染源。本病的主要传播途径是消化道。当猪食入被污染的含大量炭疽芽孢的饲料、饲草、饮水等或感染炭疽的动物尸体时，即可感染发病。

本病虽然一年四季均可发生，但有明显的季节性，一般多发生于炎热多雨或炎热干燥的夏季，以5—10月多见，6—9月为发病的高峰期。猪多呈散发，少见地方性流行。

【临床症状】本病的潜伏期一般为2～6d。根据侵害部位的不同，出现的临床症状也不同，一般可将猪炭疽分为以下几型。

1.咽喉炭疽 主要侵害咽喉及胸部淋巴结。开始咽喉部显著肿胀，渐次蔓延到头、颈，甚至胸部与前肢内侧。病猪精神沉郁，体温升高，呼吸困难，可视黏膜发绀，不食、咳嗽、呕吐。一般在胸部水肿出现后24h内死亡。

2.肠炭疽 主要侵害肠黏膜及其附近的淋巴结。临床表现为体温升高，精神倦怠，不食、呕吐，有时便秘和血痢交替发生，最后常因病情恶化而死亡。

3.败血型炭疽 病初，病猪体温升高，兴奋不安，食欲减退；继之，不食，喜卧，可视黏膜发绀，粪便带血，通常于发病后的1～2d内死亡。

【病理特征】猪的不同类型炭疽，常见不同的特征性病变。

1.咽喉炭疽 病变主要局限于颌下、咽后、颈前淋巴结和扁桃体。病变淋巴结呈不同程度的肿大，有的可达鸭蛋大。病初，淋巴结有出血性炎症变化；继之，随侵入的细菌数量的增多，毒力的增强，淋巴组织出现坏死灶，逐渐变为粉红色至深红色，病健部分界线明显，淋巴结周围有浆液性或浆液出血性浸润（图2-9-3）。镜检，咽喉部皮下组织及脂肪组织中的血管扩张、充血、出血，大量浆液外渗。组织中有大量浆液、纤维蛋白、红细胞和中性粒细胞，血管壁坏死，或形成血栓（图2-9-4）。最后，转为慢性时，呈出血性坏死性淋巴结炎变化，病灶切面致密，发硬变脆，呈一致性砖红色（图2-9-5），并有散在或密发的坏死灶。镜检，淋巴组织中的血管极度扩张、出血，大量红细胞和中性粒细胞侵入淋巴组织，淋巴小结消失，大量淋巴细胞坏死，数量锐减（图2-9-6）。扁桃体受侵时，其表面常被覆黑褐色纤维素性坏死性假膜。病灶周围，有时甚至整个咽喉部的结缔组织发生出血性胶样水肿，严重时可导致病猪窒息而死。

2. 肠炭疽　主要发生于小肠，多半以肿大、出血和坏死的淋巴小结为中心，形成局灶性出血性坏死性肠炎变化。病初，淋巴小结潮红、肿胀，形成半球形或堤坝状隆起；继之，病变逐渐扩大，形成局灶性出血性坏死性肠炎。此时，病变部的肠管淤血、出血变化十分明显，呈暗红色或紫红色，邻近的肠系膜呈淡红色胶冻样水肿，肠系膜淋巴结出血、肿大（图2-9-7）；切开肠管，肿大、坏死的淋巴小结部黏膜呈暗红色，其表面覆有纤维素性坏死性黑色假膜（图2-9-8），邻近的肠黏膜呈出血性胶样浸润；若病变发展时则形成痈型炭疽（图2-9-9），当坏死物或痂皮脱落后，可形成火山口状溃疡。镜检，肠绒毛大量坏死，固有层和黏膜下层有大量纤维蛋白渗出和炎性细胞浸润。本病除见于小肠外，还可发生于大肠和胃。

另外，肠炭疽痈邻近的肠系膜呈出血性胶样浸润，散布纤维素凝块。肠系膜淋巴结肿大、出血，切面呈暗红色、樱桃红色或砖红色（图2-9-10），质地硬脆，散发紫黑色稍凹陷的小坏死灶，但有时也见切面无坏死灶者。心脏、肝脏、脾脏和肾脏等实质器官多有不同程度的变性和出血性变化。

3. 败血型炭疽　死于败血型炭疽的病猪，多尸僵不全，很快发生腐败，可视黏膜呈蓝紫色，天然孔有出血。切开时，从血管的断端流出黑红色的煤焦油样凝固不良的血液，机体不同部位的结缔组织内有大量红黄色透明的浆液浸润而呈胶冻样，并密布大小不一的出血点。胸、腹腔内常积有多量混浊的液体，全身肌肉呈暗红褐色。

特征性的器官病变主要见于脾脏和淋巴结。脾脏极度肿大，被膜紧张，呈紫红色，质地软化，触之有波动感（图2-9-11）。切面呈黑红色，脾髓呈泥状，脾小体和脾小梁不明显。有时，脾脏虽然不明显肿大，但在脾组织中可检出红褐色炭疽痈（图2-9-12）。全身淋巴结肿大，呈暗红色，表面常有多少不一的点状出血；切面湿润，呈暗红色或紫红色。镜检，在脾窦和淋巴窦内充满大量红细胞，脾脏组织和淋巴组织因被挤压及病菌的作用而大量坏死，在坏死的组织内，特别是在病、健交接部和淋巴窦内可检出大量炭疽芽孢杆菌（图2-9-13）。

此外，小肠多见出血性肠炎变化，整个肠管呈紫红色，部分大肠也常常受到累及（图2-9-14）。肝脏淤血、肿大，被膜紧张，边缘钝圆，呈暗紫红色，表面常散在多量出血点；切面结构不清，质脆易碎。镜检，肝细胞变性、坏死，中央静脉和窦状隙扩张，充满红细胞和中性粒细胞为主的炎性细胞（图2-9-15）。肾脏变性、肿大，表面有多量出血点；切面见皮质部增宽，质地脆弱。镜检，肾小管上皮变性、坏死，肾间质淤血、出血，并有大量中性粒细胞浸润（图2-9-16）。

【诊断要点】猪炭疽的临床症状多只有一定的参考意义，而通过病理剖检常能做出正确的诊断。为了及时确诊，常常需在实验室进行细菌检查，镜检时若发现具有荚膜、单个、

成双或数个菌体成短链的粗大的竹节状杆菌（图2-9-17），即可确诊。

【类症鉴别】本病的诊断应与急性猪肺疫和猪瘟相区别。

【治疗方法】治疗本病的基本原则是：尽快隔离，及时治疗。

1.抗菌药物疗法 首选药物为青霉素，其治疗方法是：用青霉素40万～100万IU静脉注射，每天3～4次，连续5d，可以收到一定效果。如遇到耐药菌株而疗效不佳时，应选用其他敏感的广谱抗菌药，如环丙沙星、头孢菌素、四环素、多西环素、卡那霉素、多霉素等治疗。磺胺类药物有时也有奇效。应该强调指出：用抗菌药治疗本病时，虽然可杀灭细菌，但却不能中和由细菌所产生的毒素。因此，若与抗血清同时使用，方可收到明显的疗效。

2.血清疗法 病初应用抗炭疽血清治疗可获得较为满意的疗效。其用量是：大猪50～100mL；小猪30～80mL，静脉注射或皮下注射。必要时12h后再次注射一次，方可收到较好的疗效。体表的炭疽，如咽喉炭疽也可在病灶的周围分点注射抗血清，对于限制局部病灶的扩散也有特效。

3.中药疗法

处方一：野菊花20g、金银花25g、大黄200g、甘草50g、酒500g、水2 000mL，放入陶器内煎后去渣，分早、晚两次灌服，连用3d。

处方二：知母40g、黄白药子各40g、栀子50g、黄芩40g、大黄40g、甘草25g、贝母50g、连翘50g、黄连25g、金银花50g、郁金30g、芒硝50g、天花粉40g，共研为细末，开水冲调待温，加鸡蛋清4个为引，同调灌服。每天一次，连灌3d。

处方三：蟾酥30g、炙马钱150g、雄黄100g、熊胆25g、黄连100g、大黄100g、巴豆霜（去皮油）50g、冰片25g、牛黄0.25g、麝香0.15g。使用时，先将蟾酥放在白酒内泡一夜，再焙干压碎，与其他药共研为细末，用黄米面调匀做成绿豆粒大小的丸剂，每次灌服18～20粒，早、晚各一次，连用3d。

【预防措施】

1.常规预防 炭疽是一种烈性传染病，不仅危害家畜，也威胁人类健康。因此，必须时刻警提，积极预防。平时应加强对猪炭疽的屠宰检验，同时进行预防接种。在疫区或常发地区，最好每年给猪进行预防接种，常用的疫苗是无毒炭疽芽孢苗，接种14d后即可产生免疫力，免疫期为1年。

2.紧急预防 发生本病后，应尽快上报疫情，划定疫点，并采取相应的措施。

（1）封锁疫区。禁止疫区内的猪只交易和猪肉的输出，用于饲喂猪的饲料和必要的用具等，原则是可进不能出，直到解除封锁。

（2）严格消毒。病死猪和被污染的垫料等一律烧毁，被污染的水泥地用20%漂白粉或0.1%碘溶液等消毒；若为土地，则应铲除表土15cm，被污染的饲料和饮水均需更换；猪舍、用具和运动场地等，也应彻底消毒。

（3）隔离治疗。发生本病的猪群，逐一测温，凡体温升高的可疑猪，要尽快隔离，并用大剂量的青霉素或血清进行治疗；对体温不高的猪，仍需用药物进行预防，并注射疫苗。常用的疫苗为无毒炭疽芽孢苗，每头猪皮下注射0.5mL；或二号炭疽芽孢苗，每头猪皮下注射1mL。

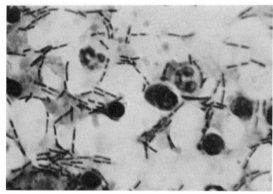

图2-9-1　血液中的炭疽芽孢杆菌

血液涂片中呈革兰氏阳性的炭疽芽孢杆菌。（革兰氏染色，×1000）

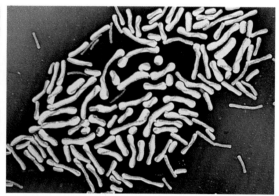

图2-9-2　扫描电镜观察到的病原

扫描电镜检测观察到的带有荚膜的炭疽芽孢杆菌。（×6000）

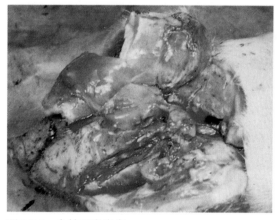

图2-9-3　急性咽喉炭疽

咽喉部急性肿胀，切开有大量鲜红色的渗出液流出；淋巴结肿大，呈粉红色。

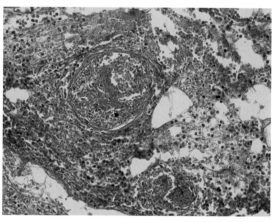

图2-9-4　出血性皮下组织炎

咽喉部皮下组织充血、出血，血管壁坏死并形成血栓。（HE，×400）

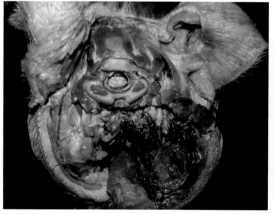

图2-9-5　慢性咽喉炭疽

咽喉部肿胀，淋巴结出血、坏死，呈砖红色，周围组织呈出血性浸润。

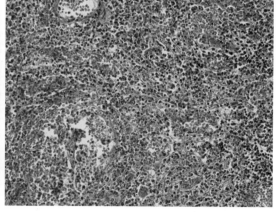

图2-9-6　出血性坏死性淋巴结炎

下颌淋巴结组织充血、出血和坏死，淋巴细胞明显减少。（HE，×400）

图 2-9-7　肠炭疽

肠系膜呈出血性胶样浸润，淋巴结出血，心、肝、肾和脾均变性和出血。

图 2-9-8　肠炭疽痈

肠黏膜被覆黄红褐色假膜，肠壁出血和坏死。

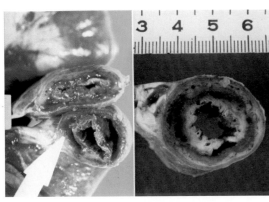

图 2-9-9　炭疽痈切面

左侧为新鲜的肠炭疽痈（箭头）；右侧为用甲醛固定后的肠炭疽痈。

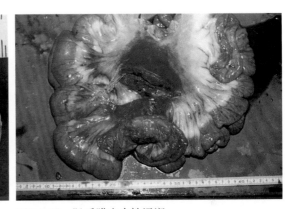

图 2-9-10　肠系膜出血性浸润

炭疽痈部的肠系膜发生出血性胶样浸润；淋巴结出血、坏死，呈砖红色。

图 2-9-11　败血脾

脾脏发生急性炎性肿胀，边缘钝圆，质地柔软，呈黑红色。

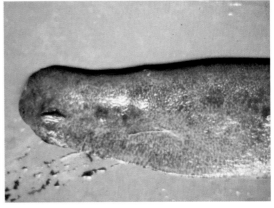

图 2-9-12　脾炭疽痈

脾尾部有暗红色结节状隆起，为脾炭疽痈。

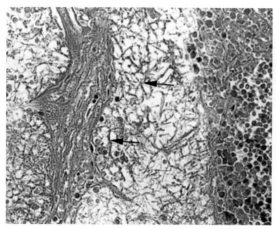

图2-9-13 淋巴窦中的病原

淋巴结皮质出血、坏死，淋巴窦中有大量炭疽芽孢杆菌（箭头）。(HE，×400)

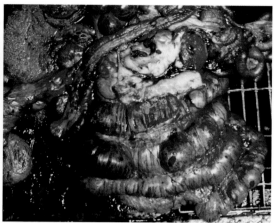

图2-9-14 肠出血

败血型炭疽病例的小肠及部分大肠淤血、出血，呈黑红色。

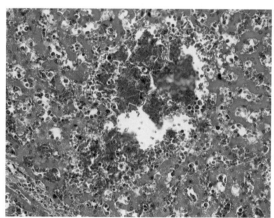

图2-9-15 肝出血、坏死

肝细胞变性、坏死，肝组织有明显的出血和中性粒细胞浸润。(HEA，×400)

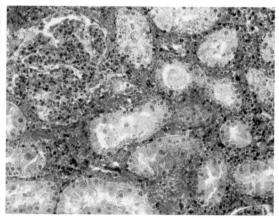

图2-9-16 肾出血、坏死

肾小管上皮细胞变性、坏死，肾间质充血、出血和中性粒细胞浸润。(HEA，×400)

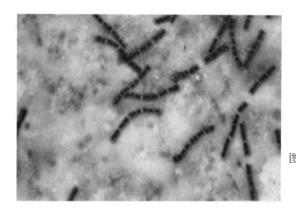

图2-9-17

用腹腔液涂片中带有荚膜的炭疽芽孢杆菌。（革兰氏染色，×1000）

十、布鲁氏菌病

布鲁氏菌病（Brucellosis）是由细菌所致的一种人畜共患的慢性传染病。本病的特征是生殖系统受侵，母猪发生流产和不孕，公猪发生睾丸炎、腱鞘炎和关节炎等。在家畜中，除猪对本病易感外，牛和羊也易发病。

【病原特性】猪布鲁氏菌病的病原主要是猪布鲁氏菌。它可使猪发生全身性感染，并引起繁殖障碍；而其他种类的布鲁氏菌一般只侵害猪的局部淋巴结，多无临床表现。已知猪布鲁氏菌主要有四个生物型，但各型在形态上并无太大差异。它们都是细小的球杆菌或短杆菌，无鞭毛，不能运动，不形成荚膜和芽孢，革兰氏染色阴性（图2-10-1）。

布鲁氏菌为细胞内寄生菌，对外界环境的抵抗力比较强，但对消毒药的抵抗力较弱，一般消毒药能在数分钟将其杀死，如0.1%升汞经数分钟，1%来苏儿或2%福尔马林或5%生石灰乳等经15min均可将其杀死。

【流行特点】不同年龄的猪对本病都有易感性，其中以生殖期的猪发病较多，哺乳仔猪和断乳仔猪均无临床症状。因此，有报道认为动物的易感性是随着年龄接近性成熟而增高。病猪和带菌猪是本病的主要传染来源。病原体不定期地随病猪的乳汁、精液、脓汁，特别是通过病母猪的阴道分泌物、流产胎儿、胎衣和羊水排出体外；而被污染的饲料、饮水、猪舍和用具等则是再传染的主要媒介。病原体主要是经消化道感染，但也可经交配、损伤的皮肤、呼吸道和吸血昆虫的叮咬而感染。

本病呈地方流行性，无明显的季节性。

【临床症状】感染本病的猪大部分呈隐性经过，只有少数猪呈现出典型的临床症状，其主要表现为母猪流产、不孕；公猪发生睾丸炎，后肢麻痹（多与椎骨受累及有关）及跛行（关节炎或腱鞘炎），短暂发热或无热，但很少发生死亡。

母猪流产可发生于妊娠的任何时期，配种时感染母猪的流产率最高，受精后17d即可发生流产；有的在妊娠的第2～3周即流产；有的则在接近妊娠期满而早产；但流产最多发生在妊娠的第4～12周。病猪流产前的主要征兆是精神沉郁，发热，食欲明显减少，阴唇和乳房肿胀，有时从阴道常流出黏性红色分泌物。流产后一般经8～16d方可自愈，但排菌时间较长，需经30d以上才能停止。正常分娩或早产时，可产下弱仔、死胎或木乃伊胎。另外，吮乳指猪和断乳仔猪也可出现导致后躯麻痹和瘫痪的脊柱炎、关节炎和滑液囊炎。

公猪发生睾丸炎和附睾炎时，病初有发热、倦态表现，病猪常因疼痛而不愿意配种；继之，病猪的一侧（图2-10-2）或两侧（图2-10-3）睾丸肿胀、硬固，有热痛感；病情严重时，有病的睾丸极度肿大，状如肿瘤，而无病侧的睾丸则萎缩，并依附于肿大的睾丸上（图2-10-4）；随着病程延长，病猪的睾丸发生萎缩，失去配种能力。

【病理特征】猪布鲁氏菌病的病理变化除各器官出现或多或少的布鲁氏菌性结节外，母猪主要的病变见于流产后的子宫、胎膜和胎儿；公猪的主要病变发生于睾丸。

1.流产母猪的病变 子宫的主要病变是在绒毛叶阜间隙有污灰色或黄色无气味的胶样渗出物，有化脓菌感染时，子宫肿胀充血而呈暗红色或紫红色，表面覆以黄色坏死物和污秽的脓样物。子宫黏膜的脓肿呈粟粒状，大头针头大，呈灰黄色，位于黏膜深部，并向表面隆突，此为子宫粟粒性布鲁氏菌病。胎儿多因败血症而死亡，主要病变为浆膜与黏膜有出血点与出血斑，皮下组织发生炎性水肿；脾脏明显肿大、出血，呈现败血脾的变化（图2-10-5）；淋巴结肿大；肝脏出现小坏死灶；脐带也常呈现炎性水肿变化。

2.公猪的病变 常见的病变是睾丸受侵，据统计有34%～95%的患病公猪有睾丸病变。病初，睾丸肿大，出现化脓性或坏死性炎。镜检，睾丸间质中的血管扩张、充血，有大量中性粒细胞浸润。曲精细管上皮细胞变性、坏死，脱入管腔。管腔中有大量坏死的上皮细胞和渗出的中性粒细胞（图2-10-6）。后期，病灶可发生钙化，睾丸继之萎缩，丧失生殖能力。切开睾丸，肿大的睾丸多呈灰白色，有大量的结缔组织增生，在增生组织中常见出血及坏死灶。萎缩的睾丸多发生出血和坏死，实质明显减少（图2-10-7）。除睾丸外，附睾、精囊、前列腺和尿道球腺等均可发生相同性质的炎症。

此外，患布鲁氏菌病的猪，机体各部可以发生脓肿，内脏、中枢神经系统、四肢或机体某部皮下，都有可能出现。椎体或椎间软骨和管状骨偶见坏死灶或化脓灶，有时甚至导致病猪截瘫。一些病猪还常出现化脓性关节炎，关节肿大、变形（图2-10-8），结缔组织弥漫性增生，其中有小的化脓灶，关节囊内有脓性滑液流出。有的病猪发生滑液囊炎及腱鞘炎，从而导致运动障碍。

【诊断要点】 虽然本病的流行病学资料、发生流产的情况、胎儿及胎衣的病理变化、胎衣不易滞留以及不育等均有助于诊断，但又因本病的临床症状和病理变化均无明显特征，同时隐性感染动物较多，故诊断本病应以实验室检查为依据，结合流行情况、临床症状和病理变化进行综合判断。

【类症鉴别】 猪布鲁氏菌病最明显的症状是流产，这需与发生相同症状的疾病相互鉴别，如弯曲菌病、钩端螺旋体病、流行性乙型脑炎和弓形虫病等。鉴别的主要关键是病原体和特异性抗体的检测。

【治疗方法】 本病是一种慢性感染，以引起流产和睾丸炎为特点，病猪一旦出现症状就失去治疗价值，一般不进行治疗，而是淘汰，或采取严格隔离饲养，育肥后屠宰。

本菌对四环素最敏感，其次是链霉素和土霉素，庆大霉素、卡那霉素、利福平、氨苄西林、红霉素、新生霉素、大观霉素等也有效。但对杆菌肽、多黏菌素B及林可霉素有很强的抵抗力。因此，对于一些有必要治疗的猪可试用上述敏感药物进行治疗。

【预防措施】 对本病应着重于预防，体现预防为主的原则。

1.常规预防 在未感染猪群中，控制本病传入的最好方法是自繁自养；必须引进种猪时，要严格执行检疫。另外，每年使用猪布鲁氏菌2号弱毒活苗（简称S2苗）进行免疫接种。

2.紧急预防 当猪群中发现流产时，除及时隔离病猪，深埋胎儿、胎衣和阴道分泌物，对环境进行彻底消毒（常用3%～5%来苏儿）外，还须尽快做出诊断。如确诊为本病，应立即用凝集反应对猪群进行检疫，检出的阳性猪一律淘汰；凝集反应阴性猪需用S2苗进行预防接种，饮服两次，间隔30～45d，每次剂量为200亿活菌。若猪群头数不多，而发病率或感染患病率很高时，最好全部淘汰，重新建立猪群。

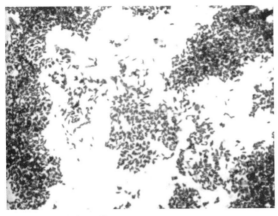

图2-10-1 布鲁氏菌

　　革兰氏染色呈阴性反应的布鲁氏菌。（革兰氏染色，×1000）

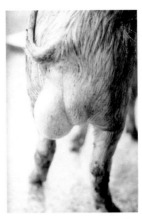

图2-10-2 单侧睾丸肿胀

　　病猪左侧睾丸肿胀，右侧睾丸萎缩。

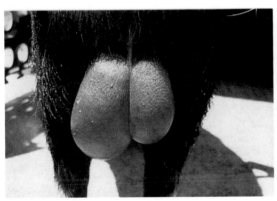

图2-10-3 双侧睾丸肿胀

　　病猪的两侧睾丸均肿胀，但以左侧更为明显。

图2-10-4 睾丸肿胀与萎缩

　　病猪的左侧睾丸肿胀呈肿瘤状，右侧睾丸萎缩。

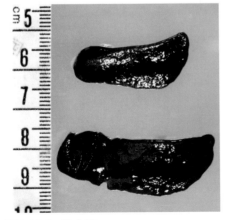

图2-10-5 败血脾

　　脾脏淤血、出血、肿大，呈现败血脾变化（上为正常对照）。

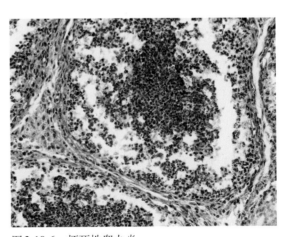

图2-10-6 坏死性睾丸炎

　　曲精细管上皮变性坏死，管腔中有大量中性粒细胞。（HEA，×500）

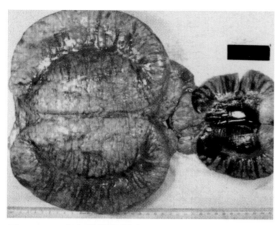

图2-10-7　睾丸萎缩与增生

右侧睾丸出血、坏死和萎缩；左侧睾丸增生，呈灰白色。

图2-10-8　化脓性趾关节炎

趾关节肿大、变形，从关节囊中抽出化脓性滑液。

十一、猪放线菌病

猪放线菌病（Actinomycosis of swine）是由猪放线菌所引起的一种慢性非接触性传染病。其临床及病变特点是多在乳房部、耳部等软组织内形成化脓性肉芽肿并在其脓汁中出现"硫黄颗粒"样放线菌块。与牛放线菌病不同的是本病偶尔发生于颌骨。

【病原特性】本病的病原体是放线菌属的猪放线菌（Actinomyces suis）。本菌为革兰氏染色阳性、不运动、不形成芽孢、非抗酸性的兼性厌氧菌。菌体呈纤细丝样，有真性分支，故与真菌相似。菌丝的粗细多与普通杆菌相似，长短与分支程度在不同菌株很不一致，大多数的菌丝易分裂成大小不等的片段。病原在病灶内常形成菊花形或玫瑰花形的菌块，称为菌芝（图2-11-1）。后者外观似硫黄颗粒，其大小如大头针头，呈灰色、灰黄色或微棕色，质地柔软或坚硬。

本菌对干燥、冷热作用的抵抗力较弱，80℃经5min即可将之杀死；对一般的消毒药的抵抗力也很弱，其常用浓度均可将之杀灭。

【流行特点】本病主要发生于成年母猪和育肥猪；感染的主要途径是损伤的皮肤、黏膜、消化道和呼吸道。猪放线菌除存在于污染的土壤、饲料和饮水之中外，而且是猪的口腔、咽喉和消化道的正常或兼性寄生菌，在正常的口腔黏膜、扁桃体隐窝、牙斑及龋齿等处均能发现。放线菌的致病力不强，大多数病例均需先有创伤、异物刺伤或其他感染而造成的局部组织损伤后，放线菌才能侵入而发生感染。母猪乳腺放线菌病是一种常见病，这显然与仔猪的吮乳造成乳腺皮肤的损伤且又接触了病原菌有关。内脏器官及深部软组织的感染，被认为是细菌经损伤肠黏膜处侵入肠壁、系膜、网膜及肝脏而引起；肺的感染多为口咽部细菌经呼吸道蔓延而来。

本病一年四季均可发生，通常为散发性，一般不呈流行性发生。

【临床症状】猪的放线菌病经常发生在母猪乳房，形成脓肿及窦道。猪乳房放线菌病多

在一个乳头基部先形成无痛性结节状硬性肿块，逐渐蔓延增大，使乳房肿胀，表面凹凸不平（图2-11-2），乳头短缩或继发坏疽。触诊乳房有热、痛感。病情严重时，大量乳腺组织增生，使得乳腺极度肿大，外观呈肿瘤状（图2-11-3）。

猪的放线菌病还可发生于外耳软骨膜及皮下组织中，引起肉芽肿性炎症，致使耳廓增厚与变硬，形似纤维瘤外观。

如下颌骨发病，病初肿胀不明显，发生缓慢，但病猪的疼痛反应，呼吸、吞咽和咀嚼均有困难感，并逐渐消瘦；继之，下颌出现明显的肿胀，但病猪的疼痛减轻；最后，当下颌骨穿孔，病原菌可侵入周围软组织，引起化脓性病变，伴发瘘管形成，在口腔黏膜或皮肤表面可见蘑菇状突起的排脓孔。

【病理特征】软组织（皮肤、乳腺等）发生的病变主要是肉芽肿，剖检时的外观病变与临床所见基本相同，切开肉芽肿见放线菌肿由致密结缔组织构成，其中含有大小不等的多量脓性软化灶，灶内有含黄色沙粒状菌块的脓汁（图2-11-4）。放线菌性脓肿内的脓液呈浓稠、黏液样、黄绿色和无臭味。脓液中的"硫黄颗粒"为放线菌集落，呈直径1～2mm、淡黄色的干酪样颗粒，在慢性病例可以发生钙化，形成不透明而坚硬的沙粒样颗粒。

镜检，放线菌病的慢性化脓性肉芽肿内，可见菊花瓣状或玫瑰花形菌丛。菌块被多量嗜中性粒细胞包绕，外围为胞质丰富、泡沫状的巨噬细胞及淋巴细胞，偶尔可见郎罕氏巨细胞，再外周则为增生的结缔组织形成的包膜（图2-11-5）。此种脓性肉芽肿结节可以在周围不断地产生，形成有多个脓肿中心的大球形或分叶状的肉芽肿。

下颌骨的病损，多是由于口腔或齿龈黏膜发生损伤，病原菌常由受损的齿龈黏膜侵入骨膜或在换齿时经由牙齿脱落后的齿槽侵入，破坏骨膜并蔓延至骨髓，患骨呈现特异性的骨膜炎及骨髓炎。病变逐渐发展，破坏骨层板及骨小管，骨组织发生坏死、崩解及化脓。随即骨髓内肉芽组织显著增生，其中嵌有多个小脓肿。与此同时，骨膜过度增生，在骨膜上形成新骨质，致下颌骨表面粗糙，呈不规则形坚硬肿大，病骨表现为多孔性，局部正常结构被破坏。局部淋巴结也可受累及，出现大量化脓灶或小脓肿（图2-11-6）；当病程较久时，小的化脓灶可以互相融合成较大的脓肿，其外周有厚层脓肿膜包裹（图2-11-7）。

放线菌病常可引起哺乳仔猪的化脓性支气管肺炎，由此导致败血症的发生。此时，肺表面可检出化脓性坏死灶（图2-11-8），切面见有随支气管分布的大范围化脓灶（图2-11-9）；肝脏常常受累而出现大量小脓灶（图2-11-10）。

【诊断要点】根据放线菌病特征性病变，观察脓性肉芽肿中心菌丛的特殊形态而获得诊断。新鲜标本，可从脓汁中选出"硫黄颗粒"，以灭菌盐水洗涤后置清洁载玻片上压碎，做革兰氏染色。镜检见菊花状菌块的中心为革兰氏阳性丝状体，周围为放射状排列的革兰氏阴性棒状体。

【治疗方法】局部处理与全身用药相结合是治疗本病的基本方法。局部处理主要用外科手术的方法，将位于体表的肉芽肿或瘘管切除，之后在新创腔内填入碘甘油纱布进行消毒、压迫止血和引流，每天更换一次，待创腔内的异物和分泌物减少时，可涂布红霉素软膏；与此同时，在伤口周围环形注射10%碘仿醚或2%鲁戈氏液进行封闭，内服碘化钾1周。在进行局部治疗的同时，为了防止继发性感染的发生，可选用对放线菌较为敏感的青霉素、红霉素、四环素等肌内注射。由于放线菌多位于肉芽肿之内，所以使用抗生素时应加大剂量，只有这样才能取得较好的疗效。

另外，服用中药煎剂对本病也有较好的疗效，如金银花60 g、蒲公英150 g、夏枯草100g、昆布20 g、猫爪草60 g，水煎取汁，候温灌服，每天1剂，连服4剂。

【预防措施】研究证明，放线菌多经创伤侵入组织致病。因此，预防本病的重点是防止皮肤和黏膜的损伤，当发现有损伤时应及时用碘酊等消毒剂处置。特别是哺乳期的母猪，更要注意观察乳房的损伤，如发现损伤，应立即消毒包扎，停止该乳头的授乳。对有过长齿的哺乳仔猪，应对其进行拔牙或挫平处理，防止其对母猪乳房的伤害。

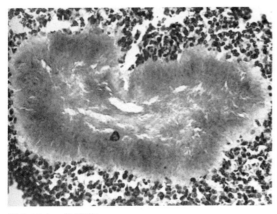

图2-11-1　放线菌

放线菌的菊花样菌块，周围呈放射状排列的为菌丝。(HE，×200)

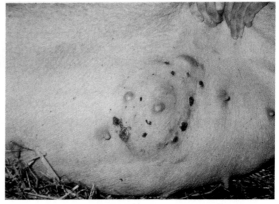

图2-11-2　放线菌性乳腺炎

乳腺肿胀，表面凹凸不平，皮肤破溃，形成黑褐色结痂。

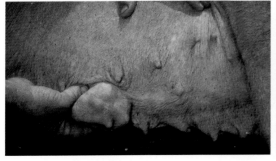

图2-11-3　乳房放线菌肿

乳腺极度肿大，貌似肿瘤。

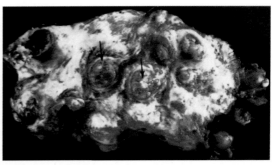

图2-11-4　化脓性乳腺炎

乳房中有大小不等的化脓性肉芽肿（箭头）。

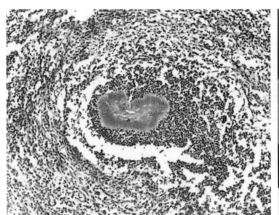

图2-11-5　放线菌肉芽肿

菌块的周围有大量中性粒细胞和上皮样细胞。
（HE，×100）

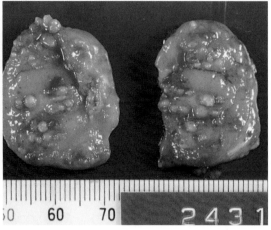

图2-11-6　咽后淋巴结化脓

咽后淋巴结肿大，组织中有大小不一的黄白色
化脓灶。

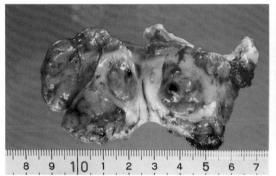

图2-11-7　下颌淋巴结化脓

下颌淋巴结肿大，内有厚层结缔组织包裹的脓肿。

图2-11-8　败血性肺炎

新生仔猪败血性肺炎，肺表面有多量粟粒状化脓
灶（箭头）。

图2-11-9　化脓性支气管肺炎

肺脏切面见有大片形状不规则的灰白色化脓灶。

图2-11-10　化脓性肝炎

肝脏表面有较多针尖大黄白色化脓灶。

十二、化脓放线菌病

化脓放线菌病（Pyogenic actinomycosis）是由化脓放线菌所引进的一种接触性传染病，以某些组织或器官发生化脓性或干酪性病变为特征。

【病原特性】化脓放线菌的外形较直或微弯曲，经常呈一端较粗大的棍棒状，也有呈长丝状或分支状的，革兰氏染色呈阳性反应，无鞭毛、荚膜，也不形成芽孢；用Neisser法或美蓝染色，呈蓝色（图2-12-1），但常着色不匀。

【流行情况】本病可发生于各种年龄的猪，但以断乳后的仔猪和育肥前期的架子猪最易感。病猪虽然是本病的主要的传染来源，但由于本菌是一种常在的病原体，不仅广泛存在于自然界，而且也存在于猪的体表和呼吸道，当猪体的抵抗力降低时可乘虚而入，故这也成为本病的重要传染来源。本病可通过接触传播，通常由创伤感染；有时也可经消化道感染；也可在饲养不良、环境污染、气候突变等诱因使猪体抵抗力下降时而自然发生。

本病虽然一年四季均可发生，但以气候变化较大的春季和秋季多发。

【临床症状】本病以形成化脓性病灶和脓肿为特征，由于化脓性炎症发生的部位和组织器官不同，所以临床症状不尽相同。病初，病猪精神沉郁，食欲减退，咳嗽，流出黏液性鼻液；继之，随着病猪的体温升高，则在机体的不同部位形成化脓性炎性病灶或脓肿。

发生于体表浅层的脓肿，则见大小不一、数量不等结节，可从榛子大、鸡蛋大（图2-12-2）、拳头大到排球大（图2-12-3），甚至更大。病初触摸时有温热感，病猪有疼痛反应；脓肿破溃后，流出大量白色黏稠或稀薄的脓汁，有的脓汁中含有大量坏死组织，脓汁呈酸奶状（图2-12-4），但无特殊恶臭的气味。

肺部有脓肿时，病猪常呈现出支气管肺炎的症状，呼吸困难，体温升高，可视黏膜发绀，鼻液增多、呈黄白色，或为黏稠的脓性鼻液。当肺脓肿破溃时，病猪常因败血症而死亡。

发生化脓性关节炎时，则病猪运动困难，不愿走动，强迫运动时出现跛行，站立时病肢不敢负重，常以蹄尖着地（图2-12-5）；患病关节肿大，关节液增多，触之有波动感，关节皮下组织中也有一些小脓肿（图2-12-6）。病情严重时，关节变形，关节部皮下的脓肿可相互融合，形成大的肿瘤样病变（图2-12-7），将其切开从中流出大量灰绿色脓汁（图2-12-8）。

发生子宫内膜炎或尿道炎时，可见病猪的外阴部有脓性分泌物（图2-12-9），排少量的血尿。重症病猪，病变可波及尿道、膀胱、输尿管及肾脏，表现频频排尿，尿中含有脓细胞和血块、纤维素及黏膜碎片等。乳腺感染时，可发生化脓性乳腺炎。

发生化脓性脊柱炎时，病初仔猪不愿走动，运动不灵活，背腰僵硬，常相互依托而站立（图2-12-10）；病情严重时，病猪的后躯麻痹，不能站立（图2-12-11）。

此外，本菌还可引起化脓性脑炎，病猪发育不良，肌肉痉挛，或出现不同的神经症状。仔猪的化脓性脐炎和骨髓炎等病变也时有发生。

【病理特征】本病以化脓性炎症和形成脓肿为特征，多为急性病理过程，故死于本病的猪营养均良好。发生于体表的病变，一般与临床症状相同。内脏器官，以肺脏和肝脏最常受侵害。肺脏病变为以局灶性或弥漫性化脓性支气管肺炎为特点。肺炎区内散布软化的干酪样化脓灶，或是大小不等、数量不一的小结节，并常继发胸膜炎，使肺胸膜与肋胸膜部

分粘连，胸腔蓄积大量浆液。肝脏常呈多发性化脓结节，有时化脓结节可融合成鸡蛋大或拳头大的脓肿（图2-12-12）。切开化脓性结节，常见有完整的脓肿膜，脓肿腔内含有大量黄白色奶油状脓汁或干酪样浓稠的脓汁（图2-12-13）。乳房受侵害多呈弥漫性化脓性炎症，慢性的则形成有包囊的脓肿。关节发病时，外观肿大变形（图2-12-14）；切开时有多量混浊的脓性滑液流出（图2-12-15），关节面粗糙，并常见蚕食状病损。妊娠母猪感染后常能引起胎儿的化脓性溶解，从化脓性坏死组织中多可检出胎儿的残骨（图2-12-16）。剖开子宫，多见化脓性子宫内膜炎的变化。黏膜淤血、出血，呈暗红褐色，表面被覆大量污秽不洁的脓性黏液，并有恶臭的气味（图2-12-17）。发生化脓性脊柱炎的病例，常可在脊椎椎管中发现大小不一的脓肿（图2-12-18）。该脓肿中多含有黄白色或淡绿色黏稠的脓汁，并有特殊的臭味，脊髓常受压迫而出血、发炎；有时在肋胸膜处出能检出大小不一的脓肿（图2-12-19）。心包发生化脓性炎时，常导致败血症而死亡，剖开心包见大量黄白色奶油样脓汁流出（图2-12-20）。有神经症状的病猪，剖检时常可检出化脓性脑炎或脑脓肿（图2-12-21）。

【诊断要点】根据临床症状和病理变化，结合流行情况的调查，一般可做出初步诊断。确诊需取化脓性病灶或脓汁涂片做细菌学检查。

【治疗方法】早期及时应用广谱抗生素并结合磺胺类药物治疗，常可获得良好的疗效。当脓肿形成后，由于有较厚的包膜，影响药物对脓肿膜内病原的杀灭作用，故疗效不佳，但用药可防止病原的继续扩散。体表的脓肿成熟之后，可用外科方法，如切开、清创、引流等进行治疗。对反复发生的脓肿病例，则应交替使用几种抗生素进行治疗，方可获得较好的疗效。

【预防措施】平时应注意猪舍的卫生，经常清扫和消毒，保持清洁。注意保护猪的皮肤，及时清除带刺、带尖或锋刃的物品，以免猪与之接触而发生损伤。当发现猪体有外伤时，应及时进行外科处理，轻微的局部浅表损伤，应用碘酊、酒精或龙胆紫等消毒药物处理；对较大或较严重的损伤，则视情况而进行相应的清创或缝合处置，必要时可配合一些全身性疗法。另外，还要注意观察猪的体表，当发现有不明原因引起的肿胀时，要尽快检查、确诊。如果是脓肿或化脓性炎症时，一方面要及时隔离，另一方面尽早应用抗生素进行治疗。只有早发现、早治疗才能取得良好的效果。

化脓放线
菌病症状

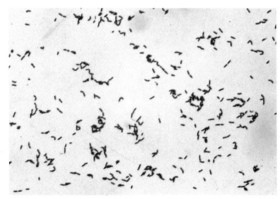

图2-12-1　化脓放线菌

　被染成蓝色的多形态的化脓放线菌。（Neisser染色，×1000）

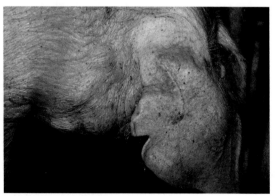

图2-12-2　皮下脓肿

　病猪的颈部皮下有数个肿瘤样结节，从中检出化脓放线菌。

图 2-12-3　腋下脓肿

　　病猪右侧腋下有一排球大的脓肿，抽出灰白色黏稠脓汁。

图 2-12-4　颈部脓肿

　　右颈部脓肿破溃，排出灰白色酸奶状带血的脓汁。

图 2-12-5　化脓性肘关节炎

　　右肘关节发生化脓性炎，站立时蹄尖着地，减负体重。

图 2-12-6　化脓性跗关节炎

　　左跗关节发生化脓性炎，关节肿大变形。

图 2-12-7　肿瘤样关节炎

　　肘关节和腕关节变形，皮下脓肿相互融合，形成肿瘤样病变。

图 2-12-8　关节脓肿

　　切开肿瘤样脓肿，从中流出大量灰绿色脓汁。

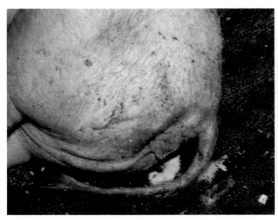

图2-12-9　化脓性子宫内膜炎

分娩的母猪发生化脓性子宫内膜炎，从阴道中流出灰白色脓性分泌物。

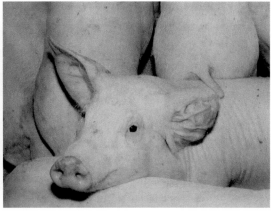

图2-12-10　化脓性脊柱炎

断乳仔猪发生化脓性脊柱炎，站立困难，病猪常互相依托站立。

图2-12-11　后躯麻痹

发生化脓性脊柱炎的后期，病猪后躯麻痹，不能站立。

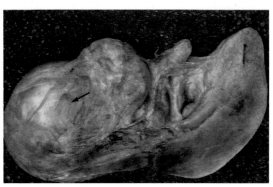

图2-12-12　多发性肝脓肿

肝脏内有多个脓肿，其中肝右叶上有一个大脓肿（箭头）。

图2-12-13　切开脓肿

切开肝脓肿，内含大量黏稠呈灰绿色的脓汁。

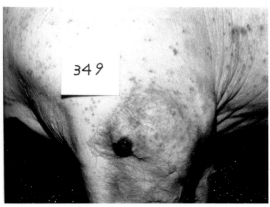

图2-12-14　化脓性肘关节炎

肘关节周围组织化脓及增生，关节肿大变形。

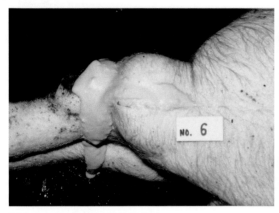

图2-12-15　化脓性跗关节炎

切开化脓的跗关节，从中流出大量灰绿色脓汁。

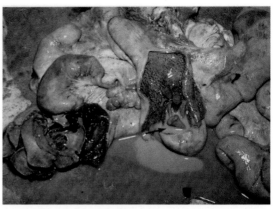

图2-12-16　胎儿化脓溶解

妊娠母猪感染引起的化脓性胎儿溶解，从脓汁中检出胎儿的骨骼（箭头）。

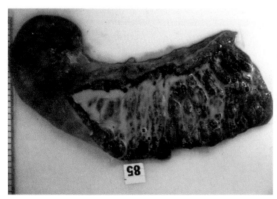

图2-12-17　化脓性子宫炎

子宫黏膜出血，呈暗红褐色，被覆多量污秽不洁的脓性黏液。

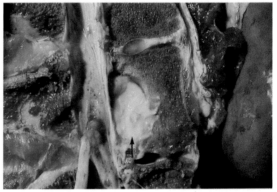

图2-12-18　化脓性脊柱炎

后躯麻痹而死亡的化脓性脊柱炎病猪，椎管内有一大脓肿（箭头）。

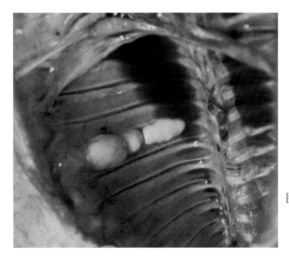

图2-12-19　化脓性肋胸膜炎

发生化脓性脊柱炎的病猪，在肋胸膜部见有多发性脓肿。

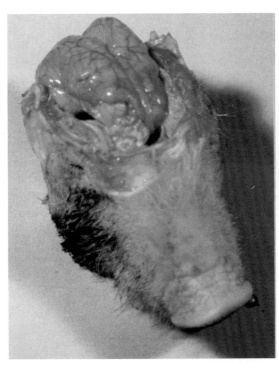

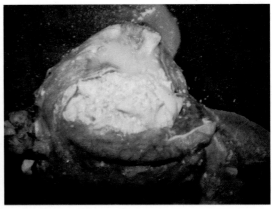

图2-12-21　化脓性心包炎

化脓性心包炎，剖开心包见有大量淡黄绿色的
奶油样脓汁。

图2-12-20　化脓性脑炎

脑组织的血管扩张充血，
可检出数个小脓肿。

十三、猪细菌性肾盂肾炎

　　猪细菌性肾盂肾炎（Bacterial pyelonephritis of swine）是由肾棒状杆菌引起的以膀胱、输尿管、肾盂和肾组织的化脓性或纤维素性坏死性炎为特征的一种传染病。病原菌多经尿道、生殖道口感染，所以首先引起尿道炎或子宫内膜炎、膀胱炎，然后导致肾盂肾炎。

　　【病原特性】本病的病原为棒状杆菌属的肾棒状杆菌（Corynebacterium renale）。菌体呈多形态状，有的短似球状，有的正直或微弯曲，经常呈一端较粗大的棍棒状，也有呈长丝状或分支状的（图2-13-1）。本病除主要由肾棒状杆菌引起外，有时还可混合感染假结核棒状杆菌、大肠杆菌及金黄色葡萄球菌等。

　　肾棒状杆菌对理化因素的抵抗力不强，常用的消毒药均可将之杀灭。

　　【流行情况】本病主要发生于成年猪，母猪比公猪的易感性高，仔猪和架子猪的患病率极低。病猪和带菌猪是本病的主要传染来源，直接接触是重要传播途径。例如，肾棒状杆菌常存在于健康公猪的包皮及包皮憩室内（约80％带菌），当用其给母猪配种时如果母猪尿道口发生擦伤，则可将病原体传染给母猪。病原菌经生殖道感染后，由于该菌在尿液中具有特殊的生长能力，从而首先引起尿道炎，并累及膀胱、输尿管进而上行至肾脏发生感染，导致肾盂肾炎。

　　本病一年四季均可发生，多呈散发性。

　　【临床症状】病猪发热，食欲减退或废绝，口渴，并出现以泌尿系统变化为特征的症状。病初，可见患病母猪的外阴部轻度肿胀，有脓性分泌物，排少量的血尿；重症时，病变可波及尿道、膀胱、输尿管、肾盂及肾脏，病猪频频排尿，尿量少而浑浊带血色，或排尿困难；排尿时有疼痛反应，腰背拱起，不愿走动；尿中含有脓细胞、血块、纤维素及黏膜碎片等。如治疗不及时，病猪常因尿毒症而死亡。

【病理特征】本病的特征性病变发生于肾脏。剖检见一侧或两侧肾脏肿大，常淤血呈暗红色，被膜下见细小的黄白色化脓灶（图2-13-2）；病情严重时，肿大的肾脏可达正常的2倍以上。被膜易剥离，病程较久者则部分粘连于肾表面。病肾由于化脓而形成灰黄色小坏死灶，致肾表面呈斑点状（图2-13-3），颇似局灶性间质性肾炎的病灶。切面可见肾盂由于渗出物和组织碎屑的积聚而扩大，肾乳头坏死（图2-13-4）。肾盂扩张，肾皮质变薄或因肾盂的扩张而发生压迫性萎缩。肾盂内积有灰色无臭的黏性脓性渗出物，并混有纤维素凝块、小凝血块（图2-13-5）、坏死组织和钙盐颗粒。肾盂黏膜充血或出血，被覆纤维素或纤维素性脓性渗出物。在髓质、皮质中可见到由溃烂缺损的乳头顶端向髓质和皮质伸展的呈灰黄色放射状条纹或楔状病灶，此即为病原体沿肾小管上侵而形成的化脓灶。

膀胱壁增厚，内含恶臭尿液，其中混有纤维素、脱落坏死组织或脓汁，黏膜肿胀、出血（图2-13-6）、坏死或形成溃疡。一侧或两侧输尿管肿大变粗，内含脓汁（图2-13-7），黏膜肿胀或坏死。

【诊断要点】本病的临床症状和病理变化都比较特殊，不难做出诊断，但确诊还有赖于微生物学检查。

【治疗方法】青霉素和四环素等对本病均有良好疗效，但停药后容易复发，因此常需适当延长用药时间。临床上常用青霉素治疗本病，病初进行治疗常可取得很好的疗效，其使用方法是：首次用倍量进行肌内注射，以后每隔一天注射一次，连续用药3～4周，多可治愈。

【预防措施】母猪患本病主要是由于配种而感染，带菌的种公猪是最危险的传染源。因此，预防本病的主要措施是定期对种公猪进行检查，如发现病猪或带菌猪，应立即隔离，及时治疗，停止用其配种。由于本病治愈后易复发，所以被检出的种公猪不宜再留做种用，而应去势，育肥后屠宰。对于一些从国外引进的珍贵种公猪，在进行全身性治疗的同时，可用消毒药液局部冲洗，待其治愈一个月后，尿道仍检不出该病原时，可继续作为种猪使用。

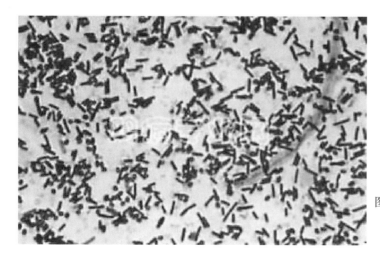

图2-13-1　肾棒状杆菌

引起肾盂肾炎的多形态的肾棒状杆菌。（Albert染色，×1000）

图2-13-2　化脓性肾炎

　　肾脏淤血、肿大，呈红褐色，表面有黄白色化脓灶；膀胱充血并出血。

图2-13-3　上行性化脓性肾炎

　　肾表面有大量化脓灶，因周边充血而呈红褐色。

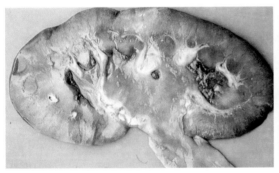

图2-13-4　肾乳头出血坏死

　　肾盂扩张，肾乳头出血坏死，从中分离出肾棒状杆菌。

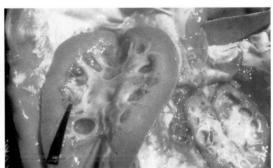

图2-13-5　化脓性肾盂肾炎

　　肾盂明显扩张，黏膜覆有大量黄白色脓性黏液。

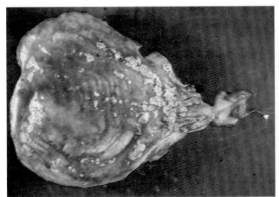

图2-13-6　化脓性膀胱炎

　　膀胱充血、出血，黏膜被覆脓性假膜。

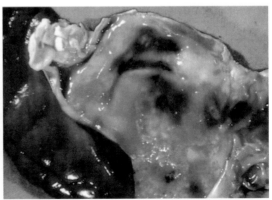

图2-13-7　化脓性输尿管炎

　　输尿管肿大、变粗，内含黄白色脓汁。

十四、猪链球菌病

猪链球菌病（Streptococcosis of swine）是由链球菌所引起的一种急性高热性传染病，临床上以化脓性淋巴结炎、败血症、脑膜脑炎及关节炎为特征。

【病原特性】 本病的病原为猪链球菌（*Streptococcus suis*）。本菌为球形菌，直径 $0.5 \sim 1.0\mu m$，呈单个、成双和短链排列，链的长短不一，短者仅由 $4 \sim 8$ 个菌体组成，长者达数十个甚至上百个，在液体培养物中可见长链排列（图2-14-1）。本菌革兰氏染色阳性，有荚膜，但不形成芽孢，多数无鞭毛，不能运动。

本菌对热和普通消毒药抵抗力不强，多数以60℃加热30min的灭菌法均可将其杀死，煮沸则立即死亡。常用的消毒药如2%石碳酸、0.1%新洁尔灭、1%来苏儿等均可在 $3 \sim 5min$ 内将其杀死。

【流行特点】 各种年龄的猪对本病都有易感性，但败血症型和脑膜脑炎型多见于仔猪，化脓性淋巴结炎型多见于育肥猪。病猪和病尸是主要的传染来源，其次是病愈带菌猪和隐性感染猪。病猪与健康猪接触，或由病猪排泄物（尿、粪、唾液等）污染的饲料、饮水及物体均可引起猪大批发病而造成流行。本病多半通过呼吸道、消化道、受损的皮肤及黏膜感染，病原菌很快能通过黏膜和组织的屏障而侵入淋巴液与血液，随循环血流扩散全身。

本病潜伏期短，传播迅速，死亡率高。一年四季均可发病，但以夏秋季节发生最多。

【临床症状】 根据病猪的临床症状和病变发生的部位不同，而将本病可分为以下四型，但在这四型中很少有单独一型发病，而常是混合存在或先后发病。

1.败血症型 为流行初期常见的病型。本型的潜伏期短，一般为 $1 \sim 3d$，长的可达6d。其特点是往往前晚未见猪有任何症状，还能正常进食，但次日已经死亡；或者突然减食或停食，体温41.5 ~ 42℃，精神委顿，呼吸促迫，腹下有紫红色斑。这种病猪多在24h内因败血症而迅速死亡。急性病例或病程稍长者，常见精神沉郁，体温41℃左右，呈稽留热，减食或不食，喜饮水；眼结膜潮红，有出血斑点（图2-14-2），流泪或有脓性分泌物；鼻镜干燥，有浆液性、脓性鼻液流出，呼吸促迫，浅表而快，间有咳嗽；颈部、耳廓、四肢下端、腹下和会阴部的皮肤呈紫红色，并有出血点（图2-14-3）。个别病猪出现血尿、便秘和腹泻；有的还出现多发性关节炎症状，站立强拘，背腰拱起（图2-14-4）。急性病例的病程稍长，多数病猪在 $2 \sim 4d$ 内因治疗不及时或不当而发生心力衰竭后死亡。

2.脑膜脑炎型 多发生于哺乳仔猪或断乳后的仔猪。病初体温升高，不食，便秘，有浆液性或黏液性鼻液。继而出现神经症状，运动失调、转圈，空嚼、磨牙；当有人接近时或触及躯体时发出尖叫或抽搐，或突然倒地，口吐白沫，侧卧于地，四肢做游泳状运动（图2-14-5），甚至昏迷不醒；有的病猪于死前常出现角弓反张等特殊症状（图2-14-6）。另外，部分病猪还伴发多发性关节炎。本型的病程多为 $1 \sim 2d$，而发生关节炎病猪的病程则稍长，逐渐消瘦衰竭而死亡。

3.关节炎型 多由前两型转移而来，或从发病起即呈现关节炎症状。表现为一肢或几肢关节肿胀、疼痛，呆立，不愿走动，甚至卧地不起（图2-14-7）；运动时出现高度跛行，甚至患肢瘫痪，不能起立（图2-14-8）。有时，细菌由化脓的关节侵及周围的皮下组织，既可引起多发性化脓灶，使关节明显肿大，又可导致大脓肿形成，加重病猪的运动障碍

（图2-14-9）。本型的病程一般为2～3周，病猪多因体质衰竭而死亡。

4.化脓性淋巴结炎（淋巴结脓肿）型 多发生于颌下淋巴结，其次是咽部和颈部淋巴结。受害淋巴结先出现小脓肿，逐渐增大，肿胀，坚实，有热有痛，可影响采食、咀嚼、吞咽和呼吸。脓肿成熟后，肿胀中央变软，皮肤坏死，自行破溃排脓，流出带绿色、黏稠、无臭味的脓汁。此时全身病情好转，症状明显减轻。脓汁排净后，肉芽组织增生，逐渐康复。本型病程3～5周，一般不引起死亡。

【病理特征】

1.败血症型 病尸营养良好或中等，尸僵完全，可视黏膜潮红，颌下、胸部、腹下部和四肢内侧的皮肤可见紫红色的出血斑及暗红色的出血点（图2-14-10）。血液凝固不良或无明显异常。皮下脂肪染成红色，血管怒张，胸腹腔内有多量淡黄色微浑浊液体，内有纤维素絮片，各内脏浆膜常被覆一层纤维素性炎性渗出物。

全身淋巴结均有不同程度的肿大、充血、出血（图2-14-11），甚至化脓和坏死。其中尤以肝、脾、胃、肺等内脏淋巴结的病变最为明显。当淋巴结化脓时，镜检可见淋巴组织中的淋巴细胞和网状细胞严重坏死，周围有大量增生的结缔组织和浸润的中性粒细胞（图2-14-12）。脾脏肿大或显著肿大，常达正常的1～3倍，质地柔软而呈紫红色或黑紫色，被膜多覆有纤维素，且常与相邻器官发生粘连；切面黑红色、隆突，结构模糊。肺脏体积膨大、淤血、水肿和出血（图2-14-13）。当病原是随血液传播时，肺脏常见密发的化脓灶或化脓性结节（图2-14-14）。当病原随支气管传播时，在肺脏常见化脓性结节和脓肿（图2-14-15）。发生纤维素性胸膜炎的病例，肺胸膜附着有纤维素，或与肋胸膜发生粘连。心外膜血管扩张充血，或淤血而呈暗红色，其表面有大量鲜红色出血斑点（图2-14-16）。当有胸膜肺炎时，则心脏呈扩张状，心外膜附有纤维素，心包腔内积有含纤维素絮片的液体，有的病例还伴发疣性心内膜炎（图2-14-17）。肝脏肿大，暗红色，常在肝叶之间及其下缘有纤维素附着。肾脏稍肿大，被膜下与切面上可见小出血点。膀胱黏膜充血或见小出血点。胃底腺部黏膜显著充血、出血，附有多量黏液或纤维素性渗出物。小肠黏膜呈急性卡他性炎症变化。

2.脑膜脑炎型 剖检见大、小脑蛛网膜和软膜浑浊而增厚，血管怒张。多数病例可见出血斑、出血点，脑沟变浅，脑回平坦，脑脊液增多（图2-14-18）。切面可见脑实质变软，毛细血管充血和出血，脑脊液增多，有时可检出细小的化脓灶（图2-14-19）。脊髓病变与大、小脑相同。镜检，脑和脊髓的蛛网膜及软膜血管充血、出血，形成血栓。血管内皮细胞肿胀、增生、脱落，管壁疏松或发生纤维素样变，血管周围有以中性粒细胞为主的炎性细胞等浸润（图2-14-20）。

3.关节炎型 眼观关节肿大、变粗，发生浆液性纤维素性关节炎。关节腔中含有大量混浊的关节液，其中含有黄白色奶酪样块状物。关节囊膜充血，关节周围因增生而粗糙（图2-14-21），关节软骨面有糜烂或溃疡，重者关节软骨坏死。关节周围组织有多发性化脓灶，并常因大量结缔组织增生，对化脓灶进行机化，从而导致化脓性关节周围炎，使关节明显肿大变形（图2-14-22）。

4.化脓性淋巴结炎型 本型的剖检病理特征与临床所见基本相同，但受损的淋巴结位于深部或肿胀不大、又不破裂时，生前往往不易被察觉，只有在屠宰检验或剖检时才能被检出。剖检时常见下颌淋巴结肿大，发性化脓性炎症或见小脓灶（图2-14-23）。

【诊断要点】猪链球菌病的病型较复杂，流行情况无特征，有的根据临床症状和病理变化能做出初步诊断，但确诊常需进行实验室检查。根据不同的病型采取相应的病料，如化脓灶、肝、脾、血液、关节囊液和脑脊髓等，制成涂片，用革兰氏染色法染色，显微镜检查，见到单个、成对、短链或呈长链的革兰氏阳性球菌（图2-14-24）即可确诊。

【类症鉴别】败血症型猪链球菌病易与急性猪丹毒和急性猪瘟相混淆；脑膜脑炎型易与猪李氏杆菌病相混淆，应注意区别。

【治疗方法】治疗时可按不同病型进行相应的治疗。

对淋巴结脓肿，待脓肿成熟后，及时切开，排除脓汁，用3%过氧化氢或0.1%高锰酸钾冲洗创腔后，涂以抗生素或磺胺类软膏。

对败血症型、脑膜脑炎型及关节炎型，应尽早大剂量使用抗生素或磺胺类药物。青霉素每头每次40万～100万IU，每天肌内注射2～4次；林可霉素每天每千克体重5mg，肌内注射；庆大霉素每千克体重1.2mg，每日肌内注射2次；磺胺嘧啶钠注射液每千克体重0.07g，肌内注射。

乙基环丙沙星对猪链球菌病也有很好的治疗作用。每千克体重2.5～10.0mg，每12h注射一次，连用3d，能迅速改善病况，且疗效常优于青霉素。

另外，中药对本病的治疗也有良好的作用，现介绍几个处方。

处方一：野菊花100g、忍冬藤100g、紫花地丁50g、白毛夏枯草100g、七叶一枝花根25g，水煎服或拌于饲料中一次饲喂，每天一剂，连用3d。

处方二：射干、山豆根各15g，水煎后，加冰片0.15g，一次灌服。此方对发病初期的仔猪有明显的疗效。

处方三：一点红、蒲公英、犁头草、田基黄各50g，积雪草100g，加水浓煎，分早、晚2次服用，每天一剂，连用2～3d。

【预防措施】

1.常规预防　主要做好以下三点：一是免疫接种，可选用猪链球菌灭活苗和弱毒苗。灭活苗皮下注射3～5mL，保护率可达70%～100%，免疫期在6个月以上。弱毒冻干苗皮下注射2亿个菌或口服3亿个菌，保护率可达80%～100%。在流行季节前进行注射是预防本病暴发的有力措施。二是定期消毒，建立健全消毒制度。定期使用1%来苏儿或0.1%新洁尔灭对圈舍和用具等进行消毒处理，对猪的粪便也应发酵和消毒处理，借以消灭散在的病原体。三是加强管理，保持圈舍清洁、干燥及通风，经常清除粪便、更换垫草，保持环境卫生。

2.紧急预防　当发现本病时应采取紧急预防措施。

（1）封锁疫区。当确诊为链球菌病后，应立即划定疫点、疫区，隔离病猪，封锁疫区，禁止猪只的流动，关闭市场，并及时将疫情上报主管部门和有关单位。

（2）清除传染源。病猪隔离治疗，带菌母猪尽可能淘汰，污染的圈舍、用具和环境用3%来苏儿或1/300的菌毒敌进行彻底消毒；急宰猪或宰后发现可疑病变的猪屠体经高温处理后，方可食用，而其他废弃物应深埋或彻底消毒。

（3）药物预防。猪场发生本病后，如果暂时买不到疫苗，可用药物预防，以控制本病的发生，如每吨饲料中加入四环素125g，连喂4～6周。如能购买到疫苗应及时按上述接种方法进行免疫接种。

猪链球菌病症状

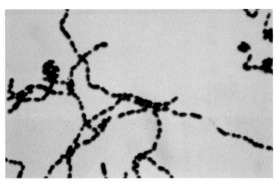

图2-14-1 链球菌

培养物涂片中呈串珠状排列的链球菌。（革兰氏染色，×1000）

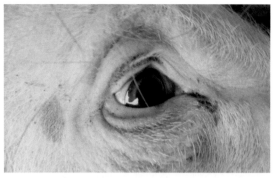

图2-14-2 眼结膜潮红

眼结膜充血、潮红，并见少量出血点。

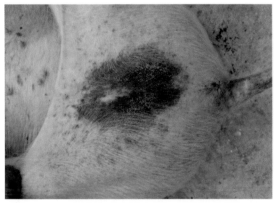

图2-14-3 皮肤出血斑

会阴部大片皮肤淤血、出血，形成紫红色出血斑。

图2-14-4 多发性关节炎

病猪的眼角有脓性分泌物，多个关节发炎肿大。

图2-14-5 游泳状姿势

病猪倒地，四肢抽搐、摆动，呈游泳状。

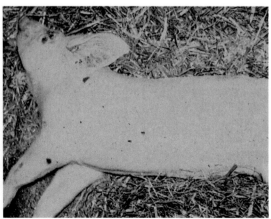

图2-14-6 角弓反张

病猪死前出现角弓反张。

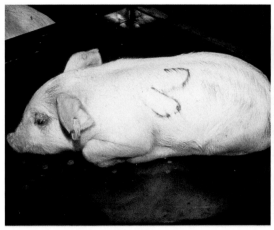

图2-14-7　重度多发性关节炎

　　病猪站立困难，不能运动，经常趴卧。

图2-14-8　重度腕关节炎

　　仔猪患重度的腕关节炎而不能站立。

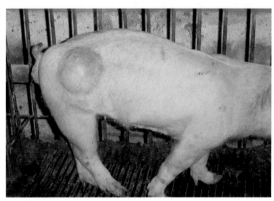

图2-14-9　化脓性髋关节炎

　　髋关节发生化脓性炎症后形成一个大脓肿。

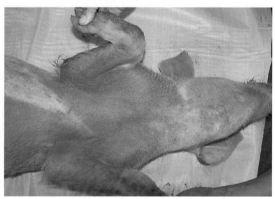

图2-14-10　皮肤淤血和出血

　　颌下、胸前、腹侧和四肢内侧的皮肤淤血、出血，呈暗红色。

图2-14-11　出血性淋巴结炎

　　淋巴结明显肿大，弥漫性出血，呈鲜红色。

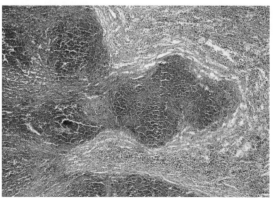

图2-14-12　化脓性淋巴结炎

　　淋巴组织化脓坏死，周围结缔组织增生。（HE，×100）

图2-14-13　肺出血

肺充血、水肿，表面有大小不一的出血斑。

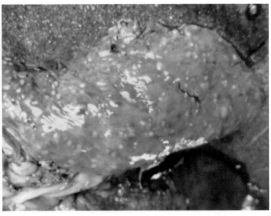

图2-14-14　化脓性肺炎

肺脏密发体积较小的黄白色化脓性结节。

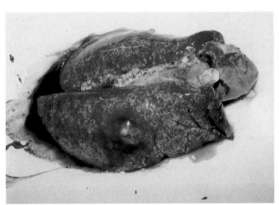

图2-14-15　肺脓肿

肺脏淤血、出血，右肺叶有一大脓肿。

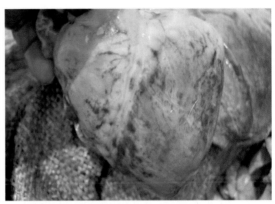

图2-14-16　心外膜出血

心外膜呈暗红色，表面有大量出血点。

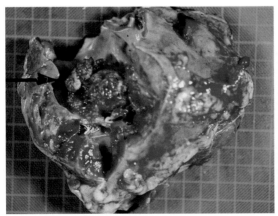

图2-14-17　疣性心内膜炎

心外膜覆有纤维蛋白而粗糙，伴发疣性心内膜炎（箭头）。

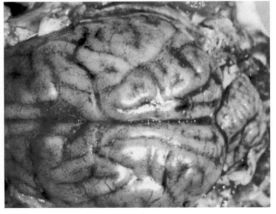

图2-14-18　脑膜淤血、水肿

脑软膜淤血、水肿，脑脊液增多，脑回变扁平。

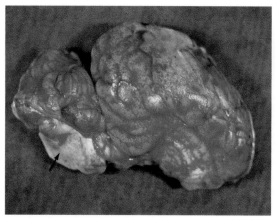

图 2-14-19　化脓性脑炎

脑淤血，小脑部（箭头）见黄白色的化脓灶。

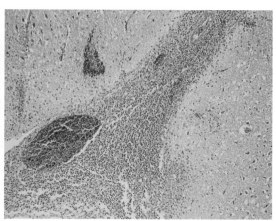

图 2-14-20　化脓性脑膜炎

脑膜血管明显淤血，有大量中性粒细胞浸润。（HE，×60）

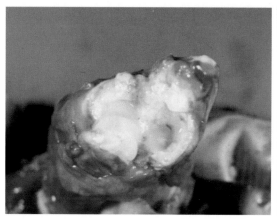

图 2-14-21　关节炎

关节肿大，关节液增多，关节周围滑膜和结缔组织增生。

图 2-14-22　化脓性关节周围炎

关节周围的化脓性增生，使关节明显肿大、变形。

图 2-14-23　化脓性淋巴结炎

下颌淋巴结肿大，伴有化脓性炎灶（箭头）。

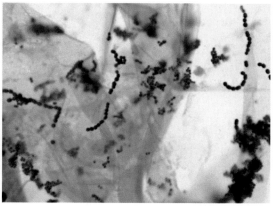

图 2-14-24　病料中的链球菌

病料涂片中呈串珠状排列的链球菌。（革兰氏染色，×1000）

十五、猪坏死杆菌病

猪坏死杆菌病（Necrobacillosis of swine）是一种慢性传染的细菌病，其特征性表现为皮肤、黏膜的坏死性炎症和溃疡，有的在内脏形成转移性坏死灶。猪较常见的病型为坏死性皮炎，其次是坏死性口炎和坏死性鼻炎。

【病原特性】本病的病原是严格厌氧的坏死梭杆菌（*Fusobacterium necrophorum*），为多形态的革兰氏阴性菌，在病料中多呈长丝状，但也有的呈球杆状或短杆状（图2-15-1）。本菌无鞭毛，不形成荚膜和芽孢。

本菌对环境的抵抗力较小，对理化因素的抵抗力也很差，常用的消毒药对其均有效，如1%高锰酸钾、5%氢氧化钠、1%福尔马林在15min之内均可将之杀死。但在污染的土壤中和有机物中能存活较长时间，一般可存活10～30d。

【流行特点】各种年龄及品种的猪对本病均有易感性。其中病猪和带菌猪是本病的主要传染来源，病菌常随渗出的分泌物和坏死组织而污染周围环境。另外，由于坏死杆菌也广泛存在于自然界的土壤内、沼泽地、死水坑和污泥塘内，故这些地方也成为猪感染的重要传染源。坏死杆菌主要是通过损伤的皮肤或黏膜而感染的，特别是猪只互相咬斗、饲养场污泥很深、场地有突出的尖锐物体时，最易发生本病。

本病一年四季均可发生，但多发于炎热、多雨的季节；一般为散发，如果诱发疾病的因素很多，也可成批发生。常见诱发本病的因素有：低洼潮湿，仔猪长牙，草料粗硬，矿物质（特别是钙、磷）缺乏，维生素不足，营养不良和圈舍内有吸血昆虫等。

【临床症状】猪坏死杆菌病由于发病部位不同，而有坏死性皮炎、坏死性口炎、坏死性鼻炎和坏死性肠炎之分，其中以坏死性皮炎最常见。

1.坏死性皮炎 多见于仔猪和架子猪；常发生于颈部、背部和臀部皮肤。其特征为体表皮肤及皮下组织有坏死和溃烂。病初患部皮肤微肿，表面有突起的小丘疹，被毛脱落，局部发痒，触之坚实，伴有皮肤破溃或渗出时，病灶表面上常覆有痂皮；继之，组织迅速坏死，病灶逐渐扩大，炎症向深部发展和蔓延，使皮下组织及肌肉发生较大区域的坏死，形成口小而内腔大的创伤，从铜钱大小乃至拳头大的囊状边缘不整的病灶。用探针探查，可知皮下组织中有大小不一的坏死区；切开创伤时，里面有大量坏死的组织和腐败的脓液，呈灰黄色或灰褐色，并有恶臭的气味，但无痛感。也有的病猪发生耳朵及尾巴的干性坏死，最后从机体上脱落。个别病例全身或大块皮肤干性坏死，如盔甲般覆盖体表，最后从其边缘逐渐剥脱分离。

当病猪出现内脏转移或继发感染时，则全身症状明显，发热、少食或停食，常由于败血症而死亡。母猪还可发生乳头和乳房皮肤坏死，甚至乳腺坏死。

2.坏死性口炎 又称"白喉"，多发生于仔猪。病猪表现不安，吃食减少，流涎、有鼻液，气喘。在舌（图2-15-2）、齿龈、上腭、颊及扁桃体黏膜上覆有粗糙而污秽不洁的假膜，剥脱假膜后，其下可见有不规则的溃疡，且易出血。发生在咽喉者，则病猪颌下水肿，呼吸困难，不能吞咽，病变蔓延到肺部或转移到他处或坏死物被吸入肺内，常导致病猪迅速死亡。其病程为5～10d。

3.坏死性鼻炎 仔猪和育肥猪多发，主要表现为咳嗽、流脓性鼻液、喘鸣和腹泻。有的病例在鼻黏膜上出现溃疡，并附有假膜，有的还伴发鼻软骨和鼻骨的坏死，影响进食和呼吸；还可蔓延到气管和肺，出现坏死性支气管肺炎变化。

4.坏死性肠炎　常继发或并发于猪副伤寒和猪瘟等病。主要临床表现为病猪不安，有阵发性腹痛，严重腹泻，排出污秽不洁带有恶臭的稀薄粪便，或带有脓样和坏死黏膜的粪便。病猪精神萎靡，不愿走动，明显消瘦，最终多因脱水或败血症而死亡。

【病理特征】　坏死杆菌多以皮肤或黏膜创伤感染的形式由局部组织的炎症开始，死于本病的病猪，通常有脓毒败血症的表现，即在体内器官中出现由坏死杆菌所导致的转移病灶。因此，剖检时一般均能看到由创伤感染所致的局部病变和由脓毒败血症所引起的全身性病变。

坏死杆菌的典型病变为受侵组织的凝固性坏死，不论是原发病灶还是转移性病灶都是如此。眼观，坏死组织呈淡黄色或黄褐色，干燥、硬固，与周围的活组织有明显的界线。该坏死的特点是表面创口虽小，但皮下组织已形成很大的囊状坏死区（图2-15-3），有的直径要可达10cm以上，其内部组织腐烂，并有大量灰黄色具有恶臭的液体，俗称"旋疮"。黏膜和皮肤的坏死灶可深达数厘米，侵及深部组织，包括肌肉、骨膜、骨及牙齿等，引起坏死杆菌性肌炎、骨膜炎、骨髓炎、死骨片形成和龋齿等。内脏的坏死杆菌病多见于肝脏和小肠。肝脏发病时多肿大、淤血，呈暗红色，表面见多发性圆斑状淡黄色坏死，质地坚实，界限清晰（图2-15-4）。小肠多呈出血性坏死性肠炎变化，外观小肠内充满气体，肠壁菲薄，呈红褐色（图2-15-5）；肠黏膜淤血，呈暗红色，并见有出血、干燥、质地较硬的坏死灶（图2-15-6）。镜检，小肠黏膜坏死后，嗜伊红，坏死可达黏膜下层或肌层（图2-15-7）；高倍镜下见黏膜上皮坏死，固有层和黏膜下层中有大量的炎性细胞浸润（图2-15-8）。

【诊断要点】　诊断本病应根据流行病学情况和临床症状，结合患病部位、坏死组织的特殊病变等进行综合分析，必要时应做细菌学检查，即在坏死组织与健康组织交界处用消毒的锐匙刮取病料做涂片，用石炭酸-复红或复红-美蓝染色法染色。如能检查出呈颗粒状或串珠样长丝状的杆菌（图2-15-9），即可确诊。

【治疗方法】　猪群中一旦发现本病，应及时隔离治疗，常能迅速治愈。

治疗体表病灶的基本原则是：扩创充氧，清除坏死。如发现坏死性皮炎病猪后，首先要将小创口扩大，让创腔得到充足的氧气，抑制坏死杆菌的生长；再刮去坏死组织，清除脓汁，用过氧化氢充分清洗后，任选下列药物填于创腔：①雄黄30g，陈石灰100g，加桐油调成糊状，填满创腔。②大黄、石灰等量，炒黄，混合填入创腔。③20%碘酒或10%福尔马林注入创内。另外，也可在创腔内填塞硫酸铜粉、水杨酸粉、高锰酸钾粉或磺胺粉等。

治疗白喉型病猪时，应先除去假膜，再用1%高锰酸钾或10%硫酸铜冲洗，然后用碘甘油、磺胺软膏、鱼石脂碘仿软膏等涂擦创面，每天2次直到痊愈。

但应注意，在进行局部治疗的同时，还要根据病情配合全身治疗。如肌内或静脉注射磺胺类药物、四环素、金霉素、螺旋霉素等，有控制本病发展和继发感染的双重功效。此外，还应配合强心、解毒、补液等对症疗法，以提高治愈率。

【预防措施】　本病目前尚无特异性疫苗用于预防，只能采取综合性防控措施，加强管理，搞好环境卫生，消除发病诱因，避免咬伤和其他外伤。猪舍和运动场要保持清洁干燥，使地床平整，没有粪便污水堆积。发生外伤后，及时涂擦碘酊消毒。接近性成熟的公猪应分开饲养，防止相互咬斗。

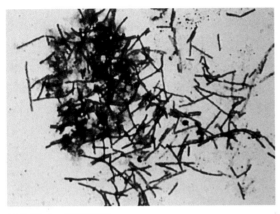

图2-15-1　坏死杆菌

呈杆状或链状的坏死杆菌。（美蓝染色，×1000）

图2-15-2　坏死性口炎

病猪食欲明显减退，在舌面上常见坏死（箭头）和溃疡灶。

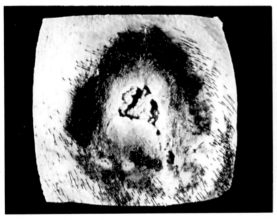

图2-15-3　坏死性皮炎

皮下组织大片坏死、液化形成囊腔，而破溃口却较小。

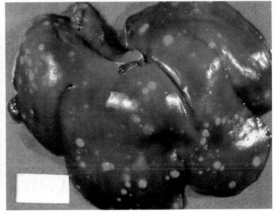

图2-15-4　坏死性肝炎

肝脏内有大量淡黄色坏死灶，从中分离出细长的坏死杆菌。

图2-15-5　出血性小肠炎

小肠出血，呈暗红褐色，肠内充满气体，肠壁菲薄。

图2-15-6　出血性坏死性肠炎

小肠黏膜淤血，间有出血、坏死的黑红色斑块。

167

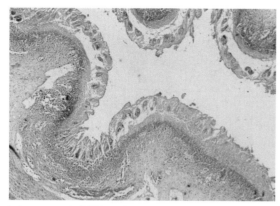

图2-15-7　出血性坏死性肠炎

小肠黏膜坏死，深染伊红，坏死达黏膜下层。（HE，×33）

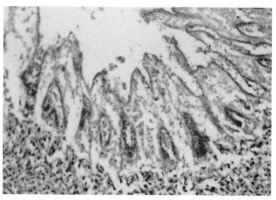

图2-15-8　坏死性肠炎

小肠黏膜上皮坏死，固有层中见大量的炎性细胞浸润。

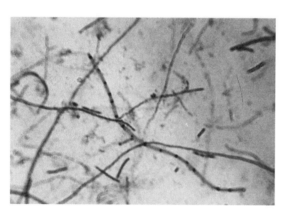

图2-15-9　病料中的坏死杆菌

病料涂片中的坏死杆菌，多呈串珠状或长丝状。（复红-美蓝染色，×1000）

十六、仔猪梭菌性肠炎

仔猪梭菌性肠炎（Clostridial enteritis of piglets）又称仔猪传染性坏死性肠炎，俗称"仔猪红痢"，是由梭菌所引起的高度致死性肠毒血病。本病主要发生于3日龄以内的新生仔猪，其特征是排出红色粪便，小肠黏膜出血、坏死；病程短，死亡率高。

【病原特性】本病的病原为C型产气荚膜梭菌（Clostridium perfringens type C）。本菌为革兰氏阳性（图2-16-1）、有荚膜（图2-16-2）、无鞭毛、不能运动的厌氧性大杆菌；在不良的条件下可形成芽孢，后者呈卵圆形，位于菌体中央或近端，芽孢多超过菌体宽度，故使菌体呈梭形。

本菌对外环境的抵抗力并不强大，一般的消毒药在适当的浓度时均可将其杀灭；但它形成芽孢后，却有极强的抵抗力。

【流行特点】本病发生于1周龄以内的仔猪，以1～3日龄的新生仔猪最多见，偶可在2～4周龄及断乳仔猪中见到。带菌猪是本病的主要传染来源；消化道侵入是本病最常见的传播途径。据报道，一部分母猪是本病的带菌者，病菌随粪便排出体外，直接污染哺乳母

猪的乳头和垫料等，当初生仔猪吮乳或吞入污染物后，细菌进入空肠繁殖，侵入肠绒毛上皮，沿基膜繁殖增生，产生毒素，使受损组织充血、出血和坏死。

本病无明显的季节性，多呈散发流行，在同一猪场中，有些繁殖母猪发生，而有的则不发生。这可能与母猪隐性带菌有关，成为危险的传染源。

【临床症状】本病的病程长短差别很大，症状不尽相同，一般根据病程和症状不同而将其分为最急性型、急性型、亚急性型和慢性型。

1.最急性型 多发生于1日龄的仔猪。发病很快，病程很短，通常于出生后1d内发病，症状多不明显或排血便，病猪后躯或全身沾满血样粪便（图2-16-3）。病猪虚弱，委顿，拒食或尖叫，很快变为濒死状态。病猪常于发病的当天或第二天死亡。少数病猪没有排血便昏倒而死亡。

2.急性型 病猪出现较典型的腹泻症状，是最常见的病型。病猪胃肠胀气，腹围膨大，呼吸困难（图2-16-4），在整个发病过程中大多排出含有灰色组织碎片的浅红褐色水样粪便，很快脱水和虚脱。病程多为2d，一般于发病后的第3天死亡。

3.亚急性型 病初，病猪食欲减弱，精神沉郁，开始排黄色软粪；继之，病猪持续腹泻，粪便呈淘米水样，含有灰色坏死组织碎片；最后，病猪明显脱水，逐渐消瘦（图2-16-5）、衰竭，多于5~7d死亡。

4.慢性型 病程较长，病猪呈间歇性或持续性腹泻，排灰黄色黏液便，有时带有血液。病猪虽然仍有一定的食欲，但生长很缓慢，持续性腹泻，最后死亡或被淘汰。

【病理特征】C型产气荚膜梭菌引起仔猪的出血性肠炎主要发生于小肠，以空肠的病变最重。大肠一般无变化。

最急性病例，虽然临床上无明显的症状而突然死亡，但死后有的病猪从口角流出血水样的分泌物（图2-16-6）。大部分病猪的腹部极度膨满，腹围增大（图2-16-7）。剖检见病猪极度脱水，血液黏稠，皮下组织干燥（图2-16-8），但腹腔内充满大量红褐色腹水。胃内充满气体，常极度扩张，浆膜面的血管呈树枝状怒张。胃内容物较少，多呈空虚状，胃黏膜肿胀，常见散在性点状出血。而断乳仔猪的胃中常有大量干燥的内容物，胃黏膜覆有大量黏液。除去黏液，可见胃黏膜肿胀，有点状、片状或弥漫性出血，呈鲜红色或暗红色（图2-16-9）。病情轻时，小肠淤血明显，肠浆膜的血管呈树枝状扩张，肠壁色泽暗红。肠系膜淋巴结肿大，质地柔软，多呈浆液性淋巴结炎的变化（图2-16-10）。肠内容物稀薄如水，污秽不洁或呈灰红色，肠黏膜肿胀，呈暗红色，表面散在大量出血点或呈弥漫性出血（图2-16-11）。病情严重时，部分小肠出血（图2-16-12）或全部小肠出血（图2-16-13），出血部位的小肠呈紫红色，质地变硬，腹腔内有较多的红色腹水。部分小肠出血坏死，呈紫红色（图2-16-14）。肠黏膜广泛坏死，肠内容物呈红豆水样或红酱色。肠系膜淋巴结肿胀，呈鲜红色。

急性病例的肠黏膜坏死变化最重，而出血较轻，肠黏膜覆有淡红黄色或污灰红色黏液；有的肠腔内有血染的坏死组织碎片并粘于肠壁，肠绒毛脱落，形成一层坏死性假膜。有些病例的小肠充血或轻度淤血而呈鲜红色，部分肠段发生出血而呈暗红色，肠壁菲薄，肠内充满大量淡红色稀薄的内容物，并含大量气体（图2-16-15）。当肠内的气体随淋巴管或向周围扩散而侵入肠壁时，常在肠系膜附着部发现大量气泡，从而导致发生肠气泡症。有的肠气泡可达40cm长（图2-16-16）。此时，肝脏常肿大、黄染，切面上也出现大量气泡，发生肝气泡症，并易从中分离出产气荚膜梭菌（图2-16-17）。

亚急性病例的肠壁变厚，容易破碎，坏死性假膜更为广泛（图2-16-18）。

慢性病例，在肠黏膜可见一处或多处的坏死带。镜检，肠黏膜的绒毛及上皮多坏死脱落，固有层和黏膜下层淤血、出血和水肿（图2-16-19），坏死可深达黏膜肌层以下，坏死组织内含有多量典型的病原菌。

【诊断要点】依据临床症状和病理变化，结合流行特点，可做出初步诊断，进一步的确诊需靠实验室检查。

【类症鉴别】诊断本病时应与猪传染性胃肠炎、猪流行性腹泻、仔猪黄痢、仔猪白痢等鉴别。

【治疗方法】由于本病发病急，病程短，而又是毒血症经过，病情严重，常常来不及治疗，病猪已经死亡，因此本病的治疗效果不佳。对于一些病程较长、抵抗力较强的仔猪，或同窝未出现明显症状的仔猪应立即口服磺胺类药物或抗生素，每日2～3次，有一定的治疗作用；发生脱水者，可腹腔注射5%葡萄糖溶液或生理盐水，以补充水分和能量。如有C型产气荚膜梭菌抗毒素血清时，及时给病猪内服可获得较好的疗效，剂量为5～10mL，每日1次，连用3d；若与青霉素等抗生素共同内服，效果更好。

【预防措施】本病的治疗效果不好，主要依靠平时的预防。首先要加强对猪舍和环境的清洁卫生和消毒工作，产房和分娩母猪的乳房应于临产时彻底消毒；有条件时，母猪分娩前一个月和半个月，各肌内注射C型产气荚膜梭菌氢氧化铝苗或仔猪红痢干粉菌苗1次，剂量为5～10mL，以便使仔猪通过哺乳获得被动免疫；如连续产仔，前1～2胎在分娩前已经两次注射过菌苗的母猪，下次分娩前半个月再注1次，剂量3～5mL。另外，仔猪出生后，立即注射抗仔猪红痢血清（每千克体重肌内注射3mL），可获得更好的保护作用（但注射要早，否则结果不理想）。

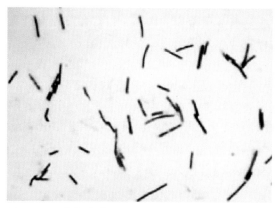

图2-16-1　产气荚膜梭菌

产气荚膜梭菌为革兰氏阳性大杆菌。（革兰氏染色，×1000）

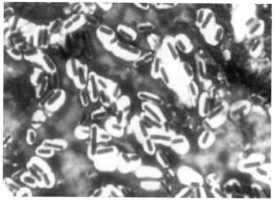

图2-16-2　带荚膜的产气荚膜梭菌

菌体外有淡紫红色的荚膜。（荚膜染色，×1000）

图 2-16-3 最急性型病例

病猪排红色血便，全身被血便污染。

图 2-16-4 急性型病例

病猪精神委顿，呼吸困难，腹部极度膨大。

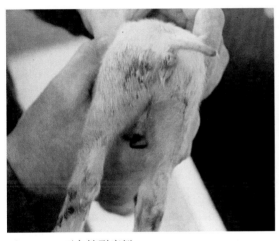

图 2-16-5 亚急性型病例

粪便污秽，呈淘米水样，肛门周围及后肢被稀便污染。

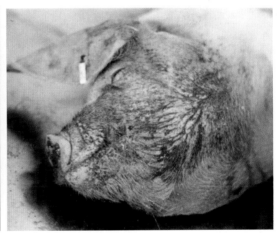

图 2-16-6 带血的分泌物

从病尸的口角和鼻孔流出带血的分泌物。

图 2-16-7 腹部膨胀

突然死亡的病猪，其营养状况良好，腹部过度膨大。

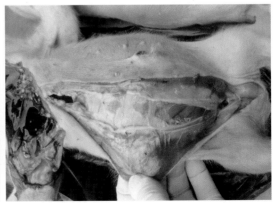

图 2-16-8 全身性脱水

病猪极度脱水，血液黏稠，皮下组织干燥。

图2-16-9　出血性胃炎

胃黏膜弥漫性出血，上皮变性、坏死、脱落。

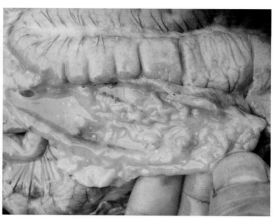

图2-16-10　卡他性肠炎

小肠黏膜淤血，表面覆有大量黏液，肠内容物稀薄。

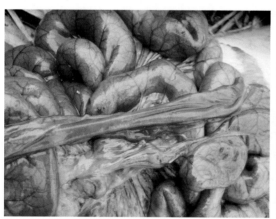

图2-16-11　卡他性出血性肠炎

小肠内容物稀薄，混有气体，部分肠段内见红褐色黏液。

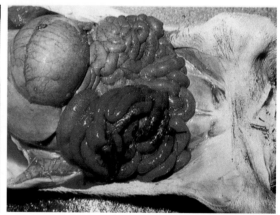

图2-16-12　部分小肠出血

小肠淤血呈红褐色，部分出血呈黑红色。

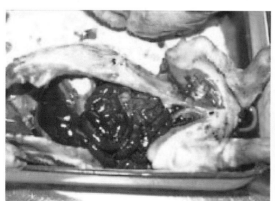

图2-16-13　小肠出血

全部小肠出血呈红褐色，并见大量暗红色腹水。

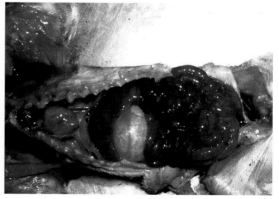

图2-16-14　出血性坏死性肠炎

小肠严重出血呈红褐色，部分小肠坏死呈紫黑色。

图2-16-15　出血性肠炎

　小肠出血，肠腔中含有大量气体和混有血液的内容物。

图2-16-16　肠气泡症

　小肠中充满气体，肠系膜连接的肠壁上有许多小气泡。

图2-16-17　肝气泡症

　肝脏切面上有许多气泡（箭头），从中可分离出病原体。

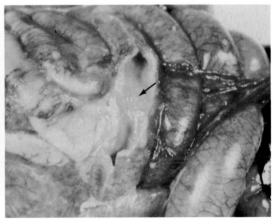

图2-16-18　坏死性肠炎

　肠壁坏死和肥厚，黏膜面被覆含有血液的坏死物。

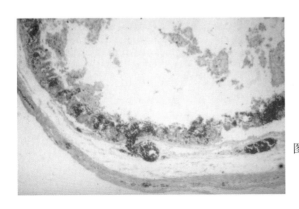

图2-16-19　出血性肠炎

　肠黏膜坏死脱落，固有层和黏膜下层淤血、出血和水肿。（HE，×40）

十七、破 伤 风

破伤风（Tetanus）又叫强直症，俗称"锁口风"，是由破伤风梭菌所致的一种急性中毒性人畜共患的传染病；临床上以骨骼肌持续性痉挛和神经反射兴奋性增高为特征。

【病原特性】本病的病原体为破伤风梭菌（*Clostridium tetani*），是一种大型、革兰氏阳性、能形成芽孢的厌氧性杆菌，多单个散在。芽孢在菌体的一端，似鼓槌状或球拍状（图2-17-1）；多数菌株有周鞭毛，能运动，但不形成荚膜。

本菌的繁殖型抵抗力并不强，一般的消毒药均可在短时间内将其杀死，但芽孢的抵抗力极强，在土壤中能存活几十年。

【流行特点】各种年龄的猪对本病均较易感，但以仔猪的易感性最高。破伤风梭菌广泛存在于自然界，如土壤、尘埃、腐臭的淤泥及草食动物的粪便中，当猪发生外伤（如创伤、去势、断脐、扎伤、刺伤和产后感染等）时，病原体侵入创伤腔内的无氧环境而繁殖，产生外毒素而致病。

本病无明显的季节性，一年四季都可发生，但以夏秋季节多见；通常为散发，但有时在某些地区可出现较多的病例。

【临床症状】本病的潜伏期最短者为1d，长者可达数月，一般为1～2周。潜伏期长短多与创伤的部位及状态有关。创伤距头部较近，创伤口小而深，创伤口被粪土、痂皮和异物等封闭形成无氧环境时，发病的潜伏期就短，反之则长。

发病之初，病猪常不知原因地出现颈背运动不灵活，呈强迫性表现（图2-17-2），四肢较僵硬，运动缓慢，不协调（图2-17-3）。当病猪在运动时将其放倒，则四肢僵直性伸展，不能自行站立（图2-17-4）。此时，病猪两耳竖立，眼肌痉挛，眼球不能转动，口含白沫，牙关紧闭，发出嘶叫（图2-17-5）。帮助其站立后，病猪仍可摇晃行走，站立时状如雕塑（图2-17-6）。

随着病性的加重，病猪从头部肌肉开始痉挛，咬肌挛缩，张嘴困难，口吐白沫，叫声尖细。鼻翼痉挛，鼻孔开张，鼻孔周围常覆有黄白色黏稠的鼻液（图2-17-7）。眼肌痉挛，瞬膜外露，眼睑充血、水肿，结膜呈淡粉红色（图2-17-8）。严重时，病猪的牙关紧闭，两耳竖立，项颈僵硬，头向前伸，四肢伸直不能弯曲，腰背弓起，全身骨肉痉挛，状如木马（图2-17-9）；触摸肌肉坚实有如木板。病猪对光、声和其他刺激敏感，这些刺激常可使症状加重。濒死时，病猪倒地，眼睛半闭，四肢强直，肌肉抽搐（图2-17-10），有时发生粪尿失禁。病猪最后多因窒息而死亡，病死率较高。

【病理特征】因本病而死亡的病猪，在病理学检查方面常无特异性病变，一般仅见破伤风所特有的强直和僵硬表现（图2-17-11）。

【诊断要点】破伤风的症状很有特征，通常依据病猪的临床症状并结合发病原因的调查，即可确诊。有时临床症状不很明显时，病猪死后可于其发生创伤的深部采取组织，涂片染色后检出带有近端芽孢的梭形杆菌（图2-17-12）；或用荧光抗体技术检测，呈现强阳性反应（图2-17-13），即可确诊。

【治疗方法】对破伤风病猪的治疗是一种抢救性治疗，应同时使用特效药物、对症疗法和进行创伤处理，方可取得较好的效果。

1.特效药物 破伤风抗毒素是治疗本病的特效药。根据病猪的大小，可使用破伤风抗毒素20万～80万IU，分3次注射；也可一次全剂量注射。用40%乌罗托品15～30mL注射，也有良好的效果。

2.清创处理 尽快查明感染的创伤并进行外科处理，应尽快清除创内的脓汁、异物和坏死组织等；对创底深、创口小的创伤要进行扩创，并用3%过氧化氢、2%高锰酸钾或5%碘酒消毒。之后，再在创腔内撒布碘仿硼酸合剂，并用青、链霉素在创伤周围做环形封闭注射。

3.对症治疗 这是提高治愈率的重要手段。为了使病猪安静，可将其放置在阴暗处，避免光线和声音等的刺激。为了缓和肌肉痉挛，可使用解痉剂，如氯丙嗪25～50mg或25%硫酸镁注射液10～20mL，肌内注射；或用25%水合氯醛20～30mL灌肠，每日2～3次；也可用独角莲注射液3～5mL，肌内注射，每日2次。

4.中兽医疗法 多在应用中药的同时，并进行针灸，常能取得意想不到的效果。下面介绍两个常用方剂。

（1）乌蛇散　处方：乌蛇25g、全蝎25g、天麻30g、天南星30g、川芎35g、当归40g、羌活35g、独活35g、防风40g、荆芥30g、薄荷30g、蝉蜕30g、僵蚕30g，共研细末，开水调制，候冷灌服。如口紧难灌时，可将方中药各加量10g煎汤候冷，用胃管投服。在用药的同时，可进行针灸，烧烙大风门、伏兔穴；针刺百会穴和下关穴。

（2）追风散　处方：荆芥40g、薄荷35g、僵蚕25g、全蝎18g、钩藤30g、防风40g、细辛15g、皂角40g、藁本40g、苍耳子100g、甘草40g、乌蛇100g、蜈蚣10条。水煎后去渣，灌服。此方为50千克以上的大猪用量，中小猪可酌减药量，每天1次，连用3d。

【预防措施】 平时加强饲养管理和注意环境卫生，防止猪发生外伤，是预防本病的有力措施。当猪发生扎伤、刺伤等外伤时，应立即用碘酊消毒并进行必要的外科处理，防止发生感染；给猪去势和处理仔猪脐带时，不仅要注意器械的严格消毒和无菌操作，有条件时还应注射破伤风抗毒素。

破伤风症状

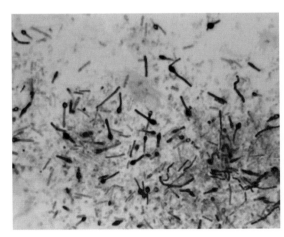

图2-17-1　破伤风梭菌

培养物中革兰氏阳性、呈球拍状的破伤风梭菌。（革兰氏染色，×1000）

图2-17-2　颈背僵直

病猪从颈部到尾部发生强直性痉挛，出现特异性强迫姿势。

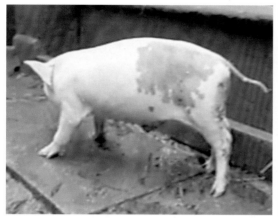

图 2-17-3　四肢僵硬

　　病猪四肢痉挛，步态不稳，运动不协调。

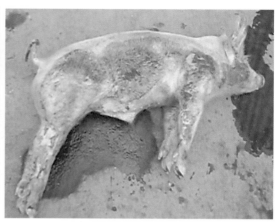

图 2-17-4　四肢强直

　　病猪倒地后四肢强直，不能自行站立。

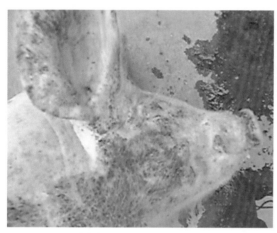

图 2-17-5　牙关紧闭

　　病猪牙关紧闭，口流涎水，两耳直立，眼肌痉挛。

图 2-17-6　僵如雕塑

　　病猪四肢僵硬，耳朵和尾巴竖立，状如雕塑。

图 2-17-7　鼻孔开张

　　鼻翼痉挛，鼻孔开张，周围覆有多量黏稠鼻液。

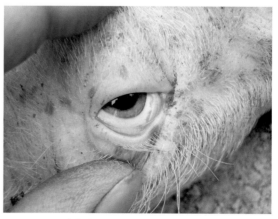

图 2-17-8　瞬膜外露

　　眼肌痉挛，瞬膜外露，眼睑肿胀，结膜粉红。

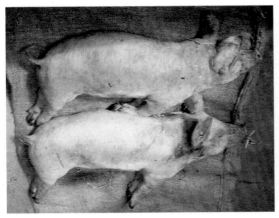

图2-17-9　木马症

病猪两耳直立，四肢强直，背部肌肉僵硬，呈木马状。

图2-17-10　濒死病猪

四肢强直，肌肉抽搐，耳朵竖立，眼睛半闭。

图2-17-11　死后强直

全身肌肉挛缩、僵硬，四肢强直，两耳竖立。

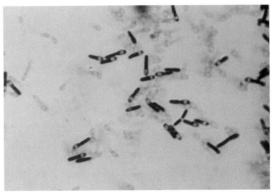

图2-17-12　带芽孢的病原菌

病料中带有芽孢的破伤风梭菌。（革兰氏染色，×1000）

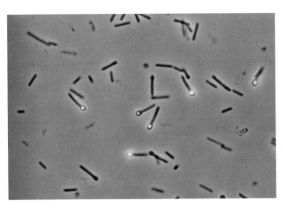

图2-17-13　荧光抗体技术检测阳性

荧光抗体技术检测呈阳性反应的破伤风梭菌。（×1000）

十八、猪接触传染性胸膜肺炎

猪接触传染性胸膜肺炎（Porcine contagious pleuropneumonia）是一种呼吸道传染病；以呈现纤维素性肺炎或纤维素性胸膜肺炎的症状和病变为特征。急性病例的死亡率高，慢性者常能耐过。

【病原特性】本病的病原为胸膜肺炎放线杆菌（*Actinobacillus pleuropneumonia*，APP）；为兼性厌氧的革兰氏阴性小杆菌，具有典型的球杆形态（图2-18-1），能产生荚膜，但不形成芽孢，无运动性；在血液琼脂上具有溶血能力。

本菌的抵抗力不强，一般常用的消毒药均可将其杀灭。

【流行特点】不同年龄的猪均有易感性，但以3～5月龄的猪最易感。病猪和带菌猪是本病的主要传染源。本病的主要传播途径是呼吸道。病原通过空气飞沫传播，在大群集约饲养的条件下最易接触感染。当本病急性暴发时，常可见到感染从一个猪舍跳跃到另一个猪舍。猪群之间的传播主要是因引入带菌猪或慢性感染的病猪；饲养环境不良、管理不当可促进本病的发生与传播，并使发病率和死亡率升高。

本病一年四季均可发生，但以秋末与初春的寒冷季节较多发。

【临床症状】本病的潜伏期依菌株的毒力和感染量而定。通常自然感染的潜伏期，快者为1～2d，慢者为1～7d。死亡率一般较高。根据病猪的临床经过不同，一般可将其分为最急性型、急性型、亚急性型和慢性型四种。

1.最急性型 一头或几头仔猪突然发病，体温高达41.5℃以上，精神极度沉郁，食欲废绝，并有短期的腹泻与呕吐。病初循环障碍表现较为明显，病猪的耳、鼻、腿和体侧皮肤发绀；继之，出现严重的呼吸障碍。病猪呼吸困难，张口喘息，常站立不安或呈现犬卧姿势（图2-18-2）；临死前从口鼻流出泡沫样带血色的分泌物，一般于发病24～36h内死亡。也有的猪因突发败血症，无任何先兆而急速死亡（图2-18-3）。

2.急性型 有较多的猪同时受侵。病猪体温升高，精神不振，食欲减损，有明显的呼吸困难、咳嗽、张口呼吸、腹式呼吸明显等较严重的呼吸障碍症状。病猪多卧地不起，常呈现犬卧姿势（图2-18-4）或犬坐姿势（图2-18-5），全身皮肤淤血呈暗红色；有的病猪还从鼻孔中流出大量的血液样分泌物，污染鼻孔及口部周围的皮肤（图2-18-6）。如及时治疗，则症状较快缓和，能耐过4d以上，则可逐渐康复或转为慢性。此时病猪体温不高，发生间歇性咳嗽，生长迟缓。

3.亚急性和慢性型 一般发生于急性期之后，但也有很多猪开始即呈亚急性或慢性经过。病猪的症状轻微，低热或不发热，有程度不等的间歇性咳嗽，食欲不良，生长缓慢；并常因其他微生物（如肺炎支原体、巴氏杆菌等）的继发感染而使呼吸障碍表现得明显。

【病理特征】死于本病的病猪，全身多淤血而呈暗红色（图2-18-7），或形成大面积的瘀斑（图2-18-8）。本病的特征性病变主要局限于呼吸器官。最急性病例，眼观患猪流血色样鼻液，气管和支气管腔内充满泡沫样血色黏液性分泌物。肺炎病变多发生于肺的前下部，而不规则、周界清晰的出血性实变区或坏死灶则常见于肺的后上部，特别是靠近肺门的主支气管周围（图2-18-9）。肺泡和肺间质水肿，淋巴管扩张，肺充血、出血（图2-18-10），血管内纤维素性血栓形成。

急性死亡的病例，肺炎多为两侧性。常发生于心叶、尖叶及膈叶的一部分。病灶的界限清晰，肺炎区有呈紫红色的红色肝变区和灰白色灰色肝变区（图2-18-11）；切面见大理石样的花纹，间质充满血色胶冻样液体（图2-18-12）。胸膜和肺炎区表面有纤维素附着（图2-18-13），胸腔内积液明显增多，常呈混浊的血色样液体，内含较多的蛋白凝块和絮状物（图2-18-14）。

亚急性型病例，肺脏可能发现大的干酪性病灶或含有坏死碎屑的空洞。由于继发细菌感染，致使肺炎病灶转变为脓肿（图2-18-15）。此时，在病猪的气管内常见大量的黄白色化脓性纤维素性假膜（图2-18-16）。肺表面被覆的纤维素性渗出物被机化后常与肋胸膜发生纤维素性粘连（图2-18-17）。病程较长的慢性病例，常可于膈叶见到大小不等的结节，其周围有较厚的结缔组织包绕，肺的表面多与胸壁粘连（图2-18-18）。心包也发生纤维素性心包炎，心包液增多，纤维蛋白渗出增多，先形成绒毛心，再因大量结缔组织增生，使心包内膜与心外膜发生粘连，心包外膜与肺脏发生粘连（图2-18-19），导致心肺活动受限。

镜检，不论是急性型还是亚急性型，肺脏的主要病变均为纤维素性肺炎变化。红色肝变期时可见肺泡隔的毛细血管极度扩张，肺泡腔中充满红细胞、纤维蛋白和浆液（图2-18-20）；灰白色肝变期时肺泡腔内则有大量的嗜中性粒细胞和纤维蛋白（图2-18-21）；此时的肺间质则明显水肿、增宽，其中发生纤维素样坏死和淋巴栓形成（图2-18-22）。

【诊断要点】依据临床症状和特殊的病理变化，结合流行病学，可做出初步诊断；确诊需做细菌学检查，当用支气管或鼻腔分泌物和肺部病变组织做涂片，革兰氏染色后用显微镜检出红色的小球杆菌（图2-18-23）时，即可确诊。

【类症鉴别】诊断本病时需与猪肺疫、猪气喘病等相区别。

【治疗方法】对本病采取早期治疗是提高疗效的重要条件。

1.抗菌药物疗法　常用的有效治疗药物有青霉素、卡那霉素、土霉素、四环素、链霉素及磺胺类药物；用药的基本原则是肌内或皮下大剂量注射，并重复给药。

一般的用药剂量为：青霉素肌内注射，每头每次40万～100万IU，每日2～4次。最好青链霉素合并使用。能正常采食者，可在饲料中添加土霉素等抗生素或磺胺类药物，剂量为每千克饲料中加入土霉素0.6g，连服3d，可以控制本病的发生。

当连续使用某种药物数天而无效时，可能细菌对该种药物产生了耐药性，应立即更换药物，或几种药物联合使用。

2.中药疗法　常用的药物为清肺止咳散加减。处方：当归20g、冬花30g、知母30g、贝母25g、大黄40g、木通20g、桑皮30g、陈皮30g、紫菀30g、马兜铃20g、天冬30g、百合30g、黄芩30g、桔梗30g、赤芍30g、苏子15g、瓜蒌50g、生甘草15g，共研细末，开水冲服。在用此方的时候，可根据病猪的不同体质，不同的发病时期，出现的不同的症状而对方剂中的药物进行调整：

病初，可加杏仁、苏叶、防风和荆芥等。

中期，病猪发热时，加栀子、丹皮、杷叶；热盛气喘者，加生地、黄柏，重用桑皮、苏子、赤芍；流脓性鼻涕时，减天冬、百合，加金银花、连翘、栀子，重用桔梗、贝母、瓜蒌等；粪便干燥时，加蜂蜜；口内流涎时，加枯矾；胸内积水时，重用木通、桑皮，加滑石、车前、旋覆花、猪苓、泽泻等；对老龄体弱的病猪，应酌减寒性药物，重用百合、天冬、贝母，加秦艽和鳖甲等。

后期，肺胃虚弱者，减寒性药物，重用当归、百合、天冬，加苍术、厚朴、枳壳、榔片、法半夏等；血气虚弱者，减寒性药物，重用当归、百合、天冬，加白术、党参、山药、五味子、白芍、熟地、秦艽、黄芪和首乌等。

【预防措施】APP是条件性致病菌，所以做好防疫工作是预防本病的关键。

1.常规预防 预防本病的有效方法在引进种猪前进行血清学检查，防止引进病猪或隐性感染猪。加强饲养管理，保持适当的饲养密度和良好的通风条件是控制本病的一项重要措施。本病由于不同血清型菌株之间交互免疫性不强，因此目前尚无有效的疫苗，一般可从当地分离病菌，制备灭活苗，对母猪和2～3月龄仔猪进行免疫接种，此法具有较好的地区性防疫作用。

2.紧急预防 猪群一旦发生本病，可能大多数猪已被感染，在尚无菌苗应用的情况下，只能采取以下两种措施：一是对猪群普遍检疫，淘汰阳性猪；二是在饲料中添加药物饲喂。同时改善环境卫生，消除应激因素，用2%氢氧化钠溶液每周消毒两次，可以收到较好的效果。

传染性胸膜肺炎症状及病变

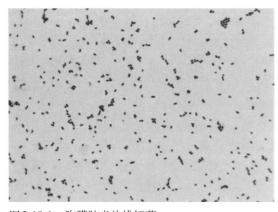

图2-18-1 胸膜肺炎放线杆菌

革兰氏染色呈阴性的球杆状细菌。（革兰氏染色，×1000）

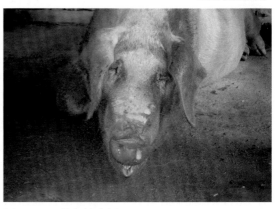

图2-18-2 最急性病例

病猪呼吸困难，全身皮肤发绀，趴卧而张口呼吸。

图2-18-3 突然死亡病例

病猪突然死亡，全身淤血。

图2-18-4 急性病例

病猪全身皮肤淤血，呈犬卧或犬坐姿势卧地不起。

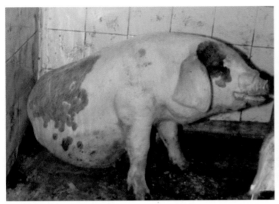

图2-18-5　犬坐姿势

病猪呼吸困难，呈犬坐样张口呼吸。

图2-18-6　出血性渗出

从病猪的鼻孔流出大量血液样的渗出物。

图2-18-7　全身性淤血

急性死亡的病猪，营养状态良好，全身淤血呈暗红色。

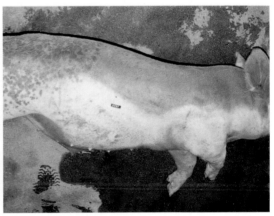

图2-18-8　皮肤瘀斑

死于本病的猪，皮肤常有大面积瘀斑。

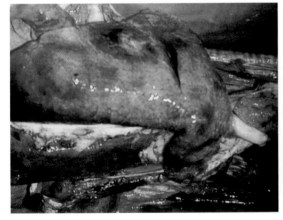

图2-18-9　出血性肺炎

肺表面有大量出血点，有红褐色出血性肺炎病灶。

图2-18-10　肺红色肝变

肺切面见大片红褐色肝样变，质地坚实。

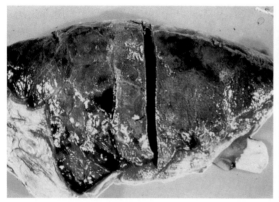

图2-18-11　纤维素性肺炎肝变期

　　肺脏体积膨大，表面被覆大量纤维蛋白，肺组织呈斑驳状。

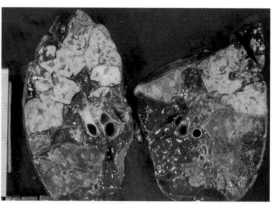

图2-18-12　大理石样肺

　　肺质地坚实，切面见红褐色、灰白色和淡粉色，形成大理石样花纹。

图2-18-13　纤维素性肺炎

　　肺脏淤血、出血，表面粗糙，被覆一层灰白色的纤维素薄膜。

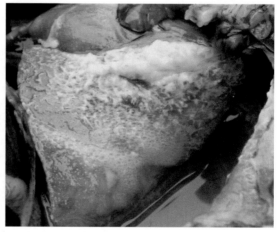

图2-18-14　胸腔积液

　　胸腔内有大量淡红色的胸腔积液，肺表面附有大量纤维蛋白。

图2-18-15　化脓性肺炎

　　肺组织在肺炎的基础上见大量黄白色的化脓性病灶（箭头）。

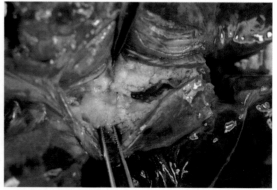

图2-18-16　化脓性气管炎

　　病猪的气管黏膜覆有黄白色化脓性纤维素性假膜。

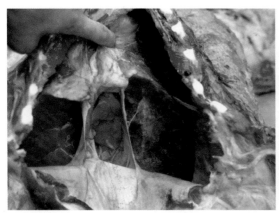

图2-18-17　胸膜肺炎

　　肺发生纤维素性肺炎而呈斑驳样，肺胸膜与肋胸膜发生粘连。

图2-18-18　肺粘连

　　胸腔积液增多，呈暗红色，肺脏与胸壁发生粘连，肺表面粗糙。

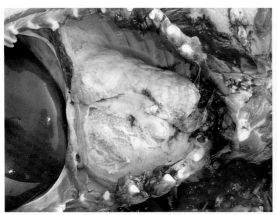

图2-18-19　纤维素性心包炎

　　心包膜粗糙，因大量结缔组织增生而与肺发生粘连。

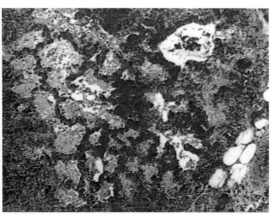

图2-18-20　肺红色肝变

　　发生红色肝变时肺泡腔内有大量红细胞、纤维蛋白和浆液。(HE，×33)

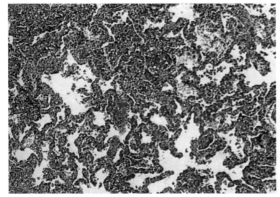

图2-18-21　肺灰白色肝变

　　肺泡中含有大量嗜中性粒细胞和纤维蛋白。(HE，×33)

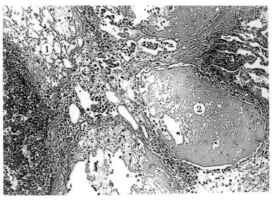

图2-18-22　肺间质水肿

　　肺间质明显水肿增宽，发生纤维素坏死 (1) 和淋巴栓形成 (2)。(HE，×33)

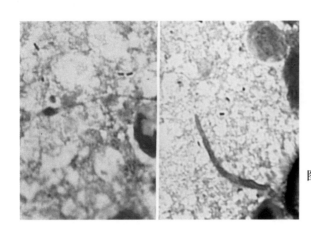

图2-18-23　肺脏中的病原体

肺组织涂片中革兰氏染色呈阴性反应的病原菌。（革兰氏染色，×1000）

十九、副猪嗜血杆菌感染

副猪嗜血杆菌感染（Haemophilus parasuis infection）又叫格拉瑟氏病（Glässer's disease），是一种泛嗜性细菌性传染病。病猪以多发性浆膜炎，即多发性关节炎、胸膜炎、心包炎、腹膜炎、脑膜炎和伴发肺炎为特征。

【病原特性】本病的病原为嗜血杆菌属（*Haemophilus*）的副猪嗜血杆菌（*Haemophilus parasuis*）。该菌为多形态的病原体，一般呈短小杆状菌，也有的呈球形、杆状、短链或丝状等；无鞭毛，不形成芽孢，多无荚膜，但新分离的强毒株则带有荚膜；革兰氏染色呈阴性反应（图2-19-1），美蓝染色呈两极浓染，着色不均匀。

本病对外界环境的抵抗力不强，在干燥情况下易于死亡，易被常用的消毒剂及较低温度的热力所杀灭。

【流行特点】本病以体重30～60kg的仔猪和架子猪的易感性较强，成年猪多呈隐性感染或仅见轻微的临床症状。本病的主要传染源为病猪、临床康复猪和隐性感染猪；主要的传播途径是呼吸道和消化道，即病菌通过飞沫随呼吸运动而进入健康的仔猪体内，或通过污染饲料和饮水而经消化道侵入体内，在机体抵抗力降低的情况下，繁殖、产毒和致病。另外，本菌还可以通过创伤而侵害皮肤，引起皮肤的炎症和坏死。本病的发生常与长途运输、疲劳和其他应激因素等诱因有关。

本病虽然一年四季均可发生，但以早春和深秋天气变化比较大的时候发生较多；还可继发于猪的一些呼吸道及胃肠道的疾病。

【临床症状】急性病猪体温升高，可达41℃左右，精神沉郁，身体颤抖，呼吸困难，全身淤血，皮肤发绀（图2-19-2），常于发病后的2～3d死亡。多数病例呈亚急性或慢性经过。患猪精神沉郁、食欲不振、中度发热（39.6～40℃）、呼吸困难。有的病猪鼻孔开张，头颈伸直，发出粗厉的喘息声（图2-19-3）；有的病猪胸腹伸直，头颈低垂，运步缓慢借以减轻胸腹部的疼痛（图2-19-4），或站立不动，全身伸直，出现明显的浅表腹式呼吸（图2-19-5），还有的病猪常呈现犬卧姿势喘息。四肢末端及耳尖多发绀（图2-19-6）。有的病猪出现严重跛行症状，常以足尖站立，并以短步、拖曳步态走路，或因关节疼痛而卧地不起（图2-19-7）。一些病例关节肿大、疼痛和腱鞘水肿，有时见局部皮肤坏死和形成结痂（图2-19-8）。耐过

急性期的病例可发生慢性关节炎。某些猪由于发生脑膜炎而表现肌肉震颤、麻痹和惊厥（图2-19-9），有些因腹膜粘连而常引起肠梗阻。当病程迁延，或发生胸膜炎和腹膜炎而难以迅速康复时，则见病猪明显消瘦，呼吸困难，常低头喘息，全身皮肤发绀（图2-19-10）。

【病理特征】死于本病的猪，体表常有大面积的淤血（图2-19-11），病情严重的病猪，在全身性淤血的基础上，四肢末端、耳朵、胸部、背部的皮肤呈蓝紫色，形成瘀斑（图2-19-12）。患猪的特征性病变为全身性浆膜炎（图2-19-13），即见有浆液性纤维素性胸膜炎、心包炎、急性腹膜炎（图2-19-14）或慢性腹膜炎（图2-19-15）、脑膜炎和关节炎，有的病猪肠管在浆液性炎症的基础上，浆膜还发生肠气泡症（图2-19-16）。但由于个体不同，上述病变不一定全部表现出来，其中以心包炎和胸膜肺炎的发生率最高。此时，胸腔液增多，当发生浆液性胸膜炎时，胸腔有多量淡红黄色的渗出液，发生胸腔积液（图2-19-17）。当发生纤维素性渗出时，则渗出液混浊，内含大量蛋白、脱落的胸膜间皮和渗出的炎性细胞。心包腔中的心包液也明显增多，初期呈淡黄色，较透明；继之混浊带有纤维蛋白凝块，甚至混有红细胞而呈淡红色（图2-19-18）。当渗出的纤维素在心外膜凝集时，则形成一层灰白色的绒毛（图2-19-19）；当渗出的纤维蛋白和绒毛被机化时，则可发生心包粘连（图2-19-20）。胸腔中渗出液中的纤维蛋白常在胸膜表面析出，形成一层纤维素性假膜，继之可机化并发生粘连。肺脏淤血、水肿，表面常被覆薄层纤维蛋白膜（图2-19-21），并常与胸壁发生粘连（图2-19-22）。当发生腹膜炎时，腹水增多，腹腔脏器，特别是肝脏、脾脏和肠管表面，被覆一层纤维素性膜。关节炎表现为关节周围组织发炎和水肿，关节囊肿大，关节液增多，发生浆液性关节炎时，关节液清亮，关节面上多覆有灰白色蛋花样的纤维蛋白或凝块（图2-19-23）；发生纤维素性化脓性关节炎时，关节液浑浊，内含黄绿色的纤维素性化脓性渗出物（图2-19-24）。发生纤维素性化脓性脑膜炎时，见蛛网膜腔内蓄积有纤维素性化脓性渗出物而致脑髓液变得浑浊；脑软膜充血、淤血和轻度出血，脑回变得扁平（图2-19-25）；切开脑组织，仔细在切面上观察可检出有大头针帽大小的化脓灶（图2-19-26）。镜检，脑膜血管扩张、充血并有出血性变化，脑膜内有大量嗜中性粒细胞浸润，多呈化脓性炎症变化（图2-19-27）。肝、脾、肾等其他实质器官的眼观病变主要为充血、淤血和局灶性出血，与其对应的淋巴结肿胀等。

【诊断要点】本病可根据病史、临床症状和特征性病变做出初步诊断；确诊需进行副猪嗜血杆菌的分离、鉴定，或用病料涂片进行特殊染色后做细菌学检查。

【类症鉴别】本病应注意与猪支原体性多发性浆膜炎-关节炎、猪丹毒、猪链球菌病等相区别。

（1）支原体性多发性浆膜炎-关节炎。本病是由猪鼻支原体、猪关节支原体等所引起，发病比较温和而不呈高死亡率的急性暴发，一般缺乏脑膜炎病变；而本病病例一般有80%伴发脑膜炎。

（2）慢性猪丹毒。本病除发生多发性关节炎之外，往往同时出现特征性的疣性心内膜炎和皮肤大块坏死；通常没有胸膜炎、腹膜炎和脑膜炎变化。

（3）败血性链球菌病。本病除可见纤维素性胸膜炎、心包炎和化脓性脑脊髓脑膜炎外，还可见到脾脏显著增大，并常伴发纤维素性脾被膜炎。用病变组织进行涂片检查或分离培养可发现链球菌。

【治疗方法】本病的病原体对磺胺类药物比较敏感，因此磺胺嘧啶、磺胺甲氧嘧啶和磺胺甲氧异噁唑等是常被选用的治疗药物。另外，也可选用头孢噻呋、青霉素、氨苄西林、头孢菌素、庆大霉素、大观霉素等治疗。值得注意：大多数菌株对四环素、红霉素和林可霉素不敏感，所以治疗时尽量不选用这些药物，以免延误治疗时机。

另外，用自家血清治疗本病有较好的效果。使用方法：一月龄的仔猪每头肌内注射自制血清15mL，一周后再注射25mL，必要时进行第三次注射，并在血清中加入长效缓释抗生素，多可取得较好的疗效。其他较大的仔猪，可适当增加血清的用量。

【预防措施】本病目前尚无有效的疫苗，因此对本病的控制和预防，主要是加强饲养管理、尽量消除或减少各种发病诱因，如减少运输等应激因素，避免环境频繁、剧烈变化。对已感染的猪群，可用血清学方法及时检出，并坚决淘汰抗体阳性的猪，借以净化猪场。

自制疫苗对本病的预防也有较好的效果，其制备方法是：采集病猪的淋巴结和脾脏，去结缔组织后捣碎，多层纱布过滤，甲醛灭活48h；并以白油佐剂制备油苗，以动物试验和无菌检验合格，4℃保存备用。使用方法及用量：15日龄的乳猪每头1mL；35日龄仔猪每头2 mL；母猪配种前15d，每头3 mL，均为颈部深部肌内注射。

副猪嗜血杆菌病症状　　副猪嗜血杆菌病剖检变化

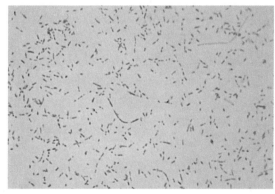

图2-19-1　副猪嗜血杆菌

革兰氏染色呈阴性反应的副猪嗜血杆菌。（革兰氏染色，×1000）

图2-19-2　败血型病例

病猪精神沉郁，全身淤血，皮肤发绀。

图2-19-3　呼吸困难

病猪头颈伸直，鼻孔开张，用力呼吸。

图2-19-4　腹部疼痛

病猪头部低垂，背腰伸直，后肢叉开，缓解腹痛。

图2-19-5 腹式呼吸

病猪低头，背腰伸直，呼吸时腹部运动明显。

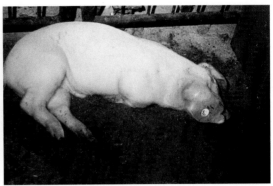

图2-19-6 左跗关节炎

病猪呼吸困难，卧地不起，左后肢跗关节肿大。

图2-19-7 肘关节炎

病猪因右肘关节发炎肿大、疼痛而卧地不起，运动困难。

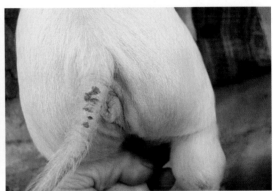

图2-19-8 右跗关节炎

病猪右跗关节肿大，尾部皮肤局灶性坏死、结痂。

图2-19-9 脑膜脑炎

患脑膜脑炎的病猪，可出现多种神经症状，后期多惊厥。

图2-19-10 病猪咳喘

病猪明显消瘦，呼吸困难，低头喘息，不断咳嗽。

图2-19-11　全身淤血

死于本病的猪，全身淤血，并出现轻度的瘀斑。

图2-19-12　瘀斑形成

病猪全身淤血，头颈部及臀部有瘀斑。

图2-19-13　全身性浆膜炎

心包和腹腔脏器被覆一层灰白色纤维蛋白膜。

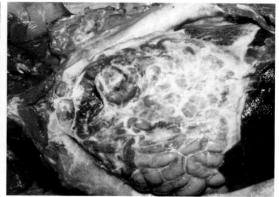

图2-19-14　急性腹膜炎

腹水增多，腹腔脏器表面被覆大量黄白色化脓性纤维蛋白渗出物。

图2-19-15　慢性腹膜炎

腹腔脏器表面被覆一层灰白色纤维蛋白膜，各器官之间相互粘连。

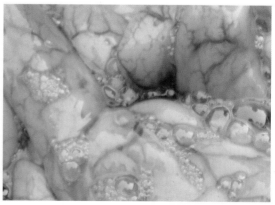

图2-19-16　肠气泡症

小肠的浆膜层有大量大小不一的气泡。

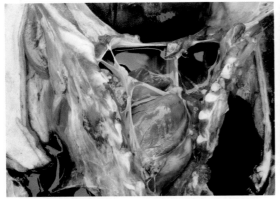

图2-19-17 胸腔积液

胸腔发生浆液性炎症,积有大量淡红色渗出液,心包液也增多。

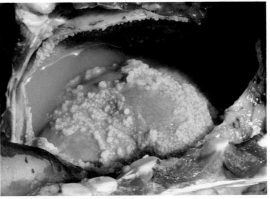

图2-19-18 心包积水

心包腔中蓄积多量混浊的液体,心外膜上有大量纤维蛋白附着。

图2-19-19 绒毛心

心脏表面有大量纤维蛋白附着,形成绒毛样外观。

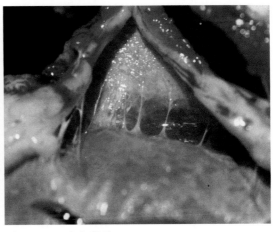

图2-19-20 心包粘连

心包腔内有多量淡红黄色心包液,心外膜与心包发生粘连。

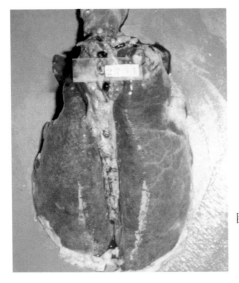

图2-19-21 纤维素性肺炎

肺脏淤血、水肿,有纤维蛋白渗出,边缘发生粘连。

图2-19-22 肺与胸膜粘连

肺有大面积的炎性病灶和纤维蛋白渗出，肺与胸膜发生粘连。

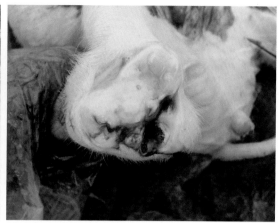

图2-19-23 纤维素性关节炎

关节面上被覆多量淡黄白色、呈蛋花样的纤维蛋白渗出物。

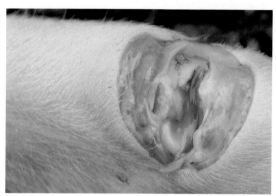

图2-19-24 化脓性关节炎

关节囊肿胀，切开后见有大量淡黄绿色混浊的关节液流出。

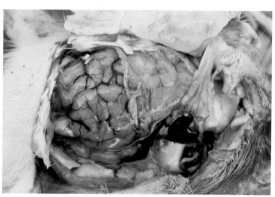

图2-19-25 脑膜脑炎

大脑软膜充血、淤血，脑脊液增多，脑回扁平。

图2-19-26 脑内化脓灶

切面上可发现呈大头针帽大小的黄白色化脓灶。

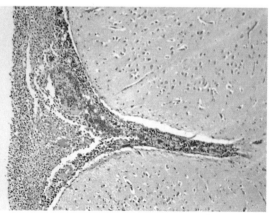

图2-19-27 化脓性脑膜炎

大脑脑膜血管扩张、充血，有大量中性粒细胞浸润。（HE，×100）

二十、猪增生性肠病

猪增生性肠病（Porcine proliferative enteropathies）又称猪回肠弯曲菌性感染，是一组具有不同特征性病理变化的疾病群。根据本病的病变特征不同，可将其分为肠腺瘤病、坏死性回肠炎、局部性回肠炎和增生性出血性肠病四种类型；在临床上以进行性消瘦、腹泻、腹部膨大和贫血为特点。

【病原特性】本病的病原为弯曲菌属中的猪肠弯曲菌（*Campylobacter hyointestinalis*）（图2-20-1）。病变肠管用透射电镜检查时，在上皮细胞的胞质中常能检出圆形或椭圆形的病原体断面（图2-20-2）。

本菌对干燥、阳光和一般消毒药特别敏感，但对寒冷有较强的抵抗力。

【流行特点】各种年龄的猪对本病均有较强的易感性，但据临床和病理学观察，肠腺瘤病、坏死性回肠炎和局部性回肠炎多发生于断乳后的仔猪，特别是6～12周龄的猪最常见；增生性出血性肠病多见于育肥猪，尤其是16周龄以上的架子猪多发。病猪和带菌猪是本病的主要传染来源，尤其是无症状的成年带菌猪更是仔猪感染的危险的传染源。病猪主要是通过粪便排菌，也能通过其他分泌物排菌，经污染饲料、饮水和饲养用具等方式，由消化道而感染发病。

【临床症状】本病的主要临床特征是：病猪体况突然下降，体重减轻，食欲不振，多不发热，轻度腹泻，常排出混有较多黏液的软便，有时粪便中可见到较多的黏液块。由于长时间不间断地腹泻，导致病猪渐进性消瘦，贫血，腹部膨大（图2-20-3），消化不良，生长发育受阻，常因生长率下降而被淘汰。这可能与肠酶活性降低和淋巴管梗阻引起消化障碍有关。当病猪发展为增生性出血性肠病时，临床以突然发生严重腹泻、粪便中含有较多的血丝或小血块为特征。有的病猪排血便，前部肠管出血时，常排出煤焦油样血便（图2-20-4）。此时，病猪贫血严重，可视黏膜苍白；多在8～24h内死亡。

【病理特征】死于本病的猪，剖检时常根据病变的特点不同而将其分为以下四种。

1.猪肠腺瘤病 又称肠腺瘤增生，以肠黏膜未分化的上皮细胞增生而形成腺瘤为特征。患猪消瘦，病变常局限于回肠、盲肠和结肠前1/3部分。回肠肠壁肥厚，浆膜下水肿，肠腔空虚（图2-20-5）。肠黏膜湿润，偶见附有黄色坏死碎屑物的斑点。黏膜皱褶深陷，常横贯于黏膜面。有时尚见孤立的结节，尤以回肠近端多发；结节轮廓分明，隆突于黏膜面，其上部较底部为宽。盲肠和结肠黏膜可见多发性息肉状增生，直径可达1～1.5cm。有的区域，结节可被深的裂隙分割；而一些部位的结节则隆起如岛状；有的结节还具有小蒂。肠黏膜湿润，表面亦附有散在的坏死碎屑物斑点。镜检，回肠黏膜因上皮细胞和腺体细胞增生而增厚（图2-20-6）；在腺上皮细胞的顶部胞质内常可见到呈圆形、弯曲的菌体散在。石蜡包埋切片，用Warthin-Starry镀银染色或改良的抗酸染色法也可在上皮细胞的胞质发现弯曲菌。

2.坏死性回肠炎 是以回肠黏膜发生明显的凝固性坏死并伴发肠腺上皮细胞的增生为特征。眼观见回肠肠壁增厚，黏膜面被覆灰色或黄色的坏死组织，呈龟裂状，其表面常黏附食物微粒（图2-20-7）。坏死组织的质地坚韧，与黏膜或黏膜下层呈牢固的粘连，伴发少量出血和肌层水肿（图2-20-8）。

3.局部性回肠炎 以回肠末端的肠壁增厚为特征。眼观患猪回肠末端的肠壁增厚，坚硬如胶皮管样（图2-20-9）。横切肠管，肠壁明显增厚，肠腔狭窄，黏膜面呈不规则状（图2-20-10），黏膜下层肉芽组织增生并扩延至肌层，肌层肥厚。纵向剪开肠管，肠皱襞增多，不规则，黏膜面覆有大量黄白色黏液（图2-20-11）。病情严重时，常有纤维素性渗出，在肠黏膜表面形成厚层黄白色假膜（图2-20-12），肠壁集合淋巴小结肿胀。

4.增生性出血性肠病 以回肠末端的黏膜和黏膜下层增厚，肠腔积有血液等为特征。剖检见尸体因肠道出血而致可视黏膜和皮肤苍白，特征性病变多半局限于回肠。病初，仅仅见回肠系膜水肿，腹水增量或为血色样液体，回肠黏膜呈弥漫性红色（图2-20-13）；病程稍长的病例，回肠呈现进行性扩张，肠壁肿胀，浆膜下水肿，回肠浆膜外观呈网状；切面见回肠末端黏膜和黏膜下层增厚，肠腔积有血液或由血液块组成的固体管型（图2-20-14）；重症病例，在回肠黏膜上则见纤维素性假膜，并与黏膜粘连，在假膜与黏膜之间亦可见血凝块（图2-20-15）。腹水浑浊呈血红色，空肠黏膜有时散发点状出血，大肠多无变化。肠系膜血管扩张充血，肠系膜淋巴结充血、水肿。

【诊断要点】本病的临床症状不典型，依其做出诊断有困难，因此主要靠病原的分离和病理剖检来确诊。病理学诊断时，可根据眼观病理变化和组织学检查，对疾病做出病理分型，并经Warthin-Starry镀银染色在切片中可检出特异性的病原体（图2-20-16）而予以确诊。

【治疗方法】本病的主要传播途径是消化道，病原主要生存在回肠和盲肠等部，因此内服用药较注射用药的效果要好。但对体质较差的病猪，可采取综合性治疗措施。

土霉素是治疗本病的首选药物，因为它对革兰氏阴性菌有较好的抑制和杀灭作用。治疗时常选用片剂（常用的片剂有三种，每片的含药量分别为0.05g，0.1g和0.25g），按每千克体重20～50mg内服；首次用药可以加倍量分两次内服（间隔6h），连用3～5d。

【预防措施】由于本病是经消化道传播的，所以预防本病的主要措施是避免病猪摄食被病菌污染的饲料和饮水；发现病例后，不仅应对病猪隔离治疗，其他猪也要进行药物预防；病猪用过的圈舍、垫草或用具等应彻底清扫、消毒，间隔2～3周后方可使用。常用的消毒方法是：先用10%～20%石灰乳混悬液粉刷墙壁和圈栏，喷洒地面、沟渠和粪尿等；再用3%～5%来苏儿对用具、饲槽和垫草等进行消毒。

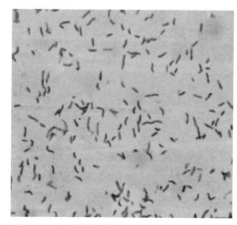

图2-20-1　猪肠弯曲菌

革兰氏染色呈阴性反应的猪肠弯曲菌。（革兰氏染色，×1000）

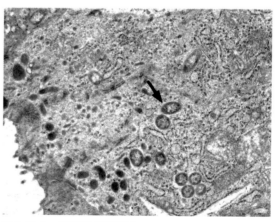

图2-20-2　病原的超微形态

透射电镜下，上皮细胞的胞质中有病原体的断面（箭头）。

图2-20-3　病猪发育不良

　　12周龄的患病仔猪，发育不良，腹部明显膨大、下垂。

图2-20-4　病猪排血便

　　病猪前部肠管出血，排出煤焦油样血便。

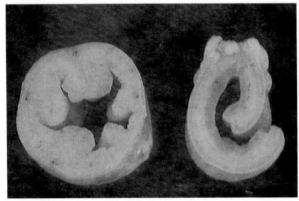

图2-20-5　增生性回肠炎

　　回肠壁因增生、水肿而明显增厚，呈黄白色，黏膜的皱襞减少。

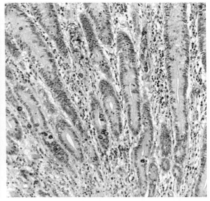

图2-20-6　腺体增生

　　固有层中肠腺呈肿瘤样增生，并有大量淋巴细胞浸润。（HE，×100）

图2-20-7　坏死性肠炎

　　肠壁增厚，质地变硬，黏膜表面粗糙，被覆大量坏死性假膜。

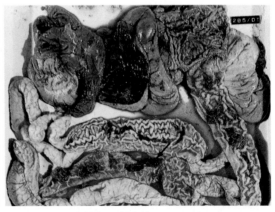

图2-20-8　出血性坏死性肠炎

　　肠黏膜增生、肥厚，并有局限性出血和较多的灰褐色坏死灶（箭头）。

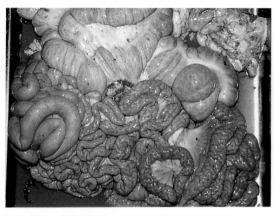

图 2-20-9　回肠肥厚

回肠壁增厚，表面凹凸不平，触摸时有坚实的感觉。

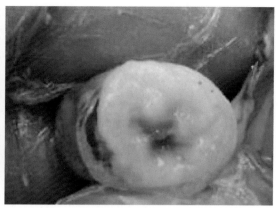

图 2-20-10　回肠黏膜增厚

横切回肠，肠腔狭窄，黏膜层明显增厚。

图 2-20-11　肠卡他

肠黏膜增厚，皱襞增多，表面覆有大量黄白色黏液。

图 2-20-12　增生性回肠炎

回肠黏膜充血、出血，明显增厚，有黄褐色假膜被覆。

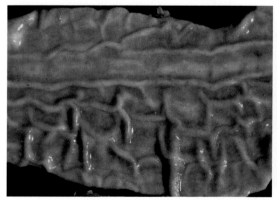

图 2-20-13　出血性增生性肠炎

肠壁增厚，黏膜淤血、出血而呈红褐色，表面的皱襞增宽。

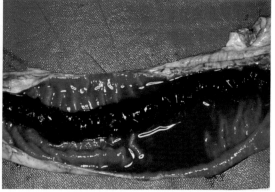

图 2-20-14　回肠出血

回肠出血，肠腔中有红色水样内容物和柱状的血凝块。

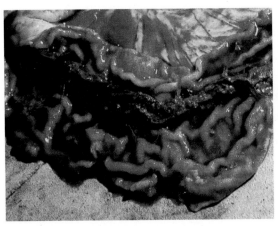

图2-20-15　出血性肠炎

　　回肠黏膜增厚，表面有纤维素性渗出物，大量血凝块和红褐色的内容物。

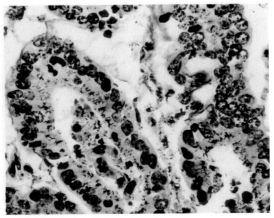

图2-20-16　组织中的病原

　　回肠隐窝上皮细胞胞质中被染成黑色的病原。（镀银染色，×400）

二十一、猪渗出性表皮炎

　　猪渗出性表皮炎（Exudative epidermitis of pigs）又称油性皮脂溢、猪接触传染性脓疮病及"油猪病"等，是由葡萄球菌引起的哺乳仔猪或早期断乳仔猪的一种急性致死性浅表脓皮炎。

　　【病原特性】本病的病原为表皮（白色）葡萄球菌（*Staphylococcus epidermidis*），呈圆形或卵圆形，革兰氏染色阳性，没有鞭毛，不形成芽孢和荚膜，常呈葡萄串状排列，但在脓汁、乳汁或液体培养基中则呈双球状或短链状（图2-21-1），有时易误认为链球菌。

　　本菌对外界环境有较强的抵抗力，在70℃条件下经1h方能被杀死；80℃加热30min才能将其杀死；在干燥的脓汁和血液中可生存数月；反复冷冻30次仍能存活。

　　【流行特点】本病可发生于各种年龄的猪，但主要侵害5～10日龄的乳猪，其次为刚断乳的仔猪。病猪虽然是本病重要的传染来源，但表皮葡萄球菌在自然界分布极广泛，空气、尘埃、污水及土壤等都有存在，同时也是猪体表面的常在菌。因此，本病虽可经接触传播，但更多是在皮肤、黏膜有损伤，抵抗力降低的情况下，病原体经汗腺、毛囊和受损的部位而侵入皮肤，从而引起毛囊炎、粉刺、疖、痈、蜂窝织炎、渗出性坏死性皮炎和脓肿等。

　　本病一年四季均可发生，但以潮湿的夏秋季节较为多发。

　　【临床症状】表皮葡萄球菌主要引起皮肤的渗出性化脓性炎症。由于细菌侵入机体的途径、菌量、毒力和机体免疫力强弱不一，所以临床上表现的症状也有所不同。根据临床上症状出现的快慢，本病常有急性型、亚急性型和慢性型之分。

　　1.急性型　多发生于乳猪和断乳不久的仔猪，发病突然。病初，首先于眼周（图2-21-2）、耳（图2-21-3）、鼻吻、唇并扩延到四肢、胸腹下部和肛门周围的无毛或少毛部，出现红斑（图2-21-4）或角化层的灶状糜烂，继而发生直径3～4mm的淡黄色小水疱，并在被毛基部蓄积黄褐色渗出液，靠近毛囊口处发生环绕有充血带的小丘疹，病变通常在24～48h变为全身化。当水疱破裂后，其内的渗出液与皮屑、皮脂及污垢等混合。此时，病猪体表被覆特征性、厚层黄褐色油脂样恶臭渗出物（图2-21-5）。病性严重时，病猪全身的被毛均被油脂性渗出物粘在一起，形成一层毛壳样物，脱毛部的皮肤呈橙红色（图2-21-6）。当体表的渗出物干燥后，则形成微棕色鳞片状结痂，结痂脱落后，露出鲜红色的皮肤（图2-21-7）。如仔猪存活4～5d，渗出物即干燥形成深裂纹的黑褐色结痂，剥去结痂可露出鲜肉样表面，但被毛尚可遗存。患病仔猪食欲减退，饮欲增加，并迅速消瘦，生长发育明显受阻。急性病例一般经30～40d可康复。

2.亚急性型 发病较缓慢，病变常局限于鼻吻、耳、四肢及背部。受损皮肤显著增厚，形成灰褐色形状不整的红斑和结痂（图2-21-8）；当病变全身化时，常伴有苔藓化（lichenification）和有明显鳞屑脱落（图2-21-9）。此型死亡率低，但康复缓慢，生长停滞。

3.慢性型 发生于架子猪、育成猪或母猪（多见于乳房部），但病变轻微，通常在病猪的耳壳及背部见有污秽不洁的渗出性黑褐色结痂（图2-21-10）；有的病猪从肩部到臀部发生弥漫性渗出，出现暗红到黑褐斑片状油性渗出（图2-21-11），但粗厚的被毛并不完全被油渍黏着，拨开被毛，可见皮肤上覆有一层暗红色渗出物（图2-21-12）。病情较重、病变发展时，则见痂皮扩大和脱落，形成红斑和溃疡（图2-21-13）；当继发感染后，常形成脓皮病而使病情加重（图2-21-14）。

【病理特征】本病的眼观病变基本与临床所见相同，但死于急性期的仔猪，剖检肾脏时，常在肾盂及肾乳头部检出大量灰白色或黄白色的尿酸盐沉积（图2-21-15）。镜检，本病的早期病变为浅表毛囊炎，炎症可扩展到毛囊上面的皮肤，形成脓疱性皮炎（图2-21-16）。此时在表皮表面见有厚层结痂，后者由过度和不全角化物、嗜中性粒细胞、浆液及革兰氏阳性球菌集落所组成。棘细胞层的细胞发生空泡变性和海绵样变。表皮和毛囊外根鞘见有微脓疱形成（图2-21-17），常在毛囊角化物和毛干的表面发现细菌集落，但深部毛囊则罕见。表皮增生，表皮突伸长，基底细胞分裂象增多。真皮水肿，毛细血管强度扩张充血，血管周围有嗜中性粒细胞、偶见嗜酸性粒细胞浸润。病变严重时，表皮可发生糜烂与溃疡，并可侵及真皮，导致弥漫性化脓性皮炎。

亚急性病变，渗出现象轻微而表皮增生则显著，可形成不规则的假癌瘤样增生及过度不全角化，真皮有明显的单核细胞及血管周围炎性细胞浸润。毛囊上皮增生，毛乳头部见有菌块（图2-21-18）。

【诊断要点】本病的临床症状和病理变化很有特点，在仔猪群中不易和其他疾病混淆，一般根据症状和病变即可建立初步诊断，但最后确诊还需进行病原学检查。

【治疗方法】葡萄球菌对龙胆紫、青霉素、红霉素和庆大霉素等药物敏感，但易产生耐药性菌株。因此，治疗本病时最好先从病猪体分离到病原，然后做药敏试验，找出针对该菌的敏感药物进行治疗。没有培养条件时，也可先选用一些对本菌敏感的药物，边治疗边观察，及时进行调整。

治疗本病的基本方法是：对病损的局部应先进行外科处理。通常先用消毒过的刀剪清除掉损伤表面的异物、渗出的凝结物、坏死的组织或痂皮等，再用1％高锰酸钾等消毒液彻底冲洗创面，尽量清除创面上存有的脓汁和细小的异物等。外科处理之后，再用对细菌敏感的药物进行治疗，通常是将这些药物制成膏剂进行涂布，如青霉素软膏、红霉素软膏等，也可涂布龙胆紫。对于局部的皮肤损伤，一般只做外伤性处理即可，但对范围较大或

全身性皮肤损伤，在进行局部处置的同时，还应辅以补液、调节酸碱平衡等全身性疗法。

【预防措施】由于葡萄球菌是一种常在菌，广泛存在于自然界和猪体的表面，因此要彻底根除本病几乎是不可能的，但通过积极的预防则能控制或减少本病的发生。为了控制本病的发生，首先要切断主要的传染来源，对病猪不但要早发现、早隔离和及时治疗，而且要对病猪污染的环境和用具等进行彻底的消毒，同时对与病猪有接触的猪要进行预防性治疗。其次要加强饲养管理，特别应注意防止皮肤的外伤，要及时清除带有刺、尖或锋刃的物品，以免猪与之接触而发生损伤；当发现皮肤有损伤时，应及时用碘酊或酒精等消毒液进行处置，防止感染的发生。另外，圈舍及运动场地等也应经常清扫，保持清洁；定期消毒，尽量减少环境中残存的致病菌。

育肥猪渗出
性皮炎症状

仔猪渗出性
皮炎症状

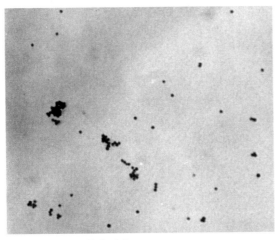

图 2-21-1　表皮葡萄球菌

病料中呈葡萄状、短链状和双球状的病原体。
（革兰氏染色，×1000）

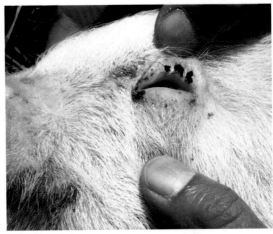

图 2-21-2　眼结膜出血

眼周及眼结膜部出血，形成红斑和结痂。

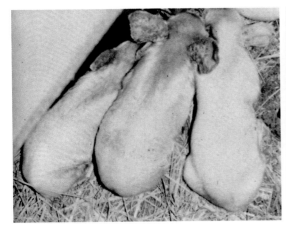

图 2-21-3　轻症病例

耳背出现红斑和淡红色的渗出物。

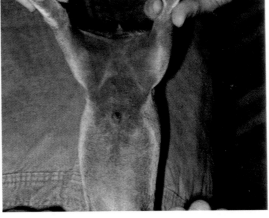

图 2-21-4　腹部病变

发病初期，在四肢内侧及后腹部有弥漫性红褐色丘疹。

图 2-21-5　全身发病

　　病猪全身被覆污秽的油脂样渗出物。

图 2-21-6　重症病例

　　全身被毛被渗出物黏着，形成毛壳样，无毛的皮肤呈橙红色。

图 2-21-7　鳞状结痂

　　渗出物干燥形成鳞状结痂，被毛脱落部的皮肤呈鲜红色。

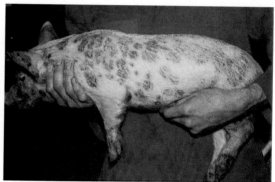

图 2-21-8　皮肤的红斑和结痂

　　亚急性渗出性表皮炎病例，全身皮肤有多量红斑和结痂。

图 2-21-9　皮肤苔藓样变

　　病猪周身有苔藓样病变，并见鳞屑样痂皮。

图 2-21-10　体表渗出

　　病猪从肩部到臀部发生弥漫性渗出，但被毛未发生粘连。

图2-21-11　出血性渗出

　　拨开被毛见皮肤表面覆有出血性油脂性渗出物，体表有流痕。

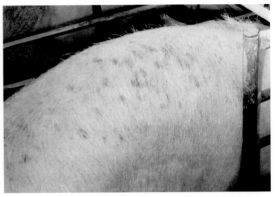

图2-21-12　化脓性表皮炎

　　成年猪患渗出性表皮炎时，体表皮肤常有多量的黑褐色结痂。

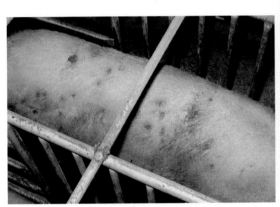

图2-21-13　皮肤的红斑与溃疡

　　病猪体表的结痂脱落后形成大小不等的红斑和溃疡。

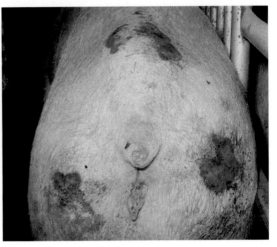

图2-21-14　继发性脓皮病

　　渗出性表皮炎在形成溃疡后，常继发感染而发生脓皮病。

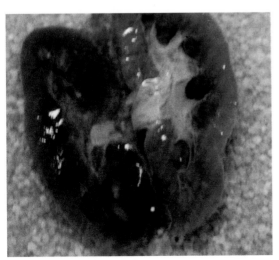

图2-21-15　肾尿酸盐沉积

　　因本病而死亡的仔猪，肾切面上见有灰白色或黄白色的尿酸盐结晶。

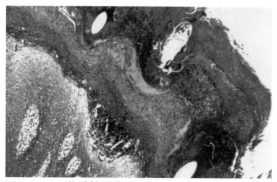

图 2-21-16　化脓性毛囊炎

　毛囊扩张，内有大量的细菌团块。（HE，×100）

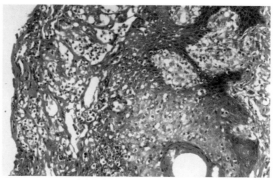

图 2-21-17　皮肤的微脓疱

　表皮和毛囊外根鞘形成微脓疱。（HE，×330）

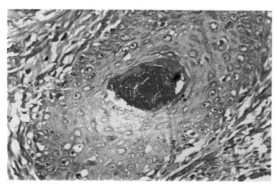

图 2-21-18　毛乳头感染

　毛囊上皮增生，毛乳头部有蓝染的细菌团块。
（HE，×400）

Chapter 3 第三章

猪的寄生虫病

一、猪蛔虫病

猪蛔虫病（Ascariosis of swine）是由猪蛔虫引起的一种肠道线虫病。本病主要感染仔猪，分布广泛，感染普遍，对养猪业的危害极为严重；特别是在卫生条件不好的猪场或营养不良的猪群中，感染率很高，通常可达50%以上。感染本病的仔猪，生长发育不良，增重往往比健康仔猪降低30%左右；病情严重者还可死亡。

【病原特性】本病的病原为蛔科蛔属的猪蛔虫（Ascaris suum）。该虫为黄白色或淡红色的大型线虫。虫体呈中间较粗、两端较细的圆柱状；体表有横纹，体两侧纵线明显。雌虫长20～35cm，尾端钝圆；雄虫长15～31cm，尾弯向腹侧（图3-1-1）。虫卵多为椭圆形，呈棕黄色，卵壳表面凹凸不平；受精卵大小为45～75μm×35～50μm，内含一个圆形卵细胞（图3-1-2）；未受精卵较狭长，大小为88～94μm×39～44μm，内为大小不等的卵黄颗粒和空泡（图3-1-3）。

蛔虫卵对不良的外环境影响和化学药品作用的抵抗力非常强大，这可能与其卵膜厚有直接的关系。例如，虫卵在55℃时，可存活15min；在疏松湿润的耕地或园林中可以生存2～5年。常用的消毒药也不能将蛔虫卵杀死，例如在2%福尔马林液中，虫卵不仅可以生存，而且还能正常发育；10%漂白粉溶液、3%克辽林溶液、15%硫酸与硝酸溶液和2%氢氧化钠溶液均不能将虫卵杀死。一般要杀死蛔虫卵必须用60℃以上的3%～5%热氢氧化钠溶液、20%～30%热草木灰水或新鲜石灰才有效。

【流行特点】本病的广泛流行，主要与猪蛔虫的生活史简单、产卵量大（每条雌虫一生可产卵3 000万个）和虫卵的抵抗力强大有关。

本病虽然可发生于各年龄的猪，但以3～5月龄的仔猪最易感染，可呈流行性发生，病情严重时，能引起死亡。病猪和带虫猪是本病的主要传染来源。3～5月龄的仔猪感染后，于6～7个月龄时开始排虫；轻、中度感染猪的带虫现象可持续1.5～2年；成年母猪也可能有1%～10%是带虫者。消化道是本病的主要传播途径。猪蛔虫病主要是由于猪采食了被感染性虫卵污染的饲料和饮水而感染；放牧猪也可在野外感染；母猪的乳房容易被虫卵污染，使仔猪在吃奶时受到感染。此外，本病的发生与饲养管理和环境卫生不良也有很大的关系。

本病一年四季都可发生，但以深秋、冬季和早春更为多见。

【临床症状】仔猪轻度感染时，体温升高至40℃，有轻微的湿咳，有并发症时，则易引起肺炎。感染较重时，病猪精神沉郁，被毛粗乱，呼吸和心跳加快，食欲时好时坏，营养不良，有异食、消瘦、贫血和持续性腹痛（图3-1-4）等表现，有的还出现全身黄疸等症状。生长发育明显受阻，部分变为僵猪（图3-1-5）。感染严重时，病猪呼吸困难，急促而不规律，常伴发声音低沉而粗厉的咳喘，腹式呼吸明显（图3-1-6）；还可出现呕吐，严重感染的病猪，随其剧烈的咳嗽和呕吐，常在呕吐物或黏液中检出蛔虫；腹泻是病猪常见症状，多在带血的稀便中检出数量不一的蛔虫（图3-1-7）。当病猪的肠道有大量蛔虫寄生时，常引起蛔虫性肠梗阻，随梗阻程度的不同，病猪可出现不同的腹痛症状（图3-1-8）；蛔虫进入胆管时，可引起胆管梗阻（图3-1-9），病猪的四肢乱蹬或卧地呻吟。此时，病猪除有剧烈的腹痛症状外，还出现体温升高、食欲废绝、腹泻和黄疸等症状。

成年猪被蛔虫感染后，病情严重时，常因胃肠机能遭受破坏，出现食欲不振，磨牙，轻度贫血，生长缓慢等症状。

【病理特征】蛔虫的幼虫主要侵害肝脏和肺脏；成虫主要损伤胃肠道。

蛔虫的幼虫在肠道孵出后，从小肠出发，主要经肝脏和肺脏而迁移，因而常在肝、肺引起以嗜酸性粒细胞浸润为主的炎症反应和肉芽肿形成。幼虫在肝脏移行时，可造成局灶性实质性损伤和间质性肝炎。病变轻时，见肝脏表面有淡粉色云雾状的增生斑（图3-1-10）；继之，在肝脏表面形成乳白色散在的大小不一的斑块，称为"乳斑肝"（图3-1-11）；严重感染的陈旧病灶，由于结缔组织大量增生而"乳斑肝"更加明显，进而形成乳斑肝性硬变（图3-1-12）。镜检，幼虫在肝内移行而死亡后，周围的肝细胞多在其毒素或代谢产物的作用下发生变性、坏死，在幼虫残骸的周围有以嗜酸性粒细胞浸润为主的肉芽肿形成（图3-1-13）。幼虫在肝内移行所引起的肝损伤，常导致肝小叶间质中的结缔组织增生，其中有多量嗜酸性粒细胞浸润（图3-1-14）。这种增生即"乳斑肝"的病理组织学变化，它可进一步压迫肝小叶，使肝组织萎缩和硬化。当大量幼虫在肺内移行和发育时，可引起急性肺出血或弥漫性点状出血（图3-1-15），进而导致蛔虫性肺炎症；康复后的肺内也常可检出蛔虫性肉芽肿。

蛔虫的成虫通常游离在小肠腔中，以小肠内容物为食，夺取宿主的营养。成虫在小肠内游动及其唇齿的作用可使空肠黏膜发生卡他性炎症。一般多见肠管有几条蛔虫寄生，肠管并不被完全阻塞（图3-1-16）。但严重的蛔虫感染，常能从肠浆膜面看到肠腔内的大量蛔虫缠绕，形成麻花状（图3-1-17），切开肠管见大量蛔虫（图3-1-18）。虫体数量多，可造成小肠阻塞（图3-1-19），导致仔猪死亡。另外，由于饥饿或其他原因，成虫可移行到胃，发生呕吐时排出体外；移行到胆管，常可引起蛔虫性胆管阻塞，胆囊因此而膨大，表面有斑点状陈旧和新鲜性出血（图3-1-20），切开检查，胆囊黏膜不仅有出血性病变，而且可见大面积溃疡（图3-1-21）；移行到胰管，引起胰腺出血和炎症；偶见擦伤肠黏膜或穿透肠壁而发生腹膜炎。

【诊断要点】幼虫移行期诊断较难，可结合流行病学和临床症状综合分析。成虫期诊断主要是检查虫卵，当在涂片中检出不同发育阶段的虫卵（图3-1-22），并在1g粪便中虫卵数达到1 000个时，即可确诊为蛔虫病。

【治疗方法】用于治疗蛔虫病的有效药物较多，如敌百虫、枸橼酸哌嗪、噻苯达唑、阿

苯达唑、左咪唑和伊维菌素等。下面介绍几种常用的药物治疗方法。

1.精制敌百虫疗法 每千克体重0.1g，总量不超过10g，溶解后均匀拌入饲料内，一次喂服。对体弱的病猪，药量可适当减少。

2.哌嗪化合物疗法 常用的有枸橼酸哌嗪和磷酸哌嗪，每千克体重0.2～0.25g，用水化开，混入饲料内令猪自由采食。本药无毒副作用，故安全可靠。另外，兽用粗制二硫化碳哌嗪遇胃酸后可分解，释放出哌嗪和二硫化碳，后二者均有驱虫作用。故该药的驱虫效果更好，剂量为每千克体重125～210mg，混入饲料内喂服。

3.噻苯达唑疗法 按每千克体重50～150mg内服，或按0.1%～0.4%的比例混入饲料内饲喂。本药不仅能驱除成虫，而且对移行中的幼虫也有杀灭作用。

4.噻咪唑疗法 按每千克体重15～20mg，混入少量饲料中一次喂给；也可用5%注射液按每千克体重10 mg剂量皮下或肌内注射。

5.噻咪啶疗法 常用的制剂为萘羟嘧啶，按每千克体重20～30 mg，混在饲料中一次喂服。本药为一种安全有效的驱蛔新药。

6.中药疗法

处方一：槟榔20g、石榴皮25g、使君子25g、苦楝树皮25g、乌梅3个，加水浓煎，体重25千克的病猪，在早上空腹时一次性内服。一般于10d后再服一剂，效果更佳。

处方二：使君子、乌梅各两份，苦楝树皮、槟榔、鹤虱各一份，共碾成细末状，按每千克体重1g用药，拌入少量饲料中，空腹一次性喂给。

应该指出，驱虫药均有一定的副作用，对患有严重胃肠疾病，或病情严重、明显消瘦贫血的病猪，在使用驱虫药之前，应先进行对症治疗或增强体质后再进行驱虫治疗。

【预防措施】本病的预防必须采取综合性的措施。未发病的猪场，重点在"防"，即防止仔猪感染；已发病的猪场，重点在"净"，即要净化猪场，消灭病猪和带虫猪，建立无虫猪场。

1.常规预防 搞好环境卫生，保持饲料和饮水的清洁，减少感染机会；给仔猪多补充维生素和矿物质，克服其拱土和饮用污水的习惯；保持猪舍清洁卫生，通风良好，阳光充足，避免潮湿阴冷，垫草勤换，粪便勤扫，减少虫卵污染；定期给猪舍及环境消毒，粪便进行无害化处理。另外，引进种猪时应先隔离饲养，并进行粪便检查，无本病或其他疾病时才可放入猪群饲养。

2.紧急预防 对暴发本病的猪场，应立即将病猪和无病猪，成年猪和仔猪分离饲养，并用上述治疗药物进行治疗和预防。发生蛔虫病后的猪场，每年应进行两次全群驱虫，并于春末或秋初深翻猪舍周围的土壤，或铲除一层表土，换上新土，并用生石灰消毒；对2～6月龄的仔猪，在断乳时驱虫一次，以后间隔1.5～2个月再进行一次预防性驱虫。

猪蛔虫病症状

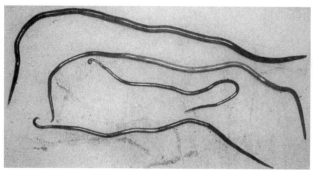

图 3-1-1　雌雄蛔虫

　　上部两条长者为雌性，下部两条短者为雄性。

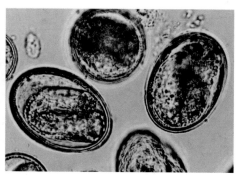

图 3-1-2　受精虫卵

　　受精的蛔虫卵，其卵壳内有一个圆形卵细胞。

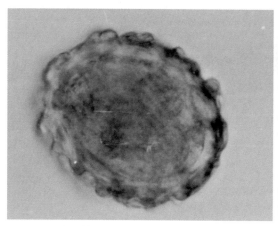

图 3-1-3　未受精虫卵

　　虫卵呈黄褐色，卵壳较厚，其内有大小不等的卵黄颗粒。

图 3-1-4　持续性腹痛

　　病猪腰背拱起，后蹄尖着地或后肢屈曲来缓解疼痛。

图 3-1-5　僵猪

　　在同一窝中，病猪明显矮小，成为僵猪。

图 3-1-6　呼吸困难

　　病猪不时剧烈咳喘，腹肌收缩明显。

图3-1-7 排出的蛔虫

在带血的稀便中混有数条蛔虫。

图3-1-8 剧烈的腹痛

病猪或卧地不起，或急步快走，借以缓解剧烈的腹痛。

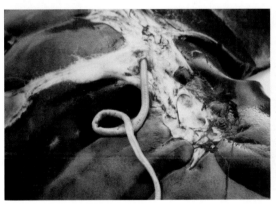

图3-1-9 胆管蛔虫

一条蛔虫的成虫从十二指肠的胆管开口钻入胆管内。

图3-1-10 间质性肝炎

仔猪的实验性蛔虫感染，肝表面见大量灰白色斑点。

图3-1-11 乳斑肝

肝淤血，表面散在大量乳白色斑块。

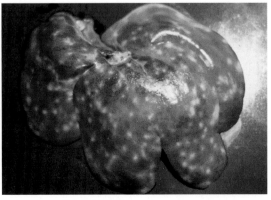

图3-1-12 乳斑肝性硬变

肝组织中有大量乳斑形成，导致肝脏质地变硬。

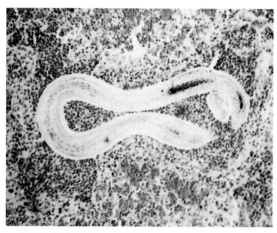

图3-1-13　蛔虫性肉芽肿

在死亡的幼虫周围有以嗜酸性粒细胞浸润为主的肉芽肿形成。（HE，×100）

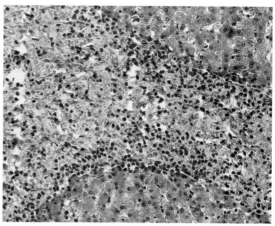

图3-1-14　间质性肝炎

小叶间结缔组织增生，嗜酸性粒细胞大量浸润。（HEA，×400）

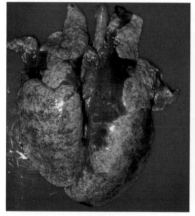

图3-1-15　蛔虫性肺炎

肺脏充血，膨胀不全和密发点状出血。

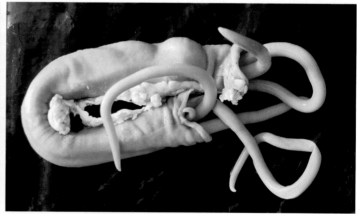

图3-1-16　小肠蛔虫症

小肠管腔内有几条粗大的蛔虫，几乎使肠腔阻塞。

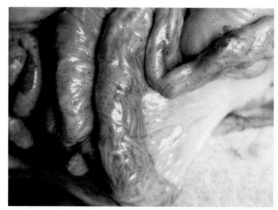

图3-1-17　小肠内麻花样虫体

小肠肠壁变薄，从浆膜面可看到呈麻花状的蛔虫。

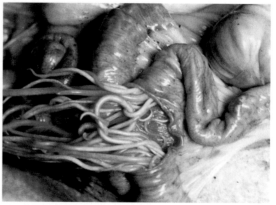

图3-1-18　肠蛔虫症

当切开小肠时，可见小肠的断面中有大量蛔虫。

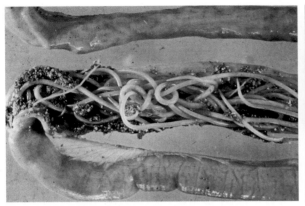

图3-1-19　蛔虫性肠梗阻

大量蛔虫寄生于十二指肠引起肠道阻塞。

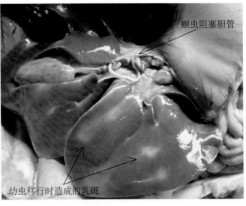

图3-1-20　胆管阻塞

蛔虫进入胆管引起阻塞，胆囊膨大，有出血斑点。

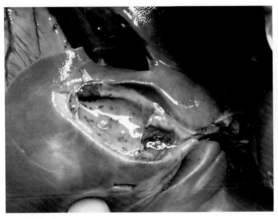

图3-1-21　胆囊溃疡

胆囊黏膜有出血斑点，并有一大面积溃疡灶。

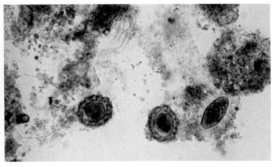

图3-1-22　粪便中的虫卵

当感染严重时，直接用病猪粪便涂片，即可检出虫卵。

二、猪鞭虫病

猪鞭虫病（Trichuridiosis of swine）又称猪毛首线虫病，是由猪毛首线虫所致的一种肠道线虫病。毛首线虫的虫体前部呈毛发状，整个虫体外形很像放羊的鞭子，故又称为鞭虫。猪毛首线虫（鞭虫）主要寄生在猪的盲肠，以仔猪受害最重，严重时可引起死亡。

【病原特性】猪毛首线虫（Trchris suis）属于毛首科、毛首线虫属，是肠道寄生性线虫。虫体呈乳白色（雌虫常因子宫内含虫卵而呈褐色），鞭状，前部呈细长的丝状，约占全长的2/3，后部粗短为体部，约占全长的1/3。雄虫长20～52mm，后端卷曲；雌虫长39～53mm，后端钝直（图3-2-1）。虫卵呈棕黄色，腰鼓形，卵壳厚，两端有塞，长50～80μm（图3-2-2）。

鞭虫卵的壳较厚，故抵抗力强，感染性虫卵可在土壤中存活5年。

【流行特点】猪鞭虫主要感染仔猪，而成年猪很少发生感染。消化道是主要传播途径，而病猪是重要的传染来源。在本病流行的地区，生后一个半月的仔猪即可检出虫卵；4个月的仔猪，虫卵数和感染率均急剧增高，以后逐渐减少；14月龄的猪极少感染。

本病多为夏季感染，秋、冬季出现临床症状；但常发地区，一年四季均能感染，但以夏季的感染率最高。

【临床症状】猪鞭虫以头部刺入肠黏膜吸取营养和分泌毒素，使宿主发生营养不良和中毒。病猪轻度感染时，仅有间歇性腹泻，轻度贫血，生长发育缓慢等不易被人察觉的症状。严重感染（虫体可达数千条）时，则病猪发热，耳朵和皮肤发红（图3-2-3），食欲不振，腹泻，排黄绿色和灰绿色糨糊状稀便，其中混有黏液（图3-2-4）和大量未被消化的饲料颗粒，仔细检查时，可在稀便中检出猪鞭虫（图3-2-5）。病情加重时，病猪可排出酱红色的血便（图3-2-6），其肛门周围常黏附褐色稀便（图3-2-7）。当仔猪发生消瘦、贫血和严重的发育障碍，则可引起死亡。

【病理特征】死于本病的仔猪常因营养不良而消瘦，贫血，可视黏膜苍白，被毛粗乱，污秽不洁（图3-2-8）。鞭虫的成虫主要损害盲肠，其次为结肠。虫体头端前部钻入寄生部肠黏膜的表层，少数钻到黏膜下层甚至肌层。鞭虫的锐利口矛的前端，为吸取食物而不停地钻刺与摆动，使黏膜组织受到破坏。因此，猪鞭虫感染可引起盲肠、结肠黏膜卡他性炎症。眼观，肠黏膜充血、肿胀，表面覆有大量灰黄色黏液，大量乳白鞭虫混在黏液中或附着于肠黏膜（图3-2-9）。严重感染时可引起肠黏膜出血性炎、水肿及坏死（图3-2-10）。感染后期发现有溃疡，并产生类似结节虫病的鞭虫结节（图3-2-11）。鞭虫结节有两种，一种见于虫体前端伸入部，较软，内含脓液；另一种结节为较硬的圆形包囊，位于黏膜下。另外，部分病猪的直肠也发生出血性直肠炎，在红褐色的肠内容物中也能检出大量鞭虫（图3-2-12）。

组织病理学检查，鞭虫结节中有虫体和虫卵，并有显著的淋巴细胞、浆细胞及嗜酸性粒细胞浸润。切片中虫体前端包埋于黏膜内，含有鞭虫特有的串珠状排列的腺细胞（图3-2-13）。毛首属线虫虫体横切面上体肌为体积小、连续细密、整齐排列的全肌型结构，可与其他大多数线虫区别。肠腔中的雌虫内或偶尔在组织中可发现典型虫卵。

【诊断要点】本病的生前诊断主要靠粪便中的虫卵及虫体的检查。一条雌虫一日可产5 000个虫卵，1 g粪便中若有1 000个以上的虫卵，则成虫的数目不会少于30条，用浮集法可检出不同发育阶段的虫卵（图3-2-14）。病猪死后主要根据尸检时发现特殊形态的虫体、寄生部位及引起的病理损害而确诊。

【治疗方法】用于本病的治疗药物较多，如羟嘧啶、左咪唑和阿苯达唑等驱虫药。其中羟嘧啶为驱鞭虫的特效药，猪按每千克体重2 mg口服或拌料喂服。其他药物的使用方法可参考猪蛔虫病。

【预防措施】平时要保持环境卫生，定期给猪舍消毒，更换垫草，减少虫卵污染的机会；粪便要勤清扫并进行无害化处理，借以消灭虫卵。对本病常发地区，每年春、秋季应给猪群进行两次驱虫，并对猪舍周围的表层土进行替换或用生石灰进行彻底的消毒。另外，不从有本病的猪场引进猪，也是预防本病的重要措施。

猪鞭虫病症状

图3-2-1 鞭虫

　　鞭虫的头部细小，腹部粗大。左侧小的为雄虫；右侧大的为雌虫。

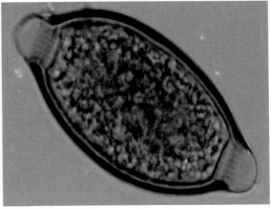

图3-2-2 虫卵

　　鞭虫的虫卵，形似腰鼓状，壳厚、光滑，两端有卵塞。

图3-2-3 病猪发热

　　病猪发热，耳朵及皮肤充血而发红。

图3-2-4 带黏液稀便

　　在黄绿色的稀便中可检出含猪鞭虫的黏结团块（红圈）。

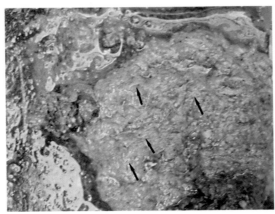

图3-2-5 带虫稀便

　　在灰绿色的稀便中检出大量乳白色断发样猪鞭虫（箭头）。

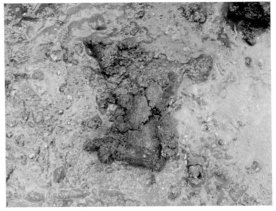

图3-2-6 血便

　　病猪排出的带血液呈红褐色的粪便。

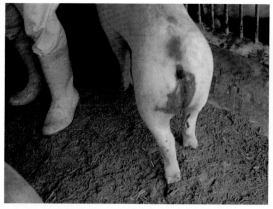

图3-2-7　血便

　病猪常发生腹泻，排出稀薄的暗红色血便。

图3-2-8　营养不良

　尸体极度消瘦，臀部、尾部及后肢全被稀便污染。

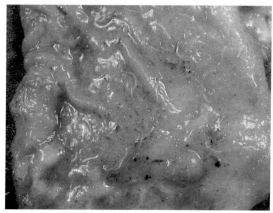

图3-2-9　卡他性肠炎

　肠黏膜肿胀，在黄色黏液状的内容物中含有大量乳白色鞭虫。

图3-2-10　出血性肠炎

　肠黏膜出血，肠内容物呈红褐色，其中可检出大量鞭虫。

图3-2-11　出血性盲肠炎

　盲肠黏膜出血、坏死，在残存的黏膜上可检出鞭虫结节。

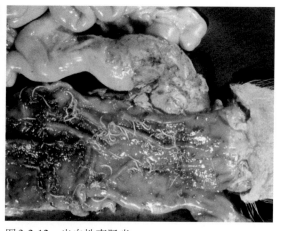

图3-2-12　出血性直肠炎

　直肠黏膜充血、出血，有大量乳白色鞭虫寄生。

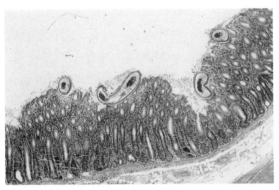

图3-2-13　鞭虫断面

盲肠的组织病理学检查，肠黏膜表面见多量鞭虫的断面。(HE，×60)

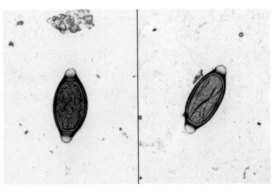

图3-2-14　粪便中的虫卵

粪便中检出的未发育（左）和发育而含有幼虫的虫卵。

三、猪肺虫病

　　猪肺虫病（Lungworms disease of swine）又称猪后圆线虫病或寄生性支气管肺炎，是由后圆线虫（又称猪肺虫）寄生于支气管而引起。本病多见于华东、华南和东北各地，呈地方性流行；主要危害仔猪和育肥猪，引起支气管炎和支气管肺炎，严重时可引起大批病猪死亡。

　　【病原特性】　本病的病原主要为后圆科、后圆属的长刺后圆线虫（*Metastrongylus elongatus*），其次为复阴后圆线虫（*M. pudendotectus*）和萨氏后圆线虫（*M. salmi*）。长刺后圆线虫的虫体呈细丝状（又称肺丝虫），乳白色或灰白色，口囊很小，口缘有一对三叶侧唇。雄虫长12～26mm，末端有小钩；雌虫长20～51mm，尾端稍弯向腹面，呈半球形（图3-3-1）。

　　猪肺虫需要蚯蚓作为中间宿主。雌虫在支气管内产卵，卵随痰转移至口腔被咽下（咳出的极少），随猪粪排到外界。该虫虫卵的壳厚，表面有细小的乳突状隆起，稍带暗灰色。卵在潮湿的土地中可吸水而膨胀破裂，孵化出第一期幼虫（图3-3-2）；或虫卵被蚯蚓吞食后，在其体内孵化出第一期幼虫，（有时虫卵在外界孵出幼虫，而被蚯蚓吞食），在蚯蚓体内，经10～20d蜕皮两次后发育成感染性幼虫。猪因吞食了此种蚯蚓而被感染，也有的蚯蚓损伤或死之后，在其体内的幼虫逸出，进入土壤，猪吞食了这种污染了幼虫的泥土也可被感染（图3-3-3）。感染性幼虫进入猪体后，侵入肠壁，钻到肠系膜淋巴结中发育，又经两次蜕皮后，循淋巴系统进入心脏、肺脏。在肺实质、小支气管及支气管内发育成熟。自从感染后约经24d发育为成虫，排卵。成虫寄生寿命约为1年。

　　虫卵对外界的抵抗力十分强大，在粪便中可生存6～8个月；在潮湿的灌木场地可生存9～13个月，并可冰结越冬（－20～－8℃可生存108d）。

　　【流行特点】　本病主要感染仔猪和育肥猪，6～12月龄的猪最易感。病猪和带虫的猪是本病的主要传染来源，而被猪肺虫卵污染并有蚯蚓的牧场、运动场、饲料种植场以及有感染性幼虫的水源等均可成为猪被感染的重要场所。本病主要是经消化道传播。

　　因此，本病的发生与蚯蚓的滋生和猪采食蚯蚓的机会有密切的关系；主要发生在夏季和秋季，而冬季很少发生，这是因为蚯蚓在夏、秋季最为活跃。

【临床症状】病猪的主要表现为食欲减少，消瘦，贫血，发育不良，被毛干燥无光；阵发性咳嗽，特别是在早晚运动后或遇冷空气刺激时尤为剧烈，鼻孔流出脓性黏稠分泌物，严重病例呈现呼吸困难；有的病猪还发生呕吐和腹泻，在胸下、四肢和眼睑部出现水肿。

【病理特征】病理变化是确诊本病的主要依据。本病的主要病变是寄生虫性支气管肺炎。病初，由于肺虫的幼虫穿过肺泡壁毛细血管，故可见肺呈现斑点状出血（图3-3-4）。随着幼虫成长，迁移到细支气管和支气管内栖息，以黏液和细胞碎屑为食，但可刺激黏膜分泌增多。切开支气管，见管腔黏膜充血、肿胀，含有大量黏液和虫体（图3-3-5）。大量黏液和虫体造成局部管腔阻塞，相关的肺泡萎陷、实变，并伴发气管、支气管和肺脏的出血和肺气肿变化（图3-3-6）。还由于存留在肺泡内的虫卵和发育的胚蚴如同外来的异物刺激，易引起局部肺组织发生细菌继发感染，所以常可见化脓性肺炎灶。此时，可见支气管扩张，其中充满黏液和卷曲的成虫（图3-3-7）。由于部分支气管呈半阻塞状态（图3-3-8），使气体交换受阻，通常是进气大于出气，故在肺的尖叶和膈叶的后缘可见灰白色隆起的气肿小叶（图3-3-9）。镜检，本病特征性的组织病理学变化是在扩张的支气管和肺泡中可检出大量猪肺虫的断面，后者的周围常见多量淋巴细胞和嗜酸性粒细胞浸润，并见结缔组织增生（图3-3-10）。

【诊断要点】根据临床症状，结合流行特点、病理剖检找出虫体而确诊。生前常用沉淀法或饱和硫酸镁溶液浮集法检查粪便中的虫卵。猪肺虫卵呈椭圆形，长 $40 \sim 60\mu m$，宽 $30 \sim 40\mu m$，卵壳厚，表面粗糙不平，卵内含一个卷曲的幼虫（图3-3-11）。

【类症鉴别】本病应与仔猪肺炎、流感和气喘病相区别。

【治疗方法】对本病的治疗，内服驱虫药可取得极佳效果。但用于本病的治疗药物，如四咪唑、左咪唑、氰乙酰肼、阿苯达唑等均有程度不同的毒副作用，一般情况下，随着药量的增多而毒副作用增大。因此，在用药时一定要注意用量。下面介绍几种常用的治疗药物及使用方法，仅供参考。

1.四咪唑疗法 每千克体重 $20 \sim 25mg$，内服或拌入少量饲料中喂服；或每千克体重 $10 \sim 15mg$ 肌内注射。本药对各期幼虫和成虫均有很好的疗效，但有些猪于服药后 $10 \sim 30min$ 出现咳嗽、呕吐、颤抖和兴奋不安等中毒反应；感染严重时中毒反应一般较大，通常多于 $1 \sim 1.5h$ 后自行消失。

2.左咪唑疗法 本药对15日龄幼虫和成虫均有100%疗效。每千克体重8mg，置于饮水或饲料中服用；或每千克体重15mg，一次肌内注射。

3.氰乙酰肼疗法 按每千克体重17.5mg，内服或肌内注射，但用药的总剂量不得超过每千克体重1g，连服3d。

4.中药疗法 处方：石榴皮、使君子各15g，贯众、槟榔各10g，加水浓煎。体重25kg的病猪，早晨空腹一次内服。

值得指出，对肺炎严重的猪，在用驱虫药的同时，再使用一些抗生素和磺胺类药物对症治疗，可加速肺炎的痊愈。

【预防措施】主要是防止蚯蚓潜入猪场，尤其是运动场，同时还要做好定期消毒等工作。

1.常规预防 蚯蚓主要生活在疏松多腐殖质的土壤中。因此，在猪场内创造无蚯蚓的条件，是杜绝本病的主要措施。例如，将猪场建在高燥干爽处；猪舍、运动场应铺设水泥地面；墙边、墙角疏松泥土要砸紧、打实，防止蚯蚓进入，或换上砂土，构成不适于蚯蚓滋生的环境。这些措施对于预防本病具有重要作用。

2.紧急预防 发生本病时，应及时隔离病猪，在治疗病猪的同时，对猪群中的所有猪进行药物预防，并对环境进行彻底消毒。流行区的猪群，春、秋季可用左咪唑（剂量为每千克体重8mg，混入饲料或饮水中给药）各进行一次预防性驱虫；按时清除粪便，进行堆肥发酵；定期用1%氢氧化钠溶液或30%草木灰水，淋洒猪的运动场地，既能杀灭虫卵，又能促使蚯蚓爬出，以便消灭它们。

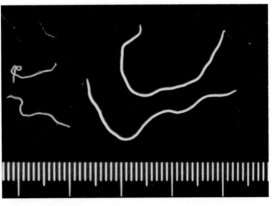

图3-3-1 猪肺虫

猪肺虫的成虫，左侧小的为雄虫，右侧大的为雌虫。

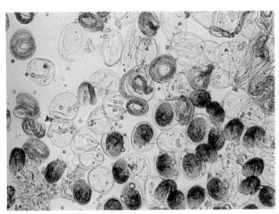

图3-3-2 猪肺虫虫卵及幼虫

不同发育分阶段的虫卵（右下方）及第一期幼虫。

图3-3-3 猪拱食蚯蚓而被感染

第一期幼虫进入蚯蚓体内，猪从土壤中吃了蚯蚓后被感染。

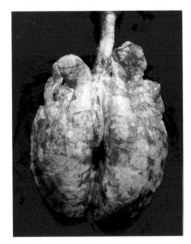

图3-3-4 肺出血

肺脏充血，表面有许多出血点和白色的气肿灶。

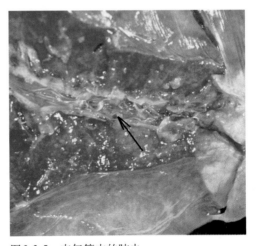

图3-3-5 支气管中的肺虫

纵切支气管，可见管腔中有大量猪肺虫（箭头）寄生。

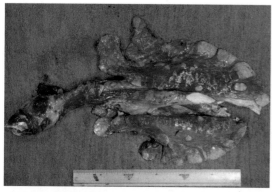

图 3-3-6　寄生性肺炎

气管、肺组织出血，有暗红色的实变区与粉色的气肿灶。

图 3-3-7　寄生性化脓性肺炎

肺切面有化脓灶，从气管断端有大量虫体蠕出。

图 3-3-8　支气管梗阻

支气管管腔中有大量的猪肺虫寄生，使之呈现阻塞状态。

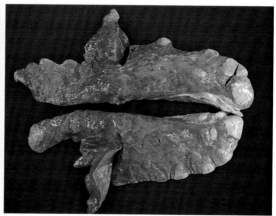

图 3-3-9　阻塞性肺气肿

支气管被阻塞后，呼气困难，在肺边缘出现斑片状气肿灶。

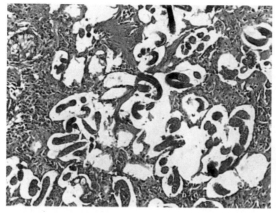

图 3-3-10　虫体断面

细支气管及肺泡腔中有大量猪肺虫的断面。（HE，×100）

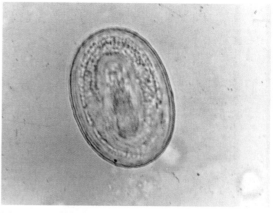

图 3-3-11　粪便中的虫卵

虫卵随粪便排出体外，从粪便中检出的含有幼虫的虫卵。

四、猪肾虫病

猪肾虫病（Kidney worm disease of swine）又称猪冠尾线虫病（Stephanuriasis），是由有齿冠尾线虫寄生于猪的肾盂、输尿管及其周围组织所引起的一种线虫病，是我国南方各省严重危害养猪业发展的寄生虫病之一，常呈地方性流行。患病的幼猪生长迟缓，公猪"腰萎"不能配种，母猪不孕或流产，甚至可引起大批死亡。

【病原特性】本病的病原为冠尾科、冠尾属的有齿冠尾线虫（*Stephanurus dentatus*），又名猪肾虫。该虫的虫体短粗，形似火柴杆，新鲜虫体呈红褐色或灰褐色，体壁透明，内脏隐约可见（图3-4-1）。虫卵椭圆形，较大，呈灰白色，两端钝圆，卵壳薄，长10 ~ 12.5mm，内含32 ~ 64个圆形卵细胞。

猪肾虫的幼虫和虫卵对干燥和直射阳光的抵抗力很弱。在21℃以下温度时干燥56h，则全部死亡；虫卵在30℃以上干燥6 h，即不能孵化。但虫卵和幼虫对化学药物的抵抗力很强，在1％敌百虫、硫酸铜、滴滴涕、六六六、来苏儿、氢氧化钾等溶液中均不被杀死；只有1％漂白粉或石炭酸溶液，才具有较高的杀虫力；用海水也可杀灭幼虫和虫卵。

【流行特点】不同年龄的猪对本病均有易感性，但以仔猪的易感性最高，而且可以终生带虫。病猪和带虫猪是本病的主要传染源。主要的传播途径是消化道和损伤的皮肤。一般情况下，感染性幼虫多分布于猪舍的墙根和猪排尿的地方，其次是运动场中的潮湿处。猪在圈舍周围掘土时，误食感染性的幼虫；或猪只躺卧在潮湿的运动场等被污染的土地，感染性幼虫侵入其皮肤而使猪感染，特别是皮肤有损伤时易感性更高。

由于猪肾虫的幼虫及其虫卵受外环境影响较大，所以本病的发生与季节和气候变化等因素有明显的关系。因此，在南方，猪肾虫病多在每年的3 — 5月和9—11月感染；而北方的易感季节多为5—10月。

【临床症状】病初，常因幼虫从皮肤侵入，故病猪的局部皮肤发炎，患部有丘疹和红色小结节；体表淋巴结肿大，有轻度的疼痛感。继之，病猪食欲不振，精神委顿，逐渐消瘦、贫血，结膜苍白，被毛粗乱（图3-4-2），背腰僵硬，行动迟缓，步态不稳（图3-4-3）。仔猪表现营养不良，发育受阻；母猪不发情或屡配不孕；种公猪腰部软弱，不能交配。当病情严重时，病猪表现为背腰弓起，低头垂立，四肢紧收于腹下，借以缓解腹部的疼痛（图3-4-4）有的后躯无力或强拘，站立不稳（图3-4-5），走路摇晃，喜欢卧地。有的病猪后躯麻痹，站立困难（图3-4-6）。病情严重时，病猪躺卧在地，不能站立（图3-4-7）。眼睑、鼻面部、硬腭、下颌、颈部及雄性生殖器、尿道口周围等部位呈现不同程度水肿；尿液中常含有白色黏稠的絮状物或脓液。此时，妊娠母猪发生流产；种公猪性欲明显降低或失去交配能力；仔猪可因极度消瘦、衰竭而死亡。

【病理特征】本病的特征性病变主要表现为肾脏及输尿管周围的肾虫包囊形成和不同程度的间质性肝炎或肝硬化。眼观，当有虫体寄生时，肾周围的脂肪组织常发生出血，在肾脏的脂肪囊，特别是靠近肾盂或输尿管部，常可发现猪肾虫（图3-4-8）。肾盂部的脂肪组织中常可检出肾虫，并常见有黄豆大至核桃大小、圆形呈灰白色的肾虫包囊（图3-4-9）。肾虫包囊的囊壁厚实，内有虫体或其残骸；有的虫体可穿过囊壁而与肾盂相通，肾盂黏膜呈现浆液性出血性炎性反应。输尿管周围脂肪组织中，常散见黄豆至蚕豆等大小、不整圆球形包囊，触摸有硬实感。切开时，可见囊内充满黄白色乳酪样渗出物，其中往往混有虫体。包囊壁常有微细小孔开口于输尿管腔；小孔开口部位的黏膜呈暗红色丘状突起、中央凹陷的污黄色小点；小孔周围黏膜则呈现弥漫性出血性炎症变化。严重时，肾虫包囊可遍布于整个输尿管周围，呈索状或串珠状排列，可促使输尿管组织增生、变厚，管腔严重受压变狭。

肝脏呈淡黄色，被膜下呈现黄褐色弯曲的虫道斑纹；并常见绿豆大小的肾虫性结节；结节囊内可见暗红色凝血块碎屑，往往混有死亡的肾虫幼虫；稍大而较硬实的结节则呈灰白色，囊壁增厚，囊腔细小，囊内有暗红色栓状物，使整个肝脏呈斑驳状外观。

此外，某些散在的猪肾虫，尚可引起其他部位组织局灶性化脓性炎症，可于腰肌、心肌、臀肌、肺脏、脾脏、胃幽门、十二指肠以及胰脏等浆膜下发现死亡的肾虫幼虫（图3-4-10）。

【诊断要点】在临床上，从尿液中检出虫卵是诊断本病的主要依据。因此，对可疑病猪，可采取尿液进行虫卵检查。死后剖检，观察肾脏及输尿管周围脂肪内有无虫体、包囊和脓肿以便确诊。

【治疗方法】对本病的治疗，应在查明病情的基础上，尽早有计划地（每月一次）进行驱虫，以便随时杀灭移行中的幼虫。下面介绍几种常用的治疗药物及使用方法。

1.四咪唑疗法 本药对肝脏中的幼虫有一定的驱虫效果，并可抑制成虫排卵达70～98d；有四种用药方法供选择：①一次性给药法，每千克体重20～30mg，拌入少量饲料中一次喂服。②两次给药法，每次每千克体重15mg拌入饲料喂服，间隔7d。③三次给药法，第一次每千克体重25mg；第二次每千克体重15mg；第三次每千克体重10～15mg拌饲喂服，每次间隔3d。④一次注射法，每千克体重10～15mg肌内注射。

2.阿苯达唑疗法 对猪肾虫有良好的驱虫效果，常有两种用药方法：①每千克体重20mg拌入少量饲料一次喂服。②配成5%玉米油混悬液腹腔注射，剂量为每千克体重5～20mg。

3.四氯化碳疗法 本药可杀死移行过程中在肝脏发育的幼虫。使用方法是：将四氯化碳与液状石蜡等量充分混合后，在颈部、臀部分点进行肌内注射。每次四氯化碳的剂量渐次升高，由1mL逐步增至5mL；或每千克体重注射混合液0.25mL，每隔15～20d注射一次，连续注射6～8次。另外，多点注射还可对2～8月龄的猪进行预防性驱虫。

4.左咪唑疗法 每千克体重5～7mg一次肌内注射，驱虫效果可达58.3%～87.1%，并能抑制猪肾虫排卵77～105d。

【预防措施】

1.常规预防 要常进行流行病学调查，掌握猪场疫情流行情况。在本病流行区，猪场中的全部猪连续经过2～3次虫卵检查，未发现虫卵的可认为是安全场。

2.紧急预防 本病发生后，除及时对病猪进行治疗外，其他同群饲养的猪也应使用药物进行预防。

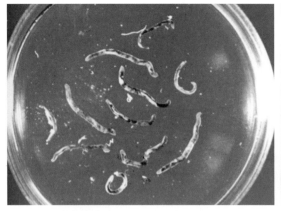

图 3-4-1 猪肾虫成虫

成虫的虫体短粗，形似火柴杆，新鲜的虫体呈红褐色。

图 3-4-2 病猪被毛粗乱

病猪消瘦，被毛粗乱，眼结膜苍白，贫血。

图 3-4-3 病猪背腰僵硬

病猪背腰僵硬，行动迟缓，步态不稳。

图 3-4-4 病猪背腰拱起

病猪背腰拱起，低头呆立，四肢收于腹下。

图 3-4-5 病猪后肢强拘

病猪消瘦，后肢强拘，腰背僵硬，站立不稳。

图 3-4-6 病猪后肢麻痹

病猪后肢麻痹，爬卧在地，不能站立。

图 3-4-7　病猪卧地不起

　　病猪后躯瘫痪，两前肢想支撑站立而不能。

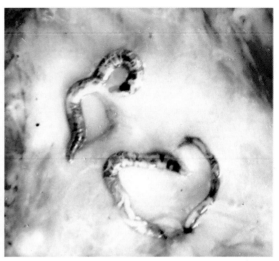

图 3-4-8　肾周脂肪中的虫体

　　肾周脂肪组织中的成虫粗壮，形似火柴杆。

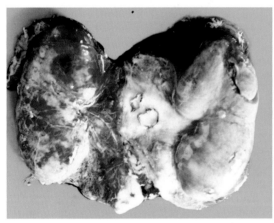

图 3-4-9　肾虫和包囊

　　肾周脂肪组织出血、坏死，从肾盂部检出的猪肾虫和包囊。

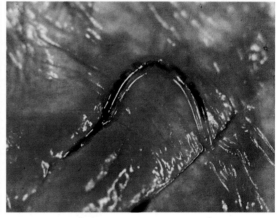

图 3-4-10　猪肾虫的幼虫

　　从皮肤侵入体内的幼虫，随血液到达肺胸膜而被检出。

五、猪旋毛虫病

　　旋毛虫病（Trichinosis）是由旋毛虫的幼虫和成虫引起的一种人畜共患的寄生虫病。旋毛虫的成虫寄生于肠道，引起肠旋毛虫病；幼虫寄生于肌肉，导致肌旋毛虫病。

　　【病原特性】本病的病原为毛首目、毛形科的旋毛虫（*Trichinella spiralis*）。旋毛虫的成虫为白色、前细后粗的小线虫，肉眼勉强可以看到。雌虫比雄虫大，长 3～4mm（图3-5-1）；雄虫较小，长 1.4～1.6mm（图3-5-2）。刚产出的幼虫呈细杆状，到达肌纤维膜内之后，开始发育。刚进入肌纤维的幼虫是直的，随后迅速发育增大，逐渐卷曲并形成包囊（图3-5-3）。在扫描电镜下检查时，可见其呈螺旋状，两端较钝圆，表面有许多横纹（图3-5-4）。

旋毛虫对不良因素的抵抗力比较强，肉类的不同加工方法大都不足以完全杀死肌旋毛虫。

【流行特点】各年龄段的猪对旋毛虫均有较强的易感性，但以仔猪的易感性最强。旋毛虫侵入猪体的主要途径是消化道。一般认为，圈养猪感染旋毛虫的主要来源除采食生活泔水外，就是吞食了老鼠。鼠是猪旋毛虫病的主要感染源，一旦旋毛虫侵入鼠群就会长期地在鼠群中保持平行感染。放牧猪则是由于吞食了某些动物的尸体、蝇蛆、步行虫以及某些动物排出的含有未被消化的肌纤维和幼虫包囊的粪便而被感染。另外，用生的废肉屑和含有肉屑的垃圾喂猪，也可引起旋毛虫病的流行。

【临床症状】猪对旋毛虫有很大的耐受性，自然感染时，所出现的一过性症状常常不易被发现。人工实验性感染猪时可在感染后的3～7d，发现猪因成虫侵入肠黏膜而引起食欲减退、呕吐和腹泻。肌旋毛虫的症状通常出现在感染后的第二周末。此时，旋毛虫的幼虫进入肌肉而导致肌炎。病猪在临床上有肌肉疼痛，运动障碍，声音嘶哑，呼吸急促，咀嚼与吞咽发生不同程度的障碍，体温升高，逐渐消瘦等症状；有的猪还可表现出一过性肢体麻痹等表现。猪因患本病而死亡的很少，多于4～6周后康复。

【病理特征】旋毛虫的成虫和幼虫均有致病作用，但主要是幼虫引起的肌旋毛虫病。

旋毛虫幼虫对肌肉具有亲嗜性，尤以活动较强的肌肉感染最重，如膈肌（特别是膈肌脚）、咬肌、舌肌、肋间肌、肩胛部肌肉、股部肌肉及腓肠肌等。

旋毛虫幼虫到达肌组织后，先贴附在肌细胞膜上，借其分泌的溶组织酶来溶解肌细胞膜，而侵入肌纤维内，引起肌细胞肿胀，呈嗜碱性着染，肌原纤维排列紊乱，肌细胞的横纹消失。虫体所在部位的肌浆溶解，虫体周围出现"亮带"（图3-5-5）。邻近于虫体的肌细胞核，也迅速发生坏死、崩解（图3-5-6）。但离虫体较远的受害肌细胞，除变性、坏死外，还呈现胞核分裂、增生，并渐向肌细胞中央移位，形成单核型成肌细胞（图3-5-7）。以后虫体逐渐卷曲，虫体所在部位的肌细胞则呈纺锤状膨胀，形成梭形包囊（图3-5-8）。继之，随着虫体的不断卷曲和肌细胞核增生、坏死、融合等变化，围绕虫体形成包囊的内壁。与此同时，包囊周围有大量的以淋巴细胞为主，间有单核细胞、嗜中性粒细胞和数量不一的嗜酸性粒细胞等炎性细胞浸润和成纤维细胞增生，最终于包囊外表形成很薄的结缔组织，即包囊的外层。在感染后45～50d，即可形成由内外两层膜构成的完整的旋毛虫包囊（图3-5-9），其中含1条或数条幼虫。

当肌旋毛虫死亡后可发生"钙化"和"机化"两个过程。钙化时，有的是自包囊到虫体的钙化过程，有的则是自虫体开始到包囊的钙化过程，钙化的虫体多半死亡（图3-5-10）。机化是炎性细胞浸润和结缔组织增生形成不同类型的肉芽肿的过程。依据病程发展的不同阶段和肉芽肿的细胞成分不同，常见的肉芽肿有：类上皮样细胞性肉芽肿（图3-5-11）、淋巴细胞性肉芽肿（图3-5-12）、坏死性或钙化性肉芽肿和淋巴细胞结节（图3-5-13）。肉芽肿的大小相差悬殊，小的呈细带状，大的可比正常旋毛虫的包囊大数倍乃至数十倍。因此，肉检人员称之为"大包囊"或"云雾包"。

【诊断要点】自然感染的病猪无明显症状，生前诊断较困难，猪旋毛虫大多在宰后肉检中被发现。检查肌旋毛虫的常规方法是：采屠体两侧膈肌角各一小块肉样（不应少于50g），先撕去肌膜，在光线明亮的地方进行肉眼观察，旋毛虫包囊只有一个细针尖大小，未钙化的包囊呈露滴状，半透明，较肌肉的色泽淡；随着包囊形成时间的延长，色泽逐渐变深而为乳白色、灰白色或黄白色。然后，取肉粒压成薄片，在低倍显微镜下顺序进行检查，借以发现包囊和尚未形成包囊的幼虫。新鲜屠体中的虫体及包囊（图3-5-14）均清晰可见。

【治疗方法】治疗猪旋毛虫的药物目前主要有阿苯达唑、噻苯达唑和氟苯咪唑。

1.阿苯达唑疗法 按0.01%～0.02%的剂量给猪连续饲喂50d以上，可达到满意的驱虫效果，杀虫率几乎可达100%；按上述剂量以饲料添加剂的形式连用3～4个月，可预防猪感染旋毛虫；按每千克体重200mg，一次或分三次肌内注射，可杀死肌旋毛虫；按0.03%拌料连用10d，或按每千克体重15mg拌料连用15～18d，也可杀灭肌旋毛虫。

2.噻苯达唑疗法 本药不仅可以驱杀肠黏膜内的成虫，还能杀死肌肉内的幼虫。按每千克体重150～200mg拌料喂服，可有效抑制肠旋毛虫感染；按每千克体重50mg，拌料喂服，连用10d，可有效控制肌旋毛虫的感染。

另外，氟苯咪唑对各期旋毛虫均有较好的杀灭作用，如按0.0125%的剂量拌料饲喂，对肠旋毛虫与肌旋毛虫均有杀灭作用。

【预防措施】由于旋毛虫的感染宿主非常广泛，人也是非常易感的宿主之一，因此加强卫生宣传教育，普及预防旋毛虫病知识是非常重要的。同时，还要做好以下几点：

1.加强检验 加强肉品卫生检验，不仅要检验猪肉，还应检验狗肉及其他兽肉。

2.严格处理 病猪肉的无害化处理，是防止人畜感染和消除传染来源的重要措施。可按照国家有关规定，用高温、辐射、腌制和冷冻等方法进行无害化处理。其中，高温处理仍是当前最可靠和常用的方法。

3.防止人患病 在流行区要防止旋毛虫通过各种途径对食品和餐具的污染；切生食和切熟食的刀和砧板要分开；粘有生肉屑的抹布、砧板、刀等要洗净，否则不能接触食物、餐具；粘有生肉屑的手要洗净后才能吃东西，应养成吃东西前洗手的习惯。同时，应大力提倡各种肉类熟食。

4.科学养猪 不要使用泔水饲喂猪；猪要圈养，以免到处乱跑，吃到含旋毛虫幼虫的动物尸体、粪便及昆虫等；猪场应注意灭鼠，加强对饲料的保管，以免鼠类的污染，减少感染来源。

图3-5-1 雌性成虫

　旋毛虫的成虫前尖后粗，雌虫比雄虫大。

图3-5-2 雄性成虫

　雄性旋毛虫泄殖孔外侧具有两个耳状交配叶。

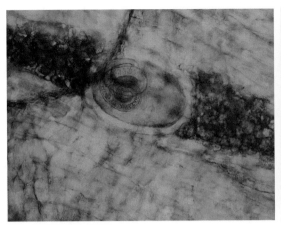

图3-5-3　肌旋毛虫

位于肌纤维包囊内的旋毛虫幼虫。（WGS，×60）

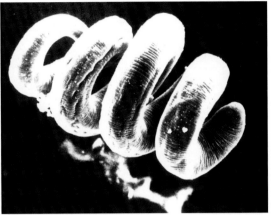

图3-5-4　旋毛虫扫描电镜图

扫描电镜下呈螺旋状、表面有许多横纹的旋毛虫幼虫。

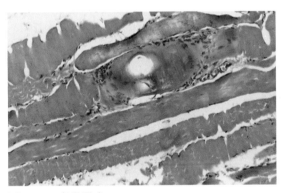

图3-5-5　亮带形成

肌浆溶解，在虫体存在的部位形成"亮带"。（HE，×100）

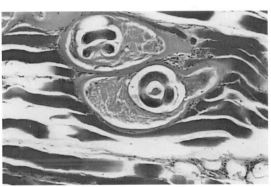

图3-5-6　早期包囊

肌纤维肿胀，肌浆溶解，虫体周围有一"亮带"。（HE，×100）

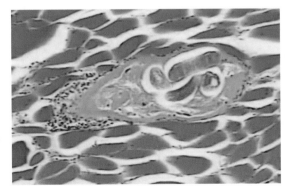

图3-5-7　肌核增生

虫体周围有坏死的肌核和较大正在分裂、增生的肌核。（HE，×100）

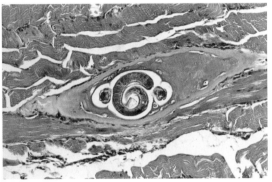

图3-5-8　梭形包囊形成

虫体在肌纤维内形成梭形包囊，外周有炎性细胞浸润。（HE，×100）

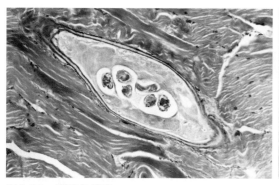

图 3-5-9　囊壁的结构

囊壁分内外两层，囊腔中含有幼虫的片段。（三色染色，×100）

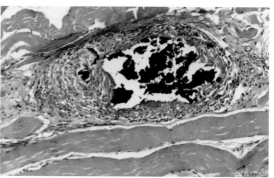

图 3-5-10　包囊钙化

包囊内的虫体钙化，周围有结缔组织增生。（HE，×100）

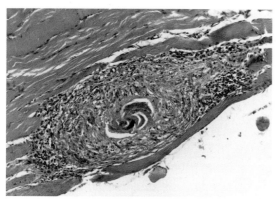

图 3-5-11　类上皮细胞性肉芽肿

虫体坏死并发生钙化，周边被大量的类上皮细胞包裹。（HE，×100）

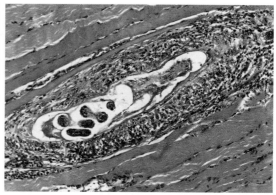

图 3-5-12　淋巴细胞性肉芽肿

旋毛虫包囊周围有大量的淋巴细胞浸润和包裹。（HE，×100）

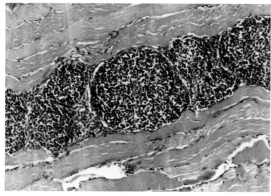

图 3-5-13　淋巴细胞结节

包囊机化而形成的淋巴细胞性肉芽肿。（HE，×100）

图 3-5-14　新鲜标本

用新鲜肌肉压片镜检，位于肌肉内的旋毛虫包囊。（压片，×60）

六、猪棘头虫病

猪棘头虫病（Acanthocephalan disease of swine）又称钩头虫病，是由蛭状巨吻棘头虫寄生在猪的小肠（主要是空肠）所引起的一种寄生虫病。本病在我国各地呈散发性或地方性流行；在有些地区的危害大于猪蛔虫；人、犬和肉食动物也可感染本病。

【病原特性】本病的病原为少棘科、巨吻属的蛭状巨吻棘头虫（*Macracanthorhynchus hirudinaceus*）。该虫为大型虫体，呈乳白色或粉红色，呈长圆柱形，前端粗，向后逐渐变细，体表有明显的环状皱纹。雌、雄虫体的大小差别很大，雄虫长7～15cm，呈逗点状或弯弓状（图3-6-1）；雌虫长30～68cm，呈宽的螺旋状（图3-6-2）。棘头虫的头端有1个可伸缩的吻突，吻突上有5～6列强大的向后弯曲的小钩（图3-6-3），借以附着于肠壁上，故名棘头虫（或钩头虫）。虫卵呈椭圆形，长80～100μm，呈深褐色；卵壳上布满不规则的沟纹，并有许多点窝，很像扁形核桃壳（图3-6-4）。当虫卵被中间宿主蛴螬（图3-6-5）等甲壳虫的幼虫吞食后，在其肠内孵出的幼虫，可迅速穿过肠壁而附着于体腔内，并继续发育为棘头体，经65～90d则变为具有感染性的棘头囊。一般认为，当宿主幼虫化蛹和变为成虫时（图3-6-6），棘头囊仍停留于其体内，尚可保持感染力2～3年之久。当猪吞食含有棘头囊的甲虫成虫、蛹或其幼虫时，均可导致感染。

【流行特点】本病多为地方性流行，主要传染来源是甲虫；感染的主要途径是消化道；易感染猪群为育肥猪和成年猪，特别是8～10月龄猪感染率较高，在严重流行地区的感染率可高达60%～80%。这是因为金龟子及其他甲虫等中间宿主多存在于较深层泥土中，而育肥猪和成年猪经常拱地，所以其感染率较高。同样的原因，放牧猪则比圈养猪的感染率高。

本病多发生于春季和夏季，与甲虫出现的时间和分布有直接关系。

【临床症状】本病的临床症状与感染的强度有关。感染的虫体少时，症状不明显，或病猪在采食的过程中出现轻度腹痛，有时还排出稀便（图3-6-7）；严重感染时，病猪食欲减退，发生刨地、互相对咬或匍匐爬行、不断哼哼等腹痛症状（图3-6-8），腹泻，粪便带血。经1～2个月后，病猪食欲反常，腹泻，黏膜苍白，渐渐消瘦，生长迟缓（图3-6-9）。虫体分泌的毒素和代谢产物被猪体吸收后可导致病猪出现癫痫等神经症状。

另外，当虫体固着的部位发生脓肿或肠穿孔时，必然使肠内容物外渗或外流，影响肠蠕动，并发腹膜炎。此时，病猪的症状突然加剧，体温升高，可达41℃，绝食，腹痛，卧地，多以死亡而告终。

【病理特征】剖检时，尸体消瘦，可视黏膜苍白。急性病例的小肠（以空肠、回肠为主）浆膜层棘头虫附着部位呈现直径1cm左右局灶性肉芽肿性结节，有时形成化脓性病灶；其周围常有一个充血性红晕。黏膜面可见虫体的头部侵入肠组织，并引起黏膜面的损伤（图3-6-10）。慢性病例，则可逐渐转为坚实性纤维性结节。肠黏膜呈现出血性纤维素性炎症，肠壁显著增厚，并见溃疡形成。有时，虫体吻突穿过肠壁引起肠穿孔，常致肠粘连、腹膜炎以及腹腔脓肿等；甚至可诱发肠扭转、肠套叠等变位现象，使病情加重；感染严重时，肠道塞满虫体（图3-6-11），有时可引起肠破裂，导致病猪急速死亡。镜检，小肠黏膜上皮脱落、坏死，与黏液一起形成卡他性物质被覆在黏膜表面；虫体以吻突牢牢地侵入肠黏膜内，虫体侵入部的组织常发生出血、坏死（图3-6-12），并有大量嗜酸性粒细胞浸润；

若伴发溃疡形成和细胞感染时，则见大量嗜中性粒细胞浸润，组织化脓、坏死。

【诊断要点】生前诊断主要靠实验室虫卵检查，由于猪棘头虫的虫卵比重大，所以可采用直接涂片法或水洗沉淀法检查粪便中的虫卵，粪中发现虫卵即可确诊。死后剖检是最可靠的诊断方法，在小肠壁可见附着的成虫及因虫体破坏而发生的炎性病灶。

【类症鉴别】本病应与猪蛔虫病相鉴别。在临床上两病均有腹痛、腹泻和发育障碍等类似的症状。但猪蛔虫主要发生在仔猪，虫卵较小，呈棕黄色，卵壳表面凹凸不平；而棘头虫病主要发生于育肥猪和成年猪，虫卵大，呈深褐色，卵壳上布满不规则的沟纹，很像扁形核桃壳。剖检时根据肠管中两种虫体的不同形态，很容易将两种疾病相互区别。

【治疗方法】治疗本病目前尚无特效的药物，但用以下药物进行治疗可有一定的疗效，若配合科学的饲养管理，则能收到较理想的疗效。

1.硫酸烟碱疗法 1%硫酸烟碱每千克体重0.23mg，四氯化碳每千克体重0.4mL，同时投服，具有很好的治疗作用。

2.荆芥油疗法 每千克体重0.1mL，再加上20mL蓖麻油，充分混合后，直接投服或与少量饲料拌匀后，一次喂服。

3.左咪唑疗法 按每千克体重8mg拌入少量饲料中，一次喂服；或按每千克体重4～6mg肌内注射。两种给药途径相比，以喂服给药者效果更好。

4.中药疗法 南瓜子50g、雷丸15g、木香15g、榧子25g、使君子25g、雄黄0.1g、槟榔20g、滑石10g，水煎后，早晨空腹一次喂服，每次一剂，连喂3d。此方剂量为体重50kg的病猪所用，其他体重的病猪可酌情增减药量。

【预防措施】

1.常规预防 平时对本病的预防主要是消灭感染来源，猪群应定期普查，防止病猪或带虫的猪混入；切断传播途径，猪应圈养，不能放养，减少猪群与中间宿主接触的机会；保护猪群，提高猪体的抵抗力。除此之外，流行地区的猪一定要圈养，尤其在6、7月份甲虫类活跃季节，以防猪吃到中间宿主；定期用上述药物驱虫，每年春、秋季各1次，以减少传染源；猪粪发酵处理，严格控制病猪粪便对土壤的污染。

2.紧急预防 当猪场发现本病时，除应及时隔离病猪外，对与病猪有接触的猪，也应进行虫卵的检查。对病猪应尽快治疗；与之接触的猪，应用药物进行预防。

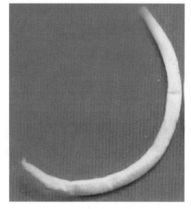

图3-6-1 雄虫成虫

雄虫较小，呈弯弓状，长7～15cm。

图3-6-2 雌虫成虫

雌虫粗大，长30～68cm，体表的环形皱纹明显。

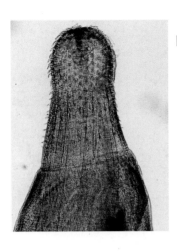

图3-6-3　巨吻棘头虫头部

棘头虫头部有一个吻
突，吻突颈部有数排
向后弯曲的小钩。

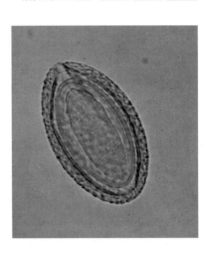

图3-6-4　巨吻棘头虫虫卵

从粪便中检出的棘头
虫的虫卵，卵壳上有
条纹和点窝。

图3-6-5　蛴螬

蛴螬为金龟子的幼虫，是棘头虫的幼虫性中
间宿主。

图3-6-6　金龟子

金龟子为蛴螬的成虫，是棘头虫的成虫性中间
宿主。

图3-6-7　轻度腹痛

病猪具有轻度腹痛表现，有时排出稀便。

图3-6-8　匍匐爬行

病猪腹痛剧烈，匍匐爬行，借以缓解腹痛。

图3-6-9　发育受阻

　　病猪消瘦，贫血，生长发育缓慢。

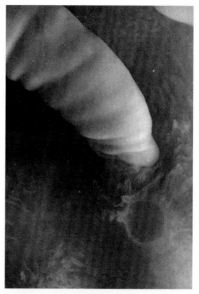

图3-6-10　肠黏膜受损

　　棘头虫的头部伸入肠黏膜，引起黏膜受损和溃疡。

图3-6-11　大量虫体寄生

　　小肠黏膜有大量棘头虫寄生，肠黏膜受损，肠壁变薄。

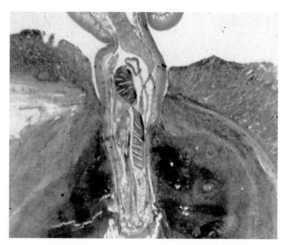

图3-6-12　侵入肠黏膜

　　棘头虫的头部侵入肠黏膜，其周围发生出血和组织坏死。（HE，×40）

七、猪囊尾蚴病

　　猪囊尾蚴病（Cysticercosis cellulosae of swine）又称猪囊虫病，是由猪囊尾蚴所致的一种寄生虫病。猪感染后，囊尾蚴可寄生于皮下、肌肉、脑、心脏、肾脏、眼睛和脂肪等多种组织和器官，引起相应的病理损伤与症状。

　　【病原特性】本病的病原为有钩绦虫的幼虫——猪囊尾蚴（*Cysticercus cellulosae*）（又

称猪囊虫）。猪是有钩绦虫的中间宿主。猪囊尾蚴为白色半透明、黄豆大的囊泡（图3-7-1），囊壁为薄膜状，内表面上可见1个小米粒大的白色头节，囊内充满透明的液体（图3-7-2）。头节的结构与成虫相似，也有吸盘、顶突和小钩。

有钩绦虫寄生在人的小肠内，呈白色扁平长带状；由一个头节、一个颈节和700～1 000个体节组成长带，长达2～8m。有钩绦虫的头节很小，仅粟粒大，有4个吸盘和1个顶突；顶突上有两圈小钩（22～23个）（图3-7-3）。

【流行特点】各种年龄的猪对本病均有易感性，但以仔猪最易感染，并随着其感染程度的加重而能出现较明显的临床症状。本病的主要传染来源是患绦虫病的病人；主要的传播途径是消化道。实际上，猪感染本病主要取决于环境卫生和对猪的饲养管理方式。猪必须是吃了被绦虫病人粪便污染的饲料、牧草或饮水，才能感染发病。

【临床症状】猪感染囊尾蚴后一般无明显症状。极严重感染的猪可能有营养不良、生长迟缓、贫血和水肿等症状。某些器官严重感染时可能出现相应的症状，如侵害与呼吸有关的肌群、喉头和肺时，出现呼吸困难、声音嘶哑和吞咽困难等症状；寄生于眼内（图3-7-4），有视力障碍，眼神呆滞，甚至失明症状；寄生于大脑（图3-7-5），则有癫痫和急性脑炎症状，甚至死亡；寄生于心肌（图3-7-6）则招致心脏机能障碍；寄生于肌肉时，其致病作用虽然较小，但其代谢产物可产生一定的毒性作用，并由于对组织器官的机械性压迫而影响猪体生长发育，导致营养不良、运动障碍和肌肉水肿（图3-7-7）等。

【病理特征】猪囊尾蚴主要寄生在肌肉内，以舌肌、咬肌、肩腰部肌、股内侧肌及心肌较为常见，严重时全身肌肉以及脑、肝、肺甚至脂肪内也能发现。肌肉中由于有米粒状囊尾蚴存在，故称为"米猪肉""豆猪肉"和"米掺猪肉"（图3-7-8）。当严重感染时，肌肉内有大量囊尾蚴寄生，使肌纤维受压迫而发生萎缩，肌肉呈暗红褐色（图3-7-9），切面呈蜂窝状（图3-7-10）。

在剖检时，如遇到发育不良的、异常的和变性坏死的囊尾蚴，可摘下在玻片上压薄后镜检，如检出头节、吸盘或在坏死物中找到残留的齿钩与圆形的角质小片，则可判为囊尾蚴。切片时也可检出猪囊尾蚴的吸盘和齿钩（图3-7-11）。

镜检，位于骨骼肌中的囊尾蚴，其周围常有薄层的结缔组织与肌组织相连，周围的炎性反应较轻，囊尾蚴的体积较小，头节中常能发现齿钩的片段，囊腔小，囊液少（图3-7-12）。而位于脑组织内的囊虫则体积较大，具有较大的囊腔，囊液多；周围有明显的炎性反应，在与脑组织接触部常见大量单核细胞、嗜酸性粒细胞和淋巴细胞浸润（图3-7-13）。坏死性囊尾蚴周围的炎性反应明显，常形成肉芽肿性结节，中心部为红染的坏死虫体，中间部为淡染的上皮样细胞和多核巨细胞，外层为增生的结缔组织，其中浸润大量嗜酸性粒细胞和淋巴细胞（图3-7-14）。

【诊断要点】本病的生前诊断比较困难。死后诊断或宰后检验，可按食品卫生检验的要求在最容易发现虫体的部位如咬肌（图3-7-15）、臀肌、腰肌等处剖检，当发现囊尾蚴时，即可确诊。

【治疗方法】

1.吡喹酮疗法　本药难溶于水，因含环己甲酸杂质而有特殊气味。其用法与用量是：按每千克体重50mg，每天一次，连用3d，混入少量饲料中喂服；或以液状石蜡配成20%悬液肌内注射，每天一次，连用2d。本药不论对躯体囊尾蚴还是对脑囊尾蚴均可收到同样的疗效。但需注意，应用吡喹酮治疗后，囊尾蚴出现膨胀现象，破坏的虫体可引起生物毒性反应，故对重症患猪应减少用药的剂量，或分多次给药，以免引起死亡。

2.阿苯达唑疗法　本药为白色或类白色、无臭、无异味粉末，口服后在胃肠道内吸收良好。其用法与用量是：按每千克体重60～65mg，以橄榄油或豆油配成6%悬液，肌内注射，隔天一次，共注射两次；或每千克体重20mg内服，每隔48h服一次，共服3次。

【预防措施】预防本病的主要措施是消灭传染源和切断传播途径。

1.消灭传染源　在人群中进行绦虫病普查，查出患病者，实施驱虫治疗，消灭传染源。

2.切断传播途径　管好厕所、猪圈，不能在厕所中养猪；人粪便要进行无害化处理后再作为肥料，要坚决杜绝猪吃人粪。控制人绦虫、猪囊尾蚴的互相感染，切断疫源。

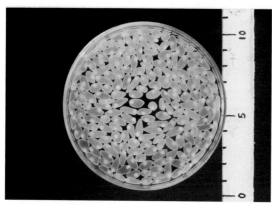

图3-7-1　猪囊尾蚴

从肌肉中分离出的囊尾蚴，呈椭圆形，内含有头节。

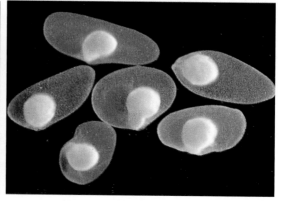

图3-7-2　囊泡内的头节

放大的囊尾蚴，与囊膜相连的黄白色豆状物为头节。

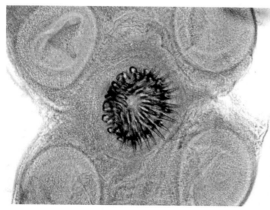

图3-7-3　有钩绦虫的吸盘与顶突

有钩绦虫有4个吸盘和1个含两圈小钩的顶突。（压片，×60）

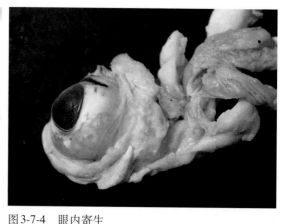

图3-7-4　眼内寄生

眼球的周围组织中有数个乳白色半透明的囊尾蚴。

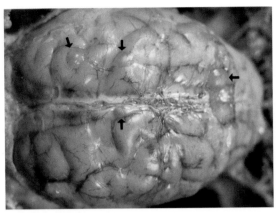

图3-7-5　脑内寄生

　　脑实质中有半透明含有灰白色头节的囊尾蚴（箭头）。

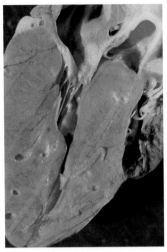

图3-7-6　心内寄生

　　猪囊尾蚴寄生于心肌中，使心肌受损。

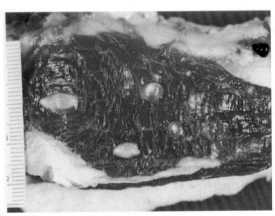

图3-7-7　肌肉充血、水肿

　　寄生于肌肉的乳白色半透明囊尾蚴，导致肌肉充血、水肿。

图3-7-8　肌肉内寄生

　　肌肉组织中有大量乳白色圆形包囊，俗称"米猪肉"。

图3-7-9　肌肉萎缩

　　肌肉内有大量囊泡，被压迫而萎缩。

图3-7-10　蜂窝状肌肉

　　肌肉的切面有许多破裂的囊泡，形似蜂窝。

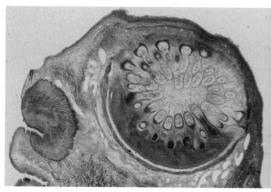

图3-7-11　顶突的切面

有钩绦虫头节的切片，左端为吸盘，中间部为顶突。（HE，×30）

图3-7-12　头节的结构

肌肉中囊尾蚴的组织切片，囊腔中的结构为头节。（HE，×60）

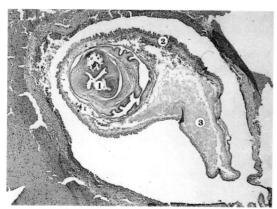

图3-7-13　囊尾蚴的结构

脑组织中的囊尾蚴，示头节（1）、囊壁（2）和原生质（3）。（HE，×30）

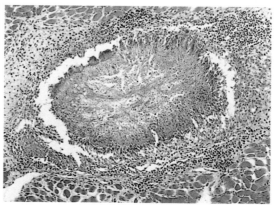

图3-7-14　肉芽肿形成

囊尾蚴坏死后周围有大量的结缔组织增生和淋巴细胞浸润。（HE，×60）

图3-7-15　肉品检查

肉检时切开咬肌，肌纤维间有乳白色半透明状囊尾蚴。

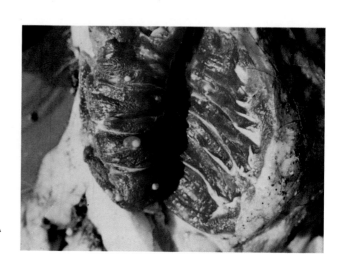

八、细颈囊尾蚴病

细颈囊尾蚴病（Tenuicollis cysticercosis）又称细颈囊虫病，是由细颈囊尾蚴所引起的一种绦虫蚴病。细颈囊尾蚴主要寄生于猪、牛、羊及骆驼等中间宿主腹腔内及器官上，主要损伤肝组织，以引起间质性肝炎和局灶性肝硬化为特点。

【病原特性】本病的病原为泡状带绦虫（*Taenia hydatigena*）的幼虫——细颈囊尾蚴（*Cysticercus tenuicollis*），俗称"水铃铛""水泡虫"，呈囊泡状，大小随寄生时间长短而不同，自豌豆大至小儿头大，囊壁乳白色半透明，内含透明囊液，透过囊壁可见一个向内生长而具有细长颈部的头节（图3-8-1）。它寄生于猪、牛、羊等多种家畜及野生动物的肝脏、网膜、肠系膜及腹腔内，严重感染时可寄生于肺脏。

当终末宿主——犬等吞食了含有细颈囊尾蚴的脏器后，在小肠内虫体头节伸出并吸附在肠黏膜上，发育为成虫——泡状带绦虫。泡状带绦虫呈白色或稍带黄色，扁带状，长76～500cm，由250～300个节片组成。头节球状，有顶突（图3-8-2），其上有两列小钩（30～40个）（图3-8-3）；孕节内充满虫卵，虫卵内含六钩蚴。当孕节伴随终末宿主粪便排出，节片破裂，排出虫卵。猪等中间宿主吞食了虫卵而被感染。虫卵胚膜在胃肠中消化，六钩蚴在肠内逸出，钻入肠壁血管，随血流到达肝实质，以后逐渐移行到肝脏表面发育为囊尾蚴，或从肝表面落入腹腔而附着于网膜或肠系膜上，经3个月发育成具有感染性的细颈囊尾蚴。

【流行特点】本病在我国流行很广，各种年龄的猪均可感染，但以仔猪的感染率最高，感染后的病情最重，表现的临床症状最明显。犬是本病的重要的传染源，而狼、狐狸等肉食动物也可能传播本病。消化道是主要的传播途径。猪感染细颈囊尾蚴病，多因食用或饮用了虫卵污染的饲料和饮水。

在我国的一些农村或牧区，有让犬吞食屠宰下脚料的习俗。这成为犬感染泡状带绦虫的重要原因，犬的这种感染方式反过来又促进了猪的感染，如此反复，形成了一种恶性的感染循环，使本病在一些地区日趋严重。

【临床症状】成年猪感染本病时一般没有明显的临床症状，而仔猪的感染常可发现较明显的症状。感染较重时，多数仔猪表现为消瘦、贫血、黄疸和腹围增大等；伴发腹膜炎时，则病猪的体温升高，腹部明显增大，肚腹下坠，按压腹部有疼痛感；少数病例可因肝表面的细颈囊尾蚴破坏而引起肝被膜损伤而内出血，出血量大时，病猪常因疼痛而突然大叫，随之倒地死亡。当细颈囊尾蚴侵入肺后，还可以引起支气管炎、支气管肺炎或肺胸膜炎等。

【病理特征】当六钩蚴在肝内穿行时，可引起肝组织的损伤和间质的增生；大部分幼虫从肝实质移向肝表面，并在此形成大小不等、数量不一的囊泡。最初可能仅有一个（图3-8-4），以后逐渐增多，散于肝脏表面（图3-8-5）。部分幼虫从肝表面到达大网膜、肠系膜等处发育时，虽然其致病力减小，但有时可引起局限性或弥漫性腹膜炎而使病情加重。

剖检或屠宰所见的急性病例，其肝脏肿大，被膜粗糙，被覆多量纤维素性物质，呈灰白色，散在点状出血，呈现急性出血性肝炎特征。六钩蚴在肝内移行，往往引起类似于肝片吸虫所形成的坏死性和增生性虫道。慢性病例，由于大量细颈囊尾蚴持续压迫肝组织，易使肝脏发生局限性萎缩和硬化。此时，在肝脏表面可见数量不等、大小不一、被厚层包膜所包裹着的虫体，并常可见到融合性的大囊泡（图3-8-6）；有时可继发弥漫性腹膜炎和胃肠粘连。另外，在大网膜（图3-8-7）、肠浆膜（图3-8-8）和肠系膜等组织中常见有大小不一的囊泡；严重感染时，在腹膜（图3-8-9）、胸膜和肺组织（图3-8-10）等处也可发现囊泡。

【诊断要点】本病的生前诊断目前还缺乏有效的方法，主要依靠尸体剖检或宰后检验才能确诊。但也有人认为，根据病猪有消瘦、腹围增大等症状，再根据流行病学调查可初步诊断；急性期病例，从肝组织或腹腔穿刺物中可能找到幼虫而确诊。

【治疗方法】本病用吡喹酮进行治疗安全有效，每千克体重50mg，与灭菌液状石蜡按1∶6的比例混合研磨均匀，分两次深部肌内注射，每次间隔1d；或以每千克体重50mg内服，连用5d。

【预防措施】主要措施：一是严格禁止犬出入猪舍，避免饲料和饮水被犬粪污染；二是严禁屠宰或剖检动物时将细颈囊尾蚴的囊泡丢弃或直接喂犬；三是对猪场的看门犬定期驱虫，粪便发酵处理或深埋。

图3-8-1　细颈囊尾蚴

囊泡状的细颈囊尾蚴，其内含有乳白色的头节。

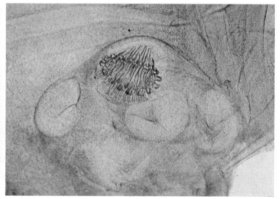

图3-8-2　吸盘和顶突

细颈囊尾蚴有1个顶突和4个吸盘，顶突上有小钩。（压片，×60）

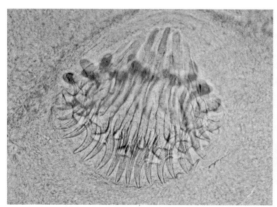

图3-8-3　顶突

细颈囊尾蚴的顶突上有两排重叠在一起的小钩。（压片，×100）

图3-8-4　幼稚型囊泡

幼稚型细颈囊尾蚴体积较小，囊壁较厚而头节不明显。

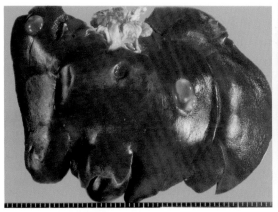

图 3-8-5　多发性囊泡

肝脏淤血呈红褐色，表面有数个散在幼稚型细颈囊尾蚴。

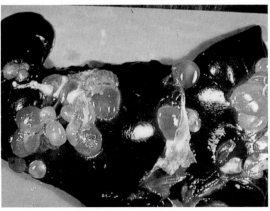

图 3-8-6　融合性囊泡

肝脏表面有大量呈半透明的囊泡，并见融合性大囊泡。

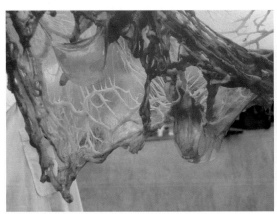

图 3-8-7　大网膜上的囊泡

大网膜上有数个细颈囊尾蚴囊泡，大网膜出血呈鲜红色。

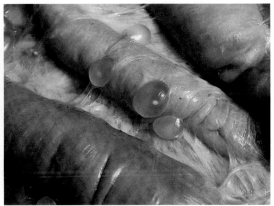

图 3-8-8　肠壁上的囊泡

肠浆膜上附有淡黄色内含灰白色头节的细颈囊尾蚴囊泡。

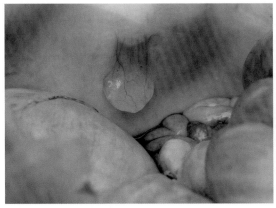

图 3-8-9　腹壁上的囊泡

腹壁上的细颈囊尾蚴囊泡，有一较粗大的蒂与腹膜相连。

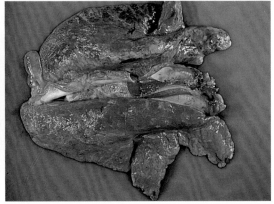

图 3-8-10　肺脏上的囊泡

在左肺叶后缘的浆膜上有两个透明的细颈囊尾蚴囊泡。

九、棘球蚴病

棘球蚴病（Echinococcosis）是由棘球蚴寄生于动物内脏所引起的一种绦虫蚴病。棘球蚴呈包囊状，所以又称包虫病。本病多发生于猪、牛、羊和马，人也可感染。猪患本病时通常呈慢性经过，一般没有明显的临床症状，多是在屠宰检验或死后剖检的过程中发现。棘球蚴可寄生于病猪的任何部位，但以肝脏、肺脏等器官最为常见。

【病原特性】本病的病原为细粒棘球绦虫（*Echinococcus granulosus*）的中绦期幼虫——棘球蚴（*Echinococcus*）。棘球蚴为一个近似球形的囊，大小不等，由豌豆大至小儿头大（图3-9-1）；囊内充满淡黄色透明液体，即囊液；囊壁由外层的角质膜和内层的生发膜组成，囊腔的内壁光滑（图3-9-2）。

【流行特点】各种年龄的猪对本病均有易感性，但以育肥猪和成年猪的感染率较高。病犬和带虫犬是本病的主要传染来源；而消化道则是主要的传播途径。猪感染本病主要是由于食用了被孕节或虫卵污染的饲料、青草和饮水等。

【临床症状】棘球蚴感染的初期或轻度感染时通常无明显的临床症状。当严重感染或虫体生长发育到一定的阶段时，由于虫体对周围组织呈现剧烈压迫，常引起组织萎缩和机能障碍，故当肺脏和肝脏有多量或较大的棘球蚴寄生时，则能引起肺功能和肝功能发生障碍，病猪在临床上常表现出精神不振，体温升高，呼吸困难，被毛粗糙欠光泽，食欲减损，消化不良，黄疸，并发生程度不同的腹泻；有的病猪腹部膨大，腹水增多。病情恶化时，病猪逐渐消瘦而衰竭，终因恶病质或窒息而死亡。

【病理特征】猪棘球蚴的病变常见于肝脏，以压迫性肝萎缩和不同程度的肝硬化为特点。病情轻时，仅于肝脏表面呈现少数几个，黄豆至鸡蛋大小、灰白色，圆形或不整圆形的囊肿，呈半球状隆突于肝脏表面（图3-9-3），或仅见其表面凸凹不平，质地稍坚实，囊内充满淡黄色、无臭、不易凝固的透明液体。大多数囊壁和周围的肝组织结合牢固、无明显分界，有时呈现暗红色出血区。少数较小的棘球囊，触摸时易脱落。严重病例，肝脏显著肿大，重量增加2～5倍，其表面密布大小不等、相互融合的灰白色囊肿，子囊和孙囊不断增大（图3-9-4）。切面呈蜂窝状结构，流出多量淡黄色透明的液体（图3-9-5）。将液体沉淀后，即可用肉眼或在解剖镜下看到许多生发囊与原头蚴；有时肉眼也能见到液体中的子囊，甚至孙囊。镜检，除棘球蚴的基本结构外，虫体的寄生可引起肝肉芽肿的形成。肉芽肿的中心部多为变性、坏死的棘球蚴，中间为薄层的上皮样细胞与多核巨细胞，外周为浸润的嗜酸性粒细胞、淋巴细胞及增生的成纤维细胞（图3-9-6）。

棘球蚴对机体影响的严重性，可依其寄生部位，棘球蚴体积大小和数量多少而异。猪棘球蚴最多寄生于肝脏，易使肝组织受损，招致肝脏功能障碍；但也可同时侵害其他器官，如心脏、肺脏、肾脏（图3-9-7）及脑等重要器官，势必引起更为严重的后果。一般来说，棘球蚴的致病作用主要是对器官组织的机械性损伤及其囊液的毒性作用。

【诊断要点】病猪的生前诊断较为困难，一般都在死后剖检或宰后检验时发现而被确诊。

【治疗方法】目前对本病尚缺乏有效的治疗药物，重点在于预防。但对患绦虫病的犬，则可用下述药物进行治疗，达到切断传染来源的目的。

1.吡喹酮疗法　本药对未成熟或孕卵虫体有100%杀灭效果。使用方法是：每千克体重

5mg，将药物夹入肉馅内或是犬喜欢吃的少量食物内，一次内服。

2.氢溴酸槟榔碱疗法 每千克体重1mg内服，对多数感染犬有明显的驱虫作用，但对个别犬无效；剂量增至每千克体重2mg时，驱虫效果可达99%，但此剂量可使个别犬发生中毒反应，用时应慎重。

应该强调的是：驱虫前应将犬拴住，12h内不饲喂；驱虫后一定继续把犬拴住，以便收集排出的粪便和虫体，彻底销毁。直接参与驱虫的工作人员，应注意个人防护，严防自身感染。

【预防措施】管好家犬，扑杀野犬，切断传染来源是预防本病的关键。对必需留养的各种用途的犬，要定期用吡喹酮、甲苯达唑和阿苯达唑等药物进行驱虫，以消灭病原。妥善处理病畜的脏器，严禁用脏器直接喂犬，只有在蒸煮灭虫后才可用作饲料。保持猪群饲料、饮水和圈舍的卫生，防止被犬的粪便污染。常与犬接触的人员，尤其是儿童，应注意个人卫生，防止从犬感染本病。

图3-9-1　肝棘球蚴

肝脏表面有大量半透明、大小不一的囊泡。

图3-9-2　棘球蚴切面

切面见囊壁光滑，其中有淡黄色囊液。

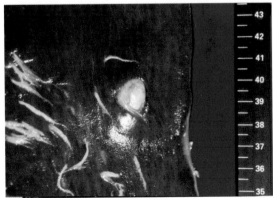

图3-9-3　机化性结节

肝表面有一灰白色不透明的棘球蚴结节，囊壁很厚。

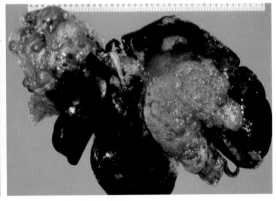

图3-9-4　融合性棘球蚴

肝组织内的大量棘球蚴相互融合，不断增大。

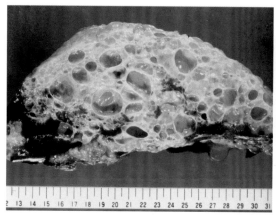

图3-9-5　肝压迫性萎缩

　肝切面有大小不一的囊泡，呈蜂窝状，肝组织萎缩。

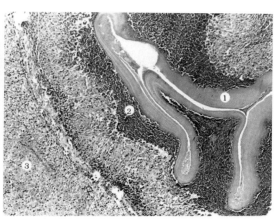

图3-9-6　肝肉芽肿

　死亡的棘球蚴（1）；浸润的炎性细胞（2）；萎缩的肝组织（3）。（HE，×33）

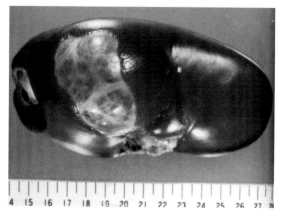

图3-9-7　肾棘球蚴

　肾组织内有一个融合性半透明状棘球蚴囊泡。

十、弓形虫病

　　弓形虫病（Toxoplasmosis）是一种世界性分布的人畜共患原虫病，在人、家畜及野生动物中广泛传播，有时感染率很高。猪暴发弓形虫病时，常可引起整个猪场发病，死亡率可高达80%以上。本病临床上以高热稽留，可视黏膜发绀，呼吸困难和体表淋巴结肿大等为特点；病理学上以间质性肺炎，坏死性淋巴结炎，肝脏、脾脏和肾脏局灶性坏死等特征。

　　【病原特性】本病的病原为真球虫目、弓形虫科、弓形虫属的刚地弓形虫（*Toxoplasma gondii*）。弓形虫为双宿主生活周期的寄生性原虫，猫是弓形虫的终末宿主，在猫体内能完成有性和无性的全部生活史；而在猪等中间宿主体内，只能完成无性生殖。

　　弓形虫的全部生活史分为五个期：滋养体期、包囊期、裂殖体期、配子体期和卵囊期。前两期为无性生殖期，出现于中间宿主和终末宿主体内；后三期为有性生殖期，只出现于终末宿主体内。

　　游离于宿主细胞外的滋养体通常呈弓形或月牙形，寄生于细胞内的滋养体呈梭形。滋

养体的一端锐尖，一端钝圆，胞核位于虫体的中央或略偏于钝圆端（图3-10-1）。滋养体主要发现于急性病例，在腹水中，常可见到游离的（细胞外的）单个虫体；在有核细胞内（单核细胞、内皮细胞和淋巴细胞等），还可见到正在繁殖的虫体，其形态不一，有柠檬状、圆形、卵圆形，还有正在出芽的不规则形状等；有时在宿主细胞的胞质内许多滋养体聚集在一个囊内（图3-10-2），称此为假囊，囊内含有数个、数十个或数百个速殖子。在慢性病例，由于宿主的免疫力增强，大部分滋养体和假囊被消灭，仅在脑、骨骼肌和眼内存有部分虫体。这些虫体分泌一些物质，形成包囊，其中含有圆形或椭圆形的虫体（图3-10-3），称此囊内的虫体为裂殖子。猫是弓形虫的终末宿主，在猫小肠上皮细胞内形成的卵囊，随猫粪排出体外。卵囊在外界环境中，经过孢子增殖发育为含有两个孢子囊的感染性卵囊。

弓形虫在各个发育阶段的抵抗力是不同的，卵囊在常温下可以保持感染力达1～1.5年，但干燥对卵囊的损害很大，当相对湿度为21%时，孢子化卵囊失去感染力的时间则为3d。弓形虫对消毒药的抵抗力很强，但滋养体的抵抗力较差，各种消毒药均能将其杀死，如1%来苏儿1min内即将其可杀死。

【流行特点】本病可发生于各种年龄的猪，但常见于仔猪和架子猪，而成年猪较少发生。病猫是本病的主要传染来源，其中6月龄或更大一点的猫排卵囊最多。另外，病猪和带虫动物的肉、内脏、血液、渗出物和排泄物中均可能含弓形虫的包囊或滋养体；乳中也曾分离出弓形虫的滋养体；流产胎儿的体内、胎盘和其他流产物中都有大量弓形虫的滋养体，这些病料都可成为猪弓形虫病的感染来源。弓形虫主要通过消化道、呼吸道和损伤的皮肤等途径侵入猪体，而通过胎盘感染胎儿的现象也是普遍存在的。此外，许多昆虫（食粪甲虫、蟑螂等）和蚯蚓，可以机械性地传播卵囊；吸血昆虫和蜱等也有可能传播本病。

一般来说，本病的流行没有严格的季节性，一年四季均可发生，但夏、秋季节（5—10月）发病较多，特别是在雨后较为多发，可呈爆发性和散发性急性感染，但多数为隐性感染。

【临床症状】本病的潜伏期为3～7d，病程多为10～15d。

病猪体温升高达40.5～42℃，呈稽留热型（常发热7～10d），精神沉郁，全身淤血，皮肤呈暗红色并见有出血斑点（图3-10-4），可视黏膜发绀；食欲减退乃至废绝，多便秘，粪便干涸，有时在粪块表面覆有一层白色黏液，有时腹泻（断乳后的幼猪表现腹泻，粪呈水样，无恶臭）；呼吸困难，常呈现出犬坐姿势的腹式呼吸，呼吸数可达60～80次/min，有的出现咳嗽和呕吐，流出少量的鼻液；体表淋巴结肿大，尤其是腹股沟淋巴结更为明显，耳部、胸部、腹部及四肢内侧皮肤出现出血斑或发绀。

妊娠母猪发生感染后，弓形虫可通过胎盘进入胎儿体内，使母猪流产或产出死胎，或新生仔猪患先天性弓形虫病，出生后不久即死亡。

有的病猪耐过急性期后，症状逐渐减轻，但发育障碍，变为僵猪，与同窝相比明显矮小，并遗留咳嗽、呼吸困难，常驻立低头，以明显的腹式呼吸为主（图3-10-5），而且呼吸频率快。后躯麻痹，行走不协调，运动障碍（图3-10-6）。站立时，两后肢交叉，出现怪异的姿势（图3-10-7）。有的病猪还出现斜颈和癫痫样痉挛等神经症状。有的耳廓末端淤血、出血，或发生干性坏死（图3-10-8），有的呈现视网膜脉络膜炎，甚至失明。

【病理特征】死于本病的猪，剖检时常见的外观表现为：可视黏膜及皮肤（耳廓、胸侧、腹下及四肢内侧）发绀（图3-10-9）；鼻腔黏膜覆有浆液黏液性鼻液；胸腹腔、心包腔、关节腔均积有淡黄色透明浆液。

内脏器官以肺脏及淋巴结的变化最为明显，而胃肠道、肝脏、脾脏和肾脏等器官也具有特征性病变。

肺脏膨满，呈暗红色或粉红色水肿样，胸腔内有较多淡红色胸腔积液（图3-10-10）。病情较重时，肺脏明显淤血、出血，呈红褐色，表面散在或有大量的出血点（图3-10-11），小叶间质水肿、增宽，小叶结构非常明显，表面常有大量出血斑块（图3-10-12）。病情持续发展或严重时，肺表面可检出散在的灰白色粟粒大坏死灶（图3-10-13）。切面湿润，由支气管断端流出多量混有泡沫的淡粉红色液体。镜检，肺脏多以增生性肺泡隔炎和间质性肺炎（图3-10-14）为主，少有凝固性坏死灶，并常在巨噬细胞的胞质内见有被吞噬的滋养体型虫体或形成的弓形虫假囊（图3-10-15）；当巨噬细胞崩解时，在肺泡腔内也可见有游离的滋养体型虫体。

全身淋巴结急性肿胀，切面湿润多汁，呈暗红色淤血和点状出血，或弥漫性出血（图3-10-16）。病情重者，淋巴结的色泽变淡，切面上常见灰白色粟粒大的坏死灶（图3-10-17）。内脏淋巴结以小肠系膜淋巴结的病变最明显，其次是肺、胃、肝、脾等淋巴结。眼观，小肠系膜的每个淋巴结肿大如板栗到核桃大，密集排列成串，坚硬，其被膜和周围结缔组织常有黄色胶样浸润（图3-10-18）。切面充血、水肿和斑点状出血，并散在淡黄褐色干酪样坏死灶，严重时整个淋巴结陷于坏死。镜检，淋巴结初期表现为单纯性淋巴结炎，很快即转变为坏死性淋巴结炎，在坏死灶周边的巨噬细胞内，常可发现弓形虫的滋养体和假囊（图3-10-19）；当耐过急性期之后，出现以淋巴细胞和浆细胞增生为主的增生性淋巴结炎。

其他脏器的主要病变为：肝脏肿大，呈暗红色，肝表面散在有灰白色粟粒大坏死灶，在病灶周围有红晕。镜检，肝小叶内有大小不一的凝固性坏死灶，其中常见大量网状细胞增生和淋巴细胞浸润（图3-10-20）。在坏死的肝细胞之间，于浸润的巨噬细胞中常可检出由弓形虫所形成的假囊（图3-10-21）。脾脏肿大，被膜下有少量小出血点和散在有小坏死灶。肾脏表面呈暗红色，表面或切面均可见灰白色小坏死灶。胃底部黏膜充血并有斑点状出血，黏膜表面覆有半透明的灰白色黏液，或见高粱米粒大、中心凹陷和表面被覆有淡黄色纤维素假膜的坏死灶。小肠黏膜充血，间或散在有少量出血点。黏膜表面覆有透明或半透明的黏液，孤立淋巴小结和集合淋巴小结肿胀或发生坏死，被覆纤维素性假膜。大肠内容物常因出血而呈黑红色。肠黏膜潮红、充血、糜烂，并有一定量的出血点或出血斑，孤立淋巴小结肿胀，在回盲瓣处常见有黄豆大中心凹陷的溃疡灶。

此外，患慢性型弓形虫病时，在大脑的灰质部可见有包囊型虫体（图3-10-22）。临床上有神经症状的病猪，检查脑组织时常可发现非化脓性脑炎的变化（图3-10-23）。

【诊断要点】虽然本病在临床表现、病理变化和流行病学上有一定的特点，但仍不足以作为确诊的根据，而必须在实验室诊断中查出病原体或特异性抗体，才能做出诊断。如涂片检查，采取胸腔、腹腔渗出液或肺、肝、淋巴结等做涂片检查，经吉氏或瑞氏染色后，在油镜下检查。弓形虫速殖子呈橘瓣状或新月形，一端较尖而另一端钝圆，胞质蓝色，中央有一紫红色的核（图3-10-24）；涂片用荧光抗体技术检测时，更易检出坏死组织中的滋养体（图3-10-25）。

【类症鉴别】急性猪弓形虫病易与急性猪瘟、猪副伤寒和急性猪丹毒等相混淆，故应注意鉴别。

【治疗方法】磺胺类药物对本病有较好的疗效，如与增效剂联合应用效果更好，但应在发病初期使用，如用药较晚，则虽然可使病猪的临床症状消失，但不能抑制虫体进入组织内形成包囊，从而使病猪成为带虫者。

现将治疗猪弓形虫病常选用的配方介绍如下：

1.磺胺嘧啶（SD）加甲氧苄啶（TMP）或二甲氧苄啶（DVD）疗法 前者每千克体重70mg；后者每千克体重14mg，每天两次口服，连用3～4d。

2.磺胺甲氧吡嗪（SMPZ）疗法 每千克体重30mg，加甲氧苄啶，每千克体重10mg，混合后1次内服，每天1次。实际中常用SMPZ片剂，每头猪0.25g×3片（首次增加1/3），加TMP片剂，每头猪0.1g×1片，1次内服。

3.磺胺甲氧吡嗪注射疗法 用12%复方磺胺甲氧吡嗪注射液，每千克体重50～60mg，每日肌内注射1次，连用4次。

4.磺胺-6-甲氧嘧啶（SMM，又名DS-36）疗法 每千克体重60～100mg，单独口服；或配合甲氧苄啶，每千克体重14mg，口服，每天1次，连用4次，首次使用倍量。

二磷酸氯喹啉和磷酸伯氨喹啉也有很好的治疗效果，阿奇霉素、双氢青蒿素、美浓霉素、螺旋霉素、罗红霉素和克拉霉素等也有较好的抗弓形虫作用。

【预防措施】

1.常规预防 平时应采取灭鼠、驱猫和加强饲养管理等一般措施。

2.紧急预防 当猪场发生本病时，应及时采取以下措施。

（1）尽快确诊，及时处理。猪场发生本病时，立即对猪群进行血清学检查，对检出的病猪和隐性感染猪，应进行登记并相互隔离，用有效药物进行治疗和预防。

（2）严格消毒。病猪流产的胎儿及其排出物应深埋，流产的现场要严格消毒；对死于患本病的猪尸体亦应严格消毒和深埋，防止污染环境；禁止用上述死胎、死肉等饲喂猫及其他肉食动物。对病猪舍、饲养场进行消毒，常用药物为1%来苏儿或3%氢氧化钠，也可用火焰等进行消毒。

猪弓形虫
病症状

（3）药物预防。病猪场和疫点可采用磺胺-6-甲氧嘧啶或配合甲氧苄啶，连用7d进行药物预防，可以防止弓形虫感染。

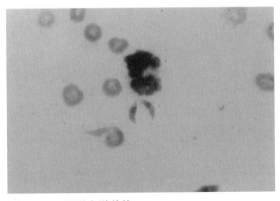

图3-10-1 弓形虫滋养体

组织的中央有两个香蕉状滋养体，其细胞核偏在。（吉姆萨染色，×1000）

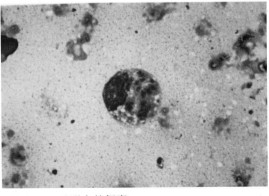

图3-10-2 弓形虫的假囊

在坏死的淋巴结组织中检出的含假囊的巨噬细胞。（吉-瑞氏染色，×400）

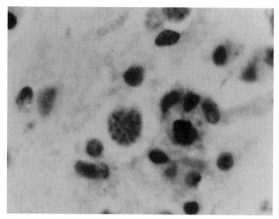

图3-10-3 圆形包囊

组织的中下部有一个类圆形包囊。（吉姆萨染色，×400)

图3-10-4 皮肤淤血、出血

病猪全身淤血，皮肤呈暗红色，并有出血斑点。

图3-10-5 腹式呼吸

病猪头颈伸直，呈明显的腹式呼吸。

图3-10-6 运动障碍

病猪后躯麻痹，运动时四肢不协调。

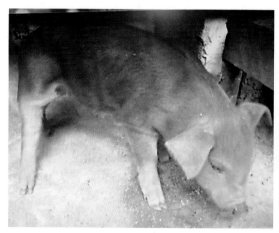

图3-10-7 站立异常

病猪后肢麻痹，站立时后肢无力，向外开张。

图3-10-8 皮肤干性坏死

病猪耳朵、眼周和鼻端明显发紫，有干性坏死斑块。

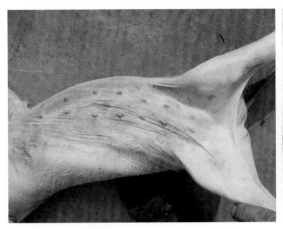

图3-10-9　全身性淤血

病猪的耳朵、四肢和腹下部常因淤血而呈蓝紫色。

图3-10-10　肺淤血、水肿

肺淤血、水肿，胸腔中有较多的淡红色胸腔积液。

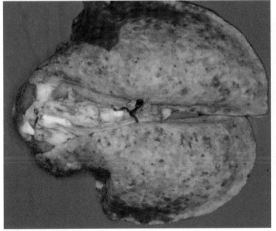

图3-10-11　肺出血

肺脏淤血肿大，表面有大小不一的出血斑点，肺尖叶有炎性病灶。

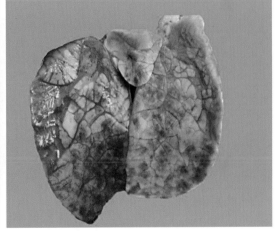

图3-10-12　肺出血、水肿

肺出血、水肿，表面有出血斑，间质增宽，小叶结构很明显。

图3-10-13　坏死性肺炎

肺脏淤血、出血，表面散在灰白色坏死灶。

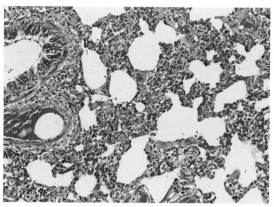

图 3-10-14　间质性肺炎

肺泡隔中的结缔组织增生和淋巴细胞浸润。（HE，×50）

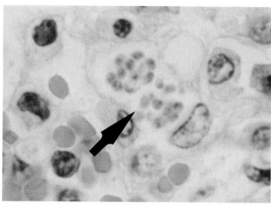

图 3-10-15　弓形虫的假囊

肺泡隔增宽，在巨噬细胞的胞质中检出滋养体（箭头）。（HE，×1000）

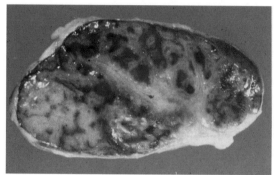

图 3-10-16　出血性淋巴结炎

淋巴结淤血、出血，呈红褐色，切面有灰白色坏死灶。

图 3-10-17　坏死性淋巴结炎

肠系膜淋巴结肿大、坏死，切面散在较多灰白色坏死灶。

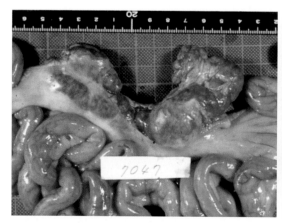

图 3-10-18　淋巴结出血

肠系膜淋巴结出血、肿大，并有黄白色的坏死灶。

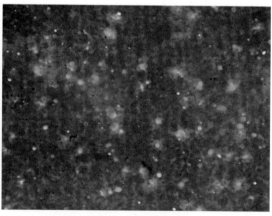

图 3-10-19　荧光抗体技术检测阳性

在坏死性淋巴结炎病灶内，用荧光抗体技术检出阳性抗原。（×400）

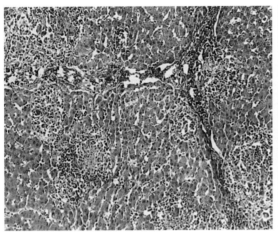

图 3-10-20　肝凝固性坏死

肝小叶的坏死灶中有网状细胞增生和淋巴细胞浸润。（HE，×100）

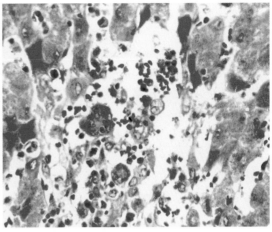

图 3-10-21　肝脏中的假囊

在肝脏的坏死灶中常可检出弓形虫的滋养体和假囊。（HE，×132）

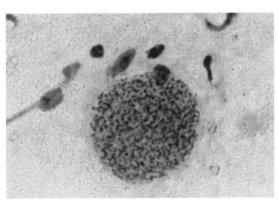

图 3-10-22　弓形虫的包囊

患慢性弓形虫病时，在脑组织中可检出特异性的包囊。（吉姆萨染色，×400）

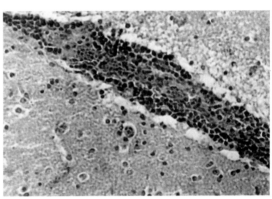

图 3-10-23　脑内血管套

脑组织的血管周围有大量淋巴细胞浸润，形成血管套。（HE，×100）

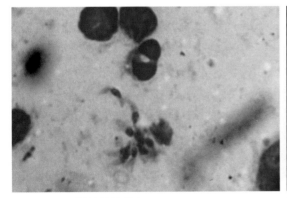

图 3-10-24　新月形弓形虫

用坏死淋巴结做触片，经染色后检出的呈新月形的弓形虫。（革兰氏染色，×1000）

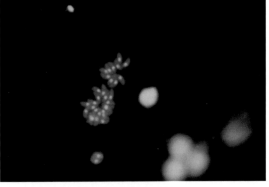

图 3-10-25　荧光抗体技术检测阳性

用荧光抗体技术在坏死的淋巴结涂片中检出了弓形虫。（×400）

十一、猪球虫病

猪球虫病（Coccidiosis of swine）是由猪艾美耳球虫等球虫所引起的一种肠道寄生虫病。本病只发生于仔猪，多呈良性经过；成年猪感染后不出现任何临床症状，成为隐性带虫者。

【病原特性】本病的病原体为艾美耳科、艾美耳属的球虫。能感染猪的艾美耳球虫至少有6种，都寄生于小肠，均系细胞内寄生虫，其中以蒂氏艾美耳球虫（*Eimeria debliecki*）和粗糙艾美耳球虫（*E. scabra*）的致病力最强。猪艾美耳球虫的特点是卵囊内形成四个孢子囊，每个孢子囊内包含两个子孢子。猪艾美耳球虫的生活史可分为三个阶段：一是裂体生殖，即卵囊进胃肠，通过蜕变和无性繁殖，在黏膜上皮形成不同发育阶段的球虫（图3-11-1）。形成的裂殖子可以破坏细胞膜而释放到肠腔，并再侵入其他的肠黏膜上皮细胞（图3-11-2）。由于反复多次裂体生殖，导致肠黏膜出血、坏死等组织损伤。二是配子生殖，即滋养体经反复多次裂体生殖后即不再发育为裂殖体，而可分化为雄性（较小）与雌性（较大）两种配子体，经糖原染色法（PAS）染色染成红色（图3-11-3）。两者结合后变成合子，发育成卵囊，随粪便排出。猪球虫的卵囊随种类不同而有圆形、椭圆形、卵圆形等不同的形状，色泽由黄褐色、淡黄色（图3-11-4）到无色。三是孢子生殖，即在适宜的外界温度和湿度条件下，卵囊内合子分裂成4个成孢子细胞。每个成孢子细胞的外周形成有抵抗力的膜壁，即孢子囊。每个孢子囊再分裂成2个子孢子（图3-11-5）。至此孢子生殖完成，新生成的卵囊具有感染性。

【流行特点】本病只发生于仔猪，成年猪多为隐性感染；病猪和带虫的猪是本病最主要的传染来源；消化道是本病的主要的传播途径。当虫卵随病猪的粪便排出体外，污染了饲料、饮水、土壤或用具等时，虫卵在适宜的温度和湿度下发育成有感染性的虫卵，仔猪误食后，就可发生感染。

本病的发生常与气温和雨量的关系密切，通常多在温暖的月份发生，而寒冷的季节少见。在我国北方大约从4—9月末为流行季节，其中以7—8月最为严重；而在南方一年四季均可发生。

【临床症状】发病仔猪主要表现为食欲不振，渴欲增加，恶寒怕冷，喜欢聚堆，相互取暖（图3-11-6），磨牙，有间歇性腹痛，腹泻和便秘交替发生；病情重时可呈进行性腹泻，有时见血便，几天后血便消失，出现黏液性粪便。病猪逐渐消瘦、贫血，可视黏膜苍白。病情较轻时，粪便呈棕色或灰色、稀软（图3-11-7），检查粪便可以发现卵囊。

仔猪球虫病一般均为良性经过，可自行耐过而逐渐康复；但感染虫体的数量多，腹泻严重的仔猪，可以死亡而告终。成年猪感染时一般不出现明显的临床症状。

【病理特征】猪球虫病的特征性病变位于小肠，以卡他性肠炎或轻度出血性卡他性肠炎为特点。剖检见，肠黏膜面上被覆大量黏液，黏膜水肿、充血和白细胞浸润，结果使肠黏膜显著增厚。黏膜常发生点状出血（图3-11-8），尤其是空肠后部及回肠黏膜的皱襞部。肠内含有混杂黏液和少量含血的稀粥样物。但在临床上有些病猪的粪便变化不明显，这可能是由于球虫在肠黏膜上皮细胞内发育，常引起受侵袭的细胞死亡后，肠腺和表面的上皮细胞脱落，绒毛上皮则可发生代偿性增生之故。此外，肠黏膜常见局灶性坏死和黏膜脱落区；

当伴有细菌等感染时，坏死就变得更为严重，肠黏膜上常覆有厚层假膜（图3-11-9）。此时，粪便内常常混有纤维素碎片。

肠道的组织学变化特点是肠黏膜上皮细胞坏死脱落，其程度因球虫的数量、繁殖速度而不同。肠腔上皮细胞多含有不同发育期的球虫（图3-11-10），含有球虫的坏死上皮细胞脱落入肠腺腔内，形成很多细胞碎屑。当上皮脱落后，于固有层及肠腺腔内即有白细胞浸润，其中含有多量嗜酸性粒细胞。

【诊断要点】猪球虫病的生前诊断，可用饱和盐水浮集法检查粪便中有无卵囊，并根据卵囊的种类、数量以及临床表现和流行病学等资料进行综合分析。死后剖检，可根据严重的卡他性或卡他性出血性肠炎的特点，并在肠黏膜上皮细胞内发现大量发育不同阶段的球虫，或以肠黏膜涂片镜检，可发现大量不同发育的球虫即可确诊。

【治疗方法】猪的球虫多取良性经过，因此，对猪球虫的治疗，目的在于缓解症状，抑制球虫的发育，促使病猪迅速产生免疫力，使病猪尽快康复。球虫是很容易产生抗药性的，故应有计划地交替使用或联合应用数种抗球虫的药物进行治疗或预防，以免抗药性的产生。磺胺类药物等对球虫有杀灭和抑制作用，多是治疗球虫病的首选药物，兹介绍几种常用的治疗方法。

1.磺胺二甲嘧啶疗法　按每千克体重0.1g剂量（初次剂量为0.2g），混入少量饲料喂服，每日2次，连用3d，停药4d，再喂服1～2个疗程。

2.二甲氧苄啶与磺胺二甲基嘧啶合剂疗法　两药的比例为1∶5，按900mg/kg的浓度混入饲料进行治疗；按200mg/kg混入饲料对带菌猪进行预防。其方法是：投药4d，停药3d；再投药4d，停药3d；再投药5d。

3.氯苯胍疗法　在多雨的季节，本病暴发时，按300mg/kg混入饲料做紧急治疗，治疗1周后，改为150mg/kg混饲。对以精料为主的断乳仔猪，以150mg/kg混入饲料内给予，连用45d可收到良好的预防效果；对以青饲料为主的架子猪，则按每千克体重6mg给予，具有较好的预防作用。

4.中药方剂疗法

（1）四黄散疗法　黄连6份，黄柏6份，黄芩15份，大黄5份，甘草8份，共研末，每猪每日服药2次，每次6g，连服1～3d；若3d未愈，则可连服。

（2）球虫九味散疗法　白僵蚕10份，生锦纹5份，桃仁泥5份，地鳖虫5份，生白术3份，川桂枝3份，白茯苓3份，泽泻3份，猪苓3份，共研末，每次9g内服，每日两次，连用5d。病初服用本剂有明显的疗效。

【预防措施】本病的主要传染来源是病猪、带虫猪和污染的场地，因此预防本病应采取隔离—治疗—消毒的综合措施。成年猪多系带虫猪，因此在母猪分娩前两个月，应该给其驱虫，粪便及时清除、发酵、消毒，垫草更换，环境消毒，使母猪在清洁的状态下进行生产。本病流行的地区，应定期驱虫，并对猪排出的粪便进行无害化处理，防止粪便对饲料、饮水和环境的污染；应定期用3%～5%的热氢氧化钠溶液或1%克辽林溶液消毒地面、圈舍、饲槽、饮水槽和用具等。另外，球虫病往往在突然更换饲料时发生，因此乳猪断乳时或仔猪饲料更换时应注意逐渐地过渡，切忌突然更换。

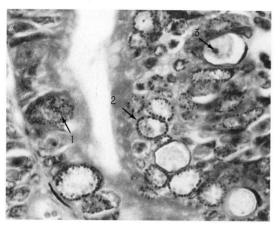

图3-11-1　肠上皮中的球虫

小肠黏膜上皮中不同发育阶段的球虫：裂殖体（箭头1）、裂殖子（箭头2）和滋养体（箭头3）。（HE，×400）

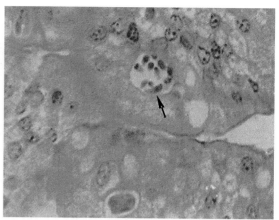

图3-11-2　肠上皮中的裂殖子

位于肠上皮细胞中已成熟的裂殖子（箭头）。（HE，×400）

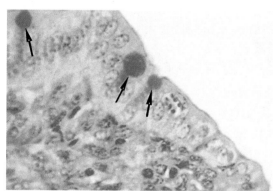

图3-11-3　肠上皮中的配子体

位于肠上皮的配子体被糖原染色法染成红色（箭头）。（PAS，×400）

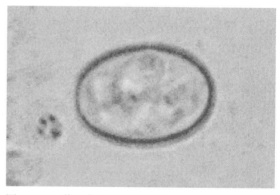

图3-11-4　蒂氏艾美耳球虫卵囊

成熟的蒂氏艾美耳球虫的卵囊呈类圆形，卵膜黄褐色。

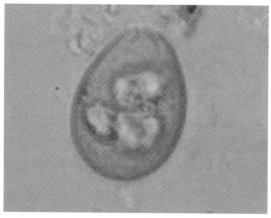

图3-11-5　粗糙艾美耳球虫卵囊

成熟的粗糙艾美耳球虫的卵囊内有呈分裂状的子孢子。

图3-11-6　病猪聚堆

病仔猪恶寒怕冷，聚积成堆，相互取暖。

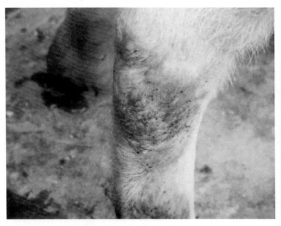

图3-11-7　仔猪腹泻

发病仔猪排出灰红色稀便，两后肢被污染。

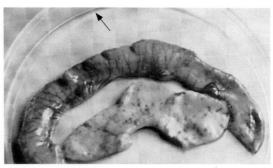

图3-11-8　小肠出血

肠壁充血呈红褐色，肠黏膜面上有大量出血斑点。

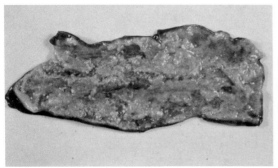

图3-11-9　出血性肠炎

小肠黏膜出血、坏死，呈红褐色，被覆厚层黄红色的假膜。

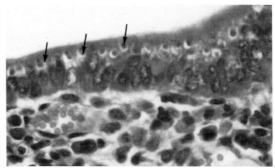

图3-11-10　肠上皮中的球虫

小肠黏膜上皮细胞中有不同发育阶段的球虫（箭头）。（HE，×400）

十二、小袋虫病

　　小袋虫病（Balantidiasis）又称小袋纤毛虫病，主要流行于饲养管理较差的猪场；多发生于仔猪，临床上以腹泻、衰弱、消瘦等症状为特点，严重者可导致死亡。本病常与猪瘟、沙门氏菌病等传染病并发。

　　【病原特性】本病的病原为纤毛虫纲、小袋虫科、小袋虫属的结肠小袋纤毛虫（*Balantidium coli*）（简称小袋虫）；普遍分布于全世界；主要寄生在猪及非人类灵长类大肠内，偶尔可以感染人。

　　小袋虫的生活史可分为滋养体（活动期的虫体）和包囊体（非活动期的虫体）两个阶段。滋养体呈椭圆形，无色透明或淡灰略带绿色。虫体表面有许多纤毛，排列成略带斜形的纵行；纤毛做规律性运动，使虫体以较快速度旋转向前运动。虫体有大、小不同的两个核，大核多位于虫体中央，呈肾形，小核较小，呈球形，位于大核的凹陷处；中部及后部各有一个调节渗透压的伸缩泡（图3-12-1）。包囊体呈圆形或椭圆形，囊壁分为两层，厚而透明，呈淡黄色或浅绿色，在新形成的包囊内，可清晰见到滋养体在囊内活动，但不久即变成一团颗粒状的细胞质（图3-12-2）。

【流行特点】本病可发生于各种年龄的猪，但以断乳后仔猪的易感性最强，感染率为20%～100%不等。病猪和带虫猪是本病的主要传染源；而其他带虫动物（牛、羊、犬等）也可传播病原。本病主要通过消化道而感染；其发生与否多与饲养管理不良、季节变化无常、猪体抵抗力降低等因素有明显的关系。一般而言，小袋虫的致病力并不太强，但当仔猪发生疾病时，特别是由沙门氏菌、猪瘟病毒和传染性胃肠炎病毒等引起肠道发炎时，或由于其他因素的作用而使猪体的抵抗力降低时，即造成有利于小袋虫大量繁殖的环境，导致溃疡性结肠炎的发生，使病情加重。

本病多呈散发性，少见流行性；一年四季均可发生，但以寒冷的冬季和早春多见。

【临床症状】本病按病程不同而有急性和慢性之分。急性型多突然发病，可于2～3d内死亡；慢性型者可持续数周甚至数月，但两型的临床症状基本相同。两型的共同表现为：病仔猪精神沉郁，体温有时升高，食欲减退或废绝，喜躺卧，有颤抖现象；有不同程度的腹泻，粪便先半稀，后为水样，其中常带有黏膜碎片和血液，有恶臭。成年病猪除粪便附有血液和黏液外，一般无症状。

【病理特征】小袋虫主要寄生在猪的结肠，其次为直肠和盲肠。因此，本病的特征性病理损伤是卡他性、出血性肠炎，肠管积气膨胀，出血部位的肠管呈暗红色（图3-12-3）。剪开肠管，肠内容物呈灰白色带血的黏液状，或呈红褐色黏稠的黏液被覆于肠黏膜上（图3-12-4）。病性严重时，肠黏膜除有出血外，还见糜烂、溃疡形成（图3-12-5），偶尔可引起肠穿孔及腹膜炎等严重并发病。组织病理学检查，可发现结肠小袋虫借助机械运动及分泌的透明质酸酶侵入肠黏膜，引起大肠黏膜发生出血和凝固性坏死，并形成溃疡，在坏死脱落的肠上皮与黏液中或黏膜的表面可检出大量小袋虫（图3-12-6）；病情严重时，小袋虫可侵入黏膜下层和肌层，在肠壁肌层中检出大量小袋虫（图3-12-7）。这是引起肠溃疡的主要原因。在受累组织中浸润的炎性细胞主要是淋巴细胞及嗜酸性粒细胞。

【诊断要点】检出虫体是诊断本病的主要依据。本病的生前诊断可根据临床症状和粪便检查的结果进行判定，即在粪便中检出大量的滋养体（图3-12-8）或包囊体就可确诊。死后剖检时应着重观察大肠有无溃疡性肠炎变化；并注意滋养体或包囊体的检出。其方法是：将在病、健交界部位刮取肠黏膜或肠腔内容物，用热生理盐水稀释后，直接制作滴片，镜检时可发现较多的滋养体（图3-12-9）；组织病理学检查时，可于被覆于肠黏膜的黏液中检出多量的滋养体。后者的主要特点为虫体大呈卵圆形，原生质中有致密肾形大核，虫体表有整齐排列的纤毛（图3-12-10），镀银染色可使纤毛更为明显。

【治疗方法】可用于治疗本病的药物较多，如卡巴肿、碘化钾、甲基咪唑、硝基吗啉咪唑、土霉素、金霉素、四环素和黄连素等。

1.卡巴肿疗法 卡巴肿0.25～0.5g，每日2次，连用10d为一疗程；为了巩固疗效，停药1周后，再用药5d。

2.碘牛乳疗法 即牛乳1 000mL，加入碘和碘化钾溶液（碘1g、碘化钾1.5g、水1 500mL）100mL，混入饮水中给予，连用1周。

3.甲硝唑注射疗法 对病情较重、食欲不佳的猪，可采用甲硝唑针剂，每千克体重10mg，肌内注射，每日2次，连用3d，治疗效果明显。

　　另外，依据本地区的具体情况，也可选用其他药物进行治疗。

　　【预防措施】本病虽然可以治疗，但又很易复发，因此做好预防工作非常重要。预防本病应着重搞好猪场的环境卫生和消毒工作；猪粪发酵处理，避免含有滋养体和包囊体的粪便污染饲料和饮水。

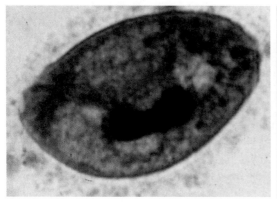

图3-12-1　小袋虫滋养体

小袋虫的滋养体呈椭圆形，外周有纤毛。（含铁血黄素染色，×200）

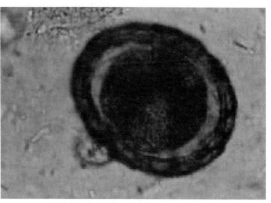

图3-12-2　小袋虫包囊体

小袋虫的包囊体呈圆形或椭圆形，包有厚层包膜。

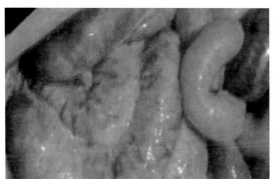

图3-12-3　肠积气和出血

肠管积气膨胀，出血的肠管呈暗红褐色。

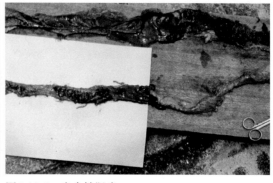

图3-12-4　出血性肠炎

肠黏膜出血，黏膜面覆有多量红褐色黏液并见溃疡。

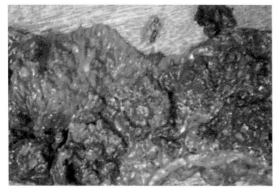

图3-12-5　结肠溃疡

肠黏膜弥漫性出血，呈暗红色，黏膜面上有融合性溃疡灶。

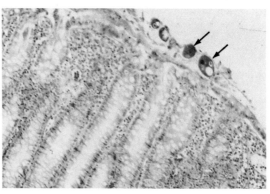

图3-12-6　卡他性肠炎

肠黏膜上皮剥脱，肠黏液中含较多的小袋虫（箭头）。（HE，×100）

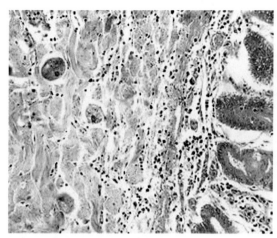

图 3-12-7　肠肌壁层中的滋养体

在肠壁肌层中有大量小袋虫，肌纤维间有大量炎性细胞。（HE，×100）

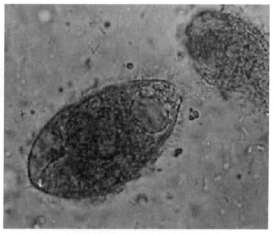

图 3-12-8　粪便中的滋养体

猪粪便中检出的滋养体，细胞质呈颗粒状。

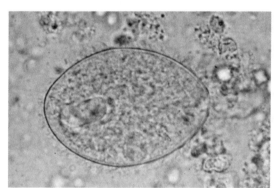

图 3-12-9　肠内容物中的滋养体

从肠黏膜内容物中检出的滋养体，有明显偏在的核。

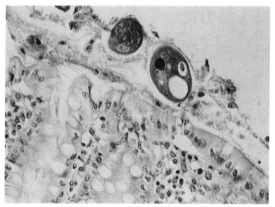

图 3-12-10　肠黏膜中的滋养体

肠黏膜面被覆大量黏液，其中混有滋养体。（HE，×400）

十三、疥螨病

疥螨病（Sarcoptidosis）俗称疥癣、癞病，是一种接触传染的慢性寄生虫性皮肤病；临床上以剧痒、湿疹性皮炎、脱毛、形成皮屑干痂、患部逐渐向周围扩展和具有高度传染性为特征。

【病原特性】本病的病原为疥螨属的猪疥螨（*Sarcoptes scabiei* var. *suis*），又称穿孔疥虫。猪疥螨的虫体很小，肉眼不易看见，大小为 0.2 ～ 0.5mm，呈淡黄色龟状，背面隆起，腹面扁平。躯体可分为两部分：前面称为背胸部，有第 1 和第 2 对足，这两对足大，超出虫体的边缘，每个足的末端有两个爪和一个吸盘；后面叫背腹部，有第 3 和第 4 对足，这两对足较小，除有爪外，雌虫的足末端只有刚毛，而雄虫的第 3 对足为刚毛而第 4 对足

则为吸盘（图3-13-1）。疥螨的卵为椭圆形，大小平均为150μm×100μm（图3-13-2）。疥螨为不全变态的节肢动物，其全部发育过程都在宿主体内度过，包括卵、幼虫、若虫、成虫四个阶段。

【流行特点】本病多发生于仔猪，病情也较成年猪的重。疥螨在仔猪的皮肤内繁殖速度较在成年猪的快。其传播的主要途径是由病猪与健猪直接接触，或被螨及其虫卵污染的圈舍、垫草和饲养管理用具的间接接触。另外，幼猪有挤压成堆躺卧的习惯，这是造成本病迅速传播的重要因素；工作人员的衣服和手等也可以成为疥螨的搬运工具，起到传播螨病的作用。此外，猪舍阴暗、潮湿、环境不卫生及营养不良等均可促进本病的发生和发展。

【临床症状】本病多发生于5月龄以下的猪。病初从眼周、颊部和耳根开始，逐渐发展到全身。发病部位最初先呈淡红色皮疹样，发疹部位的被毛脱落（图3-13-3），以后逐渐增大呈结节状，并有红色结痂（图3-13-4）。较严重的单纯性疥螨感染，可引起皮肤增生肥厚，表面有较大的结节和皱纹（图3-13-5），有的则见苔藓样的皮屑脱落，体表呈斑驳状，被毛稀疏（图3-13-6）。当继发感染时结节可相互融合，呈黄白色化脓并形成结痂（图3-13-7）。病情严重时，化脓性病变可蔓延到背部、体侧、股内侧和全身（图3-13-8）。剧痒是本病的一个主要症状，病情越重，痒觉越甚，病猪常瘙痒难忍，在圈墙等处摩擦（图3-13-9）或以蹄子摩擦患部，甚至将患部擦破出血，皮肤常因病猪的强烈摩擦而受损（图3-13-10）。当患部被葡萄球菌感染后，则皮肤肥厚、脱毛，形成化脓性结痂，或形成石灰色痂皮（图3-13-11）。随着病情和感染的发展，皮肤的毛囊、汗腺受到侵害，皮肤角质层角化过度，患处脱毛，皮肤肥厚、失去弹性而形成皱褶和龟裂（图3-13-12）。由于皮肤瘙痒，病猪终日啃咬、摩擦和烦躁不安，影响正常的采食和休息，所以食欲不振，营养不良，并使胃肠消化、吸收机能降低，常常发生便秘，病猪腹部膨胀（图3-13-13），常呈现犬坐姿势，圈内可见干固的粪块。加之在寒冷季节因皮肤裸露，体温大量放散，体内蓄积的脂肪被大量消耗，所以病猪日渐消瘦，抵抗力明显降低，常易发生继发性感染使病情复杂化，严重时可引起死亡。

【病理特征】疥螨主要侵害皮温较高并较固定和表皮较薄的部位。由于大量虫体寄生和挖凿隧道，对宿主皮肤有巨大机械刺激作用，加上虫体不断分泌和排泄有毒的分泌物和排泄物刺激神经末梢，致使动物产生剧痒和皮肤炎症。其特征是皮肤因充血和渗出而形成小结节（图3-13-14），随后因瘙痒摩擦造成继发感染而形成化脓性结节（图3-13-15）或脓疱（图3-13-16），后者破溃、内容物干涸形成痂皮。在多数情况下，宿主患部皮肤的汗腺、毛囊和毛细血管遭受破坏，并因有化脓性细菌感染而使患部积有脓液，皮肤角质层因受渗出物浸润和虫体穿行而发生剥离，或形成大面积结痂（图3-13-17）。病情严重的病猪，患部脱毛，皮肤增厚而失去弹性，或形成皱褶。镜检，表皮角化增厚，其中常有多量疥螨寄生，真皮增生肥厚，其中有较多的嗜酸性粒细胞浸润（图3-13-18）。

【诊断要点】本病虽然可根据发病的季节、特殊的临床症状和病理变化做出诊断；但对症状不够明显的病例，确诊则需检出病原体。

【类症鉴别】猪疥螨病易与湿疹、虱和毛虱病及秃毛癣病相混淆，诊断时应注意区别。

【治疗方法】治疗螨病的药物较多，如敌百虫、螨毒磷、螨净、溴氰菊酯、20%碘硝酚注射液、虫克星注射液、1%伊维菌素注射液、硫黄和烟草等均有效。下面介绍几种治疗药物和处方供参考。

1.敌百虫疗法　将敌百虫配制成5%敌百虫溶液（取来苏儿5份，溶于100份温水中，再加入敌百虫5份即成），供患部涂擦用。亦可用敌百虫1份加液状石蜡4份，加温溶解后，用于患部涂擦。

2.敌百虫软膏疗法　取强发泡膏100g加温溶解后，加入食用油700mL及来苏儿100mL，再加入敌百虫100g，混合均匀后晾至常温，供患部涂擦使用。

3.喷洒治疗法　如用0.025%螨净溶液或0.05%溴氰菊酯溶液喷洒于患部，每天一次，连用3～5次，具有较好的效果。

4.注射疗法　如2%碘硝酚注射液，每千克体重10mg，一次皮下注射；虫克星注射液和1%的伊维菌素注射液，每千克体重0.02mL，一次皮下注射。

5.烟草水疗法　取烟叶或烟梗1份，加水20份，浸泡24h，再煮1h，用晾凉后的煎煮水涂擦患部。

应该指出：治疗疥螨病的药物大多是一些外用的带有一定毒性的药物，治疗时应选用专门的场所，分散治疗。为了使药物能充分接触虫体，用药前最好用肥皂水或来苏儿溶液彻底洗刷患部，清除痂皮和污物后再涂药。由于大多数治螨药物对虫卵的杀灭作用差，因此治疗时常需重复用药2～3次，每次间隔5d，以杀死新孵出的幼虫。

【预防措施】

1.常规预防　平时要搞好猪舍卫生，经常保持清洁、干燥、通风。进猪时，应隔离观察，防止引进带有螨虫的病猪。经常注意猪群中有无发痒、掉毛、皮肤粗糙或发炎等现象，及时挑出可疑的病猪，隔离饲养，迅速查明原因，并采取相应的措施。

2.紧急预防　发现病猪应立即隔离治疗，以防止蔓延。在治疗病猪同时，应彻底消毒猪舍和用具，将治疗后的病猪安置到已消毒过的猪舍内饲养。常用的消毒药物为10%～20%石灰乳、5%热氢氧化钠溶液或20%草木灰水等。从病猪身上清除下来的一切污物，如毛、痂皮和坏死组织等，均应全部收集，消毒处理或深埋。

疥螨病症状

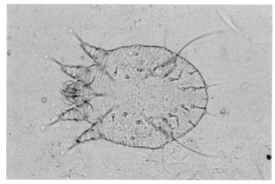

图3-13-1　猪疥螨雄虫

雄虫的第3对足为刚毛，而第4对足则为吸盘。

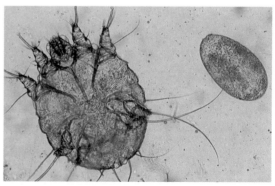

图3-13-2　猪疥螨雌虫及虫卵

雌虫的生殖孔位于第1对足后，虫卵呈椭圆形。

图3-13-3　皮疹

病猪全身布满红色的皮疹，全身被毛稀疏。

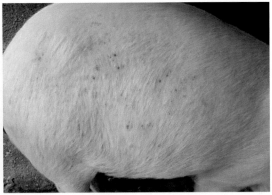

图3-13-4　结节样病变

病猪腹侧部有局灶性的结节，病变部位被毛脱落。

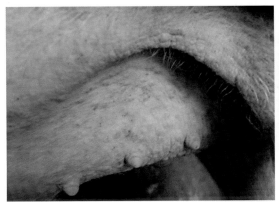

图3-13-5　皮肤肥厚

病变部皮肤肥厚，有大小不一的结节。

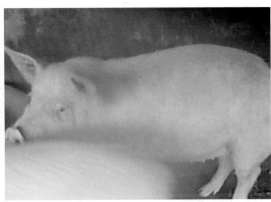

图3-13-6　苔藓样皮屑

病猪背腹部被毛稀疏，皮屑脱落，呈苔藓样外观。

图3-13-7　感染性结痂

全身皮肤发疹，头部感染严重，形成化脓性结痂。

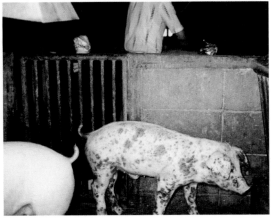

图3-13-8　感染性病变

严重感染时病猪全身皮肤形成片块状渗出性病变。

图 3-13-9　瘙痒

　　病猪瘙痒难忍，在圈墙上磨蹭。

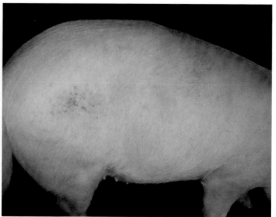

图 3-13-10　蹭伤

　　蹭伤部的皮肤被毛脱落，发炎红肿。

图 3-13-11　皮肤肥厚

　　继发感染而引起的皮肤肥厚、脱毛和痂皮形成。

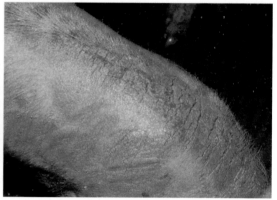

图 3-13-12　皮肤皲裂

　　背部及胸腹侧感染后有大量淡褐色痂皮，并发生龟裂。

图 3-13-13　腹部膨胀

　　病猪因消化不良而便秘，导致胃肠积气。

图 3-13-14　皮肤癣斑

　　病猪股部内侧的癣斑，形成渗出性小结节。

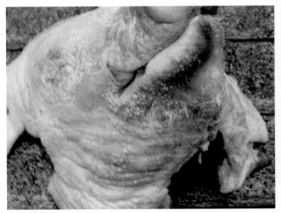

图 3-13-15　化脓性结节

病猪的唇部及颈部因继发感染而红肿肥厚，并有许多化脓性结节。

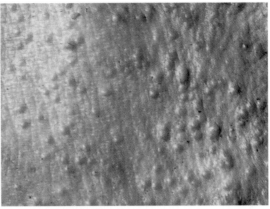

图 3-13-16　脓疱形成

皮肤疥癣继发葡萄球菌感染后，在皮肤表面形成大小不等的脓疱。

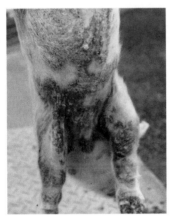

图 3-13-17　化脓性皮炎

腹部及前肢后部皮疹融合、渗出而形成大片结痂。

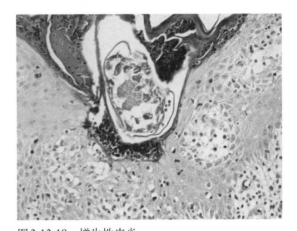

图 3-13-18　增生性皮炎

表皮角化，有疥螨寄生；真皮增生，有多量嗜酸性粒细胞浸润。（HE，×100）

十四、猪虱病

　　猪虱病（Pedicular disease of swine）是由猪血虱寄生于猪体表所引起的一种寄生性昆虫病。猪血虱多寄生于猪的耳基部周围、颈部、腹下、四肢内侧；其机械性的运动和毒素的刺激作用，常使病猪瘙痒不安，影响采食和休息，导致渐进性消瘦和发育不良。

　　【病原特性】本病的病原为昆虫纲、虱目、血虱科、血虱属的猪血虱（*Haemtopinus suis*）（简称猪虱）。猪虱的个体较大，体长 4～5mm，背腹扁平，表皮为革状，呈灰白色或灰黑色。虫体分为头、胸、腹三部：头部窄，呈圆锥形；胸部 3 节融合，生有 3 对粗短的足；腹部由 9 节组成，雄虱末端圆形，雌虱末端分叉（图 3-14-1）。

　　猪虱为不全变态，终生不离开猪体，整个发育过程包括卵、若虫和成虫三个阶段；其中，若虫和成虫都以吸食血液为生。雌雄交配后，雄虱死亡，雌虱经2～3d后开始产卵，每昼夜可产1～4个卵，每个虱一生能产50～80个卵。猪虱产卵时，可分泌一种胶状物，使虫卵黏附于猪毛或鬃上（图3-14-2）。雌虱产完卵后死亡。卵呈长椭圆形，黄白色，大小为0.8～1.0mm×0.3mm，有卵盖，上有颗粒状的小突起（图3-14-3）。卵经9～20d孵出若虫；若虫分3龄，每隔4～6d蜕化一次，经3次蜕化后变为成虫。

猪虱对低温的抵抗力较强，在0～6℃可存活10d；而对高温和湿热的抵抗力则较差，在35～38℃时经24h即死亡。

【流行特点】各种年龄的猪对猪虱均易感染；病猪则是主要的传染来源；直接接触为本病最主要的传染途径，其次也可通过混用的用具和褥草等传播。饲养管理卫生不良的猪群，虱病往往比较严重。

本病主要发生于秋、冬季节，而夏季则较少。另外，虱对温度反应敏感，会因温度吸引而爬上靠近的猪体；相反，当猪死亡后体温降低，虱则会自动离开尸体而寻找新的宿主。

【临床症状】猪虱多寄生于被毛稠密、皮肤较薄、湿度较大的内耳壳（图3-14-4）和股部内侧等部位，但感染严重时全身各部如头部、肩背部和臀部（图3-14-5）等均有寄生。当猪体表有较多的猪虱寄生时，由于虱的运动、吮血（图3-14-6）及其分泌毒素对神经末梢的刺激，从而引起瘙痒，影响食欲和休息，故病猪通常消瘦，被毛脱落，皮肤落屑；病性严重时在皮肤出现毛囊炎小结节、小溢血点，或融合性毛囊性结节，甚至小坏死灶（图3-14-7）；或因病猪在栅栏、圈舍的墙壁上摩擦，造成皮肤损伤而继发细菌感染。猪虱严重感染时，则病猪的精神不振，体质衰退，明显消瘦，发育不良，或伴发化脓性皮炎和毛囊炎（图3-14-8）。此外，猪虱还能传播一些疾病，如沙门氏菌病、皮肤丝状菌病等，从而引起伴发病。

【诊断要点】本病在临床上容易被确诊。根据病猪到处擦痒，造成皮肤损伤及脱毛；在猪虱最易寄生部位，拨开被毛能发现附于毛上的虱卵和在皮肤上吮血或运动的猪虱（图3-14-9），即可确诊。

【治疗方法】将敌百虫配制成0.5%～1%溶液，喷洒于患部及圈舍，具有良好的灭虱效果。注意，本法多用于夏季，用药的浓度不宜过高，以免引起病猪中毒。

此外，使用阿维菌素或伊维菌素，每千克体重注射0.3mg；溴氰菊酯或敌虫菊酯乳剂喷洒猪体，也有良好的治疗作用。

【预防措施】加强饲养管理和保持环境卫生是预防本病的有力措施。猪舍应通风、干燥，避免潮湿；垫草要勤晒、勤换、勤消毒，护理用具和饲养用具要定期消毒。在本病流行的地区或在本病易发生的季节，猪的圈舍及周围的环境最好每月用1%敌百虫喷洒消毒。经常注意检查猪只体表的变化，发现有虱病时，应及时隔离治疗，并对其他猪进行药物预防。

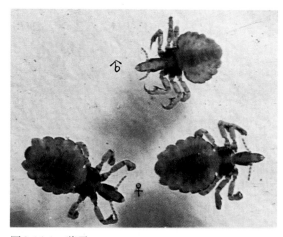

图3-14-1　猪虱

雄性猪虱（♂）末端呈圆形，雌性（♀）猪虱末端分叉。

图3-14-2　虱卵

在病猪的被毛上有大量灰白色虱卵附着。

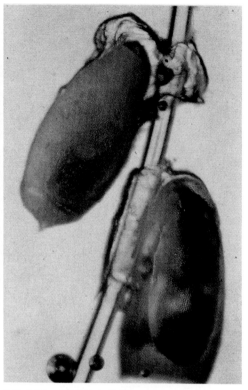

图3-14-3　附于毛上的卵

虱卵靠分泌一种胶状物而黏附于毛上。

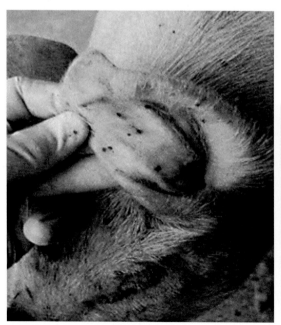

图3-14-4　寄生于耳廓的虱

内耳壳有猪虱寄生，被毛上附有灰白色虱卵。

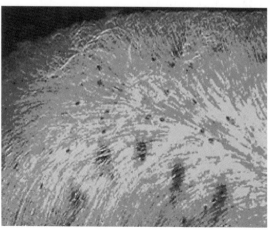

图3-14-5　位于臀部的虱

臀部皮肤虽然较厚，但病性严重时也有大量虱子寄生。

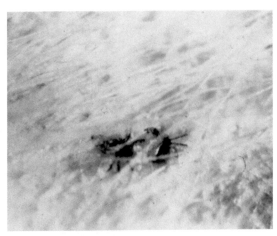

图3-14-6　吸血后的虱

　　寄生于猪皮肤上的猪虱吮血后呈红褐色。

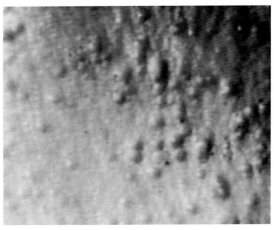

图3-14-7　化脓性毛囊炎

　　病猪的皮肤红肿，布满大小不一的黄白色化脓性毛囊炎。

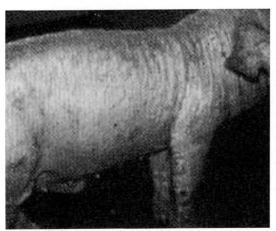

图3-14-8　全身性皮炎

　　病猪因猪虱的大量寄生而引起化脓性皮炎和毛囊炎。

图3-14-9　寄生于皮肤的虱和卵

　　病猪的被毛上有灰白色虱卵附着，皮肤上有暗褐色猪虱寄生。

猪的螺旋体病

一、猪痢疾

猪痢疾（Swine dysentery）是一种由螺旋体引起的危害严重的肠道传染病。其特征为大肠黏膜发生卡他性出血性炎症，进而发展为纤维素性坏死性肠炎，主要症状为黏液性或黏液出血性腹泻。

【病原特性】 本病的原发性病原为短螺旋体属的猪痢短螺旋体（*Brachyspira hyodysenteriae*），而肠道内其他固有的病原微生物也参与本病的过程。本病原有 4～6 个弯曲，两端尖锐，呈缓慢旋转的螺丝线状。新鲜病料在暗视野显微镜下可见到活泼的蛇形运动或以长轴为中心的旋转运动（图4-1-1）。在透射电子显微镜下，其形成与细菌不同，胞壁与胞膜之间有 7～9 条轴丝。此轴丝为短螺旋体的运动器官。用扫描电镜观察，病原的两端较细，钝圆，呈蚯蚓状（图4-1-2）。

猪痢短螺旋体对外界环境有较强的抵抗力，在25℃的粪便内能存活7d，5℃粪便中能存活61d，在4℃土壤能存活18d；但对消毒药的抵抗力不强，一般消毒药如过氧乙酸、来苏儿及氢氧化钠溶液均能迅速将其杀死。

【流行特点】 本病只发生于猪，最常见于断乳后正在生长发育的架子猪，乳猪和成年猪较少发病。病猪、临床康复猪和无症状的带菌猪是主要传染源，经粪便排菌，病原体污染环境和饲料、饮水后，经消化道传染。本病的流行经过比较缓慢，持续时间较长，且可反复发病。本病往往先在一个猪舍开始发生，几天后逐渐蔓延开来。在较大的猪群流行时，常常拖延达几个月，直到出售时还可见到新发病的猪。

本病无季节性，传播缓慢，流行期长，可长期危害猪群。各种应激因素，如阴雨潮湿、猪舍积粪、气候多变、拥挤、饥饿、运输及饲料变更等，均可促进本病发生和流行。因此，本病一旦传入猪群，很难肃清。在大面积流行时，断乳猪的发病率一般为75%，高者可达90%，经过合理治疗，病死率较低，一般为5%～30%。

【临床症状】 潜伏期长短不一，短者仅3d，长者可达2个月以上，但自然感染一般为10～14d。本病的主要症状是轻重程度不等的腹泻。在污染的猪场，几乎每天都有新病例出现。病程长短不一，通常可分为以下几种：

1.最急性型 病程仅数小时，多无腹泻症状而突然死亡；有的先排带黏液的软便，继之迅速腹泻，粪便色黄、稀软，其中混有黏液和组织碎块（图4-1-3），病情严重时，可见红褐色水样粪便从肛门中流出（图4-1-4）；重症者在1～2d内死亡，粪便中充满血液和黏液。

2.急性型　大多数病例为急性型。初期，病猪精神沉郁，食欲减退，体温升高（40～40.5℃），排出黄色黏液性软便，或带有血液呈灰红色黏液性软便（图4-1-5）；继之，发生典型的腹泻，当持续腹泻时，可见粪便中混有黏液、血液及纤维素碎片，使粪便呈油脂样或胶冻状，棕色、红色或黑红色（图4-1-6）。有的病猪肛门松弛，排便时呈喷射状，将棕红色稀便排到邻近的猪身上（图4-1-7），肛门中常留有棕色稀便，尾巴和会阴部被污染（图4-1-8）。此时，病猪常出现明显的腹痛，弓背吊腹；显著脱水，极度消瘦，虚弱；体温由升高而下降至常温，死亡前则低于常温。急性型病程一般为1～2周。

3.亚急性和慢性型　病猪表现时轻时重的黏液出血性腹泻，粪呈黑色（称黑痢），病猪生长发育受阻，进行性消瘦；部分病猪虽然可以自然康复，但这些康复后的猪，经一定时间后还可以复发。本型的病程较长，一般在1个月以上。

【病理特征】本病的特征性病变主要在大肠（结肠、盲肠），尤其是回、盲肠结合部，小肠的病变一般不太明显。但当病情严重时，小肠也见有出血性肠炎的病变（图4-1-9），尤其是回肠部的出血更为明显，通常为弥漫性出血，肠黏膜呈暗红色（图4-1-10）。偶见直肠也有明显的出血，肠黏膜面上常被覆大量血凝块和黏液（图4-1-11）。

剖检见病猪尸体明显脱水，显著消瘦，被毛粗刚。急性期病猪的大肠壁和大肠系膜充血、水肿，肠系膜淋巴结也因发炎而肿大（图4-1-12）。回肠和盲肠壁的淋巴小结肿大，从浆膜外就可发现黄白色结节（图4-1-13）。剪开肠管，肠黏膜下肿胀的淋巴小结隆突于黏膜表面。黏膜明显肿胀，被覆有大量混有血液的污秽色黏液（图4-1-14），出血严重时，肠黏膜红染，表面覆有大小不一的血凝块（图4-1-15）。当病情进一步发展时，大肠壁水肿减轻，而黏膜的炎性渗出、上皮剥脱和坏死逐渐加重，由黏液出血性炎症发展至出血性纤维素性坏死性炎症，在黏膜表层形成一层出血性纤维蛋白假膜。剥去假膜，肠黏膜表面有广泛的糜烂和浅在性溃疡（图4-1-16）。当病变转为慢性时，黏膜面常被覆一层致密的纤维素性渗出物。本病的病变分布部位不定，病轻时仅侵害部分肠段，反之则可分布于整个大肠部分，而病的后期，病变区扩大，常广泛分布（图4-1-17）。

组织病理学特征是：病初由于黏膜和黏膜下层的血管扩张、淤血、出血，浆液和炎性细胞渗出，故黏膜和黏膜下层显著水肿、增厚（图4-1-18）；继之，肠黏膜上皮坏死脱落，毛细血管裸露、破裂或通透性增大，故大量红细胞和纤维蛋白渗出，并与坏死的上皮混在一起被覆在黏膜表面（图4-1-19）。肠腺在病初因杯状细胞与上皮细胞增生而伸长；病重时常发生萎缩、变性和坏死。镀银染色时常在黏膜表层和肠腺窝内发现大量猪痢短螺旋体，有的密集呈网状（图4-1-20）。

一般而言，本病的病理变化主要局限于黏膜和黏膜下层，而肌层和外膜的病变轻微或无病变。

【诊断要点】根据流行特点、临床症状和病理特征可做出初步诊断；但与类症鉴别有困难或需进一步确诊时，则应进行实验室检查。实验室常用镜检法，即取新鲜粪便（最好为带血丝的黏液）少许，或取小块有明显病变的大肠黏膜直接抹片，在空气中自然干燥后经火焰固定，以草酸铵结晶紫液（图4-1-21）、吉姆萨染色液或复红染色液（图4-1-22）染色

3 ～ 5min，水洗晾干后，在显微镜下观察，看到猪痢短螺旋体即可确诊。

【类症鉴别】本病虽然与许多猪的腹泻性疾病易混淆，但更应与猪副伤寒和猪肠腺瘤病相区别。

【治疗方法】用药物治疗本病可获得较好的效果，并很快达到临床治愈，但停药2 ～ 3周后，又可复发，较难根治。

1.乙酰甲喹疗法 治疗量，每千克体重6mg，每日2次，内服，连用3 ～ 5d；预防量，每吨饲料中加入25 ～ 50g，可连续使用60d。

2.卡巴氧疗法 治疗量，在每吨饲料中拌入50g，连续使用70d；预防量与治疗量相同。

3.二硝基咪唑疗法 治疗用0.025%水溶液饮水，连用5d；预防量，在每吨饲料中加入100g，连喂30d。

4.甲硝咪乙酰胺疗法 治疗用0.006%水溶液饮水，连用3 ～ 5d；预防量，在每吨饲料中加入60g药物，连喂30d。

5.土霉素碱疗法 治疗量，每千克体重30 ～ 50mg，每日2次，内服，5 ～ 7d为1个疗程，连用3 ～ 5个疗程；预防量减半。

6.链霉素疗法 治疗量，每千克体重30 ～ 60mg，每日2次，内服，5d为1个疗程，连用2 ～ 3个疗程。

7.硫酸新霉素疗法 治疗量，在每吨饲料中添加150 ～ 300g，连用3 ～ 5d；预防量，在每吨饲料中添加100g，连用20d。

8.杆菌肽疗法 治疗量，在每吨饲料中添加500g，连用21d；预防量减半。

9.泰乐菌素疗法 治疗量，在每升饮水中加入药物0.057g，连用3 ～ 10d；预防量，在每吨饲料中添加100g，连用20d。

【预防措施】本病目前尚无特异性疫苗，因此主要采用综合性措施来预防。

1.平时预防 主要包括药物预防和加强管理。

（1）药物预防，在饲料中添加上述药物，虽可控制本病发生，减少死亡，但只能起到短期的预防作用，不能彻底消灭本病。

（2）加强管理，禁止从疫区引进种猪，必须引进种猪时，要严格隔离检疫1个月。加强饲养管理，保持舍内干燥，粪便及时做无害化处理，使用的饲喂器具应定期消毒。

2.紧急预防 在无本病的地区或猪场，一旦发现本病，最好全群淘汰，对猪场彻底清扫和消毒，并空圈2 ～ 3个月，经严格检疫后再引进新猪。当病猪数量多，流行面广时，可对感染猪群实行药物治疗，无病猪群实行药物预防，经常彻底消毒，及时清除粪便，改进饲养管理，实行全进全出制度，以控制本病的发展，甚至实现净化根除。

猪痢疾症状

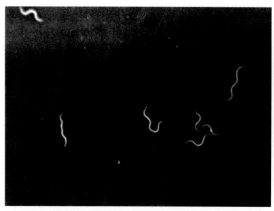

图4-1-1 猪痢短螺旋体

在暗视野显微镜下可见到蛇样形状的病猪痢短螺旋体。（暗视野，×1000）

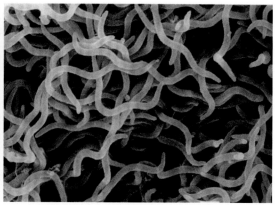

图4-1-2 猪痢短螺旋体的结构

扫描电镜下的猪痢短螺旋体，两端较细，钝圆，呈蚯蚓状。

图4-1-3 黏液样稀便

病猪排黄白色黏液性稀便，其中混有组织碎块。

图4-1-4 水样血便

病猪的后躯被血便污染，从肛门流出红褐色水样血便。

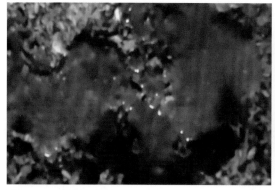

图4-1-5 黏液性血便

病猪排出的带有黏液的血便。

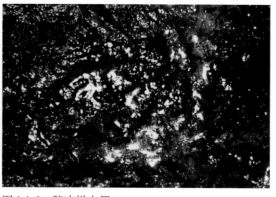

图4-1-6 胶冻样血便

血便中含有大量黏液、纤维蛋白和肠上皮等，红褐色，呈胶冻样。

图4-1-7　猪体被血便污染

病猪喷射状排出血便，污染相邻的猪。

图4-1-8　肛周血便

病猪的肛门、尾巴和会阴被血便污染。

图4-1-9　小肠出血

切开腹腔见小肠淤血、出血而呈紫红色。

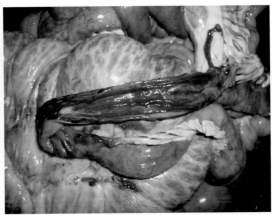

图4-1-10　回肠出血

回肠黏膜弥漫性出血，呈深红色，盲肠出血，肠壁暗红。

图4-1-11　直肠出血

膀胱膨满，直肠黏膜弥漫性出血，并见血凝块。

图4-1-12　大肠出血

肠系膜高度水肿，肠壁淤血、出血呈黑褐色，肠系膜淋巴结肿大。

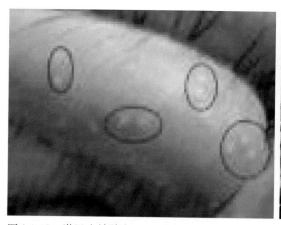

图4-1-13 淋巴小结肿大

肠壁淋巴小结肿大，在肠浆膜下可见有黄白色
小结节。

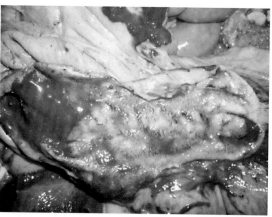

图4-1-14 卡他性肠炎

肠黏膜肿胀，覆有大量混有血液的污秽色黏液。

图4-1-15 出血性肠炎

肠黏膜弥漫性出血，呈鲜红色，表面覆有黏液
血块样附着物。

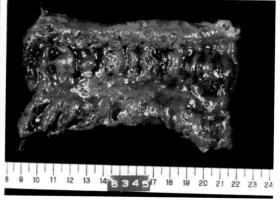

图4-1-16 出血性坏死性肠炎

大肠黏膜出血、坏死，表面覆有假膜；除去假膜
见有糜烂和溃疡。

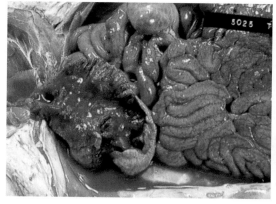

图4-1-17 肠出血

小肠淤血、出血，大肠内含有多量红豆水样稀
便，肠黏膜出血、坏死。

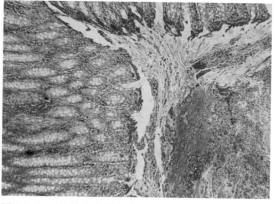

图4-1-18 急性出血性肠炎

黏膜下层淤血，弥漫性出血，大量浆液渗出和炎
性细胞浸润。（HE，×60）

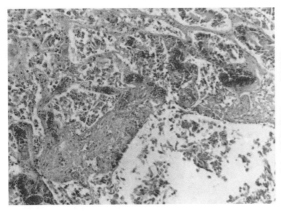

图4-1-19　急性卡他性肠炎

黏膜上覆有大量脱落的上皮及黏液，固有层内的血管扩张充血。(HE，×60)

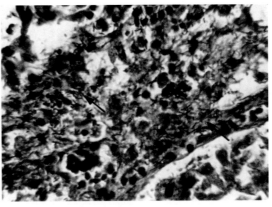

图4-1-20　被染成黑色的病原体

硝酸银染色，坏死组织中的短螺旋体被染成黑色（箭头）。(硝酸银，×400)

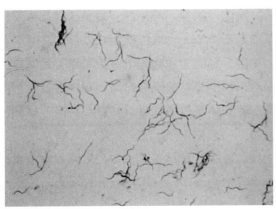

图4-1-21　被染成蓝紫色的病原体

用草酸铵结晶紫染色后病原体呈蓝紫色。(草酸铵结晶紫，×1000)

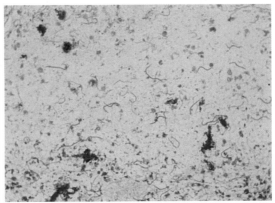

图4-1-22　被染成红色的病原体

用复红染色液染色后病原体被染成红色。(复红，×1000)

二、钩端螺旋体病

钩端螺旋体病（Leptospirosis）是一种人畜共患的自然疫源性传染病。家畜中除猪易感染之外，牛、犬和马的带菌率和发病率也很高。临床上的症状多种多样，多以黄疸、血红蛋白尿、出血性素质、皮肤和黏膜水肿及坏死、流产等为主。

【病原特征】　本病的病原为钩端螺旋体属中的似问号钩端螺旋体（*Leptospira interrogans*）（简称钩体）。钩体的一端或两端弯曲成钩状，并常呈C形、S形。用镀银染色可将钩体染成棕黑色，但染色后的菌体变粗，细密的螺旋看不清楚，有时只略为弯曲而似杆状。

钩体对外环境的抵抗力不强，但却能在水田、池塘、沼泽及淤泥中生存数月或更长，如在25～30℃的池塘和河流中能生存3周以上，这在本病的传播中具有重要的意义。对热和日光敏感，在干燥环境中容易死亡。常用消毒药的一般浓度均能迅速将其杀死。

【流行特点】各种家畜和野生的哺乳动物均可感染，特别是鼠类最易感。病畜和带菌动物是传染源，特别是带菌鼠在本病的传播上起着重要的作用。病原体从尿液排出后，污染周围的水源、饲料和土壤，经过损伤的皮肤、黏膜及消化道而感染；也可通过交配、人工授精和在菌血症期间通过吸血昆虫（蜱、虻、蝇和蚊等）的叮咬而传播。本病多发生于夏、秋季节，在气候温暖、潮湿多雨、鼠类繁多的地区发病较多。

【临床症状】不同血清型的钩体对猪的致病性有所不同，临床上所见到的症状不完全一致。一般而言，本病的感染率高，发病率低，轻症多，重症少。本病的潜伏期多为2～5d，依其症状不同而将其分为以下三种类型。

1.急性黄疸型 常发生于成年猪和育肥猪，多呈散发性，偶有暴发性。严重感染时病猪有时无明显症状，在食欲良好的情况下突然死亡。通常，病猪的体温升高，食欲减退或废绝，精神沉郁，不愿运动（图4-2-1）。眼结膜及巩膜发黄，常有点状出血（图4-2-2），排出的尿液呈茶褐色（图4-2-3），或呈葡萄酒样的棕红色血尿，（图4-2-4），有的血尿中混有血凝块和蛋白样物（图4-2-5），病猪的阴门常附有血液凝块（图4-2-6）；有时发现大便秘结，粪便干燥，甚至呈羊粪蛋样，颜色红褐（图4-2-7）；有的病猪皮肤干燥、瘙痒，用力在栏栅或墙壁上摩擦，导致皮肤损伤出血。

2.水肿型 常发生于中小仔猪，可呈地方流行或暴发；病程10～30d，死亡率为50%～90%，常造成严重的经济损失。病初，病猪体温升高，结膜潮红，食欲减退，精神不振；几天后，病猪的眼结膜潮红、水肿，有的黄染（图4-2-8），有的头部、颈部水肿，颈项变粗（图4-2-9），病情严重时，可发生全身水肿（图4-2-10），指压留痕，俗称"大头瘟"。有的病例于水肿的同时，颌下、胸腹部及四肢内侧的皮肤有较多的点状出血（图4-2-11）、出血性小结和斑点（图4-2-12），出血严重时，常在胸腹下的薄皮部形成出血性斑块（图4-2-13）。病猪的尿如浓茶，甚至血尿，一进到猪舍就可闻到腥臭的气味；粪便有时干硬，有时稀软，发生腹泻。

3.流产型 常发生于妊娠母猪，一般的流产率为20%～70%。在本病流行期间，被感染的妊娠母猪可出现流产，母猪于流产前后有时兼有其他症状，甚至流产后发生死亡，但有的病猪除流产外而无其他症状。流产的胎儿，有的为死胎，体表有数量不等的出血点（图4-2-14）；有的病例则皮肤及内脏器官均明显黄染，肝脏淤血、出血，并见较多的黄白色坏死灶（图4-2-15）；有的呈木乃伊状；也有的为弱仔，于产后不久便死亡。

此外，有些病猪还常伴发抽搐、肌肉痉挛、行动僵硬、摇摆不定等神经症状。

【病理特征】死于钩体病的猪，在病理学上通常依据病猪在剖检时是否存在黄疸而将其分为黄疸型和非黄疸型。其实，黄疸型是一种急性疾病经过，肝脏的病变表现最为明显，与临床上的急性黄疸型大致相同，而非黄疸型是一种慢性疾病过程，以肾脏受损表现最明显，与临床上的水肿型相类似，集中表现出水代谢障碍。

1.急性黄疸型 眼观，病猪的可视黏膜、巩膜和体表均有不同程度的黄染。切开皮肤，皮下组织、皮下脂肪和肌肉组织等均呈淡黄色或橙黄色（图4-2-16）；胸腹腔和心包腔内积有少量淡红色透明或稍浑浊的液体（图4-2-17）；胸腹腔脏器，如心脏、肺脏、胃和肠管等均呈黄染状（图4-2-18）。膀胱积尿，膨满，膀胱壁黄染，尿色红褐，类似红茶（图4-2-19）。有的病例还可见到轻度出血性素质变化，即在颈部、胸腹部皮下组织及肌间结缔组织内出现

轻重程度不一的出血性胶样浸润（图4-2-20）。

肝脏肿大，表面和切面呈土黄色到黄褐色不等，被膜下和切面均可见到大小不一的出血点和灰白色的坏死灶（图4-2-21），有的病例还见有弥漫性粟粒大至绿豆大的胆栓。肝门淋巴结肿大，有充血和出血性变化。肾脏淤血肿大，黄疸也很明显，其周围脂肪组织呈淡黄色。死于急性期的仔猪，肾脏通常黄染和表面有大量出血点（图4-2-22），这也是本病的一个重要特点。肾门淋巴结也有充血、出血变化。肺脏多淤血、黄染，表面有多少不一的出血斑点（图4-2-23）。

2.水肿型 黄疸病变不明显，病变集中表现在全身水肿和肾脏。眼观，一些病例的头、颈、背部乃至全身发生明显的水肿。切开颈部，皮肤水肿增厚，皮下组织和皮下的肌间有轻度的胶样浸润（图4-2-24）。内脏的水肿变化以胃壁最为明显（图4-2-25），其次是一些淋巴结。

肾脏主要以间质性肾炎为特点。病初，肾脏的体积不变或稍小，充血黄染，表面和切面散在少量针尖大小灰白色病灶（图4-2-26），若不仔细检查，往往不易发现；继之，灰白色小病灶相互融合或不断增大，检查时很容易看到，有的稍隆突，有的则凹陷，被膜不易剥离（图4-2-27）；随着病情加重，肾脏开始萎缩变硬，被膜下有大量较大的灰白色结节，肾表面有程度不同的凹陷和隆突（图4-2-28）；最后肾固缩，呈颗粒状，切面皮质变狭，与髓质界限不清。肾淋巴结水肿。镜检，肾脏主要呈现出间质性炎症变化。在炎灶内有大量浆细胞、淋巴细胞和单核细胞浸润，结缔组织增生；肾小球与肾小管则萎缩、变性和坏死（图4-2-29）。

【诊断要点】本病的临床症状和病理变化常常不典型，只能作为诊断时的参考，而确诊则需进行实验室检查。在病猪的发热期采取血液，在无热期采取尿液或脑脊液，死后采取肾和肝，送实验室进行暗视野活体检查和染色检查，若发现纤细呈螺旋状、两端弯曲成钩状的病原体即可确诊。

【类症鉴别】本病的黄疸型应注意与黄脂猪、阻塞性黄疸及黄曲霉毒素中毒相区别。

【治疗方法】治疗钩体病感染一般有两种情况，一种是无症状带菌猪的治疗；另一种是急性或亚急性病猪的抢救。

1.抗菌治疗 链霉素、青霉素、土霉素、四环素等都有较好的疗效。链霉素每千克体重25～30mg，每12小时肌内注射1次，连续3d。用青霉素治疗时则必须加大剂量才能奏效。对可疑感染的猪群，可在饲料中添加土霉素或四环素。土霉素每千克饲料加入0.75～1.5g，连喂7d。

2.抢救治疗 对患急性或亚急性钩体病的病猪，单纯用大剂量的青霉素、链霉素、四环素和土霉素等治疗往往收不到理想的疗效，这是由于病猪的肝功能遭到严重破坏之故。实践证明，在进行病因治疗的同时结合对症治疗是非常必要的，其中葡萄糖维生素C静脉注射及强心利尿剂的应用对提高治愈率具有重要的作用。

【预防措施】平时采取积极的防疫措施是预防本病的有力保障。

1.常规预防 主要内容有三项：一是消灭传染源。首先要消灭猪圈及其周围的鼠类，杜绝传染源。二是定期消毒。对猪舍及周围环境要定期用漂白粉或2%氢氧化钠溶液消毒，特别是对病猪粪尿污染的场地及水源等，更要及时消毒。三是提高猪的抵抗力。在本病常发地区，应实行免疫接种，并加强饲养管理，借以提高猪体的特异性和非特异性免疫力。

2.紧急预防　当猪群发现本病时，应及时用钩端螺旋体菌多价苗进行紧急预防接种，方法是：两次肌内注射，间隔1周，用量3～5mL，免疫期约为1年。与此同时，还必须采取一般性的防疫措施，一般在两周内可以控制疫情的蔓延。

钩端螺旋体
病症状

图4-2-1　皮肤黄染

病猪发热，精神沉郁，皮肤黄染，不愿运动。

图4-2-2　结膜出血

病猪的颜面部皮肤有出血斑点，眼结膜黄染并见点状出血。

图4-2-3　茶褐色尿液

病猪排出大量茶褐色尿液。

图4-2-4　血尿

病猪排出葡萄酒样棕红色血尿。

图4-2-5　尿中血凝块

尿液中含有血凝块和蛋白样凝集物。

图4-2-6　阴门附有血凝块

病猪的阴唇部附有排尿时残留的血凝块。

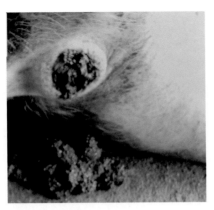

图4-2-7 便秘

病猪排便困难，粪便干燥，含有血液呈酱红色。

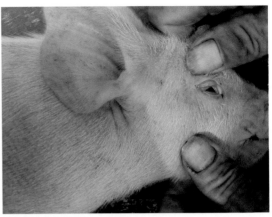

图4-2-8 结膜水肿、黄染

病猪的全身皮肤黄染，眼结膜肿胀、黄染。

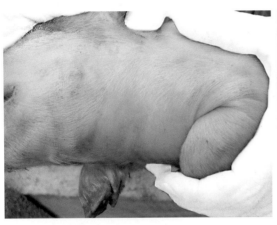

图4-2-9 颈部水肿

颈部水肿，有光泽感，颈项变粗。

图4-2-10 全身水肿

病猪全身黄染、水肿，尤以头部和颈部的水肿明显。

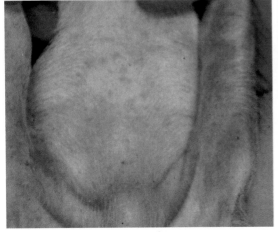

图4-2-11 点状出血

病猪颌下、胸腹部和前肢内侧皮肤见多量点状出血。

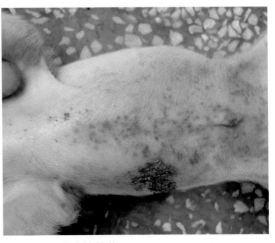

图4-2-12 出血性结节

病猪胸腹部皮肤有大量出血性小结节和斑点。

图 4-2-13　出血斑块

　　病猪的胸腹部皮肤有大量的出血斑块。

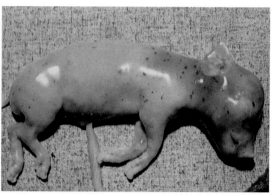

图 4-2-14　皮肤出血

　　流产的死胎，皮肤上常见斑点状出血。

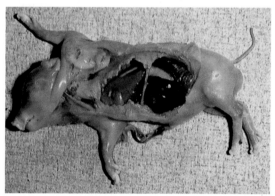

图 4-2-15　皮肤和内脏黄染

　　皮肤及内脏均黄染，肝脏淤血而呈黑褐色，表面有黄白色坏死灶。

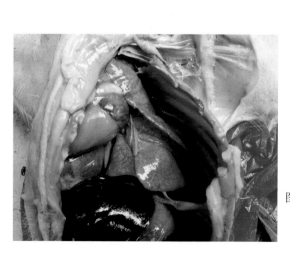

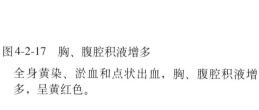

图 4-2-16　皮下脂肪黄染

　　皮下有多量淡黄色液体，皮下组织、皮下脂肪和肌肉呈橙黄色。

图 4-2-17　胸、腹腔积液增多

　　全身黄染、淤血和点状出血，胸、腹腔积液增多，呈黄红色。

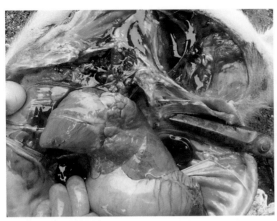

图4-2-18 内脏黄染

  胸腹腔的全部内脏及组织均呈黄染状。

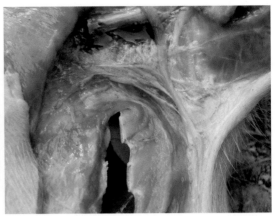

图4-2-19 胶样浸润

  皮下和肌间均有多量淡红黄色的渗出液，形成胶样浸润。

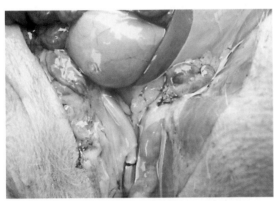

图4-2-20 膀胱积尿

  膀胱膨满，积有大量尿液，膀胱壁及周围组织黄染。

图4-2-21 坏死性肝炎

  肝脏淤血，表面散布大小不等的黄白色坏死灶，胆囊膨满。

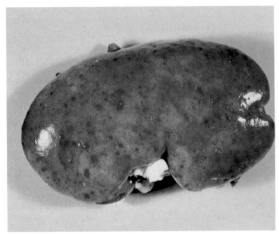

图4-2-22 肾出血

  肾脏黄染，表面有大量斑点状出血灶。

图4-2-23 肺出血

  肺脏淤血、黄染，表面有大小不一的出血斑点。

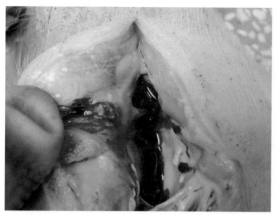

图4-2-24　皮肤水肿

皮肤、皮下组织和肌肉均水肿、增厚，呈现轻度胶样浸润。

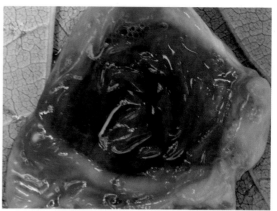

图4-2-25　胃出血、水肿

胃壁水肿，明显增厚；胃黏膜出血，呈鲜红色。

图4-2-26　肾脏实质变性

肾变性、黄染，表面和切面均有针尖大小黄白色病灶。

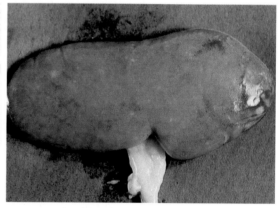

图4-2-27　间质性肾炎

肾表面见有大小不一的灰白色斑点，被膜不易剥离。

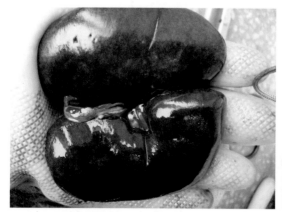

图4-2-28　肾轻度固缩

肾表面有大量灰白色病灶和凹陷，肾脏体积变小，质地坚实。

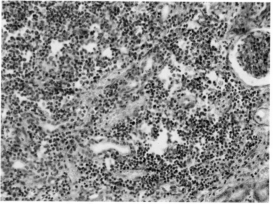

图4-2-29　肾间质增生

肾间质大量增生，淋巴细胞浸润，肾小管萎缩或消失。（HEA，×400）

猪的真菌病

一、皮肤真菌病

皮肤真菌病（Dermatomycosis）又称皮肤癣菌病，是由皮肤癣菌引起的动物和人的一种慢性皮肤传染病，俗称脱毛癣、秃毛癣、钱癣或葡行疹等。本病主要侵害家畜、禽类及人的毛发、羽毛、皮肤、指（趾）甲、爪、蹄等角质化组织，形成癣斑；表现为脱毛、脱屑、渗出、结痂及痒感等症状，但一般不侵犯皮下深部组织和内脏。

【病原特性】本病的病原为一群亲缘关系密切的丝状真菌，对动物和人有致病性的主要有三属，即小孢子菌属（*Microsporum*）、毛癣菌属（*Trichophyton*）和表皮癣菌属（*Epidermophyton*）。其中小孢子菌属的猪小孢子菌对猪的危害最大。猪小孢子菌多为毛内菌丝，在毛根长出毛干后，由菌丝产生许多孢子，不规则的紧密排列在毛干周围形成镶嵌样的菌鞘（图5-1-1），毛内菌丝不形成孢子。

皮肤癣菌对外界的抵抗力很强，耐干燥，对一般消毒药也有很强的耐受性。对一般抗生素和磺胺类药均不敏感。

【流行特点】本病主要是通过直接接触传播，其次是通过人或污染用具等的间接传播。因此，病猪是本病的主要传染来源，特别是患病种猪，在交配的过程中常可将本病在猪群中传播。各种年龄的猪对本病均有易感性，但以仔猪较易感染。

本病一年四季均可发生，但以秋冬季节的发病率较高。营养缺乏，皮肤和被毛的卫生不良，环境温暖、潮湿、污秽、阴暗，均可促进本病的发生。

【临床症状】本病的特点是：由于真菌只存在于角质层，所以病变浅表，症状较轻，但继发细菌感染时可使症状加重。病变常多发生于背部、腹部、胸部和股外侧部（图5-1-2），有时见于头部，严重时发生于全身（图5-1-3），而腕部及跗关节以下部未见发病。病初，仅见皮肤有斑块状的中度潮红，嵌有小的水疱；继之，水疱破裂，浆液外渗，在病损的皮肤上形成灰色至黑色的圆斑和皮屑（图5-1-4）；再经4～8周后多可自行痊愈（图5-1-5）。病情较重时，继丘疹、水疱之后，可发生毛囊炎或毛囊周围炎（图5-1-6），引起结痂、痂壳形成和脱屑、脱毛，于是在皮肤上形成圆形癣斑，上有石棉板样的鳞屑，称为斑状秃毛；或当癣斑中部开始痊愈、生毛，而周缘部分脱毛仍在进行，称为轮状脱毛（图5-1-7）。当皮肤癣菌感染严重时，常引起皮下结缔组织大量增生，导致淋巴和血液回流受阻，皮肤肥厚而发生"象皮病"（图5-1-8）。

猪患本病时，通常癣斑不多，也不形成硬皮，被毛脱落较少；有中度瘙痒。

【病理特征】其菌孢子污染损伤的皮肤后，在表皮角质层内发芽，长出菌丝，蔓延深入毛囊。由于其菌的溶蛋白酶和溶角质酶的作用，菌丝进入毛根，并随毛向外生长，受害毛发长出毛囊后很易折断，使毛发大量脱落形成无毛斑。由于菌丝在表皮角质中大量增殖，使表皮很快发生角质化和引起炎症，结果皮肤粗糙、脱屑、渗出和结痂。剖检时的眼观病变与临床所见相同。镜检，表皮增生、肥厚，常伴发真皮下充血和淋巴细胞浸润。有较深部感染时，毛囊常受侵害而被破坏，其内有大量真菌孢子（图5-1-9），引起真皮炎症。用真菌染色法，常能在切片发现真菌。

【诊断要点】一般根据病史和症状可做出初步诊断，确诊需进行实验室检查。临床上可用紫外线灯检查，直接观察毛发的荧光反应，被小孢子菌侵害的毛发，会出现绿色荧光。

【类症鉴别】本病的诊断应注意与皮肤螨病和湿疹相互区别。

【治疗方法】通常采用局部处理。首先，病变局部剪毛，用肥皂水洗净附于皮肤上的分泌物、鳞屑和痂皮，然后直接涂擦下列药物：① 10%水杨酸酒精或油膏，或5%～10%硫酸铜溶液，每天或隔天一次，直至痊愈。②水杨酸6g，苯甲酸12g，石炭酸2g，敌百虫5g，凡士林100g，混匀后涂擦。 ③石炭酸15g，碘酊25mL，水合氯醛10mL，混匀后外用，每天1次，3d后用水洗掉，再涂以氧化锌软膏。

另外，对优良的种猪在进行外用药物处置的同时，可选用制霉菌素或灰黄霉素等进行肌内注射或混饲，以便快速彻底地治愈本病。

【防疫措施】本病是一种慢性感染性疾病，一旦发生，就不易根除，因此应加强平时的预防工作和发病后的及时处理。

1.平时预防 平时应加强饲养管理，搞好圈舍及畜体皮肤卫生，用具固定使用。在本病多发的季节里，多注意猪舍通风、干燥、防潮、勤换垫草，定期消毒，以消除病原生存的条件。

2.紧急预防 当发现病猪时，应立即隔离治疗；对与病猪接触的猪群，通常采用抗真菌药物进行全身喷洒预防。猪舍要进行彻底的消毒，其常用方法是：用热（50℃）5%硫酸石炭溶液或热（60℃）5%克辽林溶液喷洒消毒；也可用20%新鲜熟石灰乳刷拭猪舍，同时用2%福尔马林和1%氢氧化钠溶液喷洒消毒；之后关闭猪舍3h，然后开启门窗换气，并用常水洗净饲槽。

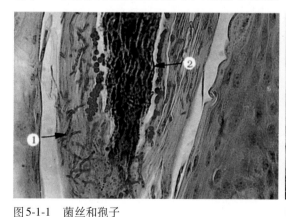

图5-1-1 菌丝和孢子

毛根部的组织中有大量菌丝（1），毛根周围有大量孢子（2）。（HE，×132）

图5-1-2 皮肤癣斑

病猪的肩、胸、腹和股侧部均有红褐色癣斑。

图5-1-3 全身性癣斑

　　病猪的全身体表见大小不一的癣斑。

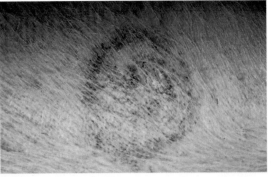

图5-1-4 水疱和结痂

　　癣斑中央有数个水疱，水疱破溃后形成浅表性结痂。

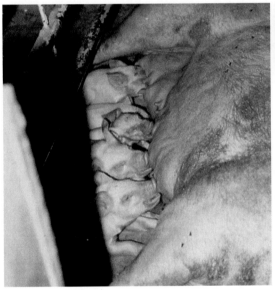

图5-1-5 癣斑痊愈

　　母猪体表有黄褐色圆形的痊愈后癣斑。

图5-1-6 毛囊周围炎

　　睾丸部皮肤在癣斑的基础上发生毛囊周围炎。

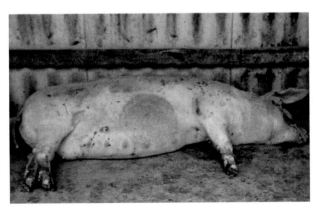

图5-1-7 脱毛斑

　　病猪腹侧有一大面积的轮状脱毛斑。

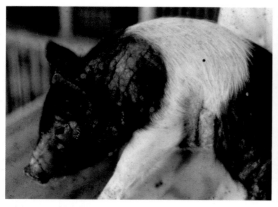

图5-1-8　象皮病

皮下组织大量增生，淋巴和血液回流发生障碍，导致皮肤肥厚，形如象皮。

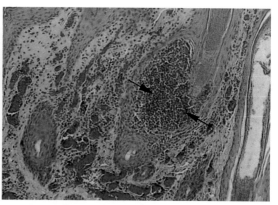

图5-1-9　毛囊炎

真皮充血，有大量淋巴细胞浸润，毛囊内有大量真菌孢子（箭头）。（HE，×33）

二、毛霉菌病

猪毛霉菌病（Mucormycosis）是由毛霉科的真菌引起的一种急性或慢性真菌病；是人畜共患病，除猪感染外，马、牛和犬等动物均可感染。其病理特征是菌体侵及血管，引起血栓形成及梗死；如为慢性经过时则形成肉芽肿。

【病原特性】本病的病原主要为毛霉科酒曲菌属（或根霉属，*Rhizopus*）、犁头霉属（*Absidia*）和毛霉菌属（*Mucor*）的真菌。毛霉菌在培养基中可自假根对称处的匍匐支节上生长出孢子囊梗和球形孢子囊，其中含有似红细胞大小的内生孢子，进行无性繁殖；也可形成接合子，进行有性繁殖。在病变组织中，本菌的菌丝粗大，宽窄不匀，并可形成较多的皱褶，但菌丝内无分隔，分支小而钝，常成直角，无孢子（图5-2-1）。

【流行特点】各种年龄的猪对本病均具有易感性，但哺乳仔猪感染后多呈急性经过，其中有50%的病猪可发生死亡；而架子猪和成年猪感染后多取慢性经过。本菌是腐生菌，在自然界分布广泛，常在霉烂的蔬菜、干草、水果及肥料中繁殖，因此在土壤、空气中存在的霉菌孢子可通过呼吸道、消化道或皮肤发生感染；也可通过交配由公猪传给母猪，往往造成妊娠母猪的流产。

本病一年四季均可发生，但除病因外，还常常需要诱因的存在，即猪体抵抗力降低，或大量应用抗生素和抗炎性药物等，均可成为促进本病的发生诱因。

【临床症状】仔猪的毛霉菌病主要表现胃肠炎和肝肉芽肿变化，出现食欲不良、呕吐、腹泻和消化不良等胃肠炎症状。当肺部遭到严重的感染时，则可出现呼吸困难、可视黏膜发绀、皮毛粗乱无光等症状。当妊娠母猪发生感染时，可引起真菌性胎盘炎，导致流产。另外，偶尔在临床上可遇到毛霉菌性皮炎和脑膜脑炎的病例。

【病理特征】常因病原侵入途径的不同而有不同的表现，常见的有胃肠毛霉菌病、肺毛霉菌病、真菌性胎盘炎和播散性毛霉菌病。

1.胃肠毛霉菌病　由消化道感染，急性过程的突出病变是胃黏膜充血、出血、结节形成

（图5-2-2）、坏死和溃疡（图5-2-3）。炎症如波及腹膜、肠浆膜，则可引起腹膜炎和肠浆膜炎。呈慢性经过时，肠系膜淋巴结有灰白色粟粒性结节。严重病例的淋巴结可肿到鸡蛋大乃至网球大，切面灰白色或淡黄白色，呈鱼肉样，其中散在出血灶。

2.肺毛霉菌病 由呼吸道感染，在肺内有从针尖大到粟粒大的灰白色肉芽肿性病变。在肺尖叶和膈叶内出现红色病灶，细支气管内含灰白色浑浊物质，其黏膜呈红色。

3.真菌性胎盘炎 病原经阴道上行感染，也可通过呼吸道感染后经血源播散而感染胎儿。主要病理变化为胎盘水肿，绒毛膜坏死，其边缘显著增厚呈皮革样外观（图5-2-4）。流产胎儿皮肤上有灰白色的圆形乃至融合的斑块状病变，隆突于体表（图5-2-5）。

4.播散性毛霉菌病 由胃肠和肺等原发病灶中的毛霉菌经血液和淋巴散布到全身所致，常见肝、肾肿胀和形成肉芽肿性病变。其中以肝脏的肉芽肿病变最为常见。肝常肿大，表面和切面均见有灰白色、绿豆大或黄豆大甚至更大的结节，其轮廓清楚，质地坚实，切面呈灰白色鱼肉样。

镜检，毛霉菌病变主要为局部组织坏死，伴有不同程度的嗜中性粒细胞浸润。当取慢性经过时，可形成上皮样细胞性肉芽肿，中心为程度不同的坏死和钙化，周围有大量上皮样细胞、淋巴细胞、巨噬细胞以及不同数量的多核巨细胞、嗜中性粒细胞和嗜酸性粒细胞（图5-2-6）。病变部位的坏死区内，血管壁、血管腔、血栓内以及巨噬细胞和多核巨噬细胞的胞质内都有大量毛霉菌菌丝。后者在HE染色切片中容易被苏木精染色，因此易于检出（图5-2-7）。

【诊断要点】本病的临床症状和病变只能作为诊断的参考，确诊主要靠真菌学诊断和组织病理学检查。真菌学检查的方法是：采取病料制作涂片，用氢氧化钾溶液处理后镜检，若发现粗短而不分隔的菌丝，且分支又成直角者，即可确诊。

【治疗方法】本病目前尚无有效的治疗方法，只能采取对症治疗。对无治疗价值的病猪，最好尽早淘汰，以消除传染源。

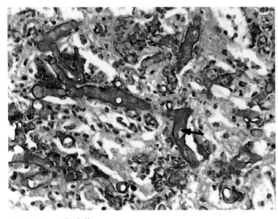

图5-2-1 毛霉菌

　　毛霉菌的菌丝被PAS染成红色（箭头），周围有大量的炎性细胞。（PAS，×132）

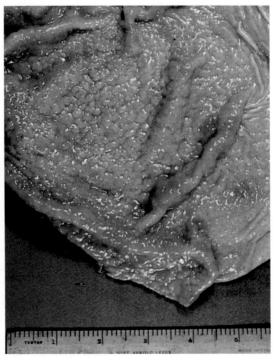

图5-2-2 增生性胃炎

　　胃黏膜充血、出血，有大量半圆形结节，胃壁肥厚。

　　【预防措施】毛霉菌在自然界广泛存在，因此要预防本病的发生，必须在搞好环境卫生、树立防病意识的同时，加强饲养管理，提高猪体的抵抗力。另外，要尽快治疗猪的原发性慢性疾病，因为长期大量使用抗生素、类固醇激素等制剂，可降低猪体的免疫力，促进本病的发生。

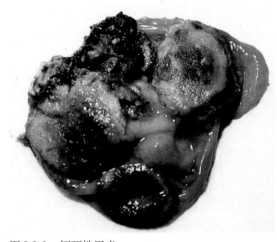

图5-2-3　坏死性胃炎

　　胃黏膜出血、坏死，坏死的胃黏膜脱落后形成溃疡。

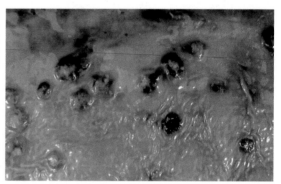

图5-2-4　坏死性胎盘炎

　　胎盘的绒毛坏死，胎盘增厚呈皮革样。

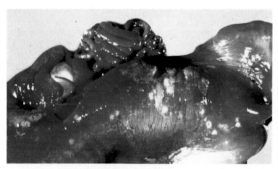

图5-2-5　皮肤毛霉菌病

　　胎儿的皮肤充血，呈红褐色，有大量灰白色毛霉菌斑。

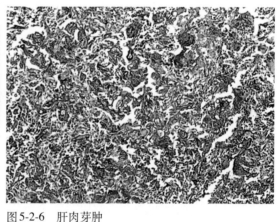

图5-2-6　肝肉芽肿

　　肝肉芽肿，组织坏死，毛霉菌散在，炎性细胞浸润。（HE，×33）

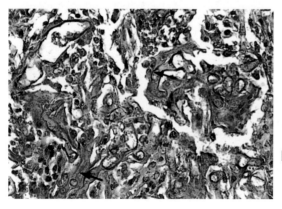

图5-2-7　坏死组织中的病原

　　肝肉芽肿的坏死组织中有大量的毛霉菌（箭头）。（HE，×132）

三、曲霉菌病

曲霉菌病（Aspergillosis）是多种动物和人共患的真菌病，主要侵害呼吸器官。猪对本病有一定的易感性，多呈散发。本病的特点是在肺脏形成肉芽肿结节；而妊娠母猪则可发生流产。

【病原特性】本病的主要病原为烟曲霉（*Aspergilllus fumigatus*），黄曲霉（*A. flavus*）、构巢曲霉（*A. nidulans*）、黑曲霉（*A. niger*）和土曲霉（*A. terreus*）也有不同程度的致病性。曲霉菌的形态特点是分生孢子呈串珠状，在孢子柄顶部呈放射状排列。

烟曲霉广泛存在于自然界，常见于猪舍的土壤、垫草和发霉的饲料中。本菌的菌丝为有隔分枝状，孢子为圆形或卵圆形，含有数量不一的黑色素（图5-3-1）。

曲霉菌孢子的抵抗力很强，煮沸5min才能将其杀死。在一般消毒液中需经1～3h才能被灭活。产生的毒素在环境中也相对稳定，如黄曲霉毒素对温热有很强的抵抗力，一般的蒸煮不易被破坏，只有加热至268～269℃才能被破坏；将发霉的玉米自然条件下存放8年，其中的毒素仍不被破坏。

【流行特点】各种年龄的猪对本病都有易感性，但以仔猪、架子猪和妊娠母猪发病较多。由于曲霉菌极其广泛地存在于自然界，对生活条件要求较低，可以在各种类型的基质上生长繁殖，如土壤、枯草、饲料、谷类、动物尸体等都可以成为它的寄生场所；其孢子很轻，可以借助空气的流动而散播到很远的地方，所以呼吸道是本病传播的重要途径。由于发霉的饲料中含有大量曲霉菌及其毒素，所以消化道是引起中毒和流产的主要途径。

本病一年四季均可发生，但以多雨潮湿的秋季多发。本病不发生接触性传染。

【临床症状】病猪表现出的临床症状主要与感染的途径有关。经呼吸道感染时主要侵害呼吸道和肺，呈现咳嗽、喷嚏、流鼻液和呼吸困难等与呼吸道相关的症状。经消化道感染时主要引起中毒性症状，病猪出现营养不良、贫血、精神不振、生长发育停滞；有些仔猪还呈现出中枢神经系统和消化机能紊乱症状，如共济失调、呕吐、腹泻、消瘦等。妊娠母猪多发生流产，产出不足月的死胎。

【病变特征】发生于肺脏的病变主要表现为支气管肺炎的变化。眼观，肺内有豌豆大至榛子大的肉芽肿病灶，呈灰白色或淡黄色，其中心为着色（淡绿色、淡黄色、褐色和烟色等）的干燥坏死物。病灶周围有时出现红晕，间或融合而侵及肺大叶。有时可见到核桃大的结节，切面见结节的中心有扩张的支气管，管腔积有大量内含着色霉菌颗粒的黏液。流产的胎儿（图5-3-2）及胎盘（图5-3-3）上均有灰白色的霉菌性斑块，胎盘镜检常可发现大量菌丝及孢子（图5-3-4）。

【诊断要点】根据流行病学、临床症状和病理剖检变化可做出初步诊断，最后确诊需进行微生物学检查，见到特征性的菌丝体和孢子，可以确诊。

【治疗方法】猪的曲霉菌病和黄曲霉毒素中毒，目前尚无特效治疗方法，只能采取对症治疗。据报道，鸡的曲霉菌病用两性霉素B、制霉菌素、克霉唑治疗有一定的效果，猪也可试用上述药物。

【预防措施】主要措施是不使用发霉的垫料和饲料。在阴雨季节，要经常翻晒垫料，防止霉菌生长繁殖。已被曲霉菌严重污染的垫料，可用福尔马林熏蒸消毒。猪舍应注意通风干燥，保持清洁卫生，进猪前应彻底清扫、换土和消毒。常用的消毒法是福尔马林熏蒸法，或用0.4%过氧乙酸、5%来苏儿喷雾，二次消毒，可收到较好的效果。

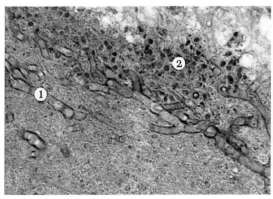

图5-3-1　曲霉菌菌丝和孢子

　肺肉芽肿中的有隔分枝状菌丝（1）和含黑色素的孢子（2）。（GMS，×132）

图5-3-2　皮肤霉菌斑

　流产胎儿的后腹部皮肤上有一灰白色的霉菌斑。

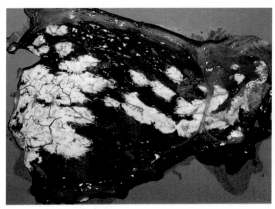

图5-3-3　胎盘霉菌斑

　流产母猪的胎盘上有大量灰白色连成片状的霉菌斑。

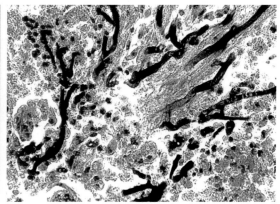

图5-3-4　胎盘上的菌丝

　流产的胎盘上检出大量有隔菌丝。（GMS，×132）

Chapter 6 第六章

猪的支原体病

一、猪支原体肺炎

猪支原体肺炎（Mycoplasmal pneumonia of swine）又称猪地方流行性肺炎（Swine enzootic pneumonia），俗称猪气喘病，是猪的一种慢性接触性呼吸道传染病。主要临床症状是咳嗽和气喘；病理学特点为融合性支气管肺炎、慢性支气管周围炎、血管周围炎和肺气肿，同时伴有肺所属的淋巴结显著肿大。病猪长期的生长发育不良，饲料转换率低，对养猪业带来严重的危害。

【病原特性】 本病的病原是支原体科、支原体属的猪肺炎支原体（*Mycoplasma hyopneumonia*，MHP）。由于支原体无细胞壁，故呈多形态性，常见的形态为球状（图6-1-1）、杆状、丝状及环状。

猪肺炎支原体对外界环境的抵抗力不强。圈舍、用具上的支原体，一般在 2 ～ 3 d 失活；病料悬浮液中的支原体在 15 ～ 20℃ 放置 36h 即丧失致病性。一般常用的化学消毒剂，如 1% 氢氧化钠、2% 甲醛等均可在数分钟内将其杀死。

【流行特点】 本病的自然感染仅见于猪。不同年龄、性别、品种的猪均有易感性，但哺乳猪及仔猪最易发病；其次是妊娠后期及哺乳母猪；成年猪多呈隐性感染。本病的主要传染源是病猪和隐性感染猪。病原体长期存在于病猪的呼吸道及其分泌物中，随咳嗽和喘气排出体外后，通过接触经呼吸道而使敏感猪感染。因此，猪舍潮湿，通风不良，猪群拥挤，气候突变，猪只感冒，以及其他原因而使猪的抵抗力降低时，均能促进本病的发生和流行。

本病的发生虽然没有明显的季节性，但以冬、春季节较多见。新疫区常呈暴发性流行，病情重，发病率和病死率均较高，多取急性经过。老疫区多取慢性经过，症状不明显，病死率很低，当气候骤变，阴湿寒冷，饲养管理和卫生条件不良时，可使病情加重，病死率增高；如有巴氏杆菌、肺炎链球菌、支气管败血波氏杆菌等继发感染，可造成较大的损失。

本病一旦传入后，如不采取严密的管理措施，很难将其根除。

【临床症状】 本病的潜伏期为 10 ～ 16d，以 X 线检查发现肺炎病灶为标准，最短的潜伏期为 3 ～ 5d；最长的可达 1 个月以上。主要临床症状为咳嗽和气喘；根据病程和表现，大致将其分为以下三型。

1.急性型　多见于新疫区或新感染的猪群，病程一般为1～2周，病死率较高。病猪精神沉郁，呼吸困难，呈犬坐样姿势（图6-1-2），呼吸数剧增（可达60～100次/min以上），并不时见其头颈伸直，张口喘气，可闻及粗厉喘鸣音和咳嗽声，腹式呼吸明显（图6-1-3）。有时也会发出痉挛性短咳或阵咳。体温一般正常，但若有继发性感染时则可升到40℃以上。

2.慢性型　常见于老疫区的架子猪、育肥猪和后备母猪，多由急性型转移而来。病程很长，可拖延两三个月，甚至半年以上。病死率一般不高。本型的症状特点是长期的干咳和湿咳。病初为短声连咳，在早晨出圈后受到冷空气的刺激，或经驱赶后最容易听到，同时流少量清鼻液，病重时流灰白色黏性或脓性鼻液。咳嗽时病猪站立不动，背拱起，颈伸直，头下垂，用力咳嗽多次（图6-1-4）；严重时呈连续的痉挛性咳嗽，常出现不同程度的呼吸困难（图6-1-5），呼吸次数明显增多和呈腹式呼吸。这些症状时而缓和，时而增重。

3.隐性型　多由急性型或慢性型转变而来，在老疫区的猪中占相当大的比例，一般不表现出症状，但用X线检查时可发现肺炎病灶。

【病理特征】本病的主要病理变化位于肺脏、心脏和肺门及纵隔淋巴结。

1.急性型　本型以急性肺气肿和心力衰竭为特点。眼观，两肺被膜紧张，边缘变钝，高度膨大（图6-1-6），打开胸腔，肺脏几乎充满整个胸腔，横膈受压而后移（图6-1-7）。肺表面湿润，富有光泽，常见有肋压迹，呈淡红色，肺间质常因水肿而增宽，气管的断端有泡沫样混有血液的液体流出。在肺脏的尖叶或心叶常有散在的蚕豆大至拇指头大或成片状的淡红色或鲜红色病灶，压之有坚实感（图6-1-8）。病程稍长者则病灶融合，由红色变为紫红色，最终变成灰红色或灰黄色。病变肺组织与正常的肺组织分界清晰，多呈对称性发生（图6-1-9）。切开肺组织，常从切面流出黄白色带泡沫的浓稠液体，小叶间结缔组织增宽，呈灰白色水肿状。心脏呈急性扩张状，尤以右心室最为明显。心壁质地柔软，变性，指压易碎。镜检，除肺泡气肿外，其特征性的病变为细支气管、支气管动脉和支气管静脉周围有淋巴细胞浸润而形成的管套。

2.慢性型　以慢性支气管周围炎和增生性淋巴结炎为特点。剖检时，除见有肺气肿的病变之外，主要在两肺的尖叶、心叶、中间叶和膈叶的前下部，见有较大面积的融合性实变区。病变部的肺组织坚实、湿润，略呈透明样，色泽由灰红色、灰黄色到灰白色不等（图6-1-10）。随着病情的发展，病变部的肺组织从外观上类似胰脏组织，故有"胰样变"之称（图6-1-11）。肺切面较干燥，组织致密，支气管壁增厚，可从细支气管腔中挤出灰白色、混浊而黏稠的渗出物。病情严重时，由于支气管周围、血管周围和肺泡隔中的结缔组织大量增生，导致大片的肺组织被机化，肺脏萎缩，肺表面凹凸不平，质地变硬（图6-1-12）。支气管淋巴结和纵隔淋巴结肿大，质地坚实，多呈灰白色或黄白色，呈增生性淋巴结炎的变化。镜检，肺泡隔明显增宽，肺泡腔中有大量脱落的肺泡上皮和淋巴细胞（图6-1-13）；细支气管和血管周围有大量淋巴细胞浸润，呈现出典型的支气管周围炎（图6-1-14）和血管周围炎病变。机体的反应性增强时，常于细支气管旁见有淋巴小结形成（图6-1-15）。免疫组化检查，常在支气管和细支气管的上皮中发现抗猪支原体抗原阳性反应（图6-1-16）。

【诊断要点】一般根据病变特征和临床症状来诊断，对慢性和隐性病猪的生前诊断，通过肺部的X线透视检查能准确及时地做出判断。

【类症鉴别】本病应与猪流行性感冒、猪肺疫、猪接触传染性胸膜肺炎相鉴别。

【治疗方法】目前，用于治疗本病的方法很多，但多数只有临床治愈效果，而不易根除。猪肺炎支原体对泰妙菌素、大观霉素、多西环素和环丙沙星最敏感，在疾病的初期使用效果最佳。下面介绍几种在临床上常用的治疗方法供参考。

1.土霉素碱油剂疗法 土霉素碱粉20～25g，充分磨细，加入灭菌花生油（或大豆油、山茶油）100mL，混合均匀，即可应用。按猪的大小，每猪每次用1～5mL，于肩背部或颈部等两侧深部肌肉分点轮流注射，每隔3天1次，连用6次。重者可酌量增加。

2.盐酸土霉素疗法 每千克体重30～40mg，用灭菌蒸馏水或0.25%普鲁卡因溶液或4%硼砂溶液稀释后肌内注射，每天1次，连用5～7d为一疗程。重症者可延长一个疗程。有人按每千克体重6～8mg作气管内注射，疗效较好。

3.硫酸卡那霉素疗法 每千克体重2～4万IU，肌内注射，每天1次，5d为一疗程。也可作气管内注射。与土霉素碱油剂交替使用，可以提高疗效。

此外，每吨饲料加入林可霉素200g，连喂3周；泰妙菌素和磺胺嘧啶按每千克体重20mg混入饲料饲喂，也有较好的疗效。

【预防措施】通常采取综合性防控措施，以控制本病的发生和流行。

1.非疫区预防 坚持自繁自养，尽量不从外地引进猪。若必须从外地购入猪时，应做1～2次X线透视检查，或做血清学试验，并隔离观察2个月，确认健康后，方可并入健康猪群。

2.疫区的预防 发生本病后，应对猪群进行X线透视检查或血清学试验。病猪隔离治疗，就地育肥后屠宰食用。未发病猪可用药物预防，同时要加强消毒和卫生防疫工作。

3.免疫接种 目前预防猪气喘病的弱毒菌苗有两种：一种是猪气喘病冻干兔化弱毒苗，对猪安全，攻毒保护率70%～80%，免疫期8个月。另一种是猪气喘病168株弱毒苗，对杂交猪使用比较安全，攻毒保护率可达80.8%～96%。

猪气喘病症状

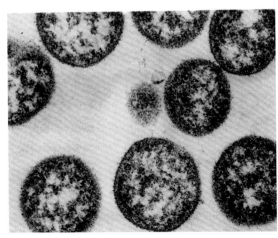

图6-1-1 猪肺炎支原体

电镜下的球形病原体，有双层膜，原生质疏松。

图6-1-2 呼吸困难

病猪呈典型的犬坐姿势，头颈伸直，张口呼吸。

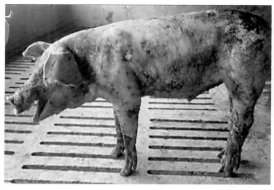

图6-1-3　腹式呼吸

病猪站立，颈背伸直，张口喘息，腹式呼吸明显。

图6-1-4　病猪阵咳

病猪腰背拱起，头颈伸直，头低垂，发生阵咳。

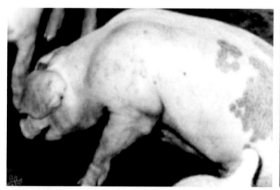

图6-1-5　痉挛性咳嗽

病猪呈犬坐姿势，发生剧烈的痉挛性咳嗽。

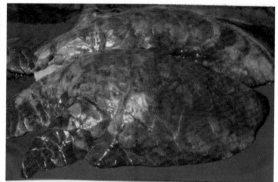

图6-1-6急性肺气肿

肺脏高度膨大，边缘钝圆，尖叶和心叶呈红褐色。

图6-1-7　肺膨胀

肺脏极度膨胀，几乎充填整个胸腔，横膈受压而后移。

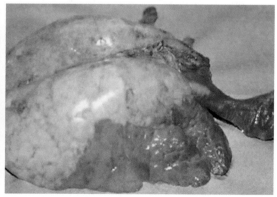

图6-1-8　融合性病灶

肺尖叶及膈叶的前下部形成红褐色的融合性炎性病灶。

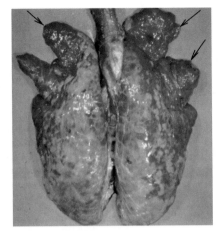

图6-1-9 肺气肿

肺脏的尖叶和心叶有肺炎病变（箭头），肺大叶有大量淡粉色气肿灶。

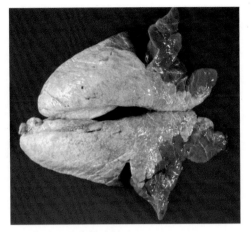

图6-1-10 融合性炎灶

肺脏的前部有融合性红褐色肺炎区。

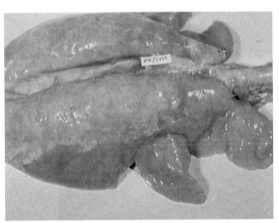

图6-1-11 肺胰脏样变

肺尖叶、心叶和膈叶的下部呈明显的胰脏样变。

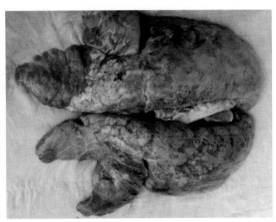

图6-1-12 肺硬变

肺间质大量增生，使大片肺组织实变，肺表面凹凸不平。

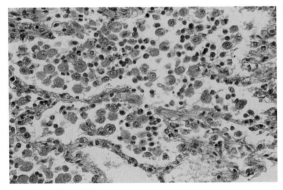

图6-1-13 肺卡他

肺泡腔中有大量脱落的肺泡上皮、淋巴细胞和巨噬细胞。（HE，×400）

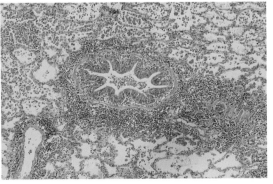

图6-1-14 细支气管周围炎

细支气管周围有大量的炎性细胞浸润，形成细支气管周围炎。（HE，×60）

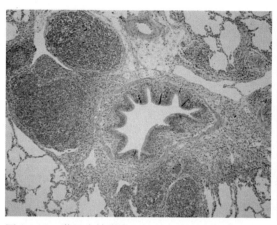

图6-1-15　淋巴小结形成

细支气管周围有较多的淋巴细胞浸润，并形成淋巴小结。（HE，×60）

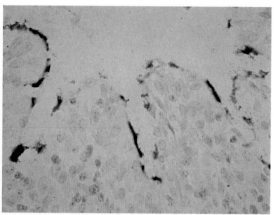

图6-1-16　免疫组化ABC染色阳性

细支气管上皮细胞呈强阳性反应。（免疫组化ABC染色，×400）

二、猪支原体性关节炎

猪支原体性关节炎（Mycoplasmal arthritis of swine）又称猪支原体性多发性浆膜炎 - 关节炎（Mycoplasmal polyserositis -arthritis of swine），是由多种支原体引起的多发性浆膜炎和非化脓性关节炎。本病主要侵害乳猪和架子猪，成年猪亦可发生，死亡率较低。

【病原特性】本病的病原体主要是猪鼻支原体（*Mycoplasma hyorhinis*）、猪关节炎支原体（*M. hyoarthrinosa*）、猪滑液支原体（*M. hyosynoviae*）和粒状支原体（*M. granularum*）。其形态大多为球形、球杆状或短的丝状体，偶见分支（图6-2-1）。这些病原菌常可从急性期病猪的滑液、淋巴结和黏膜分泌物中分离到；也能从康复猪和成年猪的扁桃体、咽，偶尔从鼻腔中分离到。

【流行特点】本病主要感染乳猪、仔猪和架子猪，而成年猪和繁殖母猪主要呈隐性感染。病猪，特别是隐性感染的母猪是本病的重要传染来源。呼吸道和消化道是本病传播的主要途径。病猪呼出的飞沫污染空气，健康猪吸入带病原的飞沫后，在机体抵抗力降低的情况下就易感染发病。当饲料和饮水被严重污染后，病原也可经消化道侵入机体，随血流到达相应的靶器官生长、发育而致病。

【临床症状】本病感染的急性期，病猪精神沉郁，食欲减退，中等程度发热，被毛粗乱、欠光泽。部分病猪常因疼痛而表现出呼吸困难，低头张口喘息，呼吸声粗厉（图6-2-2），借以缓解疼痛。多个关节轻度肿大、变形，关节囊内的滑液增多（图6-2-3），病猪不愿走动，运动极度紧张，有明显的疼痛表现（图6-2-4）。驻立时四肢频频交替负重，负重不确实，出现特异性站立姿势（图6-2-5）。有的病猪可因多发性关节炎而运动困难，喜卧地或卧地不起（图6-2-6）。发病两周左右，耐过急性期后，该病的特征性症状——多发性浆液性关节炎就表现出来。

关节炎以膝关节、跗关节、腕关节和肩关节受侵害最为多见，有时亦累及环枕关节。

此时，发病的关节囊内因积蓄大量关节液以致整个关节囊膨满，关节明显肿大（图6-2-7）。在关节囊显著膨胀处触压，可感到热、痛及波动。当关节液过多时，关节的外形也发生明显的改变。病猪站立时姿势异常，病情重的关节多呈屈曲状态（图6-2-8）；运动时，可见患肢负重期明显缩短，出现跛行。

【病理特征】本病的特征性病变常见于跗关节和腕关节。急性期表现为关节滑膜充血、水肿，滑膜绒毛肥大，滑膜层增厚（图6-2-9）。关节腔内滑液明显增多，呈黄褐色，可能含有纤维素絮状物或块状物。病情严重时，关节滑膜出血，关节囊内有多量红色或红褐色关节液（图6-2-10）。亚急性经过时，关节滑膜变厚，绒毛肥大和增生，关节软骨面常见糜烂和溃疡（图6-2-11）。有时尚见关节面糜烂，而关节囊内的滑膜及关节周围的结缔组织增生而形成翳膜，关节囊内的关节液减少（图6-2-12）。增生严重时，关节囊常与关节面发生粘连（图6-2-13），导致关节变形。

【诊断要点】根据特殊临床症状和病理变化，可做出初步诊断，但确诊需从急性病变期的关节液中分离病原，进行病原鉴定。

【类症鉴别】诊断本病时需与副猪嗜血杆菌感染相互区别，因为两者不仅均可引起浆液性关节炎，而且还可导致心包炎、胸膜炎和腹膜炎。副猪嗜血杆菌病与猪支原体性关节炎最大的区别在于80%的病猪都伴有脑膜炎的变化，脑组织有局灶性化脓。另外，副猪嗜血杆菌还可引起病猪的局部皮肤坏死，在临床上有时发生耳廓坏死。

【治疗方法】目前对本病还没有特别有效的治疗药物和方法，一般多采取对症治疗和防止继发感染。磺胺类药物对本病具有很好的疗效，有人用泰乐菌素或林可霉素试验性治疗，获得了较好的效果。

【预防措施】预防本病的重点是不从有本病的地区引进猪，因为成年猪的带菌率很高。同时加强猪群的饲养管理和环境卫生，提高猪体的抵抗力。有条件时，可对仔猪定期用林可霉素混饲预防；对成年猪群和母猪群可用泰乐菌素喷雾抑菌，降低猪鼻腔的带菌率。

支原体性关
节炎症状

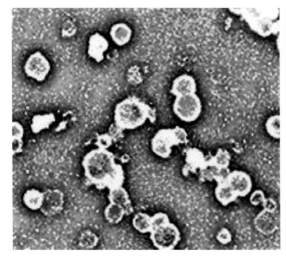

图6-2-1 滑膜支原体

　　支原体为多形态病原，常见的为球形、球杆状或短的丝状体。

图6-2-2 疼痛性呼吸

　　病猪因腕关节和跗关节发炎、疼痛，张口喘息，缓解疼痛。

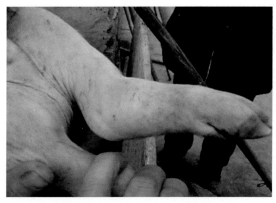

图 6-2-3　关节肿大

　　两后肢跗关节肿大、变形，关节囊内滑液增多。

图 6-2-4　运动障碍

　　病猪腕关节和跗关节发炎，运动时出现明显疼痛反应。

图 6-2-5　站立不稳

　　病猪腕关节和跗关节发炎、疼痛，站立时四肢频频交替负重。

图 6-2-6　病猪趴卧

　　病猪患多发性关节炎，运动困难，常趴卧不起。

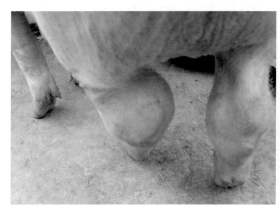

图 6-2-7　关节肿大

　　两跗关节囊内滑液增多，导致关节明显肿大和变形。

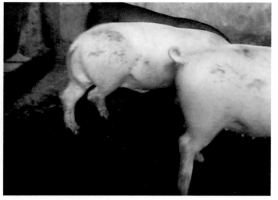

图 6-2-8　站姿异常

　　病猪的多个关节发炎疼痛，导致站姿异常。

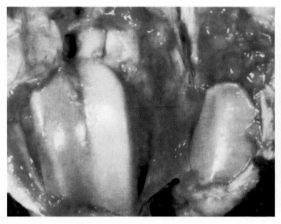

图6-2-9　浆液性关节炎

关节滑膜充血呈淡红色，滑膜绒毛肥大，滑膜层增厚。

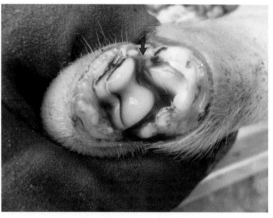

图6-2-10　出血性关节炎

关节滑膜出血，关节腔内有多量鲜红色关节液。

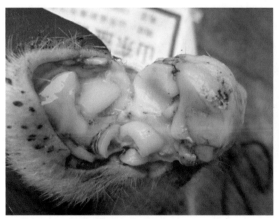

图6-2-11　关节面溃疡

关节面有糜烂与溃疡，滑膜增生肥厚。

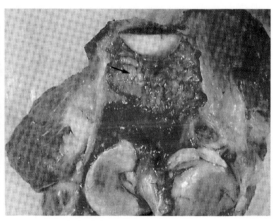

图6-2-12　关节增生

关节滑膜及结缔组织增生，在关节腔内形成翳膜（箭头），关节液减少。

图6-2-13　关节粘连

关节囊内的滑膜与周围结缔组织增生，导致关节粘连。

三、附红细胞体病

附红细胞体病（Eperythrozoonosis）又称为"猪红皮病""黄疸性贫血病""类边虫病"等，是由嗜血支原体所致的人畜共患的传染病，临床以发热、黄疸和贫血为特点。

【病原特性】 本病的病原为支原体科、支原体属的猪嗜血支原体（*Mycoplasma haemosuis*），以前称为猪附红细胞体。猪嗜血支原体既可寄生于红细胞表面，也可游离在血浆、组织液和脑脊液中。其形状为多形性，一般呈环形，也可呈球形、杆状、卵圆形、哑铃形和网球拍形等。血液涂片用吉姆萨染色法染色后，猪嗜血支原体呈淡蓝紫色或紫红色，多在红细胞表面单个或呈链状、鳞片状寄生，也有的在血浆中呈游离状态（图6-3-1）。用雪夫氏（PAS）染色法（图6-3-2）和Goodpasture嗜银染色法（图6-3-3）染色后，嗜血支原体被染成灰白色或乳白色，紧紧围绕在红细胞周围或红细胞表面，血浆中也有大量的嗜血支原体。

嗜血支原体对干燥和化学药品的抵抗力很差，但耐低温。如0.5%石碳酸于37℃经3h可将其杀死；一般常用的消毒药在几分钟内即可将其杀灭；但在脱纤血中−30℃条件下保存83d仍有感染力，于−79℃条件下可保存80d，长期冷冻可存活数年。

【流行特点】 不同年龄和品种的猪均有易感性，仔猪的发病率和病死率较高。本病的传播与吸血昆虫有关，特别是猪虱。另外，注射针头、手术器械、交配等也可能传播本病。

本病有明显的季节性，多发生于高温多雨且吸血昆虫繁殖滋生的季节，尤其是夏、秋季多发，但其他季节也偶有发病。

【临床症状】 本病多为隐性感染，只有在发生应激反应时才急性发作，以及在闷热、多吸血昆虫的季节发生感染时才会出现临床症状。

发病仔猪的表现为发热，精神沉郁，食欲不振，贫血，可视黏膜苍白或充血、出血、黄染（图6-3-4）；红细胞破坏多，黄疸严重时，眼结膜呈土黄色（图6-3-5）。还有的出现心悸、呼吸加快、腹泻等症状（图6-3-6）。一个重要特征性症状是：病初皮肤充血黄染，腹后部乳头充血肿胀而发红（图6-3-7）；继之，皮肤充血减退，毛孔渗血明显，在毛孔口常见有红色颗粒状渗出物（图6-3-8）。发病后一至数日死亡，或者自然恢复变成僵猪。母猪的症状分为急性和慢性两种。急性感染的症状为持续高热（40～41.7℃），厌食，偶有乳房和阴唇水肿，产仔后泌乳量少，缺乏母性行为，产后第三天起逐渐自愈。慢性感染母猪身体衰弱，黏膜苍白及黄染，不发情，或屡配不孕，如有其他疾病或营养不良，可使症状加重，甚至死亡。

【病理特征】 本病的主要病变为贫血、黄疸和大量含铁血黄素形成。眼观，病尸消瘦，贫血，可视黏膜苍白，血液稀薄，全身性黄疸，皮肤黄染（图6-3-9），皮下及肌间结缔组织和脂肪组织也黄染，内脏各器官表面均有不同程度的黄染。肝脏先肿大变性，呈淡黄色，胆囊肿大，充满浓稠的胆汁（图6-3-10）；切面见肝淤血，肝窦中有大量血液，肝细胞发生脂肪变性，肝细胞索呈淡黄色，使肝切面呈现槟榔样外观（图6-3-11）。有的病例，从切面上可检出黄白色局灶性坏死。镜检，肝小叶中央静脉和窦状隙中有大量红细胞，肝细胞变性、萎缩，肝细胞索变细，窦状隙呈扩张状（图6-3-12）。高倍镜下见窦状隙中星状细胞活化，吞噬能力增强，将变性坏死的红细胞吞噬，形成许多吞铁细胞，汇管区有数量不等的淋巴细胞浸润和含铁血黄素沉着（图6-3-13）。另有部分病猪的肝小叶中可检出灶状坏死（图6-3-14）。脾脏病初常因淤血和出血而肿大、变软，急性期时甚至发生败血脾（图

6-3-15）；后期则因脾小体萎缩，数量减少，网状细胞和成纤维细胞增生而发生萎缩（图6-3-16）。镜检，脾组织中的网状细胞活化，有较多含铁血黄素沉着（图6-3-17）。肺充血、水肿，呈红色或暗红色，肺间质增宽，表面常有少量点状出血。镜检，肺泡隔毛细胞血管扩张、充血、增厚，肺泡内有少量红细胞。肺泡隔中的尘细胞增生、活化，进入肺泡后吞噬变性的红细胞而形成心力衰竭细胞（图6-3-18）。肺间质水肿，充满大量浆液，其中的淋巴管呈扩张状（图6-3-19）。心包膨满，心包腔积液，切开时见大量淡黄红色心包液流出（图6-3-20）。心肌变性，心内、外膜有出血点。镜检，心肌纤维变性，肌间毛细血管扩张，数目增多，间质中有较多的浆液，心肌呈水肿状（图6-3-21）。肾脏肿大，皮质散发点状出血。镜检，肾小管上皮细胞变性、脱落，管腔中有大量细胞碎屑，或脱落的细胞聚集而形成的管型，肾间质中有局灶性出血（图6-3-22），并见有局灶性的结缔组织增生，淋巴细胞浸润，呈现间质性肾炎的变化（图6-3-23）。全身淋巴结不同程度肿大，偶见出血。长骨的红色骨髓增生。血涂片检查，在血浆及红细胞表面附有大量嗜血支原体（图6-3-24、图6-3-25）。

【诊断要点】依据临床发热、贫血和黄疸的症状，结合病理变化的特点，即可初步确诊。若在发热期采取病猪的血液进行鲜血悬滴镜检，或制成血膜片染色后进行病原检查，如发现病原体即可确诊。

【类症鉴别】本病需与血巴尔通体病、梨形虫病、溶血性贫血等疾病相鉴别。

【治疗方法】治疗本病目前常用的比较有效的药物有新胂凡纳明、苯胺亚砷酸、苯胺亚砷酸钠、土霉素、四环素、金霉素等。但一般认为首选的药物为新胂凡纳明和四环素。

1.新胂凡纳明疗法 按每千克体重15～45mg肌内注射，通常在2～24h内病原体可从血中消失，在3d内症状也可消除；5d后，再按每千克体重10～35mg肌内注射一次，以便巩固疗效。

2.土霉素或四环素疗法 按每千克体重每日分两次肌内注射药物15mg，连续应用3d，可获得较好的疗效。若在每吨饲料中拌入600g土霉素，连续饲喂两周，则有较好的预防效果。

3.苯胺亚砷酸的疗法 对病猪群，每吨饲料混入180g，连用1周以后改为每吨饲料90g，连用1个月。对未发病感染猪群，用量减半。也可用于预防。

另外，对贫血的仔猪，可给予铁制剂和土霉素。1～2日龄仔猪注射铁剂200mg和土霉素25mg，至2周龄时再肌内注射同剂量铁剂1次。

4.中药治疗 用中药对本病进行全身性调节治疗，也有较好的疗效。

处方一：水牛角（切碎）120g、黑栀子90g、桔梗30g、知母30g、赤芍30g、生地30g、玄参90g、黄芩60g、连翘壳60g、甘草30g、鲜竹叶30g、丹皮30g、紫草30g、生石膏240g，加水5 000mL，煎开20min后取汁，分成两份，分别于早上和晚上混于饲料中饲喂。另外，药渣加1 000mL水煎开20min后，取汁擦洗猪全身。

处方二：土茯苓60g、麻黄20g、商陆60g、红花60g，文火炒至微焦黄，趁热倒入1 000mL米酒（酒精浓度应在50%以上）中，瓶装密封3d后方可使用。用法：按每千克体重10～20mL取药酒，加热至40℃左右，空腹灌服。服药后2h内禁止进食、饮水、淋水，尽量避免吹风，早晚两次，连用3d。

【预防措施】本病多为隐性感染，一般情况下若无诱因的作用不会暴发流行。目前还没有预防本病的疫苗。因此，预防本病主要采取综合性措施，尤其要驱除媒介昆虫；消除一切应激因素，驱除体内外寄生虫，以提高猪体的抵抗力，控制本病发生。

猪附红细胞
体病症状

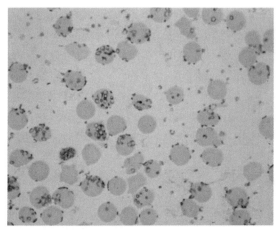

图6-3-1　蓝紫色嗜血支原体

病猪的红细胞表面和血浆中有大量嗜血支原体。（吉-瑞氏染色，×600）

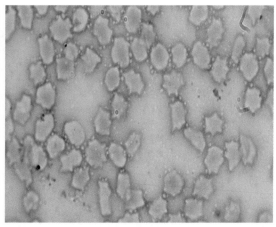

图6-3-2　灰白色嗜血支原体

红细胞明显变形，表面附有大量灰白色的嗜血支原体。（PAS，×600）

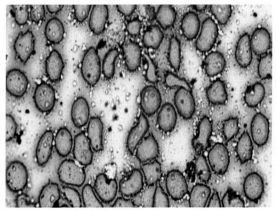

图6-3-3　乳白色嗜血支原体

用Goodpasture染色法染色，嗜血支原体被染成乳白色。（Goodpasture，×600）

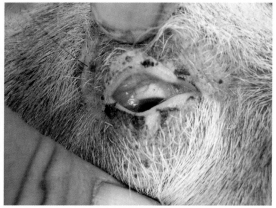

图6-3-4　眼结膜黄染

病猪的眼结膜充血、黄染，并有出血斑点。

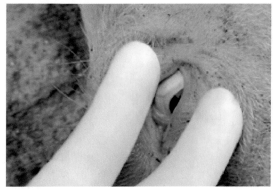

图6-3-5　眼结膜土黄色

病猪的眼结膜和巩膜严重黄染，呈土黄色。

图6-3-6　仔猪腹泻

新生仔猪感染嗜血支原体后，全窝仔猪均发生腹泻。

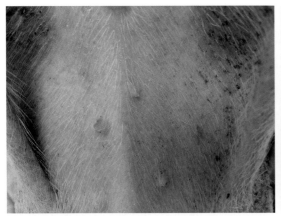

图6-3-7 皮肤充血、黄染

仔猪皮肤充血，呈黄红色，乳头发红、肿胀。

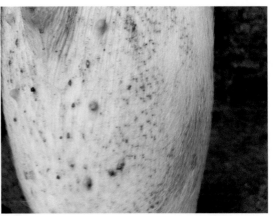

图6-3-8 毛孔渗血

病猪腹后部的乳头肿胀，毛孔渗血，有红褐色的颗粒。

图6-3-9 全身黄染

病尸明显消瘦，脱水，皮肤干燥，全身黄染。

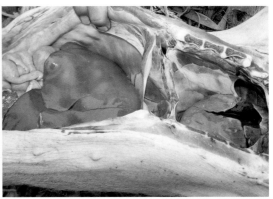

图6-3-10 肝脏变性

肝肿大、变性，呈黄红色，皮下组织、脂肪和内脏器官表面均黄染。

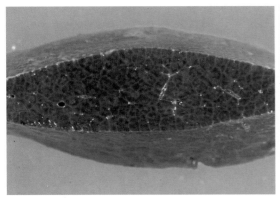

图6-3-11 槟榔肝

肝淤血和脂肪变性，切面呈现槟榔样花纹。

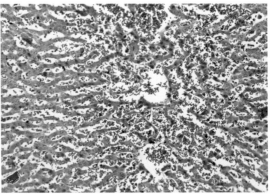

图6-3-12 肝淤血

中央静脉和肝窦扩张，充满红细胞，肝细胞萎缩。（HE，×100）

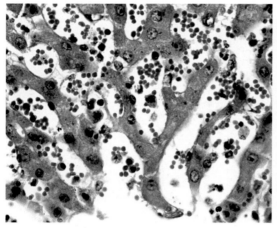

图 6-3-13　吞铁细胞

　　肝窦中的星状细胞活化，吞噬红细胞后形成大量的吞铁细胞。（HE，×400）

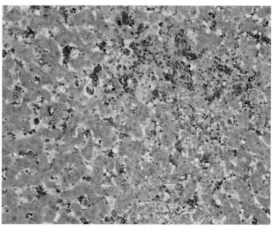

图 6-3-14　局灶性坏死

　　肝淤血，小叶中有局灶性坏死，并伴发炎性细胞浸润。（HE，×400）

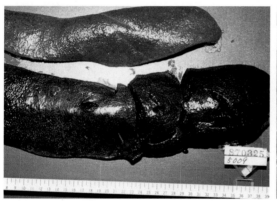

图 6-3-15　败血脾

　　脾脏淤血、肿大，呈暗红褐色，切缘外翻（下），上为正常的对照脾。

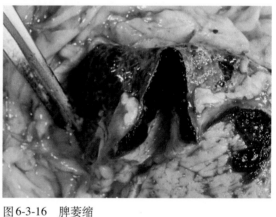

图 6-3-16　脾萎缩

　　脾脏萎缩，被膜增厚，切面脾小体消失。

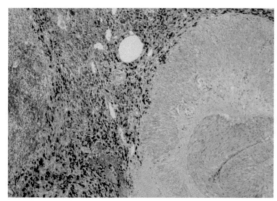

图 6-3-17　含铁血黄素细胞

　　脾淤血，大片组织坏死，脾窦中见有大量含铁血黄素细胞。（HE，×100）

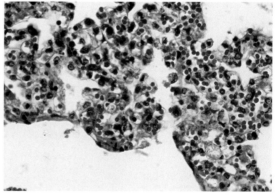

图 6-3-18　心力衰竭细胞

　　肺充血，肺泡隔增宽，肺泡腔中有较多尘细胞形成的心力衰竭细胞。（HE，×400）

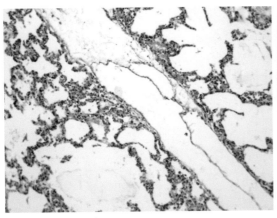

图6-3-19 肺水肿

肺间质明显增宽，有大量渗出的浆液，其中的淋巴管扩张。（HE，×100）

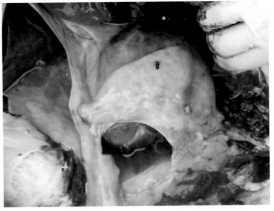

图6-3-20 心包积液

切开心包，从中流出大量淡黄红色的心包液。

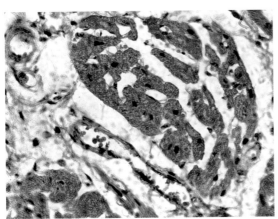

图6-3-21 心肌水肿

心肌纤维变性，间质明显增宽，内有大量渗出液。（三色染色，×400）

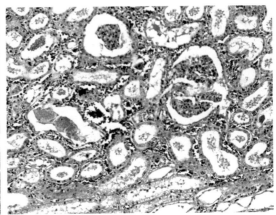

图6-3-22 肾出血

肾小管上皮变性脱落，管腔中有管型，肾间质出血。（三色染色，×100）

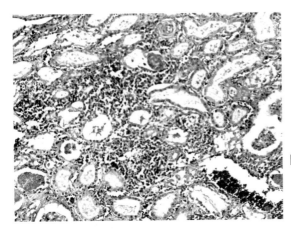

图6-3-23 间质性肾炎

肾小管之间有局灶性结缔组织增生，淋巴细胞浸润。（三色染色，×100）

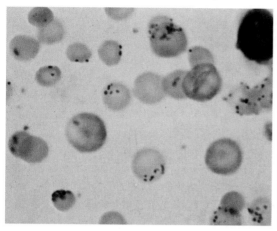

图6-3-24　血涂片检查

血液涂片检查，红细胞表面和血浆中均有嗜血支原体。（吉姆萨染色，×1000）

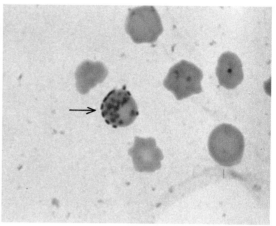

图6-3-25　血涂片检查

病猪发热时，采血做涂片，检出嗜血支原体。（瑞氏染色，×1000）

猪的中毒病

一、玉米赤霉烯酮中毒

玉米赤霉烯酮中毒（Zearalenone poisoning）是雌激素样物质所致的一种中毒病，临床上以阴户肿胀、乳房隆起和慕雄狂等雌激素综合征为特点。本病多发生于猪，世界各地均有报道，曾被称为外阴阴道炎。

【发病原因】猪玉米赤霉烯酮中毒是由于猪大量或长期采食了被能产生雌激素样物质的镰刀菌所污染的饲料而引起。目前发现，禾谷镰刀菌为主要的雌激素样物质产毒真菌。当大气温度在28℃左右，相对湿度达80%～100%的条件下，产毒真菌就可在谷物的茎叶和种子中繁殖，产生大量分生孢子，并形成大量毒素，当猪采食了被产毒真菌污染的玉米、小麦、大麦、高粱、水稻、豆类以及青贮和干草等饲料后，即可发生玉米赤霉烯酮中毒。

【临床症状】本病主要发生于猪，尤其是3～5月龄的未成年母猪，表现出以生殖器官机能障碍为特点的雌激素综合征，但不同年龄段的猪，表现的症状有一定的差异。

1.共同症状　病猪食欲减退，拒食和呕吐。阴部瘙痒，病猪常在墙壁、饲槽或栅栏等物体上磨蹭，导致尾部和会阴部常有外伤和出血（图7-1-1）。阴道与外阴黏膜淤血性水肿，分泌混血黏液，外阴肿大3～4倍，阴门外翻（图7-1-2），往往因尿道外口肿胀而排尿困难，甚至有30%～40%的病猪可继发阴道脱（图7-1-3），5%～10%的病猪发生直肠脱和子宫脱（图7-1-4）。

2.特殊症状　各不同年龄段病猪会表现出一些特殊症状。

育肥猪：外阴部异常肿胀，乳腺增生。由于阴部水肿，局部发痒，病猪常在圈舍的墙上来回蹭，从而引起局部出血。年龄小的猪症状明显，而年龄大的猪症状则较轻。有的病猪皮肤出现大小不一、形状不规则的黑褐色湿疹样斑块（图7-1-5）。

青年母猪：性成熟前（1～6月龄）表现为乳腺过早成熟而乳房隆起，乳头肿大。外阴红肿，呈鲜红色，出现发情征兆（图7-1-6）。病情严重时，病猪的外阴部极度肿胀，阴门口裂开，有出血性黏液性分泌物流出，乳房肿胀，乳头红肿（图7-1-7）。性成熟后表现为发情周期延长、紊乱而无规律。

成年母猪：生殖能力降低、不孕，多数第一次配种或授精不易受胎，或胎儿被吸收和流产，由于黄体的作用还可能出现假妊娠，或者每窝产仔头数减少，仔猪虚弱、后肢外展（八字腿）、畸形、轻度麻痹等。

妊娠母猪：胚胎多在妊娠30d内完全消失，之后表现假妊娠；或在妊娠后50～70d时，发生早产、流产、胎儿吸收、死胎或胎儿木乃伊化。

公猪：主要呈现雌性化综合征，如性欲减退、睾丸萎缩、乳腺肿大、包皮水肿呈圆锥形（图7-1-8），有时还继发膀胱炎、尿毒症和败血症。

【病变特征】病理变化主要发生在生殖器官，尤以母猪的病变最典型。其外部病变与临床表现基本相同。剖检见阴道、子宫的黏膜肿胀、肥厚，黏膜面上附有较多的黏液性物质，并发出不良气味。切开子宫时有多量液体流出，子宫壁呈明显的水肿。切开肿大的乳腺，各乳腺小叶发育不全，大小悬殊，乳腺间质增宽，呈水肿状。

【诊断要点】依据病猪有采食霉败饲料的病史，出现以生殖器官变化为主的一系列雌激素综合征的临床症状，即可做出诊断。有条件时可进一步做实验室检测，以便确诊。

【治疗方法】目前尚无特效治疗药物，只能根据病症进行一些非特异性治疗。首先要停止饲喂霉败饲料，增加饲喂青绿多汁的饲料。对于阴部有外伤的要及时涂布碘酊或龙胆紫等外用杀菌药，防止继发感染。有阴道和子宫脱出而难以自复的病猪，要及时进行外科整复处理（图7-1-9），防止长时间脱出而导致组织淤血、水肿、坏死和败血症的发生。实践证明，给中毒猪群的饲料中添加0.012 5%维生素C，连喂5d，有利于帮助病猪恢复。

另外，对个别重度持续性发情的母猪，可注射前列腺素或少量雄激素进行调理。

【预防措施】预防本病的主要措施是防止饲料霉变和不喂霉变的饲料。

1.防止饲料霉变　主要把好两关：一是进料关，采购猪饲料或原料时，应加强检查，防止发霉变质的饲料或原料入库。二是防霉关，注意做好饲料贮藏工作，要求贮藏饲料的仓库必须保持干燥、清洁，地势高，底部、侧壁均应做防潮、防水处理，饲料底部有木板架隔，上方及周围要留有空隙，使空气流通。

2.不喂霉变饲料　对大量中度或轻度霉变的饲料，为了防止浪费，造成较大的经济损

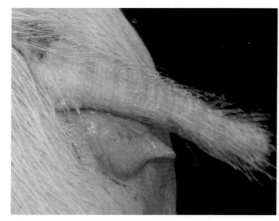

图7-1-1　阴部外伤

　由于阴部瘙痒，病猪在物体上磨蹭而引起尾巴和阴门有擦伤及出血。

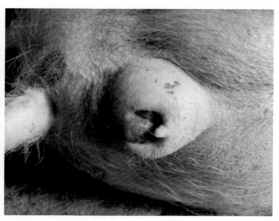

图7-1-2　阴门外翻

　病猪的外阴部充血、水肿，阴门口外翻，阴道黏膜肿胀，并见出血。

失，可通过下述方法处理后再饲喂，但严重霉败变质的饲料不得处理利用。

（1）水浸法。对污染较重的饲料，可通过此法来清除毒素。方法是：1份饲料加4份水浸泡12h（其间应搅动数次），浸泡3次后大部分毒素可随水洗掉。另一种方法是用清水淘洗被污染的玉米之类的谷物，再用10%生石灰水上清液浸泡12h以上（换一次石灰水），将谷物捞出用清水漂洗，除去石灰水后即可利用。

（2）稀释法。对污染较轻的饲料，可使用一定量的未被污染的饲料或饲草制成混合饲料来饲喂。这样，猪采食的单位体积饲料中的毒素量就很低，不至于引起中毒。

玉米赤霉烯
酮中毒症状

图 7-1-3　阴道脱

病猪的外阴部淤血、水肿，呈暗红色，部分阴道黏膜脱出。

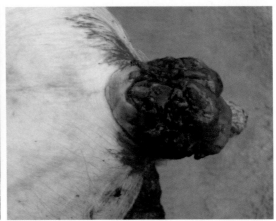

图 7-1-4　子宫脱

病猪的部分子宫脱出，子宫黏膜淤血、水肿、坏死，呈紫红色。

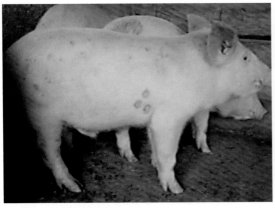

图 7-1-5　湿疹样斑块

病猪的皮肤上常见湿疹样黑褐色斑块。

图 7-1-6　猪群发病

青年母猪群发病后，出现不同程度的外阴红肿，分泌物增多。

图7-1-7　阴门裂开

　　病猪阴门红肿、裂开，乳房肿胀，乳头发红。

图7-1-8　包皮呈圆锥形

　　病猪的包皮充血、水肿，呈圆锥样外观。

图7-1-9　手术整复

　　病猪脱出的子宫，经手术整复后加以固定，防止再次脱出。

二、黄曲霉毒素中毒

　　黄曲霉毒素（aflatoxin，AFT）主要是由黄曲霉和寄生曲霉等产毒菌株所产代谢产物的总称。黄曲霉毒素的毒性很强，能引起各种动物发生中毒。当猪长期或大量食入含有黄曲霉毒素的饲料时，就会发生中毒，其中仔猪比育肥猪和成年猪的敏感性更高。临床上病猪主要出现以肝损害为特点的全身性出血、消化障碍和神经症状等；病理学上以中毒性肝营养不良和脑神经的退行性病变为特征。

　　【发病原因】黄曲霉和寄生曲霉广泛存在于自然界，主要污染玉米、花生、豆类、棉籽、麦类、大米、秸秆及其副产品如酒糟、油粕、酱油渣等，即使肉眼看不出霉败的谷物和饲料中，分离培养时也可发现黄曲霉（图7-2-1、图7-2-2）。黄曲霉是温暖地区常见的占优势的霉菌，但在自然界分布的黄曲霉中，仅有10%的菌株能产AFT。因此，猪只有一次性摄入含有大量黄曲霉毒素的霉变饲料才会发生急性中毒。因为即使是霉变相当严重的饲

料（图7-2-3），其中的黄曲霉毒素的含量也很低，但黄曲霉毒素有蓄积作用，随着含量在体内增加，即可导致急性或慢性中毒。

【临床症状】一般根据病猪的病程和临床表现不同，而将其分为急性型、亚急性型和慢性型三类。

1.急性型 主要发生于2～4月龄仔猪，因为仔猪对AFT非常敏感。仔猪发病后常常无明显的临床症状即突然死亡。少数病猪可出现眼结膜黄染、贫血或有出血变化，有时排出少量带有不良气味的稀便或血便。

2.亚急性型 多发生于育成猪，为临床上最多见的一种类型。病猪精神沉郁，食欲减退，可视黏膜苍白或黄染。腹部有程度不同的膨胀，消化不良，先排出带有恶臭的稀便或血便，继之发生便秘，粪便干硬呈球状，表面附有黏液和血液。病情严重时，病猪出现运动障碍，四肢无力，并时常伴发间歇性抽搐、过度兴奋和角弓反张等神经症状。

3.慢性型 主要见于成年猪，病程较长。病猪精神不振，食欲减退，眼睑肿胀，可视黏膜贫血而黄染。消化障碍明显，时常异嗜，粪便多干硬，表面附有黏液和血液。营养不良，明显消瘦，生长发育缓慢，皮肤发白或黄染，有的病猪还出现瘙痒症状。

【病变特征】剖检，急性病例以贫血和出血为特点。全身黏膜、浆膜、皮下和肌间均常有程度不同的点状或斑状出血，其中以大腿前部和肩胛下区的皮下出血最明显。肝脏肿大，发生实质变性，呈淡灰黄色，被膜常有较多的点状出血（图7-2-4），切面结构不清，质地变脆。胃黏膜肿胀，常有点状或弥漫性出血，有时伴发纤维素渗出，发生纤维素性胃炎；有的胃黏膜出血、坏死，发生坏死性胃炎，坏死的胃黏膜脱落后形成溃疡（图7-2-5）。

肠黏膜肿胀，常有出血斑点或局灶性出血，黏膜面常覆有较多带血的黏液，特别是回肠、结肠和盲肠黏膜，其肠壁的淋巴小结肿胀、坏死，脱落后形成大小不一的溃疡（图7-2-6）。贲门和肠系膜淋巴结淤血、肿大，呈暗红色，被膜下有多少不一的出血点和黄白色的坏死灶，严重时坏死灶可相互融合形成斑块状坏死（图7-2-7）。另见心内、外膜有明显的出血斑点。

亚急性和慢性病例以肝脏变性、坏死和硬变为特征。肝脏明显肿大，严重脂变，呈土黄色或黄色（图7-2-8），或因严重淤血而形成槟榔样花纹。有时则因严重的肝细胞脂变、坏死和出血，使肝脏呈斑驳状。切面结构模糊不清，质地脆弱，或因含较多的血液而较软。肝病的后期常因结缔组织增生而质地变硬，体积变小，色泽变淡，呈淡灰黄色或淡黄绿色，表面有大小不一的结节（图7-2-9），切面结构不清，有大量行走方向不定的纤维束。镜检，肝实质细胞大面积脂肪变性、空泡化（图7-2-10）、出血和坏死，肝小叶中心和中间区的肝细胞坏死、崩解，其位置几乎全被红细胞取代，肝小叶中心大面积出血（图7-2-11）。肝间质水肿，有较多的嗜中性粒细胞浸润。慢性病例的结缔组织明显，有大量淋巴细胞浸润，同时见多量毛细胆管增生，有许多假性肝小叶形成（图7-2-12）。病变严重时，大量增生的结缔组织将肝小叶完全破坏，肝细胞索断裂，排列紊乱，大量结缔组织取代了肝组织（图7-2-13）。大脑膜充血、出血，脑实质有水肿变化。镜检，脑膜和脑实质充血、淤血和水肿（图7-2-14），神经元急性变性、空泡化，形成大小不一的脑软化灶。其他变化与急性型的基本相同。

【诊断要点】一般根据病猪有采食不良或霉变饲料的病史，出现较典型的临床症状，剖检时有特征性的病理变化，即可初步诊断。但确切诊断常需进行毒素检测和动物试验。

【治疗方法】目前尚无特效解毒药物，只能采取对症治疗。治疗时首先应立即停止饲喂可疑饲料，改喂新鲜全价日粮，加强饲养管理。治疗的基本原则是排毒、保肝、止血、强心和抗菌消炎。排毒是指通过投服人工盐、硫酸钠等泻药，或用温肥皂水等碱性溶液灌肠，借以清理胃肠道内的有毒物质；保肝可通过注射葡萄糖制剂和维生素C，增强肝糖原的含量和肝细胞的解毒功能；止血可注射维生素K制剂、葡萄糖酸钙注射液，提高血液的凝固性，防止出血；强心可用安钠咖等强心药，借以改善机体的血液循环；抗菌消炎可用青霉素、链霉素等抗生素，防止继发性感染。

【预防措施】预防要点在于防止饲料霉变和不喂霉变的饲料，其方法可参照玉米赤霉烯酮中毒的预防措施。另外，根据AFT对酸碱比较敏感，在酸性或碱性环境下易被破坏的特点，可应用氨、氢氧化钠、次氯酸钠、碳酸铵等化学药剂来处理霉败饲料，取得较好的解毒效果。

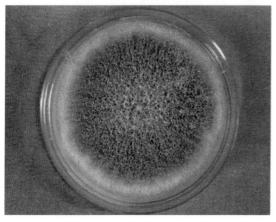

图7-2-1　黄曲霉

从饲料中分离的黄曲霉菌，呈灰黄色绒毛状。

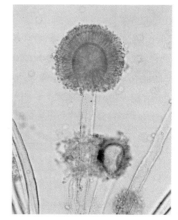

图7-2-2　黄曲霉孢子囊

黄曲霉菌的孢子囊，呈放射状花冠，菌丝呈杆状。

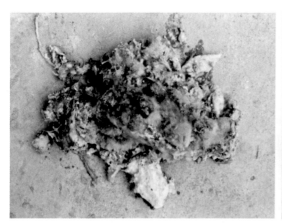

图7-2-3　霉败的饲料

泔水性饲料在水缸内发酵、霉变，有大量黄曲霉和其他霉菌寄生。

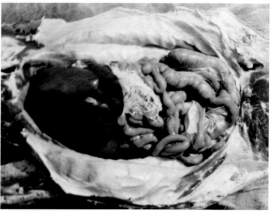

图7-2-4　肝实质变性

肝脏变性、淤血、黄染，被膜面有较多的出血点，胆囊膨满。

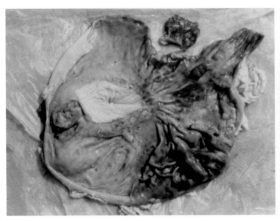

图7-2-5 坏死性胃炎

　　胃底黏膜出血、坏死，并形成大面积溃疡。

图7-2-6 坏死性肠炎

　　肠黏膜出血呈暗红色，肠壁淋巴小结坏死脱落，形成溃疡。

图7-2-7 坏死性淋巴结炎

　　胃门淋巴结淤血、肿大，呈暗红色，切面见大量灰黄色坏死灶。

图7-2-8 肝脂肪变性

　　肝脏脂变、肿大，呈红黄色，胆囊内含有大量深绿色胆汁。

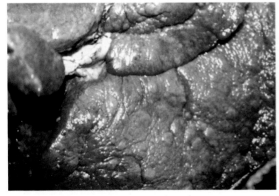

图7-2-9 肥大性肝硬化

　　肝脏呈黄褐色，在肝表面见有大小不一的结节，肝脏质地变硬。

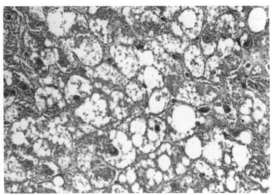

图7-2-10 肝细胞变性

　　肝细胞内有大小不一的空泡，当空泡融合时就形成气球样变。（HE，×400）

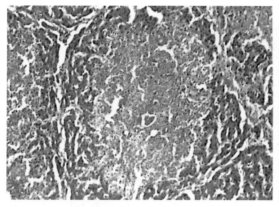

图7-2-11　肝细胞坏死

肝小叶中央静脉周围的肝细胞变性、坏死，坏死区域被红细胞取代。(HE，×100)

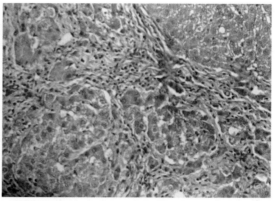

图7-2-12　假性肝小叶

小叶间结缔组织增生，将肝小叶分割成大小不一的小叶状结构。(HE，×400)

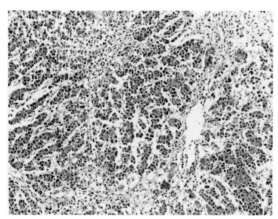

图7-2-13　肝硬化

肝细胞变性、坏死，大量结缔组织弥漫性增生。(HE，×100)

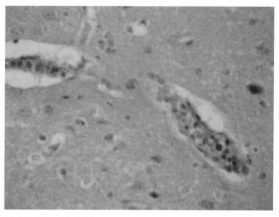

图7-2-14　脑水肿

脑组织中神经细胞固缩，血管周隙变宽，充满大量脑脊液。(HE，×400)

三、克伦特罗中毒

克伦特罗（Clenbuterol）商品名称为盐酸克伦特罗、盐酸双氯醇胺、克喘素等，俗名瘦肉精，是人工合成的一种β-肾上腺素激动剂，对心脏有兴奋作用，对支气管平滑肌有较强而持久的扩张作用。猪克伦特罗中毒是由于长期采食大量含该类化学物质的饲料而引起的。病猪在临床上以心动过速，皮肤血管极度扩张，肌肉抽搐，运动障碍，四肢痉挛或麻痹为特点；病理学上以肌肉色泽鲜艳，肌间及内脏脂肪锐减，实质器官变性、坏死，脑水肿和神经细胞变性肿大或凝固为特征。

【发病原因】　猪克伦特罗中毒是由饲养者在饲料中非法添加了大量盐酸克伦特罗等药物而引起的。克伦特罗如果作为饲料添加剂，使用剂量是人用药剂量的10倍以上，才能达到提高瘦肉率的效果。它用量大、使用的时间长、代谢慢，所以在屠宰前到上市，在猪体

内的残留量都很大。

【临床症状】 本病主要发生于育肥猪，中毒初期，病猪食欲减退，四肢无力，不愿意运动，多爬卧或侧卧在地上（图7-3-1）。随着病情的加重，病猪食欲大减，体重下降，心跳加快，呼吸增数，体表血管怒张，全身的肌肉震颤或抽搐，出现一些特殊的姿势。有的病猪前肢肌肉强直，不能自由伸屈而侧卧在地（图7-3-2）；有的病猪前肢屈曲，后肢僵直，运步困难，出现肢体僵硬的强迫性爬卧姿势（图7-3-3）；还有的病猪四肢肌肉痉挛、强直，四肢伸展，不能屈曲，强迫性侧卧在地（图7-3-4）。中毒严重时，病猪长时间不能站立，卧地不起，身体着地部位和四肢关节普遍有褥疮，尤以关节部明显，关节肿大变形（图7-3-5）。病猪最终多因极度消瘦，全身肌肉麻痹、瘫痪，褥疮感染和多病质（图7-3-6），全身性衰竭而死亡。

【病变特征】 眼观，猪肉颜色鲜艳，后臀肌肉饱满丰厚，脂肪明显减少。腹腔脂肪、胃大网膜和肠系膜脂肪、肾周脂肪、肌间脂肪明显减少（图7-3-7）。病初见心脏扩张，心肌松软。肺脏膨胀，边缘变钝，色泽变淡，呈肺气肿状。病情重时则见心肌萎缩，心脏体积变小，冠状沟和左、右纵沟的脂肪组织明显减少，心尖变长。肺脏膨胀不全，肺边缘变薄，前叶和心叶部有肺气肿变化（图7-3-8）。肝脏轻度淤血，并有不同程度的实质变性。脾脏发生不同程度的萎缩。肾肿大，色泽变淡。脑膜血管扩张、充血，脑实质呈水肿状。

组织病理学检查，神经系统有明显的病理性损伤。病程长者则见明显的神经细胞凝固性萎缩变化，特别是大锥体细胞（图7-3-9）、小脑的浦肯野细胞（图7-3-10）和脊髓灰质的神经元（图7-3-11）均有广泛变性、坏死，脑和脊髓均见有髓鞘脱失和软化灶。外周的神经元也发生明显的退行性变化，如胃壁神经丛中的神经元变性和坏死，均质红染，有的神经元呈溶解状（图7-3-12）。在肌肉组织中肌纤维普遍增粗，肌间脂肪组织减少，但部分肌纤维肿胀、变性，肌纤维核浓缩，胞质凝固，呈坏死状。其周围有较多的中性粒细胞浸润。肺泡扩张，肺泡隔变薄呈贫血状，有的肺泡极度扩张，并有部分肺泡隔断裂，形成大的气囊，发生肺气肿（图7-3-13）。心肌纤维变性，粗细不一，胞质均质红染，心外膜血管周围的脂肪细胞萎缩，被水肿液取代，导致心肌水肿（图7-3-14）。肝脏淤血，肝细胞肿胀、变性，胞质均质红染，胞核浓缩，肝小叶内有局灶性坏死（图7-3-15）。

【诊断要点】 一般根据病猪有饲喂克伦特罗的病史、典型的临床症状和病理变化即可

图7-3-1 中毒猪群

病猪腿软无力，不能站立，或四肢僵硬而卧地不起。

图7-3-2 前肢痉挛

病猪前肢痉挛、强直，不能伸屈。

做出初诊，但确诊需采集病肉或内脏器官样品进行实验室检测。

【治疗方法】 目前尚无特效的解毒药物，只能采取对症治疗。一般而言，猪中毒后其肉尸及其内脏就失去食用价值，因而对中毒的猪无需进行治疗，应立即扑杀，其肉尸和内脏应化制或做工业用，不得做成肉制品而食用，或做成饲料来饲喂其他动物。

【预防措施】任何单位与个人要遵循国家的法规，绝不能在猪饲料中添加克伦特罗类化学制剂。只有不给猪饲喂含克伦特罗的饲料，才能杜绝中毒事件的发生。

图7-3-3 强迫姿势

病猪前肢屈曲，后肢僵硬，出现强迫爬卧的特异性姿势。

图7-3-4 四肢强直

病猪四肢痉挛、强直，不能伸屈而侧倒在地。

图7-3-5 体表的褥疮

病猪肢体僵硬，长期瘫痪在地，有大小不一的褥疮。

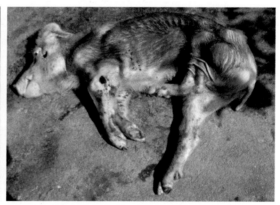

图7-3-6 消瘦衰竭

病猪极度消瘦，四肢僵硬，呈现多病质的衰竭状态。

图7-3-7 内脏萎缩

病猪的实质脏器萎缩，大网膜和肠系膜的脂肪组织锐减。

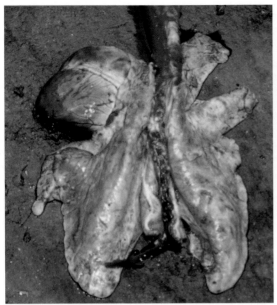

图7-3-8　心、肺萎陷

心尖变长，脂肪萎缩；肺脏膨胀不全，并见局灶性气肿灶。

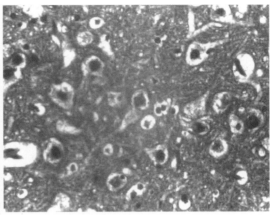

图7-3-9　大脑神经元固缩

大锥体细胞固缩，神经元的周隙增大，呈水肿状。(HE，×400)

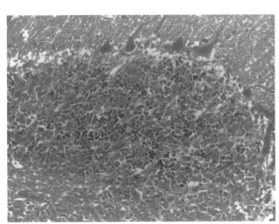

图7-3-10　浦肯野细胞坏死

小脑的浦肯野细胞变性，胞核溶解消失，呈坏死状。(HE，×400)

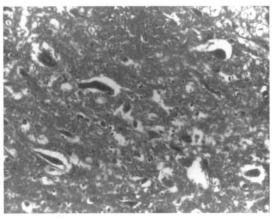

图7-3-11　神经元皱缩

脊髓灰质中的神经元皱缩，核质不分，均质红染。(HE，×200)

图7-3-12　神经元溶解

胃壁神经丛中的神经元变性，胞核消失呈溶解状。(HE，×400)

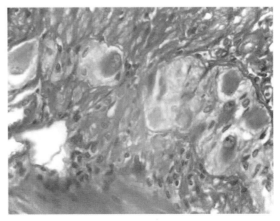

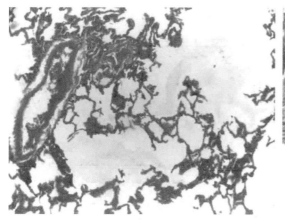

图7-3-13　肺气肿

　　部分肺泡隔破坏，相互融合，形成大气囊。（HE，×100）

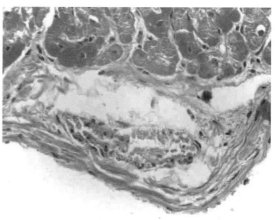

图7-3-14　心肌水肿

　　心肌纤维胞质均质红染，血管周围脂肪消失，被水肿液取代。（HE，×200）

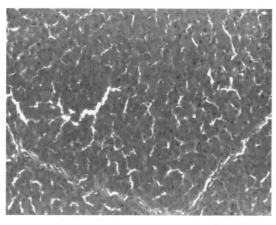

图7-3-15　肝变性、坏死

　　肝细胞变性，细胞核浓缩变小，并有局灶性坏死。（HE，×200）

四、食盐中毒

　　食盐是猪日粮中不可缺少的营养成分，适量增加食盐，可增进食欲，帮助消化，保证机体水盐代谢的平衡，但若摄入量过多则可导致食盐中毒（Salt poisoning）。由于猪食盐中毒时常伴发脑膜和脑实质的嗜酸性粒细胞浸润，故又有嗜酸性粒细胞性脑膜脑炎（eosinophilic meningoencephalitis）之称。本病临床上主要以消化紊乱和各种神经症状为特点；病理学上以消化道黏膜发炎、脑水肿，伴有嗜酸性粒细胞性脑膜脑炎和大脑灰质层状坏死为特征。

　　【发病原因】　猪对食盐比较敏感，其常见的中毒量为每千克体重1～2.2g，致死量（成年中等个体）为125～250g。引起猪食盐中毒原因很多，常见的有以下几种：一是喂盐过多，如以含盐分过多的泔水、渍菜水、洗咸鱼水、酱渣、食堂残羹等喂猪时常可引起中毒；二是饮水不足，如摄盐量虽然不太多，但饮水不足，却对食盐中毒的发生具有决定性影响；三是机体的状态，如体液减少时，对食盐的耐受力降低，最容易发生中毒；四是营养成分

不足，如饲料中缺乏各种营养物质，特别是微量元素（如维生素E、含硫氨基酸、钙和镁等）时常易引起食盐中毒。

【临床症状】 猪食盐中毒时依据发病的快慢和症状不同而分为以下两种类型。

1.急性食盐中毒 多见于食入大量食盐后突然发生的病例，主要表现为血液循环障碍、消化障碍和明显的神经症状。病猪呼吸迫促，脉搏增速，眼结膜潮红，全身皮肤呈淡红色或暗红色，胸、腹部和股内侧等薄皮部位常有出血点（图7-4-1）；食欲废绝，饮欲大增，甚至烦渴贪饮，呕吐，腹痛，腹泻，或见粪便混有黏液或血液；病初兴奋性增高，不停地空嚼，口流大量带白沫的唾液，骚动不安，有时转圈，有时用鼻端拱墙壁，全身肌肉震颤，间歇性痉挛（每次持续2～3min）和角弓反张等。后期精神极度沉郁，视觉障碍，目光呆滞，头下垂，反应迟钝，不全麻痹，乃至昏迷。多经48h后死亡。

2.慢性食盐中毒 主要发生于长期饲喂含盐高的饲料，通常在暴饮之后突然发病，临床表现以神经症状最明显。病猪发病之前，常有便秘、口渴和皮肤瘙痒等前驱症状。发病后突然呈现视觉和听觉障碍，对刺激的反应淡漠（图7-4-2），有的则兴奋不安，来回行走，做无目的徘徊（图7-4-3），或向前直冲，遇到障碍物时，不知躲避，用头顶住。有的行圆圈运动或时针运动（图7-4-4）。严重的则发展为癫痫样痉挛，频频点头，哼哼有声（图7-4-5），每隔一定时间发作一次。发作时，依次地出现鼻盘抽缩或扭曲，头颈高抬或偏向一侧，脊柱上弯或侧弯，呈角弓反张（图7-4-6）或侧弓反张状态，腰背僵硬，后肢运动不灵活，以致整个身躯后退（图7-4-7），直到呈现犬坐姿势，甚至仰翻倒地，全身肌肉做间歇性痉挛，夹杂有强直性痉挛，持续数分钟之久。病程长短不一，短的仅数小时，长的可延续3～5d，病猪多因呼吸衰竭而死。

【病理特征】 急性食盐中毒的病例，其尸僵不全、血凝不良，主要眼观病变是胃黏膜充血、淤血，胃底部较重，常见有多量出血点，并出现溃疡。肠黏膜明显淤血、水肿，呈淡红色或暗红色，并常发生弥漫性出血（图7-4-8），有时伴发纤维素性肠炎；大肠黏膜在淤血、出血的基础上，在淋巴小结存在的部位多出现局灶性溃疡（图7-4-9）。肺极度淤血、出血、水肿，呈黑红色，气管腔内和支气管断端有较多的泡沫样液体，表面和切面均见出血斑点或弥漫性出血（图7-4-10）。肝脏淤血、肿大，呈暗红色，质地变脆，被膜下有出血点。肾脏严重淤血而呈暗红色，被膜下多有大小不一的出血斑点。切面见肾皮质部增宽，出血呈紫红色，髓质部也有弥漫性出血，呈红色（图7-4-11）。大脑仅见软脑膜显著充血，脑回变平，脑实质偶有出血等变化。慢性食盐中毒时胃肠病变多不明显，主要病变位于脑，表现大脑皮质的软化、坏死。

食盐中毒的特征性组织病理学变化见于大脑，主要表现为大脑软膜充血、水肿，并有轻度出血。脑膜中大血管壁及其周围有许多幼稚型嗜酸性粒细胞浸润，尤以脑沟深部最为明显。大脑灰质和白质的毛细血管淤血及形成透明血栓。血管内皮肿胀、增生，核空泡变性，血管周围间隙因水肿而增宽，有多量嗜酸性粒细胞浸润，甚至多至十几层细胞，形成明显的管套（图7-4-12）。在血管邻近的脑实质内也有少量嗜酸性粒细胞浸润。管套中除嗜酸性粒细胞外，往往还混有淋巴细胞；有的病例尚见淋巴细胞性管套。

大脑灰质的另一突出变化是皮质神经元（特别是中层）呈层状坏死和层状软化，即神经元变性，尼氏小体消失，胞核浓缩，胞质均质红染，坏死的神经元可被小胶质细胞包绕或吞噬，从而形成卫星现象和噬神经现象（图7-4-13）；神经元坏死后，周围的神经纤维断裂、破碎，即形成了层软化。延髓也有同样变化，但白质的变化则甚轻微。病变部的小胶质细胞呈弥漫性或结节性增生。间脑、中脑、小脑及脊髓则无显著变化。

【诊断要点】　可根据病猪有过饲食盐和／或限制饮水的病史；暴饮后癫痫样发作等突出的神经症状；病理学检查有脑水肿、变性、软化坏死、嗜酸性粒细胞血管套等病理形态学改变而做出诊断。必要时可进行实验室检查，做血清钠测定和嗜酸性粒细胞计数等检查。

【类症鉴别】　嗜酸性粒细胞性脑膜脑炎是诊断本病的重要指标之一，但其也可见于猪桑葚心病的白质软化，以及其他原因引起的脑炎，因此在诊断时需注意鉴别。

【治疗方法】　目前尚无特效解毒药，治疗要点是促进食盐排除，恢复阴阳离子平衡和对症处置。

首先应立即停止喂饮含盐量较高的饲料及饮水，而多次小量地给予清水。切忌猛然大量给水或任其随意暴饮，以免病情恶化。同群未发病的病猪亦不宜突然随意供水，否则会促使其发生水中毒。

为恢复血液中的离子平衡，抑制神经的兴奋，可分点皮下注射5%氯化钙明胶溶液（氯化钙10g，溶于1%明胶液200mL内），剂量为每千克体重0.2g，每点注射量不得超过50mL，以免引起注射部位的组织坏死。

为缓解脑水肿，降低颅内压，可腹腔注射25%山梨醇溶液或高渗葡萄糖溶液进行脱水；为促进毒物排除，可用利尿剂和油类泻剂，如灌服50～100mL植物油，即可促使肠道中未吸收的食盐泻下，又可保护肠黏膜。为缓解兴奋和痉挛的发作，可用硫酸镁、溴化物和氯丙嗪等镇静解痉药，如用5%盐酸氯丙嗪2～5mL，肌内注射，具有良好的缓解神经症状作用。另外，对伴发心脏衰弱的病猪，常用20%安钠咖2～5mL肌内注射，既可强心，又可利尿，加快钠离子的排泄。

【预防措施】　猪，特别是未成年的仔猪对钠离子比较敏感，但钠离子又是猪体内不可缺少的物质，因此必须合理的使用食盐，切忌过量。

1.合理添加　在饲料中添加食盐时一定要控制好比例，一般日粮中可按精料的0.3%～0.5%添加食盐，并拌匀饲喂，既可防止"盐饥饿"的发生，又不至于引起食盐中毒。

2.合理饲喂　不用含食盐量较高的咸卤汤、咸肉水、咸菜水、咸泔水等饲喂猪。

3.保证饮水　猪圈内应放置清洁饮水，保证猪随时可以饮水。

食盐中毒症状

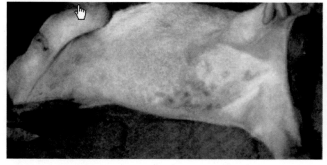

图7-4-1　皮肤出血

皮肤发红，胸、腹和股内侧等较薄的皮肤出血明显。

图7-4-2　反应淡漠

病猪反应迟钝，对外界刺激不敏感。

图7-4-3　盲目徘徊

病猪有时兴奋，无目的行走或徘徊。

图7-4-4　转圈运动

行走时，病猪多在原地做转圈运动。

图7-4-5　频频点头

颈部肌肉痉挛时，病猪不断地频频点头。

图7-4-6　角弓反张

病猪的鼻盘抽搐，头颈后仰，呈角弓反张姿势，腰背僵硬。

图7-4-7　侧弓反张

病猪腰背僵硬，后肢运动不灵活，常呈现侧弓反张姿势。

图7-4-8　出血性肠炎

小肠弥漫性出血，呈血肠子样外观，肠内容物呈酱红色。

图7-4-9　大肠溃疡

盲肠黏膜弥漫性出血，黏膜脱落形成溃疡。

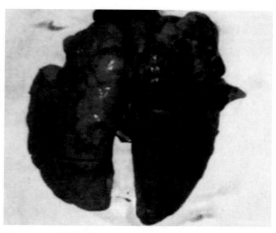

图7-4-10　肺出血

肺脏极度淤血、弥漫性出血，呈紫红色。

图7-4-11　肾出血

肾出血呈暗红色，切面见皮质增宽、出血。

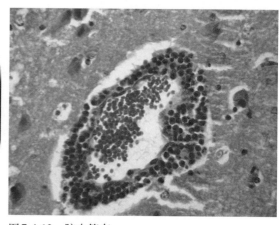

图7-4-12　脑血管套

血管扩张充血，周围由大量嗜酸性粒细胞包绕形成血管套。（HE，×400）

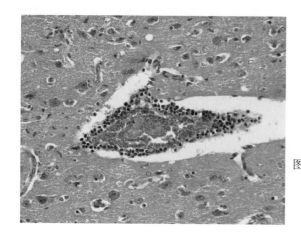

图7-4-13　神经元坏死

大脑灰质充血、水肿，神经元变性、坏死，有噬神经现象。（HE，×400）

五、聚合草中毒（Comfrey poisoning）

聚合草又称紫草根、饲用紫草和俄罗斯紫草等，是紫草科聚合草属的多年生粗糙毛状草本植物。它原产于高加索地区及欧洲中部，富含蛋白质，作为青饲料饲喂动物已经有200多年的历史，现已遍及世界各地。大量饲喂新鲜聚合草，或腹腔注射、内服从该草中提取的生物碱，能引起猪中毒。

【发病原因】 聚合草内含有大量的生物碱，主要包括聚合草素、聚合草醇碱、向阳紫草碱等，其中以聚合草素的含量最高（约占总生物碱的1/4），且毒性最强。当猪采食大量生物碱含量高的聚合草时就会中毒发病。由于受地理位置、土壤、气候、季节等环境因素的影响，不同种聚合草的根、茎叶所含的生物碱量也有一定差异。聚合草的花虽然有各种不同的颜色，如紫色（图7-5-2）、粉红色和白色（图7-5-3）等，但其聚合草素等生物碱的含量变化不大。另外，不同季节聚合草总生物碱含量也有差异，春夏收割的高于秋季收割的。因此，本病多发生于春夏季，与猪采食大量幼嫩茎叶有关。

【临床症状】 临床上常见的病例是长期大量采食聚合草所致的慢性中毒，所以没有典型的特征性症状，一般所见均以消化障碍为主，如病猪食欲不断减退，消化不良，常有程度不同的腹泻，可视黏膜轻度黄染。

临床病理学检查，血清中7-谷氨酰转肽酶（7-GT）活性随聚合草饲喂累积量平行升高，谷丙转氨酶、谷草转氨酶和碱性磷酸酶活性也明显升高。

【病理特征】 本病的特征性病理变化发生于肝脏。眼观，肝脏肿大，呈灰黄或土黄色，表面有明显隆起的灰白色结节和大小不等的坏死灶。肾脏肿大，呈淡黄色，被膜下常见大小不一的灰白色斑点。有的病猪发生肺水肿，肺间质增宽、透亮，切面流出水样液体。

组织病理学检查见肝细胞排列紊乱，多发生颗粒变性和脂肪变性；有的肝细胞核消失，发生单个性坏死，灶性坏死区常被红细胞和枯否氏细胞取代；有的肝细胞明显增大，形成很特殊的比正常肝细胞大数倍乃至十几倍的巨肝细胞。巨肝细胞的胞核明显增大，核仁大，清晰易见，核膜清楚（图7-5-4），核内常出现数个粉红色嗜酸性包涵体，这些包涵体常位于增大的核中央或者紧靠核膜排列（图7-5-5）。部分肝细胞的胞质中常见透明滴样变，当肝细胞破坏后，其胞质中的淡红色透明滴样物可释入肝血窦或中央静脉内（图7-5-6）。肝血窦扩张并有大量的炎性细胞浸润，枯否氏细胞有明显的增生变化。叶下静脉及小叶间静脉周围水肿或纤维化。胆管轻度增生。肾小管中有部分上皮细胞变性、坏死、脱落，管腔内多有嗜伊红絮状蛋白样物质，或见核溶解、碎裂的上皮细胞，肾间质内常有较多的炎性细胞浸润。肺脏的支气管和细支气管周围、血管周围、小叶间和肺泡间隔可见以淋巴细胞为主的炎性细胞浸润，呈现出间质性肺炎的变化。

【诊断要点】 根据病猪有较长时间饲喂聚合草的病史，临床上又有以消化障碍和轻度黄疸为特点的症状，即可初步诊断，确诊需依据实验室检测的结果，如果病猪血清中7-GT、COT、GPT和ALP活性明显升高；组织学检查，肝组织中有大量典型的巨肝细胞，肝细胞核明显增大，内含嗜酸性小球体时，即可确诊。

【治疗方法】 目前尚无有效的解毒药物，只能采取对症和支持治疗。治疗时首先要停止饲喂聚合草，然后根据病猪的临床表现来进行对症治疗，其中以保肝助消化为主。

【预防措施】 聚合草是喂猪常用的青饲料，只要饲料搭配合理，不过量饲喂时，一般不会引起中毒。由于聚合草在不同的地区和不同的季节，其毒性有所不同，饲料中聚合草含量的比例也应有所不同。以聚合草为主要青绿饲料的地区、猪场和农户，一定要控制其饲喂量和占总饲料的比例，避免大剂量或长期、单一饲喂。

图7-5-1　幼嫩聚合草

　幼嫩的聚合草，叶大、肥厚、数量多，含有大量的聚合草素等生物碱。

图7-5-2　紫花聚合草

　开紫花的聚合草，叶小且数量少，茎秆发达，含毒量较低。

图7-5-3　白花聚合草

　开白花的聚合草，其含毒量与开紫花聚合草的相差无几。

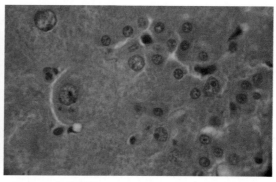

图7-5-4　巨肝细胞

　肝细胞大小不一，可见有胞核大、核仁明显的巨肝细胞。（HE，×400）

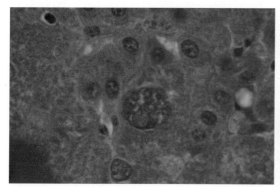

图7-5-5　核内包涵体

　巨肝细胞的细胞核有时见含有嗜酸性淡红色包涵体。（HE，×1000）

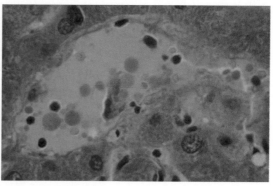

图7-5-6　透明滴状物

　在肝血窦和中央静脉内见大量淡红色的透明滴样物。（HE，×1000）

Chapter 8 第八章

猪的普通病

一、胃 肠 炎

胃肠炎（Gastroenteritis）是胃肠黏膜及其下层组织严重炎性疾病的总称。病猪的主要表现为精神沉郁，发热，口干舌燥，呕吐，腹痛和腹泻；病理学上以严重的胃肠机能障碍和伴发不同程度的自体中毒为特征。

【发病原因】 引起胃肠炎的原因很多，原发性胃肠炎主要因饲养管理不当，摄入品质不良的饲料，如腐败变质、发霉、不清洁或冰冻饲料，或误食有毒植物以及酸、碱、砷和汞等化学药物。继发性胃肠炎多伴发于一些病毒病、细菌病和寄生虫病，如猪瘟、猪传染性胃肠炎、猪副伤寒、肠结核、结肠小袋虫病、蛔虫病和球虫病等。

【临床症状】 临床上以散发为主。病初，病猪主要表现急性消化不良。继之，病猪精神沉郁，体温通常升高至40℃以上，脉搏加快，呼吸频数，可视黏膜发绀。其后，特征性的胃肠机能障碍越来越明显，病猪食欲废绝，饮欲亢进，鼻盘干燥，口干臭，舌面被覆厚层灰白或黄白色舌苔。病猪时常发生呕吐，呕吐物气味不良或恶臭，其中常混有血液或胆汁（图8-1-1）。病猪有腹痛表现，不愿走动，排便时呻吟或有强拘感，腹部触诊敏感。持续而剧烈的腹泻是胃肠炎的示病症状。病猪频频排粪，每日10余次不等。粪便从开始的软便、粥状、黏糊状，混杂数量不等的黄白色黏液、血液、坏死组织碎片（图8-1-2），逐渐变成污泥样、血样或水样，散发恶臭或腥臭味（图8-1-3）。后期，病猪的肛门松弛，排粪失禁，有的不断努责而无粪便排出，呈里急后重状态。随着腹泻的加重，病猪脱水和自体中毒症状就表现出来。病猪全身症状重剧，精神高度沉郁，闭目呆立，极度虚弱，耳尖、鼻端和四肢末梢发凉，对外界反应冷漠。眼球下陷，皮肤弹性减退（图8-1-4），脉搏快而弱，往往弱不感手，体温升高，尿少色浓，甚至无尿。还可出现兴奋、痉挛或昏睡等神经症状。

【病理特征】 胃肠炎的初期病变多为急性卡他性炎。发生急性卡他性胃炎时，胃黏膜肿胀，表面被覆大量蛋清样黏液，当胆汁逆流入胃时，胃内容物被染成黄色（图8-1-5）。卡他性肠炎的主要表现为肠黏膜肿胀、潮红，并见点状出血，黏膜表面覆有黏稠的黏液（图8-1-6）。镜检可见大量胃肠黏膜上皮坏死脱落，杯状细胞增多（图8-1-7）。病情加重，特别是因霉败饲料或误食化学药物和重金属物中毒时，多引起出血性胃肠炎或纤维素性胃肠炎。当以出血变化为主时，胃黏膜常有大小不一的出血斑点或呈弥漫性出血，胃内容物也有程度不同的红染（图8-1-8）。肠管出血病变轻时，肠黏膜有出血斑点，病情重时，肠壁红染，整个肠管如同血肠子（图8-1-9）。发生纤维素性肠炎时，肠壁渗出的纤维素与坏死脱落的肠上皮凝固成一层薄膜或附有纤维素性碎片和团块。病情严重时可发生纤维素性坏死性肠炎，即渗出的纤维素与坏死的肠壁组织融合在一起，在肠黏膜表面形成糠麸样假膜。镜检见坏死的肠组织与渗出的纤维素融合在一起，肠黏膜的固有结构被破坏（图8-1-10）。

【诊断要点】 根据病猪腹泻严重，粪便中混有血液、黏液并有恶臭的气味；明显的消化系统障碍的症状，伴发不同程度的腹痛，机体有脱水和自体中毒等表现，结合病史、饲养管理即可做出诊断。通过流行病学调查，血、尿、粪的化验，则可鉴别原发性或继发性胃肠炎。

【治疗方法】 治疗本病的基本原则是：抗菌消炎，缓泻止泻和调理胃肠，补液解毒和强心。一般的步骤是：及时查出和消除病因，对症治疗，缓解症状，加强护理，增强机体的抗病能力，防止继发性感染。

1.抗菌消炎 是治疗急性胃肠炎的根本措施，应贯穿于整个病程。一般应依据病情的轻重不同选用下列药物进行治疗。黄连素，每日每千克体重5～10mg，分2～3次内服。氨苄西林0.5～1g加于5%葡萄糖液250～500mL中，静脉注射，每日1～2次，同时再用1%高锰酸钾溶液300～500mL内服，效果更好。此外，还可肌内注射链霉素和庆大霉素等。

2.缓泻止泻 是调理胃肠的重要措施，必须切实掌握用药时机。缓泻适用于病猪排粪迟滞，或者排恶臭粥样稀粪，而胃肠仍有大量内容物积滞的病例。初期可用硫酸钠、人工盐、鱼石脂适量混合内服，后期可灌服液状石蜡或植物油。止泻适用于肠内容物已基本排尽，粪便的臭味不大，但仍腹泻不止的病例。可用黏膜收敛药，如鞣酸蛋白、碱式硝酸铋各5～6g，日服两次；或矽碳银片、鞣酸蛋白、碳酸氢钠适量加水灌服。

3.补液、解毒和强心 机体脱水、自体中毒和心力衰竭等是急性胃肠炎病猪最常见的死亡原因。因此，进行补液、解毒和强心是抢救危重胃肠炎的关键性措施。补液常用5%葡萄糖生理盐水300～500mL静脉注射。补液的数量和速度，可视脱水的程度和心、肾功能而定。一般以开始大量排尿作为液体基本补足的监护指标。静脉注射有困难时，可试用口服补液。为了防止酸中毒，常用5%碳酸氢钠注射液50～100mL静脉注射。为维护心脏机能，在补液的基础上，可选用去乙酰毛花苷、洋地黄毒苷、毒毛花苷K等速效强心剂肌内注射。

此外，在进行上述治疗过程中，还应加强饲养管理，注意环境卫生和消毒，防止继发感染。

【预防措施】 本病主要是由于饲养管理不良和饲料质量不佳所引起的，因此预防措施主要是从改善饲养管理入手，经常关注环境卫生，定期消毒，注重饲料质量，防止用霉败饲料喂猪。管理好农药和重金属等化学试剂，防止引起中毒性胃肠炎。

胃肠炎症状

图8-1-1　病猪呕吐

病猪的呕吐物中带有血液或胆汁。

图8-1-2　病猪腹泻

病猪排出黄白色含有大量黏液和坏死组织的稀便。

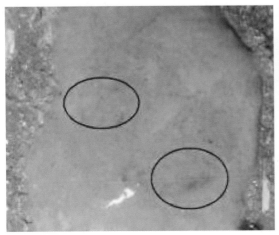

图8-1-3　含血稀便

病猪排出大量污泥样散发恶臭的稀便。

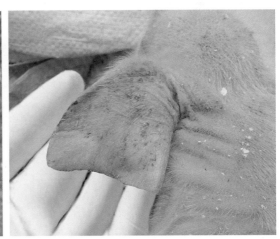

图8-1-4　病猪脱水

病猪耳尖发凉，皮肤弹性减退，有皱纹。

图8-1-5　急性卡他性胃炎

胃黏膜表面被覆大量蛋清样黏液，内容物黄染。

图8-1-6　卡他性肠炎

肠黏膜肿胀，被覆大量灰白色黏液。

图8-1-7　卡他性肠炎

肠绒毛中杯状细胞增多，大量上皮坏死脱落。

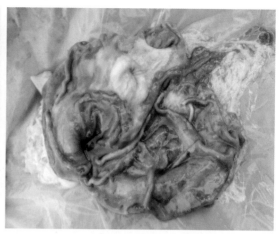

图8-1-8　出血性胃炎

胃黏膜肿胀，弥漫性出血，胃壁呈暗红色。

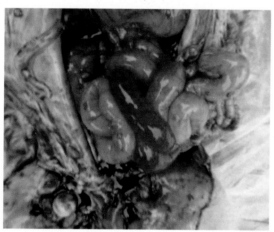

图8-1-9　出血性肠炎

发生出血性肠炎的肠壁呈红色，似血肠子。

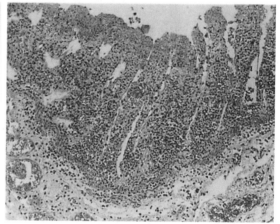

图8-1-10　纤维素性坏死性肠炎

坏死的肠黏膜与渗出的纤维素相互融合。

二、肠便秘

肠便秘（Intestinal constipation）又称肠秘结或肠阻塞，是因肠管运动或分泌机能降低，肠内容物停滞，水分被吸收，而使某段或某几段肠管发生完全或不完全阻塞的一种腹痛性疾病。临床上以食欲减退或废绝，口腔稍干或干燥，肠音沉弱或消失，排粪减少或停止，并伴有不同程度的腹痛为特征。

【发病原因】　根据病因不同可分为以下两类。

1.原发性便秘　多见于饲养管理不当，饲料品质不良。常见的是饲喂干硬不易消化的饲料和含粗纤维过多的饲料，如甘薯藤、花生藤、豆秸糠麸、酒糟等劣质饲料；或饲料中混有杂物，如多量泥沙、根须、毛发等；同时饮水不足，青饲料不足，又缺乏运动；有时突

然更换饲料，或气候骤变，致使肠管机能降低，肠内容物干燥、变硬而秘结。另外，母猪妊娠后期或分娩不久伴有肠弛缓时，也常发生便秘。

2. 继发性便秘 主要发生在热性病和某些肠道寄生虫病的经过中。其他原因，如伴有消化不良时的异嗜癖，去势引起肠道粘连，胃肠弛缓，肛门脓肿等，也可导致肠便秘。

【临床症状】 本病可发生于各种年龄的猪，但以小猪较多发，便秘的部位多在结肠。病猪的一般症状为精神沉郁，食欲减退或废绝，有时饮欲增加。示病症状是经常做排粪姿势，不断用力努责，但无粪便排出（图8-2-1）。猪圈内常见干硬的粪球，病猪爬卧在地，有腹痛的表现（图8-2-2）。当肠管不完全阻塞时，病猪可排出少量的粪球。病猪常因胃肠膨胀而腹围膨大，有的病猪排便前先呈犬坐姿势，两后肢叉开坐地努责（图8-2-3），然后仅排出少量干硬附有黏液的干小粪球（图8-2-4），以后则排粪停止或仅排出少量黏液；腹围逐渐增大，呼吸增快（图8-2-5），表现腹痛、起卧不安，或呈现犬坐姿势（图8-2-6），或卧地不起，不时呻吟（图8-2-7）；直肠黏膜水肿，肛门突出。当肠管完全阻塞时，则无粪便排出，病猪腹痛加剧。听诊肠音减弱或消失，伴有肠膨胀时可听到金属性肠音；触诊腹部常有疼痛感而表现不安。

【诊断要点】 根据临床症状、听诊和触诊等检查即可确诊。

【治疗方法】 本病的治疗原则是：疏通导泻，镇痛解痉，强心补液和加强护理。

1. 疏通导泻 常用的药物及用法为：硫酸钠（或硫酸镁）30～50g或液状石蜡（或植物油）50～100mL或大黄末50～100g加入适量水内服。如在投服泻药后数小时，皮下注射新斯的明2～5mg，或2%毛果芸香碱0.5～1mL可提高疗效。与此同时，可用2%小苏打水或肥皂水反复深部灌肠（2～3h重复一次，连用2～3次）。灌肠时需注意，压力不要过高，否则容易造成肠壁破裂。

2. 镇痛解痉 病猪腹痛症状明显时，应优先使用镇静剂。常用20%安乃近注射液3～5mL或2.5%盐酸氯丙嗪注射液2～4mL，肌内注射。还可选用安溴注射液等药物。

3. 强心补液 目的是维护心脏功能，维护水盐平衡，调整酸碱平衡，纠正自体中毒。当心脏衰弱时，可皮下或肌内注射10%安钠咖2～10mL或氧化樟脑注射液5～10mL。病猪有脱水表现时，应立即静脉或腹腔注射复方氯化钠注射液或5%葡萄糖生理盐水。有自体中毒表现时，应静脉或腹腔注射10%葡萄糖250～500mL，每日2～3次，或适量注射5%碳酸氢钠注射液。

4. 加强护理 病猪腹痛不安时，注射镇痛剂后应防止其激烈滚转而继发肠变位、肠破裂或其他外伤；肠管疏通后，应禁食1～2顿，以后给予少量易于消化吸收的多汁饲料，逐渐恢复至常量，以防便秘复发或继发胃肠炎。

【预防措施】 对于原发性肠便秘，应加强饲养管理，给予营养全面、搭配合理的日粮，粗料细喂，喂给青绿多汁饲料，适量增喂盐，保证充足饮水，保障猪有足够的运动量。对继发性肠便秘，应从治疗原发病入手。严格遵守兽医卫生防疫制度，每天都要巡查猪群，定期驱虫，防止某些传染病和寄生虫病的发生。

肠便秘症状

图 8-2-1 排便姿势

　病猪常有排便姿势和动作，但无粪便排出。

图 8-2-2 卧地不起

　病猪精神沉郁，不愿运动，喜卧地，排干硬粪球。

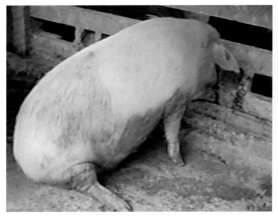

图 8-2-3 坐地努责

　病猪腹部膨大，排便前两后肢叉开，坐地不断地努责。

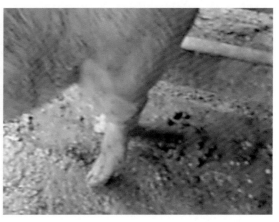

图 8-2-4 粪便干硬

　病猪排出干硬的粪球，呈羊粪蛋样，外有灰白色黏液。

图 8-2-5 腹部膨胀

　病猪腹部胀气膨大，卧地不起，皮肤淤血。

图 8-2-6 呼吸困难

　病猪因腹胀而呼吸困难，呈现犬坐姿势。

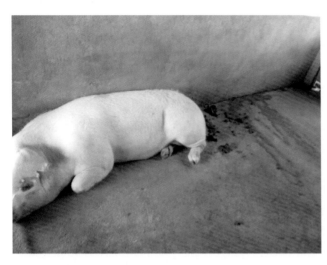

图8-2-7　病猪腹痛

病猪因腹痛而卧地不起，借以减轻疼痛。

三、直肠脱垂

直肠脱垂（Rectal prolapse）是指直肠末端黏膜或直肠后段全层肠壁脱出于肛门外而不能自行复位的疾病，简称直肠脱，俗称脱肛。

【发病原因】　本病主要由于营养不良，维生素缺乏和运动不足等，使直肠壁与周围组织的结合变松，肛门括约肌松弛，紧张性下降，加之腹部疾病引起腹内压增高，过度努责而引发。常见的诱因是刺激性药物灌肠后引起强烈努责。多伴发于便秘、腹泻、直肠炎和难产等疾病。

【临床症状】　病猪精神不振，频频努责，直肠黏膜脱出（图8-3-1），或卧地做排粪姿势（图8-3-2）。脱出的直肠黏膜呈暗红色，初期或少部分黏膜脱出时呈圆球形，紧接肛门（图8-3-3）；部分直肠和黏膜一起脱出时，则呈圆柱状下垂（图8-3-4），病情越严重，脱出的直肠越多，形成的圆柱越长，肠黏膜多伴有淤血和出血变化（图8-3-5）；当伴有直肠或小结肠套叠时，脱出的肠管较厚而硬，且可能向上弯曲。脱出的直肠黏膜和直肠没有自行复原的能力。脱出的黏膜及直肠表面常附有泥土、粪便和草屑等（图8-3-6），极易使黏膜受损和继发感染。随着时间的延长，脱出的肠黏膜发生血液循环障碍，呈紫红色，高度水肿（图8-3-7），出血和糜烂，严重时引起组织坏死（图8-3-8）和肠破裂。

【诊断要点】　一般根据典型的临床症状，即可做出诊断。

【类症鉴别】　在对直肠脱进行诊断时，应注意鉴别是否并发小结肠套叠。单纯性直肠脱，脱出的圆筒状直肠下弯、手指不能沿脱出的直肠和肛门之间向盆腔的方向插入；而伴有套叠的脱出，圆筒状肿胀向上弯曲，坚硬而厚，手指可沿直肠和肛门之间向骨盆方向插入。

【治疗方法】　治疗直肠脱垂时，首先要用温热的0.1%高锰酸钾溶液或1%明矾溶液消毒和清洗患部，然后再根据脱垂肠管的局部情况，选择不同的治疗方法。常用的易于还纳直肠的保定方法是：小猪采取将两后肢提起的倒立保定法，大猪采取前低后高、减轻腹内压的站立保定或侧卧位保定。常用的治疗方法主要有以下三种。

1.注射固定法　对于仅直肠黏膜脱出或直肠壁脱出较少，黏膜未发生坏死而易于还纳复位的病例适用此法。注射的方法是：脱出的黏膜或直肠复位后，在肛门上下左右四点分别注射95%酒精1～2 mL。注射的深度依猪的大小而定，一般为2～5cm。注射前预先将食指伸入肛门内以肯定针头在直肠外壁周围后注射。注射后，随着周围组织的发炎、水肿以及疼痛，引起肛门括约肌收缩，直肠脱垂即可治愈。

2.荷包固定法　适用于病变较轻，较易复位，但注射固定法效果不良的病例。方法是：在距肛孔1～3cm处，沿肛门周围做一荷包式缝合（图8-3-9），收紧缝线，使肛孔保留1～2指大小的排粪口，先打成活结，以便调整肛门的松紧度。一般固定7～10d左右，病猪不再努责，肛门括约肌恢复张力，肛孔不再松弛时，即可拆除缝线。

3.直肠部分切除术　适用于脱出的直肠多，难以还纳，直肠黏膜和肠壁组织高度淤血、水肿和坏死的病例。术前应禁食1d，并灌肠排出直肠内的积粪。

根据具体情况选择麻醉方法，可采取全身麻醉，也可用1%盐酸普鲁卡因做荐部硬膜外腔麻醉，效果良好。麻醉后将猪倒立或侧卧保定，在充分清洗消毒脱出肠管的基础上，取两根灭菌的兽用麻醉针头或长套管针，紧贴肛门外交叉刺穿脱出的肠管将其固定（小猪也可用带胶管的肠钳夹住脱出的肠管进行固定），防止切断的肠管回缩（图8-3-10）。然后用带有胶管的肠钳紧靠前固定处将脱出的直肠钳夹固定，这种双重固定具有良好的止血作用。接着在固定后方2cm处将脱出的直肠环行切除（图8-3-11），充分止血，用细丝线和圆针将断端的浆膜和肌层做结节缝合，再连续缝合黏膜层（图8-3-12）。缝合结束后用0.25%高锰酸钾溶液充分冲洗，待干后涂以碘甘油或抗生素药物。抽除固定针，将缝合后的直肠还纳，成功的手术，肛门多无明显的改变（图8-3-13）。为了防止病猪的努责，引起直肠再次脱出，可在肛周作荷包缝合固定。

术后保持术部清洁，防止感染，排便后用消毒药液清洗，根据病情给予镇痛、消炎药物。

【预防措施】　加强饲养管理，防止猪便秘或腹泻，若2～3d内大便不通，必须进行灌肠。如果发生脱肛后必须及时整复，整复后1周内给予易消化饲料，多喂青料。

图8-3-1　站立努责

病猪站立努责，直肠黏膜脱出。

图8-3-2　趴卧努责

病猪卧地努责，脱出的直肠内含有粪便。

图 8-3-3　直肠球形脱出

　　脱出的直肠较短，呈球形紧贴肛门。

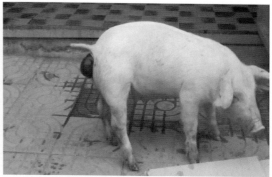

图 8-3-4　直肠柱状脱出

　　脱出的直肠较长，呈圆柱状下垂。

图 8-3-5　直肠黏膜出血

　　脱出的直肠黏膜淤血呈暗红色，并见鲜红色的出血。

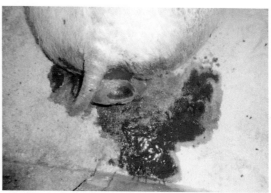

图 8-3-6　直肠污染

　　脱出的直肠黏膜被泥土等污染。

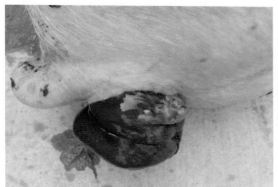

图 8-3-7　直肠血循障碍

　　脱出的直肠黏膜淤血、出血、水肿，呈紫红色。

直肠脱症状

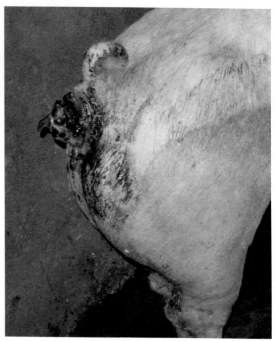

图 8-3-8　直肠黏膜坏死

　　脱出的直肠黏膜坏死、溃烂，呈黑紫色。

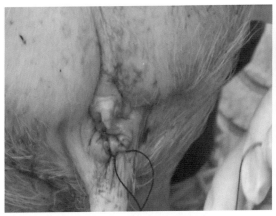

图8-3-9 肛周荷包式缝合

距肛孔1～3cm处，沿肛门周围做环形缝合。

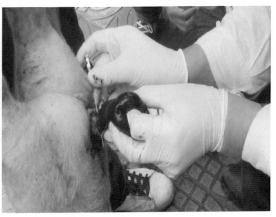

图8-3-10 钢针固定

用两根不锈钢针十字交叉固定直肠。

钢针十字插入后切
除多余部分

图8-3-11 切除直肠

在距固定针2cm处环切脱出的直肠。

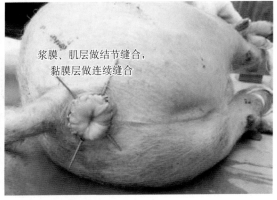

浆膜、肌层做结节缝合，
黏膜层做连续缝合

图8-3-12 缝合肠管断端

结节缝合浆膜和肌层，连续缝合黏膜。

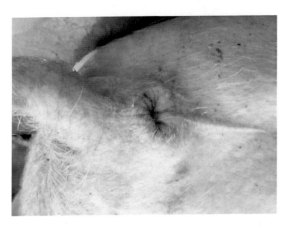

图8-3-13 术后的肛门

术后还纳直肠，肛门的外形无明显改变。

四、乳腺炎

乳腺炎（Mastitis）是由各种病因引起乳腺实质和间质的炎症。临床上以乳房肿大、发热和疼痛，拒绝仔猪吮乳为特征；一个或数个乳腺发生黏液性或化脓性炎症，甚至发生坏疽性炎症。

【发病原因】 猪乳腺炎多由病原微生物引起，常见的有产气荚膜梭菌、葡萄球菌、大肠杆菌、克雷伯菌、铜绿假单胞菌、分歧杆菌、无乳链球菌、停乳链球菌和乳房链球菌等。乳头被仔猪尖锐的牙齿咬伤是常见的感染途径；母猪腹部松垂，尤其是经产母猪的乳头几乎接近地面，常与地面摩擦受到损伤；发育不良的乳头也容易感染。猪舍环境不良，饲养管理条件差，也可诱发本病。此外，母猪在分娩前后，喂饲大量发酵和多汁饲料，乳汁分泌旺盛，乳房内乳汁积滞也常会引起乳腺炎。患产后急性子宫内膜炎时，有毒物质被吸收，也可引起本病。

【临床症状】 猪常见急性乳腺炎，慢性乳腺炎较少见。

1.急性乳腺炎 主要包括黏液性乳腺炎、化脓性乳腺炎和坏疽性乳腺炎。

（1）黏液性乳腺炎。患病乳房急性肿胀，皮肤紧张、潮红（图8-4-1）。触诊时，乳房发热、有硬块、疼痛敏感，因乳汁的淤滞，静脉和淋巴的回流不畅，乳房局部出现边界不清的硬结。挤乳时，可见乳汁减少，稀薄，呈淡白色或血清样，内含絮状物或凝乳块。母猪常拒绝仔猪哺乳。

（2）化脓性乳腺炎。患急性化脓性乳腺炎时，患病乳房皮肤红肿、热痛，有明显的硬结（图8-4-2）。泌乳量锐减，乳汁排出不畅或困难，从乳头流出灰白色或黄白色稀薄的脓样物，内含混浊的凝乳块，有时混有血液呈淡红色。乳房上淋巴结肿大，触之有疼痛反应。当急性乳腺炎局限化时，即形成急性乳腺脓肿，在患病的乳房内形成一些小的脓肿或几个大脓肿（图8-4-3）。此时肿块有波动感，浅表的脓肿波动相对明显。脓肿可以向外破溃，也可以向内破溃，穿入乳管，自乳头排出脓液。患化脓性乳腺炎时，病猪常有不同程度的全身性反应，精神不振或萎靡，体温升高，食欲减退乃至废绝，运动减少或卧地不起。

（3）坏疽性乳腺炎。病猪常伴有明显的全身症状，体温升高，可达40℃以上，精神沉郁，食欲废绝，常卧地不起。乳房明显肿大、淤血，呈暗红色（白猪可见），皮肤表面有光泽。触摸乳房，初期热痛明显，病猪常有抗拒反应，后期则坚实、疼痛，皮肤冷湿。泌乳停止，由于乳房内的坏死组织发生分解，常从乳头流出带血的秽污不洁的分泌物并有臭味。坏疽性乳腺炎常波及几个乳腺，若治疗不及时或病情严重时，常导致病猪死亡。

2.慢性乳腺炎 多由急性乳腺炎治疗不当或持续性病原感染所致。慢性乳腺炎一般没有明显的临床症状（少数病猪体温略高），病猪的精神、食欲也无明显异常，但泌乳量下降。触摸乳房，其弹性降低，乳房内多有大小不一的硬结，挤出的乳汁变稠并带黄色，有时内含凝乳块。后期，乳房常因结缔组织增生而萎缩、变硬，致使泌乳能力丧失。

【诊断要点】 主要通过对乳房视诊和触诊、乳汁的肉眼观察及必要的全身检查来确诊。

【类症鉴别】 有些病原菌引起的乳腺炎常有明显的特点，通过对乳房和乳汁的检查，即可做出诊断，并及时进行治疗。如无乳链球菌性乳腺炎表现为乳汁中有凝片和凝块；大肠杆菌性乳腺炎表现为乳汁呈黄色；铜绿假单胞菌和酵母菌性乳腺炎表现为乳腺患部肿大并坚实；结核性乳腺炎表现为乳汁稀薄似水，进而呈污秽黄色，放置后有厚层沉淀物。

【治疗方法】 治疗前最好先采乳样进行微生物鉴定和药敏试验，然后再根据试验结果选用有效的药物。急性乳腺炎多采用全身与局部相结合的疗法；慢性乳腺炎多用局部疗法。

1.全身疗法 主要是抗菌消炎，提高机体的抵抗力，常用的有青霉素、链霉素、新生霉素、头孢菌素、红霉素、土霉素、庆大霉素、恩诺沙星、环丙沙星及磺胺类药物等，一般肌内注射，连用 3～5d。实践证明，青霉素和链霉素，或青霉素与新霉素联合使用治疗效果较好。

2.局部疗法 包括乳房外涂药（促进血液循环及消炎）、乳管内注药（直接抗菌消炎）和普鲁卡因封闭（减轻乳房疼痛及消炎）。常选用的外用药有复方醋酸铅散（以常醋调制成泥膏）、鱼石脂软膏、樟脑软膏和5%～10%碘酊，每日涂抹1～2次，连用3～5d。乳管内注药的方法是：先挤出乳房内的黏液性或脓性乳汁，再将抗生素用少量灭菌蒸馏水稀释后，直接注入乳管，每天一次，连用5d。普鲁卡因封闭多用于急性乳腺炎的治疗，即将青霉素50万～100万IU，溶于0.25%普鲁卡因溶液200～400mL中，沿乳房的基部做环形封闭，每日1次，连用3～5d。乳房内有脓肿不易吸收时，当脓肿成熟后，将之切开排脓并按创伤处理。

值得指出的是：在对患乳腺炎母猪用药物治疗期间，哺乳仔猪应人工哺乳，以减少乳房的损伤，促进乳房修复，同时避免小猪因食入变质的乳汁而发生感染。

【预防措施】 要加强母猪舍的卫生管理，保持清洁，定期消毒。母猪分娩时，尽可能使其侧卧，助产时间要短。初次哺乳可对环境和乳房皮肤消毒。乳腺炎多由哺乳仔猪咬伤乳头而引起，为了防患于未然，应适时检查哺乳仔猪的牙齿，尽早将其尖锐的犬牙剪去。

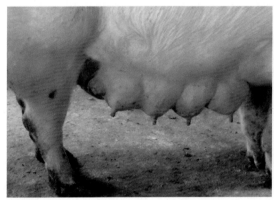

图8-4-1 黏液性乳腺炎

乳房肿胀、潮红，乳房内有硬结。

图8-4-2 化脓性乳腺炎

乳房红肿热痛，有大小不一的硬结和脓肿。

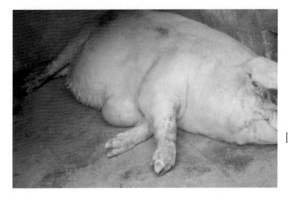

图8-4-3 乳房脓肿

乳房发炎肿大，有几个小脓肿和一个软化的大脓包。

五、子宫内膜炎

子宫内膜炎（Endometritis）是指子宫黏膜的浆液性、黏液性或化脓性炎症，常引起母猪不孕。本病一般不引起明显的全身性症状，且多呈慢性炎性过程，所以临诊时易被忽视。

【发病原因】 子宫内膜炎多由一些非特异性病原菌引起，主要的病原是葡萄球菌、链球菌、大肠杆菌、变形杆菌、假单胞菌和化脓放线菌等。病原菌通常是在配种、分娩、难产和助产过程中由于消毒不严而进入子宫引起感染，有时也可通过血液循环而导致感染。

【临床症状】 根据病猪的表现和病程可将子宫内膜炎分为急性型和慢性型。

1.急性子宫内膜炎 多发生于产后及流产后，多表现为黏液性及化脓性子宫内膜炎。病猪常出现明显的全身性症状，如体温升高、精神沉郁、食欲减少及产乳量明显降低等。特征性症状是：病猪阴门肿胀，常常拱背、努责，呈现排尿姿势，从阴门中排出白色混浊含有絮状物的黏液性或脓性分泌物（图8-5-1），病重者可排出大量污红色或灰白色污秽不洁分泌物，且气味恶臭（图8-5-2），卧下时排出量较多。阴道检查，子宫颈外口肿胀、充血和稍开张，阴门部黏膜发炎肿胀，黏附有灰白色或黄白色脓性分泌物（图8-5-3）。

2.慢性子宫内膜炎 病猪的全身性症状不明显，仅见不时从阴门排出少量污秽不洁灰白色黏液性或脓性分泌物（图8-5-4），阴门常附着污秽不洁的炎性分泌物（图8-5-5），或阴门部的分泌物虽然较少，但尾巴、阴门及会阴部则被灰白色脓性分泌物严重污染（图8-5-6）。在病猪发情时可见到排出的黏液中有絮状脓液，黏液呈云雾状或乳白色。病猪的发情周期及发情期的长短一般均正常，但屡配不孕，或发情配种情况异常而不能妊娠。

【诊断要点】 急性子宫内膜炎根据全身性反应和特异性临床表现就可确诊。慢性子宫内膜炎主要根据发情时分泌物的性状、阴道检查和实验室检查的结果进行诊断。

【治疗方法】 治疗原则是抗菌消炎，促进炎性产物的排除和子宫机能的恢复。一般采用以下几种方法进行治疗。

1.子宫冲洗法 为了排出子宫内的炎性分泌物，常用温热（35 ~ 40℃）的0.1%高锰酸钾、0.02%新洁尔灭和1%盐水等溶液冲洗子宫。冲洗时，应小剂量（100 ~ 300mL）注射，反复冲洗，直至冲洗液透明为止。再向子宫内注入抗生素类药物，效果更好。

2.子宫内给药法 由于子宫内膜炎的病原非常复杂，且多为混合感染，所以子宫内给药宜选用抗菌范围广的药物，如庆大霉素、卡那霉素、红霉素、金霉素、呋喃类药物等。当子宫颈口尚未完全关闭时，可直接将抗菌药物1 ~ 2g投入子宫，或用少量生理盐水溶解做成溶液或混悬液用导管注入子宫，每日2次。

3.激素疗法 对慢性子宫内膜炎，可使用氯前列烯醇钠及其类似物，促进炎症产物的排出和子宫功能的恢复。当子宫内有积液时，可配合使用雌激素、催产素，加速积液的排出，如肌内注射雌二醇2 ~ 4mg，4 ~ 6h后再肌内注射催产素10 ~ 20IU，促进炎症产物排出，再辅以子宫内注入抗生素治疗，方可收到良好的疗效。

【预防措施】 引起子宫内膜炎的病原菌多为葡萄球菌、链球菌等一些非特异性细菌，多于配种、分娩及难产助产过程中侵入子宫引起感染。因此，预防本病一定要搞好母猪圈舍的环境卫生，特别是母猪的产前产后要定期消毒。配种、接产和助产时，一定要严格消毒，不可粗心大意。

子宫内膜
炎症状

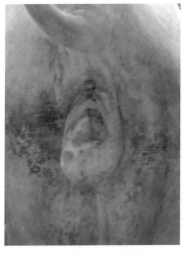

图8-5-1 黏液性子宫内膜炎

病猪阴门红肿，流出黏液性黄白色分泌物。

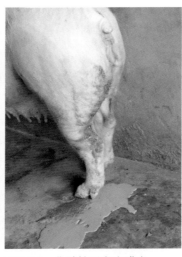

图8-5-2 化脓性子宫内膜炎

病猪从子宫排出大量污灰色脓性分泌物。

图8-5-3 急性子宫内膜炎

阴门黏膜发炎红肿，覆有灰白色黏液性分泌物。

图8-5-4 脓性分泌物

患慢性子宫内膜炎的病猪，排出少量灰白色脓性分泌物。

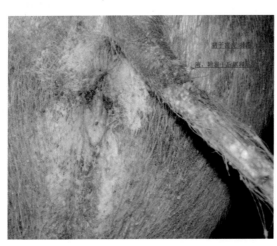

图8-5-5 阴蒂附有脓液

阴蒂上附有少量灰白色脓样分泌物。

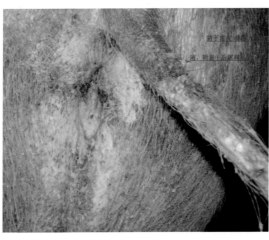

图8-5-6 会阴污染

病猪的尾巴、阴门及会阴部被灰白色脓性分泌物污染。

六、脐 疝

脐疝（Umbilical hernia）是指部分大网膜、肠管及肠系膜通过脐孔而脱到皮下所引起的腹外疝。本病多见于仔猪，一般是先天性发生，疝内容物多为小肠及大网膜。

【发病原因】 本病多为一种先天性发育障碍性疾病，是由于胚胎发育过程中脐孔闭锁不全或没有闭锁引起的。脐部位于腹壁正中部，是胚胎发育过程中最晚闭合的部位。同时，脐部缺少脂肪组织，腹壁最外层的皮肤、筋膜与腹膜直接连在一起，成为腹壁最薄弱的部位。当猪的腹内压增高时，如急速奔跑、被抓捕或按压等，腹内的部分游离性肠管、肠系膜和网膜等就会顺着扩大的脐孔脱入皮下，从而引起脐疝。

【临床症状】 病猪发生可复性脐疝时通常没有明显的全身性症状，精神无异常，食欲不受影响（图8-6-1）。主要表现是脐部出现一个似核桃大、鸡蛋大、拳头大（图8-6-2）至排球大或篮球大（图8-6-3）的局限性球形包囊，用手触诊时无热无痛，感觉柔软；当内容物为肠管时，听诊可闻及肠音；疝内容物通常容易整复还纳入腹腔，但当手松开和腹压增高时，又突出至脐外，并可触知疝轮的大小。此种脐疝如不及时治疗，仔猪在饱食或挣扎时，肠管会越脱越多，下坠物也会逐渐增大（图8-6-4）。当脐疝部的皮肤受损或被外力作用破坏时，疝内的肠管可直接脱出，此时的肠管多淤血和出血，呈紫红色，肠壁水肿而坏死（图8-6-5）。

病猪发生嵌闭性脐疝时，由于肠内容物通过受阻，故出现明显的全身性反应。病猪疼痛不安，体温升高，呼吸、脉搏加快。厌食，呕吐，或食欲废绝，腹部膨胀，排粪减少。疝部皮肤红肿，或因淤血呈暗红色（图8-6-6），触诊疝部有热感，有疼痛反应，内容物坚实。嵌闭性脐疝如不及时治疗，病猪常会因肠管坏死和自体中毒而死亡。剖检可见疝部皮肤淤血呈紫红色，伴发出血和坏死（图8-6-7），嵌闭的肠管发生血液循环障碍，出现淤血、水肿、出血和坏死（图8-6-8）。

【诊断要点】 疾病发生于脐部，呈球形包囊状，触之柔软，听诊可闻及肠音，内容物可还纳入腹腔，并能触及疝轮。病猪无明显的全身症状则为可复性脐疝；如全身症状明显、发热、疼痛和腹胀者，多为嵌闭性脐疝。

【类症鉴别】 在临床上诊断脐疝时，应注意与脐部脓肿和脐部肿瘤加以鉴别。

【治疗方法】 一般根据脐疝的性质和脐孔的大小来选择进行保守疗法，还是手术疗法。

1. 保守疗法 多用于疝轮较小的幼龄仔猪。简便的压迫方法是：用手将疝内容物还纳入腹腔后，用有弹性的橡皮带压迫患部，或在疝部装置压迫绷带，大约两周后，随着仔猪的生长，脐孔可逐渐缩小而痊愈。

2. 手术疗法 多用于嵌闭性脐疝，或疝轮大，或仔猪大而身体强壮不易压迫固定的病例。手术的基本步骤是：术前减食1d，但可饮水。仰卧保定，患部剪毛、洗净、消毒（图8-6-9）。术部用1%普鲁卡因10～20mL做浸润麻醉（个体较大时，可选择静脉注射盐酸氯丙嗪注射液，每千克体重0.3～0.5mg）。按无菌操作要求，先皱襞切开皮肤，然后分离皮下组织，显露疝轮，分离疝内容物。若为网膜或肠管，要仔细切开疝囊壁，检查疝内容物有无粘连、变性和坏死。若无粘连和坏死，疝内容物直接还纳腹腔。若有肠管坏死，需行部分肠切除术，清洗后再还纳腹腔。接着采用水平褥式缝合将疝环闭合（图8-6-10），然后修剪或切割疝环，创造新鲜创面（图8-6-11），借以促进脐孔增生和闭合。之后，采用结节缝合的方法缝合疝环（图8-6-12），并撒上一些消炎药。最后，修剪皮肤创缘，切除多余的皮肤，结节缝合皮肤（图8-6-13），外涂碘酊消毒。手术后最好装置固定绷带两周，以免创口裂开。

【预防措施】　由于新生仔猪的脐孔一般较大，并处于不断的闭合过程中，所以应加强饲养管理，不应让仔猪剧烈运动，或追赶、惊吓，引起腹内压增高而发生脐疝。猪圈和运动场不应有棍棒等钝性物，防止仔猪运动时引起脐部损伤。

脐疝症状

图8-6-1　小型脐疝

可复性小型脐疝对猪体无明显影响。

图8-6-2　中型脐疝

脐疝较大，约拳头大，仍为可复性疝。

图8-6-3　大型脐疝

脐疝大，状如篮球，为难复性疝。

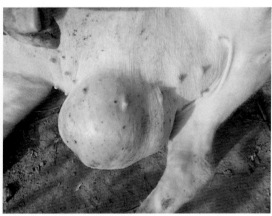

图8-6-4　大型脐疝

脐疝随着运动或腹内压增高而不断增大。

图8-6-5　肠管脱出

　　脐疝部的皮肤受损，脱出的肠管淤血、出血和坏死。

图8-6-6　嵌闭性脐疝

　　腹部疼痛，皮肤淤血、水肿、发炎，呈暗红色。

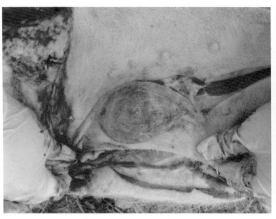

图8-6-7　皮肤坏死

　　疝部皮肤淤血、出血和坏死，呈紫红色。

图8-6-8　肠管坏死

　　穿过疝轮的肠管淤血、水肿和坏死，呈黑褐色。

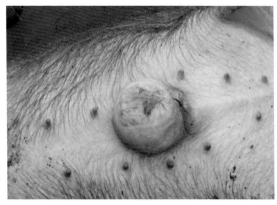

图8-6-9　术部准备

　　仰卧保定，术部按常规进行清洁与消毒。

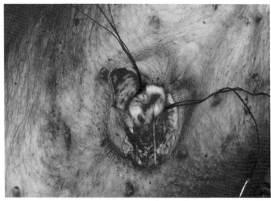

图8-6-10　水平褥式缝合疝轮

　　用水平褥式法缝合疝轮，并系紧缝线。

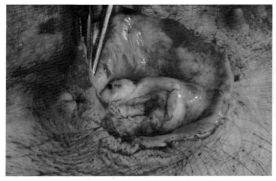

图8-6-11　人工制创

修整疝轮边缘，人工形成新鲜创面促进脐孔闭合。

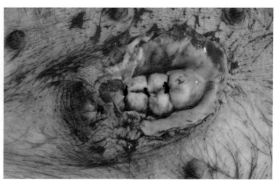

图8-6-12　结节缝合疝轮

用结节缝合法缝合疝轮，确保脐孔人工闭合。

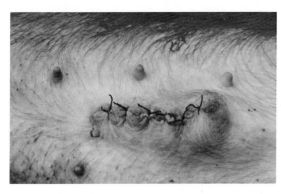

图8-6-13　皮肤缝合

缝合皮肤多采用结节缝合法，以防切口裂开。

七、阴囊疝

阴囊疝（Scrotal hernia）是指腹腔内部分脏器（主要是肠管及其系膜）通过腹股沟管进入阴囊而引起的疾病。常见的阴囊疝有两种：一种是常见的腹腔脏器经过腹股沟内环进入鞘膜腔而引起的鞘膜内阴囊疝；另一种是肠管等经腹股沟内环稍前方的腹壁破裂孔脱至阴囊皮下（总鞘膜外面）而引起的鞘膜外阴囊疝，较少见。

【发病原因】　引起阴囊疝的病因有先天性和后天性之分。先天性病因是由于胎猪的发育障碍或异常，导致腹股沟管内环过大。大多数仔猪出生几个月后，当其剧烈运动或摄食等引起腹内压升高时，引起阴囊疝。后天性病因为腹内压过高使腹股沟内环扩大而发生，例如后肢过度向外方滑走、爬跨、两前肢凌空、身体重心向后移、向后踢和跳跃等剧烈运动而使腹内压剧增，小肠后移至盆腔，进而从腹股沟内环脱入阴囊。

【临床症状】　公猪的阴囊疝多发生于一侧阴囊，也有两侧阴囊同时发生的。鞘膜内阴囊疝多为可复性阴囊疝，随着体位的改变和腹内压的变化，阴囊的大小也随之变化，用手压迫阴囊可使阴囊内的肠管进入腹腔，停止压迫后肠管再度进入阴囊内。外观，患侧阴囊明显增大，皮肤高度紧张（图8-7-1），触之柔软而有弹力，疼痛不明显，侧卧和仰卧时阴囊内肠管及系膜有时可自动还纳入腹腔内，因而阴囊大小不定。若发生嵌闭性阴囊疝时，则阴囊皮肤淤血、水肿，表面富有光泽（图8-7-2）、发凉，病猪腹痛不安，患侧后肢不敢负

重，或卧地不起（图8-7-3）。病猪食欲废绝，有时呕吐，呼吸增数。此时，若不及时实施手术，嵌闭的肠管发生坏死后，可引起内毒素性休克而导致死亡

患鞘膜外阴囊疝时，病猪运动时两后肢叉开，常可见到一个从腹股沟而来的条带状肿胀（图8-7-4）。肿胀一般从耻骨前方，经腹股沟至肛门，呈胃状弯曲（图8-7-5），没有炎性反应，用手触摸，内容物柔软，富有弹性，病猪常有明显的疼痛感。阴囊皮下的肠管一般可还纳入腹腔（多为人工还纳），为可复性的，但经时较长者易常发生粘连，成为不可复性阴囊疝。病情较重时，患侧阴囊皮肤呈炎性肿胀，呈暗红色（图8-7-6），有温热感。

【诊断要点】 病猪阴囊膨大（常为单侧性），质地柔软，内含腹腔内容物，睾丸不肿大或不易触摸到睾丸。

【类症鉴别】 本病需与阴囊囊肿、鞘膜积液、腹壁及阴囊血肿等鉴别，以免造成误诊。

【治疗方法】 本病主要采用手术治疗。术前应停饲1d，保障饮水。全身麻醉或局部麻醉，如用864合剂每千克体重0.1～0.2mL肌内注射，麻醉时间1h左右。可采用仰卧保定，但小猪多采用易于还纳疝内容物的倒立保定（图8-7-7），术部及器械等常规消毒。在靠近腹股沟外环处纵行切开3～5cm，显露脱入总鞘膜腔内的肠管（图8-7-8）。剪开总鞘膜，仔细分离疝内容物，还纳腹腔。若是嵌闭性疝或发现有部分小肠与阴囊壁和其他组织粘连并发生坏死时，则应用止血钳小心分离粘连的肠管，将坏死的肠管及组织全部切除，吻合肠管，进行连续及内翻缝合后

阴囊疝症状

再纳入腹腔。之后，结扎总鞘膜、精索和输精管，在结扎的远心端1cm处切除睾丸（图8-7-9），然后用丝线或可吸收线做扣状缝合，闭合腹股沟外环。最后，倒入适量的抗生素，结节缝合皮肤（图8-7-10），涂布碘酊消毒。

术后3d内给予少量的流质饲料，3d后即可转入正常饲喂，但应注意饲喂营养丰富易消化的饲料。适当控制运动，防止腹内压增高。手术后不必使用抗生素，但圈舍应干燥，保持环境清洁卫生，防止创口污染。

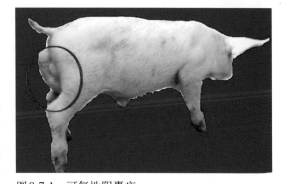

图8-7-1 可复性阴囊疝

患侧阴囊明显膨大，皮肤紧张。

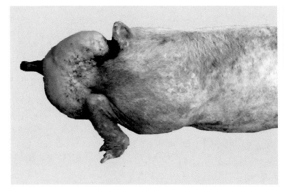

图8-7-2 嵌闭性阴囊疝

阴囊皮肤淤血、水肿，表面富有光泽，呈暗红色。

图8-7-3 病猪疼痛

脱入阴囊的肠管嵌闭，病猪腹痛，卧地不起。

图8-7-4　鞘膜外阴囊疝

病猪运动时两后肢叉开，行动不便。

图8-7-5　阴囊胃状弯曲

阴囊从耻骨前方，经腹股沟至肛门，呈胃状弯曲。

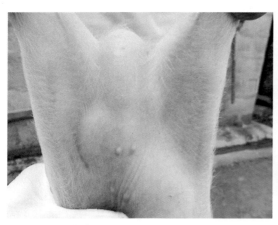

图8-7-7　倒立保定

手术时采取倒立保定法，易于还纳疝内容物。

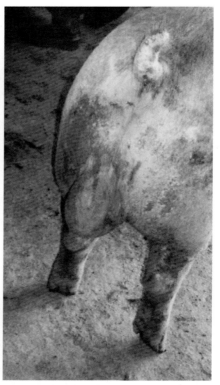

图8-7-6　阴囊发炎

阴囊腹侧膨大，皮肤红肿，有炎性反应。

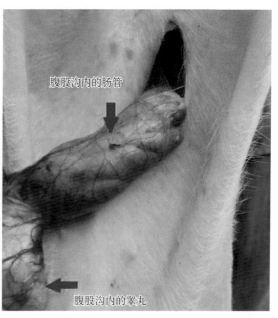

腹股沟内的肠管

腹股沟内的睾丸

图8-7-8　术部选择

靠近腹股沟外环处纵行切开，容易找到脱入总鞘膜腔内的肠管。

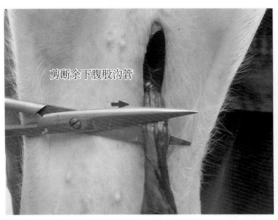

图8-7-9　除去睾丸

　　结扎总鞘膜、精索和输精管，切除睾丸。

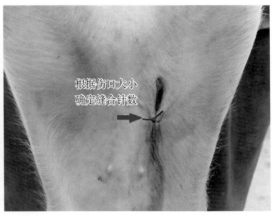

图8-7-10　皮肤缝合

　　通常采用结节缝合法缝合皮肤，防止创口裂开。

八、硒与维生素E缺乏症

　　硒与维生素E缺乏症（Selenium-Vitamin E deficiency）是发生于仔猪的一种营养代谢性疾病，病猪的骨骼肌色泽变淡，苍白无光泽，故又称白肌病、营养性肌病、营养性肝坏死等。其病理变化的主要特点是骨骼肌和心肌变性及凝固性坏死，肌间结缔组织大量增生，有的还伴发肝脏变性和灶状坏死。临床上以运动障碍和急性心力衰竭为特征。

　　【发病原因】　饲料中缺乏硒和维生素E是引起本病的主要原因，其不仅与土壤中这些微量元素的含量有关，而且与土壤中的酸碱度、各种元素的比值有关，也与饲料的性状，即是否变质和酸败等有关。一般认为，仔猪发病与母猪有直接的关系，即妊娠母猪饲料内较长时间缺乏硒和维生素E，机体缺乏这些物质，故母猪的乳汁中也就缺乏硒和维生素E。因此，仔猪出生后吸吮这种乳汁就易发病。个别情况下，由于母猪在妊娠期间体内严重缺硒和维生素E，则可产出患先天性白肌病的乳猪，或出生不久即有数只发病。

　　【临床症状】　本病的特征性症状发生于运动系统。患先天性白肌病的乳猪，虽然出生时没有明显的异常，但不久就可看到四肢无力，不能站立，运动障碍。虽然病猪的意识比较清楚，设法站立，但四肢肌肉不协调。出生后1周内的病猪站立困难，不愿运动，喜欢躺卧，有的病猪由于四肢肌无力而出现劈叉姿势（图8-8-1），或呈特殊的犬坐样姿势（图8-8-2），也可称为"白肌病性犬坐"，即两后肢强直性伸直支撑身体，甚至四肢伸展而平趴在地上（图8-8-3）。出生20d以后的乳猪，有的发育看来良好，在运动过程中，突然发病，卧地不起（图8-8-4）。强迫运动时，病猪起立困难，前肢明显无力（图8-8-5），步态强拘，四肢肌肉痉挛颤抖，后躯摇摆，甚至轻瘫（图8-8-6），心率加快，心律不齐，心跳无力，脉搏微弱。急性病例常在剧烈运动、惊恐、兴奋和追逐过程中突然发生心源性猝死。

　　【病理特征】　病猪常因骨骼肌纤维变性坏死而呈现尸僵不全，全身贫血，皮肤苍白，血凝不良（图8-8-7）。特征性病变是全身肌肉色泽变淡，呈淡红色（图8-8-8）或灰白色鱼肉样（图8-8-9）。病变多见于臀部、肩胛部和胸背部肌群。在这些部位常见皮下和肌间结缔组织水肿，病变肌肉肿胀，色泽变淡，透过肌膜，见肌组织上出现黄白色条纹状的坏死灶（图8-8-10），有时整个肌群全部形成黄白色条纹样病变。心脏冠状沟及左右纵沟的脂肪被吸收，呈现胶样浸润，心肌纤维变性坏死，心室呈现不同程度的扩张（图8-8-11）。肝脏发生脂肪变性、肿大，呈黄红色或土黄色，质脆易碎，表面有灶状坏死（图8-8-12）。镜检，肌纤维发生凝固性坏死，大片的肌纤维发生急剧的变性和坏死，变性的肌纤维膨胀，肌浆淡染，有的肌纤维崩解成大小不等、形态不一的碎块（图8-8-13）。肌纤维间的幼稚结缔组织和毛细血管大量增生（图8-8-14），在增生的结缔组织内，伴有少量浆液渗出和嗜中性粒细胞、组织细胞和淋巴细浸润。心肌纤维同样发生变性、坏死，坏死的肌纤维断裂、崩解和钙化，坏死的肌纤维间有结缔组织增生和毛细血管再生。

【诊断要点】 依据本病的特征性临床症状和病理变化，参考病史及流行病学特点即可确诊。

【治疗方法】 动物实验与临床实践证明，用维生素E和硒治疗本病有良好的效果，而且硒比维生素E的效果要好。因此，治疗本病常用0.1%亚硒酸钠溶液肌内注射，剂量为1～2mL，对于缺硒较多而且临床症状重剧的病例，可间隔1～3d重复注射1～3次。在注射亚硒酸钠的同时，再适量补给维生素E，治疗效果更佳。

硒与维生素E缺乏症（白肌病）症状

【预防措施】 我国幅员辽阔，物产丰富，但也有大面积的缺硒地带。因此，在低硒地带饲养猪，或饲用由低硒地区运入的饲料、饲草时，必须补硒。补硒的常用方法是直接投服硒制剂，或将适量硒添加于饲料和饮水中饲喂。

图8-8-1 劈叉姿势

病猪两前肢劈开，趴在地上。

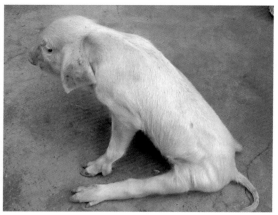

图8-8-2 犬坐姿势

病猪两后肢僵直性伸展支撑身体。

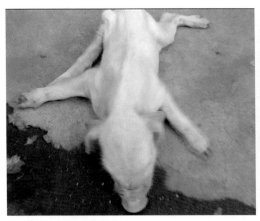

图8-8-3 平趴姿势

病猪四肢伸展，平趴在地上。

图8-8-4 卧地不起

病猪不愿运动，多卧地不起。

图8-8-5 起立困难

病猪起立困难，两前肢无力。

图8-8-6 运动障碍

运动时四肢强拘，步态不稳，平衡失调。

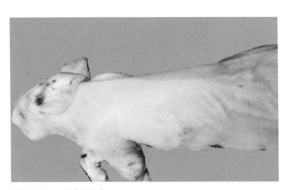

图8-8-7 尸僵不全

病猪尸僵不全，前肢屈曲，皮肤松弛。

图8-8-8 背肌变性

病猪的背部肌群变性、肿胀，色泽变淡。

图8-8-9 鱼肉样变

　　肌肉变性肿胀，色泽苍白，呈鱼肉样。

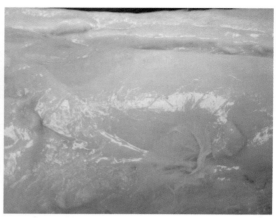

图8-8-10 肌肉坏死

　　肿胀的背最长肌中有灰白色或黄白色坏死灶。

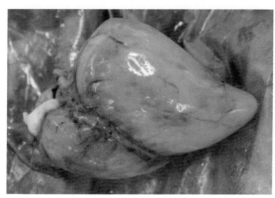

图8-8-11 心脏实质变性

　　纵沟有胶样浸润，心肌变性，心室轻度塌陷。

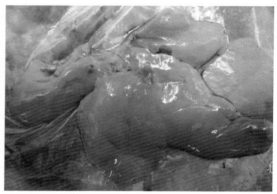

图8-8-12 肝脂肪变性

　　肝脂肪变性，呈黄褐色，表面有黄白色坏死灶。

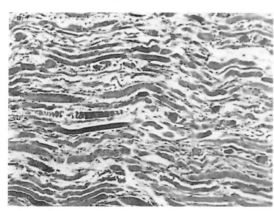

图8-8-13 肌纤维凝固性坏死

　　骨骼肌纤维变性、坏死和崩解。

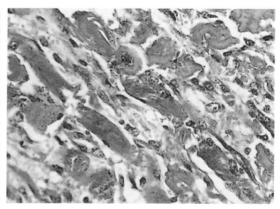

图8-8-14 结缔组织增生

　　坏死的肌纤维间有大量结缔组织增生。

九、仔猪缺铁性贫血

仔猪缺铁性贫血（Piglet anemia of iron deficiency）又称仔猪贫血，是特指2～4周龄哺乳仔猪缺铁所致的一种营养性贫血。本病的特点是皮肤和黏膜苍白，血液稀薄，血红蛋白含量降低，红细胞数量减少，形态异常，生长受阻。本病多发于寒冷地区、冬春季节，特别是猪舍以木板或水泥为地面而又不采取补铁措施的集约化养猪场。

【发病原因】　主要病因是仔猪体内铁储存量低，而生长发育快，需要量大，但外源供应量又少，使仔猪体内严重缺铁。

【临床症状】　病仔猪精神沉郁、反应性降低，呈嗜睡状，眼常呈半闭状态（图8-9-1）。最突出的症状是可视黏膜呈淡蔷薇色，轻度黄染。重症病例黏膜苍白，如同白瓷，以光照耳壳呈灰白色，几乎见不到明显的血管（图8-9-2）。呼吸增数，脉搏疾速，心区听诊可闻及贫血性杂音，稍微活动（驱赶或抓捕），即心搏亢进，大喘不止（图8-9-3）。有的仔猪消化功能发生障碍，出现周期性腹泻及便秘。有的仔猪外观肥胖（可能与皮下水肿有关），生长发育快，在奔跑中突然死亡。病猪生长缓慢，30日龄的病仔猪，其体重与正常仔猪相差1.5～2千克。

【病理特征】　病仔猪的皮肤、黏膜苍白。血液稀薄（图8-9-4），呈水样。全身轻度或中度水肿。肝脏脂肪变性、肿大、胆囊膨满，呈淡红黄色（图8-9-5）。肌肉变性，色泽变淡，水肿，呈淡红黄色（图8-9-6）或苍白色。心脏扩张，心肌松弛，质地较软，心尖变圆。肺脏膨满，边缘变钝（图8-9-7）。脾脏肿大，肺脏水肿。实验室检查，血凝缓慢，红细胞减少，血沉变快，血红蛋白浓度明显降低。血涂片检查可见红细胞异常，大小不均，小红细胞最多，染色变淡、不均，出现未成熟的有核红细胞和网织红细胞。

【诊断要点】　发病时间为2～4周龄，以贫血表现为主，铁制剂治疗效果明显。

【治疗方法】　本病的治疗原则是补足外源铁质，增强机体的铁质贮备。补铁通常有两种方法，即内服法和注射法。

1.内服疗法　经济实惠，效果良好，适用于散养用户。内服铁制剂有多种，如硫酸亚铁、焦磷酸铁、乳酸铁和还原铁等，硫酸亚铁为首选药物，常用处方是硫酸亚铁2.5g，硫酸铜1g，常水100mL，按每千克体重0.25mL内服（可用茶匙灌服），每日1次，连用7～14d；或焦磷酸铁，每日灌服30mg，连用1～2周；还原铁，每次灌服0.5～1g，每周1次，比较省事。

2.注射疗法　适用于集约化养猪场或内服铁制剂反应剧烈以及铁吸收障碍的腹泻仔猪。常用的肌内注射铁制剂有右旋糖酐铁、葡萄糖铁钴注射液、山梨醇铁等。实践证明，葡萄糖铁钴注射液、右旋糖酐铁各2mL，肌内深部注射，通常1次即愈，必要时隔7d再半量注射1次。

【预防措施】　北方地区应选择合适的时机配种，产仔期最好避开寒冷季节。妊娠母猪分娩前2d至产后28d中，每天补饲硫酸亚铁20g，借以提高乳汁中的铁含量。水泥地面舍饲的仔猪，出生后3～5d即应开始补铁，一次肌内注射右旋糖苷铁100mg，具有确实的预防效果。另外，经常令仔猪随母猪到运动场自由掘食泥土，也有良好的预防作用。

图 8-9-1　病猪嗜睡

病猪精神沉郁，呈嗜睡状，反应淡漠（箭头）。

图 8-9-2　病猪贫血

病猪眼结膜苍白，耳部血管不明显。

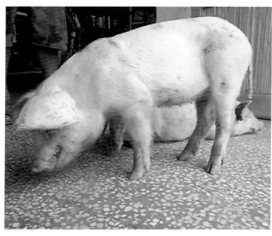

图 8-9-3　呼吸困难

抓捕后病猪呼吸困难，喘咳不止。

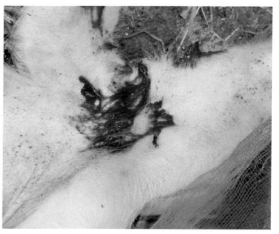

图 8-9-4　血凝不良

尸体贫血苍白，血液稀薄，凝固不良。

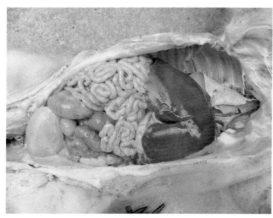

图 8-9-5　肝脂肪变性

肝脏肿大，脂肪变性，呈淡红黄色，胆囊膨满。

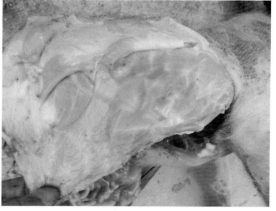

图 8-9-6　肌肉变性

肌肉变性、水肿，呈淡红黄色。

图 8-9-7　心脏扩张

心肌变性，心脏扩张，心尖变圆，
肺脏膨满。

十、新生仔猪同种溶血病

新生仔猪同种溶血病（Isoerythrolysis of piglets）又叫新生仔猪溶血性贫血，是由于母猪血清和初乳中存在抗仔猪红细胞抗原的特异血型抗体所致。本病发生于仔猪吸吮初乳之后，临床上以贫血、黄疸和血红蛋白尿为特征。一般发生于个别窝的仔猪中，吮乳多的仔猪病情较重，也可整窝发生，致死率可达100%。

【发病原因】　主要病因是仔猪与母猪的遗传性血型不相合。其发生机理是：由于父母猪的血型不合，仔猪继承了父系的红细胞抗原型。仔猪红细胞抗原可突破胎盘屏障进入母体血液循环，刺激母体产生对抗仔猪红细胞抗原的特异性抗体。由于抗体的分子质量大，不能通过胎盘，故不影响胎猪的发育，但血清中的抗体可在乳腺内浓集，并分泌到初乳中。当仔猪出生并吸吮含有高浓度抗体的初乳时，抗体经胃肠道吸收，直接与仔猪红细胞表面的抗原特异性结合，并激活补体，引起大量红细胞破坏而发生溶血性贫血。

【临床症状】　本病有急性、慢性之分。急性型病例出生时正常，吸吮初乳后突然发病，主要表现为急性贫血，于12h内，即在黄疸未显、血红蛋白尿未排的情况下，很快陷入休克而死亡（图8-10-1）。慢性型病例，多在吸吮初乳24h后出现黄疸，48h后全身症状明显，主要表现为：精神委顿，站姿不稳，茫然站立，或闭目呆立（图8-10-2），不关心周围事物。或腹痛，卧地不起，畏寒发抖，被毛逆立（图8-10-3）。全身性黄疸，皮肤和口腔黏膜发黄（图8-10-4），哺乳量减少或停止哺乳。眼结膜水肿，贫血，黄染（图8-10-5）。病情严重时，病猪不仅贫血明显，而且全身皮肤黄染，呈黄疸状且嗜睡（图8-10-6）。皮肤和眼结膜苍白，结膜与巩膜均黄染（图8-10-7）。运动时，病猪起立困难，四肢明显无力（图8-10-8）行走时，四肢不协调，摇摇晃晃。病猪排血红蛋白尿，呈红色或暗红色。脉搏细数，呼吸增数或困难，尿量减少。最后，病猪常因多器官衰竭而昏迷，但嘴还在不时地开张，好像在吮乳（图8-10-9），继之深度昏迷，直至死亡。

【病理特征】　最特征性的病变是贫血和组织器官的黄染。切开皮肤，从血管内流出稀薄的凝固不全的血液，病重时血液稀薄如水。皮肤及皮下组织显著黄染，肠系膜、大网膜、腹膜和大小肠全呈不同程度的黄染，胸腹水也呈现黄染（图8-10-10）。胃多空虚而胀气，呈气囊状。肝脏脂肪变性、肿大，呈淡红黄色或土黄色，质地脆弱易碎，表面散在灰白色坏死灶（图8-10-11）。脾脏肿大，呈淡红色。肾脏发生实质性变性、肿大，呈淡灰黄色，表面散在少量出血点（图8-10-12）。心脏扩张，心尖变圆，心内外膜有出血点或出血斑。膀胱多膨满，积存暗红色尿液。

【诊断要点】 依据仔猪出生时健康活泼，吸吮初乳后发病，并具有贫血、黄疸和排血尿等特异性症状即可确诊。

【治疗方法】 本病目前尚无特效的药物疗法。通常采用的方法是，当发现有仔猪吸吮初乳发病后，全窝仔猪应立即停止哺乳，改用人工哺乳，或转由其他哺乳母猪代为哺乳。

【预防措施】 为防止本病的发生，在给母猪配种时，应了解以往种公猪配种后所产仔猪有无溶血现象，如有，则不能用该公猪配种。集约化养猪场，应做好配种和产仔记录，淘汰由配种而引起病的种公猪。对于初次用于配种的种公猪，在母猪妊娠最后2周，每周进行一次母猪血清抗公猪红细胞凝集试验，预先测出母猪血清中有无对应种公猪红细胞抗原的特异性血型抗体。

仔猪同种溶血病症状

图8-10-1　突然发病

吮吸初乳不久，病猪突然发病并陷入深度昏迷。

图8-10-2　闭目呆立

病猪低头呆立，不关心周围事物。

图8-10-3　腹部疼痛

病猪腹部疼痛，卧地不起，被毛粗乱。

图8-10-4　口腔黏膜黄染

病猪的皮肤及口腔黏膜发黄，呈黄疸状。

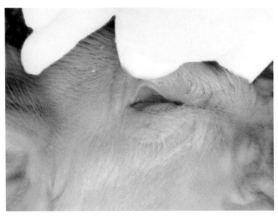

图 8-10-5　眼结膜水肿

　　病猪眼结膜水肿、贫血和黄染。

图 8-10-6　全身黄染

　　病猪嗜睡，全身皮肤黄染。

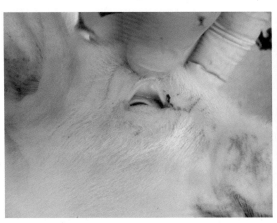

图 8-10-7　贫血

　　皮肤和眼结膜苍白，结膜和巩膜黄染。

图 8-10-8　站立困难

　　病猪运动时站立困难，前后肢明显无力。

图 8-10-9　濒死状态

　　全身皮肤黄染，昏迷，但嘴还不时地开张。

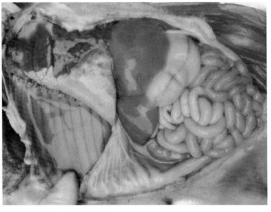

图 8-10-10　内脏黄疸

　　胸腔、腹腔脏器及胸腔积液、腹腔积液均显著黄染。

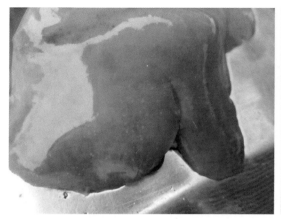

图 8-10-11　肝脏脂肪变性

肝脏脂肪变性肿大，呈黄红色，散在灰白色坏死灶。

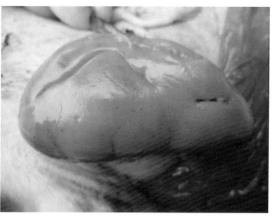

图 8-10-12　肾脏变性

肾脏变性肿大，黄染，表面散在少量出血点。

十一、仔猪低糖血症

仔猪低糖血症（又称乳猪病或憔悴猪病）（Hypoglycemia of piglets）是指新生数天的仔猪以血糖含量剧减并出现以脑神经机能障碍为特点的营养代谢病。本病多发生于 1 ~ 4 日龄的仔猪，常见一窝部分或全部发病，死亡率很高，可达 100%。病猪的主要表现为反应迟钝，运动障碍，肌肉震颤，痉挛抽搐，昏迷不醒，直至死亡。实验室检查，病猪的血糖含量低于 50mg/100mL，而非蛋白氮含量明显增高。

【发病原因】本病的发生主要与以下三个方面的因素有关：

（1）母体原因。母猪在妊娠期间营养不良、管理不当及患有疾病等，导致新生仔猪在母猪体内发育不良，肝糖原储备不足；产后母猪无乳、少乳，乳的品质不良，含糖量极低，或者是患乳腺炎、传染病、发热等疾病，致使泌乳障碍，造成产后乳量不足或无乳。

（2）仔猪原因。先天性发育不良，自理能力差，不能及时吮乳，或患有大肠杆菌病、链球菌病、传染性胃肠炎等疾病，影响乳汁的消化吸收。

（3）环境因素。一般为诱因，最常见的为低温。新生仔猪在阴冷潮湿的圈舍中，为了维持正常体温，就需消耗大量糖原，使体内储存的糖原减少，当对糖原的需求明显大于糖原的供给量时，即可发生低糖血症。

仔猪出生约 1 周内，代谢调节机能不全，体内缺少糖原异生酶类，糖原异生能力差。此时，血糖主要来源于母乳和肝糖原的分解，如果胚胎时期肝糖原储备不足或出生后因各种原因引起仔猪吮乳不足或缺乏，加上出生后仔猪活动增加，体内耗糖量增多，则可导致血糖含量急剧下降。当血糖含量低于 50mg/100mL 时，便会影响脑组织的机能活动，出现一系列神经症状，严重时陷入昏迷，最终死亡。

【临床症状】仔猪出生后多于第 2 天或第 3 ~ 5 天突然发病，一窝中可有数只或相继发生。病初，仔猪精神不振，不愿吮乳，四肢软弱无力，肌肉震颤，步态不稳，摇摇晃晃，离群伏卧，皮肤潮湿，因怕冷而常钻入垫草，呈嗜睡状。继之，病猪被毛蓬乱无光

泽，尿液呈黄色，轻度腹泻，粪便稀软，呈黄色糊状黏附于肛门（图8-11-1），并出现多种神经症状，如空嚼，目光无神而呆滞，或眼球震颤，对外界刺激不敏感；口微张，黏膜苍白，口腔有黏液（图8-11-2），有时发出异常的尖叫声；肌肉颤抖，痉挛或惊厥，角弓反张或四肢呈游泳样划动（图8-11-3）。后期，病猪两眼半闭，瞳孔散大，对外界反应消失（图8-11-4），体温下降到37～36℃，皮肤厥冷，色泽苍白。心跳缓慢，耳尖、四肢末端发绀。呼吸困难，并出现陈-施二氏呼吸。感觉迟钝或消失，用针刺除耳部和蹄部稍有反射外，其他部位无痛感。最终陷于深度昏迷状态，知觉丧失（图8-11-5），衰竭死亡。病程一般为24～36h。

实验室检查，当血糖含量下降到50mg/100mL（正常血糖含量为90~130mg/100mL）以下时，通常就有明显的临床症状出现；当下降到5~15mg/100mL时，病猪就陷入昏迷而死亡。另见血中非蛋白氮含量明显升高。

【病理特征】病死猪尸僵不全，皮肤脱水，干燥无弹性。尸体的颈下、胸腹下及后肢下端有不同程度的水肿。血液呈暗红色，稀薄而凝固不良。胃内空虚，充气而膨胀，几乎不见白色凝乳块，胃壁血管扩张充血。肠管膨胀，充满气体，肠壁菲薄，肠管内容物很少，仅见少量淡黄色黏膜和小凝乳块（图8-11-6）。肝脏轻度脂肪变性，呈橘红色，体积变小，边缘变薄，表面有灰白色小点（图8-11-7），有时可见小出血点。切面见有少量血液，肝小叶分界明显，质地脆弱，触之易碎。胆囊膨大，内含多量稀薄而呈半透明状淡黄色胆汁（图8-11-8）。肾脏变性呈淡土黄色，表面有散在的针尖大小出血点（图8-11-9），切面见皮质淡黄，质脆易碎，髓质充血呈淡红色。脾脏体积较小，呈樱红色，边缘变薄。膀胱底部黏膜有散在出血点，肾盂和输尿管内有白色沉淀物。心室扩张，质地柔软。脑软膜血管极度扩张充血，脑回变宽，脑沟变浅，脑组织湿润，呈水肿状（图8-11-10）。切面见脑组织结构不清，脑脊液增多。

【诊断要点】根据母猪饲养管理不良，产后少乳或无乳，同窝仔猪先后发生以神经症状为主的症状，并用5%～20%葡萄糖注射液腹腔注射有明显疗效，即可做出初步诊断。实验室检查，发现血糖含量低于50mg/100mL时即可确诊。

【鉴别诊断】本病应与新生仔猪细菌性败血症和细菌性脑膜脑炎、病毒性脑炎等引起的惊厥进行鉴别。

【治疗方法】本病的治疗原则是：补糖为主，促进异生；一头发病，全窝治疗。

给发病仔猪补糖：10%葡萄糖液20mL，维生素C 2 mL，10%安钠咖0.5mL，腹腔注射（注射部位在仔猪左肷上部），4～6h一次，直至仔猪能哺乳或采食人工配料为止；也可内服25%葡萄糖溶液5～10mL，每天3～5次，连服3d；或内服50%葡萄糖溶液15～20mL，每天4次。

给母猪补糖及治疗：当母猪饲养不良，乳汁品质不良，乳糖少时，在对新生仔猪补糖的同时，对母体补糖可起到显著的辅助治疗作用。在母猪饲料中添加补中益气散，具有明显的疗效：黄芪80g、党参40g、白术40g、当归50g、升麻30g、柴胡30g、陈皮30g、生甘草20g、生姜20g、大枣20枚、山楂60g和神曲60g，混合粉碎成末。每次在母猪的饲料中添加50g，同时再添加100g红糖，疗效更好。

促进糖原异生：可用醋酸氢化可的松15～20mg或者促肾上腺皮质激素5～15IU，给病仔猪一次肌内注射，连续3d。

【预防措施】加强对妊娠和产后母猪的饲养管理，保证母猪能从日粮中获得充足的营养物质，满足胎儿生长发育或泌乳的需要。母猪分娩时，产房的温度应保持在30℃左右，防止寒冷刺激引起仔猪糖原的过度消耗。仔猪出生后要尽快固定乳头，保障每头仔猪均可吃到初乳和有足量的乳汁供给。产后前5d，要仔细观察仔猪的变化，一旦发现有低血糖性反应，就应立即对全窝仔猪补糖，积极进行预防性治疗。如果母猪的乳量不足，就要进行适当的人工补乳。对常发本病的猪群，可于产后12h开始给仔猪内服20%葡萄糖盐水，每次10mL，每天2次，连服4d。

仔猪低糖
血症症状

图 8-11-1　病猪腹泻

　病猪腹泻，肛周及尾部附有淡黄色稀便。

图 8-11-2　黏膜苍白

　病猪口腔黏膜苍白，覆有黏液，目光呆滞。

图 8-11-3　运动障碍

　病猪肌肉痉挛，引起多种运动障碍。

图 8-11-4　昏迷

　病猪目光呆滞，不注意周围事物，处于昏迷状态。

图8-11-5　深度昏迷

　病猪深度昏迷，呈现断断续续的呼吸。

图8-11-6　胃肠空虚

　胃肠臌气，胃肠壁菲薄，内容物很少。

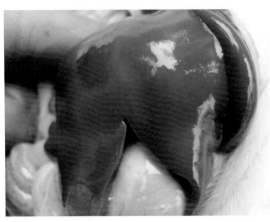

图8-11-7　肝脏变性

　肝体积变小，脂肪变性，呈橘红色，边缘变薄。

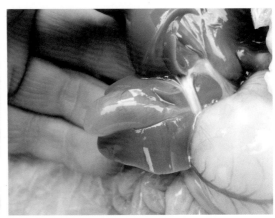

图8-11-8　胆囊膨满

　胆囊内有大量稀薄半透明淡黄色胆汁。

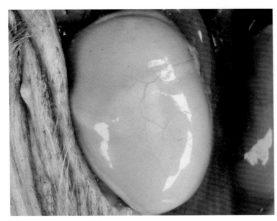

图8-11-9　肾脏变性

　肾脏浊肿，表面散在少量小出血点。

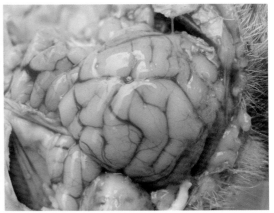

图8-11-10　脑水肿

　脑软膜血管扩张，脑组织湿润，呈水肿状。

图书在版编目（CIP）数据

猪病诊治彩色图谱 / 潘耀谦主编．—4版．—北京：
中国农业出版社，2023.7
　　ISBN 978-7-109-30948-7

　　Ⅰ.①猪…　Ⅱ.①潘…　Ⅲ.①猪病－诊疗－图谱
Ⅳ.①S858.28-64

　　中国国家版本馆CIP数据核字（2023）第137086号

中国农业出版社出版
地址：北京市朝阳区麦子店街18号楼
邮编：100125
责任编辑：武旭峰
版式设计：杨　婧　　责任校对：周丽芳　　责任印制：王　宏
印刷：北京缤索印刷有限公司
版次：2023年7月第1版
印次：2023年7月第1版北京第1次印刷
发行：新华书店北京发行所
开本：787mm×1092mm　1/16
印张：22.5
字数：562千字
定价：178.00元